鄂尔多斯盆地录井
工程技术手册

阎荣辉　著

石油工业出版社

内 容 提 要

本手册以鄂尔多斯盆地地层特征为出发点，坚持"录井方法为纲、实用技术为目、工程实践为线"的原则，以工作过程为基础，以"学、会、做"为标准，全面系统地介绍了各项录井技术的原理、方法和注意事项等。

本手册适合从事石油勘探、录井工程以及相关领域的工程技术人员、科研人员和管理人员阅读，也可高等院校相关专业的教学参考。

图书在版编目（CIP）数据

鄂尔多斯盆地录井工程技术手册 / 阎荣辉著 .

北京：石油工业出版社，2024. 8. --ISBN 978-7-5183-

6909-6

Ⅰ. TE242.9-62

中国国家版本馆 CIP 数据核字第 2024VR9331 号

出版发行：石油工业出版社

　　　　　（北京市朝阳区安华里二区 1 号楼　100011）

　　　　　网　　址：www.petropub.com

　　　　　编辑部：（010）64523693

　　　　　图书营销中心：（010）64523633

经　　销：全国新华书店

印　　刷：北京九州迅驰传媒文化有限公司

2024 年 8 月第 1 版　2024 年 8 月第 1 次印刷

787×1092 毫米　开本：1/16　印张：22.25

字数：573 千字

定价：180.00 元

录井工程技术是石油勘探与开发中的一项关键井筒技术，在石油工业中的地位和作用非常重要，不仅为油气发现提供了强有力的技术支持，更在岩性剖面建立、地层可钻性判断、取心层位卡准、油气水层评价、钻井风险评估、数据信息发布等方面发挥着不可替代的作用。

长庆油田自 20 世纪 70 年代初"三顶帐篷搭个窝，三块石头支口锅"会战以来，从一个年产不足百万吨的小油田，现发展成为世界级特大油气田。50 多年砥砺奋进，在录井工程技术攻关上求新、求变、求突破，长庆油田录井工程已从最初的徒手操作、肉眼观察，逐渐发展成为集石油地质学、石油工程学、地球化学、分析化学、传感技术、计算机与信息科学等多学科为一体的综合性技术体系，为长庆油田与"磨刀石"的较量提供了重要支撑。

在本手册编写中，笔者从鄂尔多斯盆地地层特征出发，坚持"录井方法为纲、实用技术为目、工程实践为线"的原则，以工作过程为基础，以"学、会、做"为标准，全面系统地介绍了各项录井技术的原理、方法和注意事项等。本手册的特色体现在以下几个方面：

①针对性——立足录井行业，以培养应用型人才为目的，较为全面地描述了录井资料采集、整理与综合解释评价方法，为学习者提供更多的基础理论、核心概念、工作方法，帮助录井从业者解决实际工作中遇到的问题。

②系统性——从鄂尔多斯盆地的地质概况入手，全面地介绍了各种录井方法的基础知识，内容涉及各类录井方法的工序要点，涵盖了完成工作所需的知

识和具体操作过程，既有理论深度，又有实践指导价值，使读者能够系统地了解录井技术的核心内容。

③实用性——本手册注重实际操作，在编写内容及结构上，除了介绍面向录井工程的原理性和方法性内容之外，还针对录井工程的实践性特点，强化了对各工序资料整理与应用方法的介绍，内容简明扼要，突出重点，使非专业人士也能够轻松入门。

④先进性——本书注重反映录井技术的最新进展和前沿动态，力求为读者提供最新的录井技术信息，包括新方法、新技术和新仪器的介绍，使读者能够紧跟科技发展的步伐。

⑤拓展性——增加了与录井有关的工程技术基础知识，便于学习者拓展知识领域，提升专业技术能力。

⑥前沿性——内容取材于长庆油田录井工程实践，以及笔者在该领域多年研究的心得和体会，反映了笔者对面向录井工程的认识和看法。

本手册旨在为广大录井工程技术人员提供一本实用性强、内容全面的参考书，适合从事石油勘探、录井工程以及相关领域的工程技术人员、科研人员和管理人员阅读，也可供高等院校相关专业教学参考。

在本手册的编写过程中，笔者参考了大量文献资料，借鉴了许多专家和同行的智慧，得到了许多专家和学者的支持和帮助，在此表示衷心的感谢！

由于笔者专业技术领域和视野有限，本手册很难做到面面俱到，还有许多前沿技术没有涉及或简略带过。本手册也难免有疏漏之处，有待今后进一步完善，敬请读者批评指正。

CONTENTS

目录

第一章　鄂尔多斯盆地地层特征

第一节　鄂尔多斯盆地概况

鄂尔多斯盆地东邻吕梁山，西抵桌子山—贺兰山—六盘山一线，南讫秦岭，北达阴山，地域范围涉及陕北、关中，甘肃陇东，宁夏大部，内蒙古鄂尔多斯、河套平原及山西河东地区，面积约 $37 \times 10^4 km^2$。长庆油田油气勘探开发涉及的矿权面积约 $25 \times 10^4 km^2$。

鄂尔多斯盆地基底于吕梁运动后固结成型，其后的晋宁、加里东、海西、印支、燕山和喜马拉雅运动又使其构造面貌、沉积背景和沉积相类型发生了多次变化，从而形成了一个整体沉降、坳陷迁移、扭动明显的多构造体制、多演化阶段、多沉积体系叠合的大型多旋回克拉通盆地。其基底由新太古界及古元古界变质岩系构成，沉积盖层有中—新元古界长城系、蓟县系、震旦系，古生界寒武系、奥陶系、石炭系、二叠系、中生界三叠系、侏罗系、白垩系，新生界古近系、新近系与第四系等，缺失志留系、泥盆系和下石炭统，地层总厚度 5000~10000m。主要油气产层发育于古生界寒武系、奥陶系、石炭系、二叠系和中生界三叠系、侏罗系。

盆地今构造可进一步分为西缘冲断带、天环坳陷、伊陕斜坡、伊盟隆起、渭北隆起和晋西挠褶带等六个二级构造单元，盆地主体部位伊陕斜坡为坡降不足 1° 的西倾大单斜，其上发育小型鼻状隆起。勘探成果表明，鄂尔多斯盆地具有半盆油、满盆气，南油北气、上油下气的油气聚集特点。其油气层面积大、分布广、复合连片、多层系发育。

伊陕斜坡是盆地内最大的二级构造单元，也是鄂尔多斯盆地油气勘探开发的主战场。其各地质时期的沉积物源、沉积环境、沉积厚度、沉积岩特征都有较明显差异，其地层岩性和识别标志在横向上也有明显变化。

第二节　鄂尔多斯盆地地层岩性特征及划分标志

一、新生界

新生界在鄂尔多斯盆地零星分布，自上而下分为第四系、新近系和古近系（表 1-2-1、图 1-2-1）。

（一）第四系

1. 全新统（Q_4）

全新统大致以北纬 38° 线为界，以北为近代未固结风沙沉积粉细砂、河谷冲积砂砾和现代沙漠盐湖沉积（泡碱、芒硝、天然碱和石盐等含泥质蒸发盐类），以南为近代黄土沉积和河谷中的冲积层，各地厚度不等，最大厚度 60m。

表 1-2-1　鄂尔多斯盆地地层系统简表

地层					构造幕	性质	主要沉积相类型		大地构造分期
界	系	统	组	代号					
新生界	第四系	全新统		Q_4	喜马拉雅运动	右旋拉张	分割性干旱湖	河流相及风成相	盆地形成到结束时期
		更新统		Q_{1-3}					
	新近系	上新统		N_2					
		中新统		N_1					
	古近系	渐新统		E_3					
		始新统		E_2					
中生界	白垩系	下统	志丹群	K_1	燕山运动	左旋剪切	滨海相海陆过渡相	湖泊沼泽相	槽台统一时期
	侏罗系	上统	芬芳河组	J_3f					
		中统	安定组	J_2a					
			直罗组	J_2z					
			延安组	J_2y					
		下统	富县组	J_1f					
	三叠系	上统	延长组	T_3y	印支运动				
		中统	纸坊组	T_2z					
		下统	和尚沟组	T_1h		相对宁静			
			刘家沟组	T_1l					
古生界	二叠系	上统	石千峰组	P_3sh	海西运动				
		中统	上石盒子组	P_2s					
			下石盒子组	P_2x					
		下统	山西组	P_1s					
			太原组	P_1t					
	石炭系	上统	本溪组	C_2b					
	奥陶系	上统	背锅山组	O_3b	加里东运动	升降运动	海相碳酸盐岩相		槽台对立时期
			平凉组	O_3p					
		中统	马家沟组	O_2m					
		下统	亮甲山组	O_1l					
			冶里组	O_1y					
	寒武系	上统	凤山组	ϵ_3f					
			长山组	ϵ_3c					
			崮山组	ϵ_3g					
		中统	张夏组	ϵ_2z					
			徐庄组	ϵ_2x					
			毛庄组	ϵ_2m					
		下统	馒头组	ϵ_1m					
			辛集组	ϵ_1x					
新元古界	震旦系		罗圈组	Z_1l	燕辽运动				
中元古界	蓟县系			Pt_2jx	渣尔泰运动				
	长城系			Pt_2ch					
古元古界			滹沱群	Pt_1ht	吕梁运动				
太古宇			五台群	Ar_3w	五台运动				
			阜平群	Ar_3f					

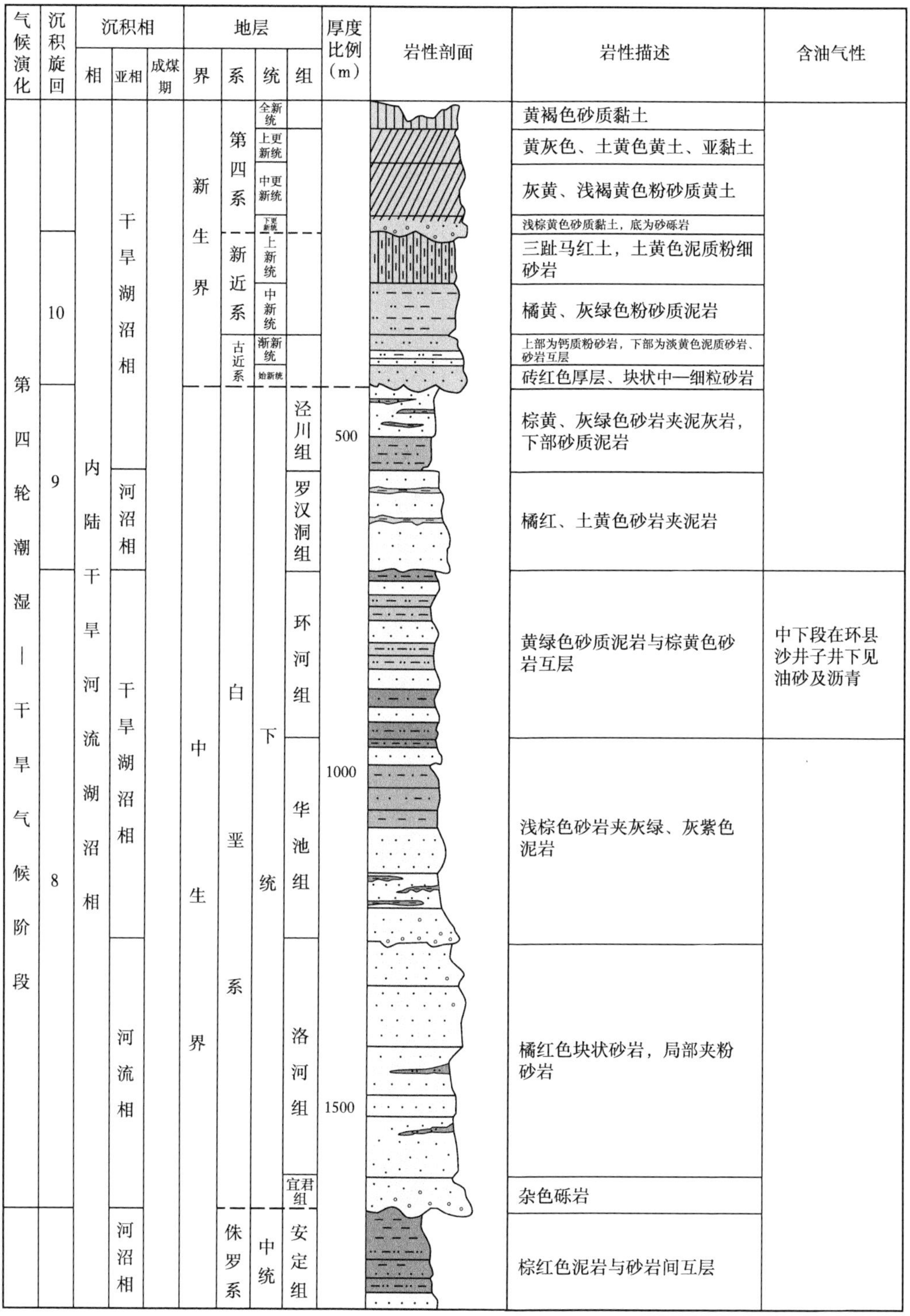

气候演化	沉积旋回	沉积相			地层				厚度比例（m）	岩性剖面	岩性描述	含油气性
		相	亚相	成煤期	界	系	统	组				
第四轮潮湿—干旱气候阶段	10	干旱湖沼相			新生界	第四系	全新统					黄褐色砂质黏土	
							上更新统				黄灰色、土黄色黄土、亚黏土	
							中更新统				灰黄、浅褐黄色粉砂质黄土	
							下更新统				浅棕黄色砂质黏土，底为砂砾岩	
						新近系	上新统				三趾马红土，土黄色泥质粉细砂岩	
							中新统				橘黄、灰绿色粉砂质泥岩	
		内陆干旱河流湖沼相				古近系	渐新统				上部为钙质粉砂岩，下部为淡黄色泥质砂岩、砂岩互层	
	9		河沼相				始新统		500		砖红色厚层、块状中—细粒砂岩	
								泾川组			棕黄、灰绿色砂岩夹泥灰岩，下部砂质泥岩	
		干旱湖沼相						罗汉洞组			橘红、土黄色砂岩夹泥岩	
					中生界	白垩系	下统	环河组			黄绿色砂质泥岩与棕黄色砂岩互层	中下段在环县沙井子井下见油砂及沥青
	8							华池组	1000		浅棕色砂岩夹灰绿、灰紫色泥岩	
		河流相						洛河组			橘红色块状砂岩，局部夹粉砂岩	
								宜君组	1500		杂色砾岩	
		河沼相				侏罗系	中统	安定组			棕红色泥岩与砂岩间互层	

图 1-2-1　鄂尔多斯盆地（内部）中—新生界地层柱状图

2. 上更新统（Q_3）

上更新统也以北纬 38° 线为界，以南为浅灰白、微黄色砂质黄土（俗称"新黄土"，打窑洞均在此层位），具大孔隙，无层理，垂直节理发育，含蜗牛壳，分布面积广阔，厚约80m；38°线以北岩性为土黄、灰褐色砂层，具水平层理及微细交错层理，底部为不稳定之泥炭层，最大厚度143m。

3. 中更新统（Q_2）

中更新统岩性为黄褐、红棕色亚砂土、亚黏土（俗称"老黄土"），夹红棕色条带状黏土（古土壤层），具大孔隙，垂直节理发育，富含钙质结核及零星的蜗牛化石，南部地区厚度大于130m，与下伏地层为不整合或平行不整合接触。

4. 下更新统（Q_1）

下更新统岩性为浅肉红、灰、褐灰色砂砾岩层。砂粒成分以石英为主，砾石成分以灰、紫色砂、页岩碎块为主，其次为石英、燧石等，厚10m，分布极为零星，多位于河谷两岸，与下伏上新统为不整合接触。

（二）新近系

1. 上新统（N_2）

上新统分布于盆地北部及西部边缘，不整合于时代不同的老地层之上，岩性稳定，为一套土红色红黏土（三趾马红土），富含钙质结核，显层理，局部地区夹泥灰岩透镜体，富含脊椎动物化石。厚20~70m，其底部往往有一层2~8m厚的钙质胶结粉红色砾岩。

2. 中新统（N_1）

中新统在鄂尔多斯盆地分布极为零星，地面仅分布在盆地西缘北部千里山西麓霍络图和西缘南部平凉麻川一带。前者岩性主要为土黄、浅橘黄色中细粒砂砾岩与含砾中粗粒砂岩互层，夹透镜状浅棕红色泥岩，底部含钙质结核，厚度大于77m；后者下部岩性为橘红、砖红色石英砂岩夹细砂岩，不整合于清水营组之上，厚217m，上部为淡红、橘红色含砾泥岩夹石英砂岩及泥钙质结核，厚55m。

（三）古近系

1. 渐新统（E_3）

渐新统主要分布在盆地西缘及西北缘的灵武、盐池、陶乐、鄂托克旗布伦庙及杭锦旗罗布召一带，厚150~360m。

罗布召三盛公大沟，底部以一层厚度极薄且不稳定的细砾岩与白垩系不整合接触；下部岩性为一套盐湖相的灰绿、灰黑、棕红色泥岩、砂质泥岩，夹厚约10m的2~3套较稳定的石膏层（可供开采）及中细砂岩，厚75.11m；上部为黄棕、浅红灰、灰白色的块状中细砂岩与棕红色粉砂质泥岩、泥岩不等厚互层，夹同色的细—粉砂岩，厚292.44m。

2. 始新统（E_2）

始新统在鄂尔多斯盆地中的分布范围极为有限，仅在盆地西缘六盘山东麓固原一带呈南北向条带状展布（宁夏地质志命名为寺口子组），以河流—湖泊相沉积为主，局部为山麓相堆积，岩性为砖红色砂岩夹少量砾岩。盆地本部缺失古新统，始新统与下伏中生界白垩系平行不整合接触。

二、中生界

鄂尔多斯盆地中生界包括白垩系、侏罗系与三叠系。晚三叠世末的印支运动使盆地整体抬升，中—上三叠统延长组和纸坊组均遭受不同程度的剥蚀，在局部地区缺失，三叠系与侏罗系呈平行不整合接触；中侏罗世末的燕山运动使盆地周缘上升，造成盆地内大部分地区缺失上侏罗统，中侏罗统与白垩系呈平行不整合或角度不整合接触。中侏罗统延安组和上三叠统延长组是鄂尔多斯盆地中生界石油勘探的主要目的层（表1-2-1、图1-2-1、图1-2-2）。

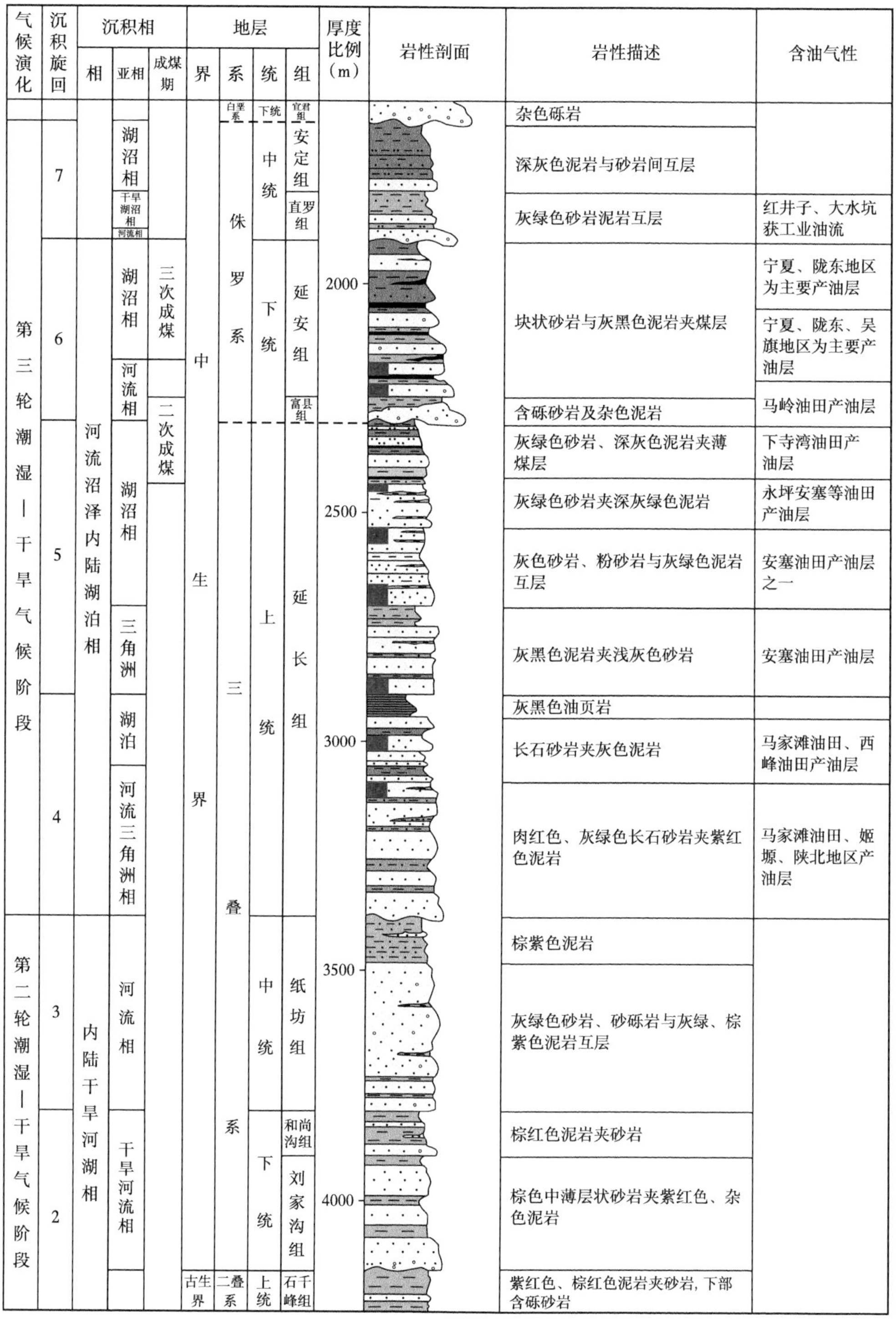

气候演化	沉积旋回	沉积相			地层				厚度比例(m)	岩性剖面	岩性描述	含油气性
		相	亚相	成煤期	界	系	统	组				
第三轮潮湿—干旱气候阶段	7	湖沼相 干旱湖沼相 河流相	湖沼相	三次成煤 二次成煤	中生界	白垩系 侏罗系	下统 中统 下统	宜君组 安定组 直罗组 延安组 富县组	2000		杂色砾岩	
											深灰色泥岩与砂岩间互层	
											灰绿色砂岩泥岩互层	红井子、大水坑获工业油流
	6	湖沼相 河流相									块状砂岩与灰黑色泥岩夹煤层	宁夏、陇东地区为主要产油层 宁夏、陇东、吴旗地区为主要产油层
											含砾砂岩及杂色泥岩	马岭油田产油层
	5	河流沼泽内陆湖泊相	湖沼相				上统	延长组	2500		灰绿色砂岩、深灰色泥岩夹薄煤层	下寺湾油田产油层
						三					灰绿色砂岩夹深灰绿色泥岩	永坪安塞等油田产油层
			三角洲			叠					灰色砂岩、粉砂岩与灰绿色泥岩互层	安塞油田产油层之一
			湖泊			系					灰黑色泥岩夹浅灰色砂岩	安塞油田产油层
									3000		灰黑色油页岩	
	4		河流三角洲相								长石砂岩夹灰色泥岩	马家滩油田、西峰油田产油层
											肉红色、灰绿色长石砂岩夹紫红色泥岩	马家滩油田、姬塬、陕北地区产油层
第二轮潮湿—干旱气候阶段	3	内陆干旱河湖相	河流相				中统	纸坊组	3500		棕紫色泥岩	
											灰绿色砂岩、砂砾岩与灰绿、棕紫色泥岩互层	
	2		干旱河流相				下统	和尚沟组 刘家沟组			棕红色泥岩夹砂岩	
									4000		棕色中薄层状砂岩夹紫红色、杂色泥岩	
					古生界	二叠系	上统	石千峰组			紫红色、棕红色泥岩夹砂岩，下部含砾砂岩	

图1-2-2　鄂尔多斯盆地（内部）中生界地层柱状图

（一）白垩系下统

侏罗纪末期的燕山运动第二幕，使鄂尔多斯盆地周缘上升，在盆地内形成了白垩系下统志丹群碎屑岩沉积，自上而下依次发育泾川组、罗汉洞组、华池—环河组、洛河组和宜君组。志丹群沿鄂托克旗—环县—泾川一线厚度大于1000m，由此南北向沉积轴线向两侧厚度逐渐变薄。

1. 泾川组（K_1j）

泾川组分布于鄂托克旗布隆庙—盐池—环县—泾川一线以西，呈南北向条带状断续分布，在鄂尔多斯—杭锦旗一线以北地区呈东西向展布。岩性北粗南细，颜色北部鲜艳而南部暗淡，地层残留厚度50m左右。在鄂尔多斯—杭锦旗一线以北，泾川组下部为典型的山麓冲（洪）积相黄绿、灰绿色砾岩夹灰白、棕红、灰黄色钙质砂岩，底部偶见泥砾；上部为土红色、黄绿色中—细砂岩、含砾粗砂岩与砾岩互层，富含钙质结核。盆地西北部为残留湖泊相沉积蓝灰、灰绿、棕灰色及暗棕、砖红色中薄层状泥岩，夹灰绿、黄灰色钙质细砂岩和泥灰岩，局部夹多层薄层状、假鲕状灰岩透镜体，残留厚度一般小于120m。陇东地区为淡水湖泊相和曲流河相沉积暗紫色、浅灰色砂质泥岩与泥质粉砂岩互层，中部夹浅灰色泥灰岩和浅灰色、浅黄色砂岩，具高自然伽马电性特征。

2. 罗汉洞组（K_1l）

罗汉洞组分布于鄂尔多斯—鄂托克旗以北与鄂托克旗—定边—庆阳—长武一线以西的凹陷区内，呈"Γ"形分布，并往西、往北超覆。地层厚度为29.5~562m，一般100~200m。罗汉洞组岩性总体比较稳定，可作为标志层在全盆地进行对比。其底部以巨型斜层理的浅黄色中粗粒长石砂岩与下伏环河组接触；下部为紫红、浅红、浅棕色泥岩、砂质泥岩、泥质粉砂岩，夹发育斜层理的细粒长石砂岩；上部为发育巨型斜层理的浅棕红、橘红、橘黄色块状含细砾和泥砾的细—粗粒长石砂岩，夹暗紫色砂质泥岩与绿色泥质粉砂岩。在盆地北部主要为一套棕红、紫红、橘黄色交错层砂岩，夹透镜状泥岩、砂质泥岩，局部地段上部夹伊丁石化玄武岩。盆地西、北边缘为一套冲积扇、辫状河沉积，粒度变粗，其下部发育砾岩，局部地区可全部相变为砾岩，并以砾状砂岩之底作为罗汉洞组之底界。自然伽马和声速较稳定。

3. 华池—环河组（K_1hh）

华池—环河组是鄂尔多斯盆地地表分布最广的一套地层，盆地北部主要发育冲（洪）积扇、辫状河沉积砾岩和砾状砂岩等粗粒沉积物；盆地中部相变为曲流河、滨浅湖相砂泥岩；盆地南部边缘又逐渐相变为辫状河相砂砾岩。盐池—靖边以北，岩性为发育中小型交错层理的黄绿、灰绿、橙红、橘红色长石砂岩、硬砂质长石砂岩及长石硬砂岩与黄绿色砾岩的不等厚互层，夹紫色、褐色、灰绿色泥岩、粉砂质泥岩、泥质粉砂岩及多层凝灰岩和凝灰质砂岩。盐池—靖边以南，华池组主要为暗棕红色、紫红色中厚层—块状细砂岩、粉砂岩及泥岩。该组以泥质含量明显增多与下伏洛河组砂岩区分。环河组上部为灰白、灰黄、灰绿色泥岩和浅灰色粉砂质泥岩夹泥质粉砂岩、细砂岩，下部为暗紫红色细砂岩与泥岩互层，局部夹泥灰岩，富含盐类及石膏晶屑。该组以粒度细、颜色深等特点与下伏华池组相区别。

华池—环河组的岩性特征为北粗南细、东粗西细；盆地北部地层厚度74.5~915.5m，盆地南部厚度43.5~914m。由于发育大量凝灰岩和凝灰质泥岩，华池组底部的自然伽马值极高，视电阻率则从华池组底部开始向上逐渐升高，其形态呈漏斗状；华池组下部为河床

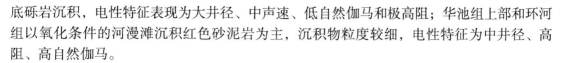

底砾岩沉积，电性特征表现为大井径、中声速、低自然伽马和极高阻；华池组上部和环河组以氧化条件的河漫滩沉积红色砂泥岩为主，沉积物粒度较细，电性特征为中井径、高阻、高自然伽马。

4. 洛河组（K_1l）

洛河组以风成砂岩沉积为主，岩性为紫红色、灰紫色巨厚层状、块状细—粉砂石英砂岩和长石石英砂岩，夹同色含砾砂岩及薄层泥岩，以发育巨型槽状交错层理、板状交错层理为特征，除杭锦旗东北一带及盆地东部缺失外，在盆地中西部均有分布，可作为标志层进行对比，盆地边缘为冲积扇、辫状河沉积砂砾岩。洛河组厚度为200~300m，剖面上表现为多个沙丘相互叠置，交错层理、板状层理极为发育，岩石结构疏松，孔隙性较好。洛河组砂岩的岩石稳定性较好，井壁平直，井径曲线光滑，电阻率低，自然电位负异常非常明显，自然伽马曲线也呈大段低值箱形。低自然伽马、低电阻率的洛河组砂岩与下伏高自然伽马、高电阻的侏罗系安定组泥灰岩或钙质泥岩之间形成明显的台阶，成为二者地层划分对比的主要依据。

5. 宜君组（K_1y）

宜君组分布在盆地南缘宜君—旬邑—彬县—千阳一带，岩性为灰色（局部紫灰色）砾岩，砾石成分以石英岩、石灰岩、藻纹层白云岩为主，含少量火成岩。砾径1~8cm，圆度与球度中等，基底式胶结，局部夹砖红色砂岩透镜体。彬县水帘洞—千阳草碧一带为浅棕色、紫红色砾岩，砾石成分以石英岩、片岩、花岗岩为主，石灰岩、片麻岩、硅质白云岩次之，分选差，砾径1~100cm，次圆状，坚硬，钙质胶结，风化成陡坎，厚30~65.4m。宜君组与下伏直罗组为平行不整合接触，向盆地内部成楔状体迅速变薄或相变为砾状砂岩而消失。

（二）侏罗系

鄂尔多斯盆地侏罗纪地层十分发育，分布广泛，上、中、下统发育齐全，厚度为200~1200m，总的变化趋势是由盆地东部向西部增厚。

受印支运动构造抬升影响，早侏罗世早期鄂尔多斯盆地处于隆升剥蚀状态，仅盆地东北部、中东部及南部的局部地区沉积了早侏罗世晚期的富县组。中侏罗世沉积结束后，受燕山运动第一幕及其引起的盆地西部大规模造山运动影响，盆地东部全面抬升并结束了侏罗纪的沉积；盆地西部千阳—平凉—盐池—鄂托克旗一线形成近南北向展布的前陆沉降带，沉积了巨厚的上侏罗统芬芳河组。

1. 上侏罗统芬芳河组（J_3f）

上侏罗统芬芳河组为盆地边缘山麓堆积，由棕红色及紫灰色块状砾岩、巨砾岩夹少量棕红色砂岩和粉砂岩等组成。该组地层与下伏地层呈微角度不整合接触，厚度变化较大，千阳冯坊河厚1046m，环县甜水堡厚121m。

2. 中侏罗统

中侏罗统自上而下分为安定组、直罗组和延安组。

1）安定组（J_2a）

安定组除在盆地东部、南部、北部及庆阳地区部分钻孔缺失外，全盆地均有分布。安定组从下往上进一步划分为三段，即黑色页岩段、砂岩段和泥灰岩段。黑色页岩仅发育于陕北延安、吴起地区。井下对比以泥灰岩高阻段作为安定组顶界的标准层。本段电性特征明显，电阻率在整个剖面表现为显著高值，自然伽马值也比较高，自然电位曲线一般偏正。吴起、华池一带厚 40~50m，其余地区厚 20m 左右。

2）直罗组（J_2z）

直罗组除在盆地东部区域性缺失外，其余地区均有分布。其岩性比较单一，可分为上下两个旋回。下旋回的下部为黄绿色块状中粗粒长石砂岩，习称"七里镇砂岩"，由上往下变粗，底部含砾石，发育槽状及板状斜层理；上部为灰绿、蓝灰及暗紫色泥岩、粉砂质泥岩与粉砂岩互层。上旋回的下部为黄灰色中细粒块状长石砂岩或硬砂质长石砂岩，习称"高桥砂岩"，具板状斜层理，底部有冲刷现象，含泥砾及铁化植物树干；上部为黄绿、紫红等杂色泥岩、粉砂质泥岩及粉砂岩的互层。往北至内蒙古地区夹煤线及薄煤层。自然电位曲线在两个旋回的下部。一般为箱状负异常，在两个旋回的上部则表现为偏正，电阻率偏低，底部常有一高阻层。盆地中部厚 100~250m，西部 250~670m。与下伏延安组为平行不整合接触。

3）延安组（J_2y）

延安组自下而上分为四段、10 个油层组。

第四段（J_2y_4）（延 1—延 3 油层组）：在延安西杏子河剖面发育两个次级旋回，上旋回上部为蓝绿、灰绿、紫红色砂、泥岩互层，下部为黄绿色细粒硬砂质长石砂岩，含大小不一的钙质砂岩球状体；下旋回上部为灰褐、灰绿色粉细砂岩、泥岩、页岩互层，下部为灰白、灰黄色细粒硬砂质长石砂岩，常见黄褐色铁质斑点，具板状层理，底部有冲刷现象，含泥砾及黄铁矿结核，习称"真武洞砂岩"。灵武—盐池—定边地区顶部发育煤层。盆地西南庆阳地区和北部伊盟地区已遭到剥蚀。电性特征：自然电位曲线上部偏正，下部呈箱状负异常，电阻率曲线基值偏高，常呈尖峰状，煤层发育时高阻更明显。因剥蚀程度较强而残留厚度变化较大（0~97m）。此段地层中化石丰富，主要有植物、介形类、瓣鳃类等。

第三段（J_2y_3）（延 4+5 油层组）：在延安西杏子河剖面，下部为灰色细砂岩夹灰色粉砂质泥炭、泥岩及页岩，上部为灰黑色页岩、碳质页岩夹灰白色粉砂岩。泥页岩具微细水平层理，含完好的软体动物及植物化石，砂岩具水平层理、不规则波状层理，以石膏质胶结为特征。往西至灵武—盐池—定边，向北至内蒙古，本段上部夹 2~3 层煤。盆地西南庆阳地区遭受不同程度剥蚀。本段上部自然电位偏正，下部为块状负异常，电阻率曲线为块状高阻层，电性比较稳定，可视为灵武—盐池—定边与吴起地区的分层标志。厚度稳定在 40~50m，仅灵武—盐池—定边可达 80~90m。

第二段（J_2y_2）（延 6—延 8 油层组）：在延安西杏子河剖面，上部为灰绿色、灰黑色泥岩、粉砂质泥岩、页岩，局部为碳质页岩夹煤线与菱铁矿、泥灰岩透镜体，中夹块状细粒硬砂质长石砂岩或岩屑砂岩——习称"裴庄砂岩"。砂岩、粉砂岩多呈透镜状分布，含喷发岩岩屑，发育板状斜层理，可见波痕和包卷层理；泥岩发育水平层理，含植物、昆虫、软体、鱼鳞片及鱼化石。上部地层厚度稳定（20~40m），为本区对比的主要标志层，其自然电位曲线显示偏正，电阻率曲线呈低锯齿状，煤层发育时呈剑状高阻。该段下部为黄绿色、黄白色、灰白色中—细粒长石砂岩，夹灰色、灰黑色泥岩、粉砂质泥岩和页岩，自然电位呈箱状负异常，自然伽马呈锯齿状低值。盆地西部在该段地层顶部和中部发育 2~3 个煤层，灵武、盐池、定边、姬塬、环县一带此套地层的顶煤（即延 7 油层组顶煤）比较稳定。全段厚度一般 80~100m，灵武、盐池、定边及姬塬一带较厚（100~300m）。

第一段（J_2y_1）（延 9—延 10 油层组）：即宝塔山砂岩，地面分布在富县以北、子长以南，佳芦河以北、准格尔旗以南等地区。在延安宝塔山剖面，岩性主要为黄灰、灰白色巨厚层状中—粗粒含长石石英砂岩夹含砾砂岩，底部为灰紫色含砾砂岩和砾岩透镜体，上部含泥岩透镜体，其中夹煤及炭屑，发育大型槽状、板状交错层理。向上岩性变细，顶部为灰白色、浅肉灰色细粒长石砂岩透镜体，横向相变为暗灰、灰绿色泥页岩、泥质粉砂岩。此顶部岩性变化带的砂岩体，是盆地内的主要含油层，自然电位曲线表现为明显的负异常。灵武石沟驿—马家滩地区上部发育块状煤层，称作"蜂窝状煤"，可作为地层对比的辅助标志。该段厚度0~115m，与富县组为平行不整合接触。当富县组缺失时，与下伏延长组呈平行不整合接触。

3. 下侏罗统富县组（J_1f）

受晚三叠世末期的印支运动影响，延长组顶部遭受部分剥蚀，下侏罗统富县组呈填平补齐式充填沉积，其岩性、厚度变化较大，不同沉积类型的富县组岩性特征差异明显。

主河道沉积以砾状砂岩或砾岩为主，下粗上细，顶部发育泥质，组成一个完整的正旋回。上部的泥岩段常被侵蚀，使砂砾岩与延安组底部砂岩连续接触，二者难以分开。厚度0~156m，下与延长组呈平行不整合接触，上与延安组或为连续接触或为平行不整合接触。

洪积或冲积洼地沉积以富县大申号沟为代表，其岩性主要以一套紫红、棕褐、暗绿、灰绿、灰黑色块状泥岩、粉砂质泥岩为主，上部夹浅灰、灰绿色纯石英砂岩、长石质砂岩或薄层泥灰岩；下部夹钙质结核层、黑色碳质泥岩，含球状黄铁矿结核、钙质角砾岩，厚度16.5~110m。其下与三叠系延长组为平行不整合或超覆不整合接触。

阶地沉积类型多为一些被改造过的风化壳堆积，其中夹坡积及河漫堤沉积。在神木五堂村一带，岩性主要以紫红、灰褐色夹深灰、灰绿色泥岩为主，不显层理，呈球状剥落，夹富含假鲕状球粒状菱铁矿泥岩、疙瘩状灰岩、砾状灰岩或角砾岩，其中化石贫乏，厚度19.7~48.5m，与其上下层均为平行不整合接触。

以浅湖相为主的沉积类型主要分布在陕北神木以北、内蒙古准格尔旗以南广大地区。府谷新民镇附近下部岩性为褐红色泥页岩，局部发育薄煤层，底以一层绿色砾状石英砂岩或砾岩不整合于纸坊组或延长组之上。上部为黄绿色砾状砂岩与紫红、灰绿、黄绿色杂色砂质泥岩、泥岩不等厚互层。厚度变化较大（0~142m），与上覆延安组为平行不整合或轻微不整合接触。

（三）三叠系

鄂尔多斯盆地及周边地区三叠系比较发育，可分为上、中、下统。上统为延长组，中统为纸坊组，下统分为和尚沟组与刘家沟组。

1. 上三叠统延长组（T_3y）

上三叠统延长组是鄂尔多斯盆地中生界石油勘探的主要目的层之一，大约以北纬38°线为界，以北沉积物粒度粗、厚度小（100~600m），以南沉积物粒度细、厚度大（1000~1400m）。盆地西缘石沟驿与华亭地区加厚，超过2400m。本组岩性总体上为一套灰绿色砂岩与灰黑色、蓝灰色泥岩互层，自下而上由两个由粗到细的正旋回夹一个由细到粗的反旋回组成。其沉积发育过程经历了早期平原河流环境、中期湖泊—三角洲环境、晚期泛滥平原环境。根据岩性及古生物组合将本组划分为五段、十个油层组，自上而下分述如下。

第五段（T_3y_5）（长1油层组）：该段为一套河湖相含煤沉积，在盆地腹部榆林横山区以南、甘泉县以北形成陕北三叠纪煤田。其岩性主要为深灰色泥页岩夹薄煤层，有些地区底部发育块状砂岩。泥岩碳化现象较重，常见碳质页岩和煤线，地层中植物化石碎片丰富。在盆地东北部刀兔地区和西部姬塬地区的一些井中，其底部可见油页岩，泥岩中含凝灰质。一般表现为高自然伽马、低电阻特征。受印支运动影响，本段顶部遭受剥蚀，厚度残缺不全，保存较好地区厚度为200~320m。本段地层在宁陕古河和蒙陕古河河道发育区及神木—鄂尔多斯以东地区、环县—庆城—正宁以西地区侵蚀严重。本段下部砂岩较集中部位常含油，在直罗、城华地区含油较好，命名为长1油层组。

第四段（T_3y_4）（长2、长3油层组）：本段岩性比较单一，全盆地内基本一致，为灰绿色厚层块状中—细砂岩夹灰色、深灰色泥页岩，具有两个砂岩集中段。下段砂岩（长3油层组）以中上部较发育，向下变为泥岩夹粉砂岩薄层，其电性特征为自然电位偏负，砂岩部分电阻较低，泥岩夹粉砂岩电阻较高，呈尖峰状，岩性相对较细，在安塞、南梁、镇北和彭阳等地区见工业性油流，为油田勘探和开发建产的主力层系之一。上段岩性（长2油层组）相对较粗，为永坪、青化砭油田的产层。由于晚三叠世末期盆地整体抬升而遭受不同程度的风化和剥蚀，在盆地西南的庆阳、镇原、合水及盆地东北部地区，长2油层组常被剥蚀殆尽，甚至长3油层组也保存不全。本段地层厚度为250~300m。

第三段（T_3y_3）（长4+5、长6、长7油层组）：除盆地南部和东北部局部地区因遭受风化剥蚀而缺失外，盆地内广大地区均有分布，表现为南厚北薄、南细北粗的特点，总体上为一套砂泥岩互层夹灰黑色页岩及煤线，其内部细分为多个次级旋回。

盆地南部，本段顶、底均以厚层黑灰色泥岩为主，尤以底部发育，常为油页岩或碳质页岩，被称为"张家滩页岩"，是区域对比的标志层，砂岩主要集中发育于中部；盆地东部为灰绿色细砂岩、灰黑色泥、页岩互层，砂岩向上厚度增大；盆地西南部华亭沔水河一带为一套黄绿、灰绿色砂岩，与第二段不好分开，甘肃平凉大台子至崆峒山一带为紫红、灰紫色砾岩夹紫红色砂岩条带，习称"崆峒山砾岩"；盆地北部东端本段与第四段不易区分，岩性总体为浅灰色、黄绿色块状中粗粒砂岩，中夹褐红色、暗绿色砂质泥岩，砂岩中局部含砾；盆地西缘北段贺兰山汝箕沟为灰色中—细粒砂岩夹深灰色泥岩。

本段底部（长7油层组中下部）岩性主要为黑色泥岩、页岩、碳质泥岩、凝灰质泥岩，盆地南部为油页岩。电性特征表现为高声波时差、高自然伽马、高电阻率、自然电位偏负，不仅是全盆地延长组对比的主要标志，也是鄂尔多斯盆地中生界最主要的生油层。其中发育的砂岩粒度较细，物性较差，是盆地致密油的主要勘探开发目的层。本段中部（长6油层组）以砂岩为主，含三套薄层黑色泥页岩、凝灰岩或碳质泥岩、粉砂质泥岩。电性上表现为高声波时差、低自然电位、低电阻、低密度特征，是陕北地区延长组对比的重要标志层，在姬塬、陕北、陇东和华庆地区为主要勘探目的层。顶部（长4+5油层组）岩性主要为粉细砂岩与泥岩互层，俗称"细脖子段"，是盆地姬塬和华庆地区主要勘探和开发层系之一。本段在盆地北部厚120m左右，往南厚度渐增至300~344m。

第二段（T_3y_2）（长8、长9油层组）：除盆地东北部府谷—准格尔旗一带缺失外，其他地区均有分布。其特点是盆地北东部粗而薄以至尖灭，西南缘细而厚，上部岩性相对较粗，细砂岩相对集中。盆地南部广泛发育黑色页岩及油页岩（表现为高电阻、高声波时差、高自然伽马、自然电位偏正的特征）。盆地东部佳芦河以北到窟野河地区，中段油页岩分布稳定，习称"李家畔页岩"，为地层对比的重要标志层。盆地北部及南部地区，黑色页岩或油页岩相变为砂质页岩、泥质粉砂岩。本段厚度在盆地北部为100m左右，南部金锁关为200m左右。

本段为延长组重要生油层和储油层之一，包含长8、长9两个油层组。上部砂岩相对集中段为长 8 油层组，为全盆地主要产层段，相继发现了西峰、姬塬、镇北、环江等大油田。下部泥页岩段为长 9 油层组，长 9 油层组在区域上既是生油层之一，也是盆地重要的产层之一，已成为姬塬、陕北和华庆地区重要的勘探目的层。长 8 油层组和长 9 油层组下部开始出现高绿帘石、高榍石组合，长 8 油层组出现了含喷发岩碎屑的高石榴子石组合，特征明显而突出，是区域性岩矿对比的主要依据。

第一段（T_3y_1）（长 10 油层组）：为河流、三角洲及部分浅湖相沉积，以厚层、块状细—粗粒长石砂岩为主，浊沸石胶结，普遍见麻斑状构造。长 10 油层组在盆地北部厚度不足百米，南部厚 300m 左右，视电阻率曲线一般呈箱状高阻，自然电位大段偏负。本段岩性、岩石学特征、电性特征明显，是井下地层划分对比的重要标志层之一。在陕北、陇东和姬塬地区，长 10 油层组已获工业油流井，是马家滩油田的主要产层之一。盆地西缘碎探 1 井、积参 3 井、杨 1 井均为一套砂砾岩沉积，厚 82.5~483.5m（未见底）。与下伏纸坊组为平行不整合接触。

延长组从下至上发育 10 个凝灰质泥岩标志层，是除岩性组合特征外 10 个油层组确切界限定位的典型标志。凝灰质泥岩在干岩屑中呈浅灰色片状，其颜色鲜艳，手摸有滑腻感，见水易水解、膨胀，在荧光灯下发橘红色强光，测井曲线呈尖刃状高自然伽马、低电阻率、高声波时差、大井径等特征。10 个标志层代码为 K0~K9，自下而上为：

K0：位于长 10 底部。

K1：位于长 7 底，是长 7 与长 8 的分界线，厚 20m 左右。底部有 2m 厚的凝灰岩，中上部是 15~20m 厚的油页岩。因其在陕北延河流域的张家滩地区最早被发现，所以常称为"张家滩页岩"。油页岩在电测图上以自然电位曲线负偏幅度较高（甚至高过砂岩）而区别于泥页岩。

K2：位于长 6^3 底，是长 7 与长 6^3 的分界线。

K3：位于长 6^2 底。

K4：位于长 4+5 底，是长 4+5 与长 6^1 的分界线。K4 在陕北地区较发育，陇东地区基本上是泥岩。

K5：位于长 4+5 中部，是长 $4+5^1$ 与长 $4+5^2$ 的分界线，厚度 6~8m，在声速曲线上表现出 4 个一组的齿状尖子，感应曲线特征不明显。

K6：位于长 3 底，是长 3 与长 4+5 的分界线。

K7：位于长 2 底，是长 2 与长 3 分界线。

K8：位于长 2 中部，是长 2^1 与长 2^2 的分界线。

K9：位于长 1 底，是长 1 与长 2 的分界线。

在延长组的 10 个凝灰岩标志层中，K1、K2、K3、K5、K9 五个标志层相对较为明显，其岩性多数为凝灰岩或凝灰质泥岩、碳质泥岩、页岩等，厚度一般为 2~5m，测井曲线表现为高时差、高自然伽马、低电阻以及时差呈尖刃状高峰异常等特征。

2. 中三叠统纸坊组（T_2z）

除盆地东北部准格尔旗和西南缘华亭、陇县一带缺失外，盆地内其余地区均有纸坊组分布。其与下伏下三叠统和尚沟组为整合接触。

在盆地东缘及东南缘，纸坊组的岩性为紫褐、紫红色粉砂质泥岩夹淡红、灰绿色长石砂岩，普遍含钙质结核，见虫迹。砂岩中长石含量超过 40%，以泥质胶结为主。从下向上，砂岩逐渐增多；从北向南，沉积物粒度变细，厚度增大。府谷—佳县—吴堡一带厚

160~350m，韩城薛峰川一带厚 400~500m。

盆地南缘铜川以西至麟游地区纸坊组岩性分为两段。上段可分为上、中、下三部分：上部为灰、灰绿色中厚层中细粒砂岩与紫灰、暗绿、灰绿色泥岩、砂质泥岩不等厚互层夹薄层泥灰岩、页岩及煤线；中部为浅灰、紫灰色泥岩、砂质泥岩夹中厚层细—粉砂岩及煤线，砂岩粒度较细，钙质、泥质胶结，多具斜层理；下部为灰绿、绿色中厚层状细—粉砂岩与黄褐、灰绿色砂质泥岩、泥岩的不等厚互层，夹页岩及煤线。砂岩以石英为主，含长石、白云母及黑色矿物，钙质胶结，圆—次圆状，细粒多，斜层理发育。下段为紫红、棕红色泥岩及砂质泥岩，夹灰绿色细粒长石砂岩。砂岩以石英为主，含长石较多，富含黑云母，颗粒为次圆—次棱角状，钙质胶结，具斜层理。纸坊组在麟游一带厚414m，泾川最厚达 1066m，铜川石川河一带厚 687~866m。

盆地北部自东往西，纸坊组厚度减小。上部为灰绿色、灰白色块状含砾中粗粒砂岩与暗紫红色粉砂质泥岩互层；下部为紫红色粉砂质泥岩夹灰绿色、黄绿色、灰紫色含砾中粗粒砂岩，砂岩交错层理发育。向西变为灰绿色、暗紫棕色泥质粉砂岩、砂质泥岩及中—粗粒砂岩、细砾岩。在准格尔旗石窑沟厚213.6m，东参 3 井厚 149.0m，杭参 8 井厚 69.5m，柳沟缺失。

纸坊组在纵向上总体呈上粗下细、下部泥岩发育、上部砂岩含量逐渐增多的趋势。自然伽马曲线呈典型的漏斗状，具明显的反旋回特征。

3. 下三叠统

1）和尚沟组（T_1h）

和尚沟组除盆地西缘同心—环县石板沟一带后期遭受剥蚀，华亭策底坡、陇县景福山一带可能无沉积外，全盆地均有分布，岩性也相对稳定，主要为一套橘红色、棕红色、紫红色泥岩、砂质泥岩夹少量紫红色薄层状砂岩或砂砾岩，富含钙质结核。和尚沟组与下伏刘家沟组为连续沉积，并组成一个大的正旋回。和尚沟组厚度各地不一，准格尔旗榆树湾最厚为 182.98m；铜川市耀州区石川河最薄，为 42.39m。

和尚沟组中发育的薄层砂岩的电阻率较高，测井曲线总体表现为尖刀状高自然伽马、高电阻率、高声波时差特征。

2）刘家沟组（T_1l）

除盆地西南缘华亭、陇县一带可能未沉积外，其余地区均有刘家沟组沉积。在盆地东缘及南缘，其上部岩性为略等厚互层的灰白、浅紫灰、灰紫色中薄层细粒砂岩，棕红、灰紫色薄—厚层粉砂岩，棕红、紫红色粉砂质泥岩及灰紫色泥岩；下部以浅灰紫、紫灰色中厚层细粒砂岩为主，夹灰紫色薄层粉砂岩及紫红、棕红色泥质粉砂岩与粉砂质泥岩。刘家沟组自下而上粉砂岩增多，泥质岩颜色加深，含云母较多，层理清晰。本组由东北向西南方向厚度减小，岩性变粗，砾岩增多，长石含量增加。准格尔旗榆树湾和府谷清水一带厚383~408m，往南至韩城薛峰川、铜川印台镇厚度仅 133~165m，与下伏地层为连续沉积。

在盆地西南缘麟游紫石崖一带，刘家沟组岩性下细上粗。下部砂岩富含泥砾，交错层理发育；底部为深灰、蓝灰色粉砂质泥岩、泥岩、泥质粉砂岩与深灰、紫灰色细粒长石砂岩互层，砂岩斜层理发育。麟游一带地层厚度较大，约350m，泾河、耀州一带厚100~150m。刘家沟组与下伏上二叠统石千峰组为轻微角度不整合接触。

本组在盆地西缘岩性主要是一套暗红色石英砾状砂岩、灰紫色石英粗砂岩夹不规则紫红色砂岩条带。

盆地北部鄂尔多斯东部地区的刘家沟组可以分为上、下两部分，上部主要为紫红色、灰绿色、灰白色砂岩与含砾砂岩的不等厚互层，砂岩成分以石英为主，分选差，钙质胶结；下部为灰绿色、紫红色砂岩夹紫红色泥质砂岩，砂质、粉砂质泥岩，岩性略细于上部。向西至东参1井刘家沟组上部变细，泥岩夹层增多、加厚；下部变粗为含砾粗砂岩；再往西到杭参8井则为一套灰紫色含砾砂岩，上、下两部分不可分。刘家沟组与下伏石千峰组为连续沉积，一般厚400m，黑桃沟地区厚609m，柳沟地区最厚，为823m。

刘家沟组测井曲线表现为锯齿状自然伽马，高电阻率，上下两部分的底部砂岩段自然伽马较低，与石千峰组顶部泥岩之间呈突变接触。

三、上古生界

受加里东运动影响，鄂尔多斯盆地缺失上古生界泥盆系与下石炭统，只发育二叠系和上石炭统。二叠系下石盒子组、山西组、太原组和上石炭统本溪组是盆地内天然气勘探开发的主要目的层（表1-2-1、图1-2-3）。

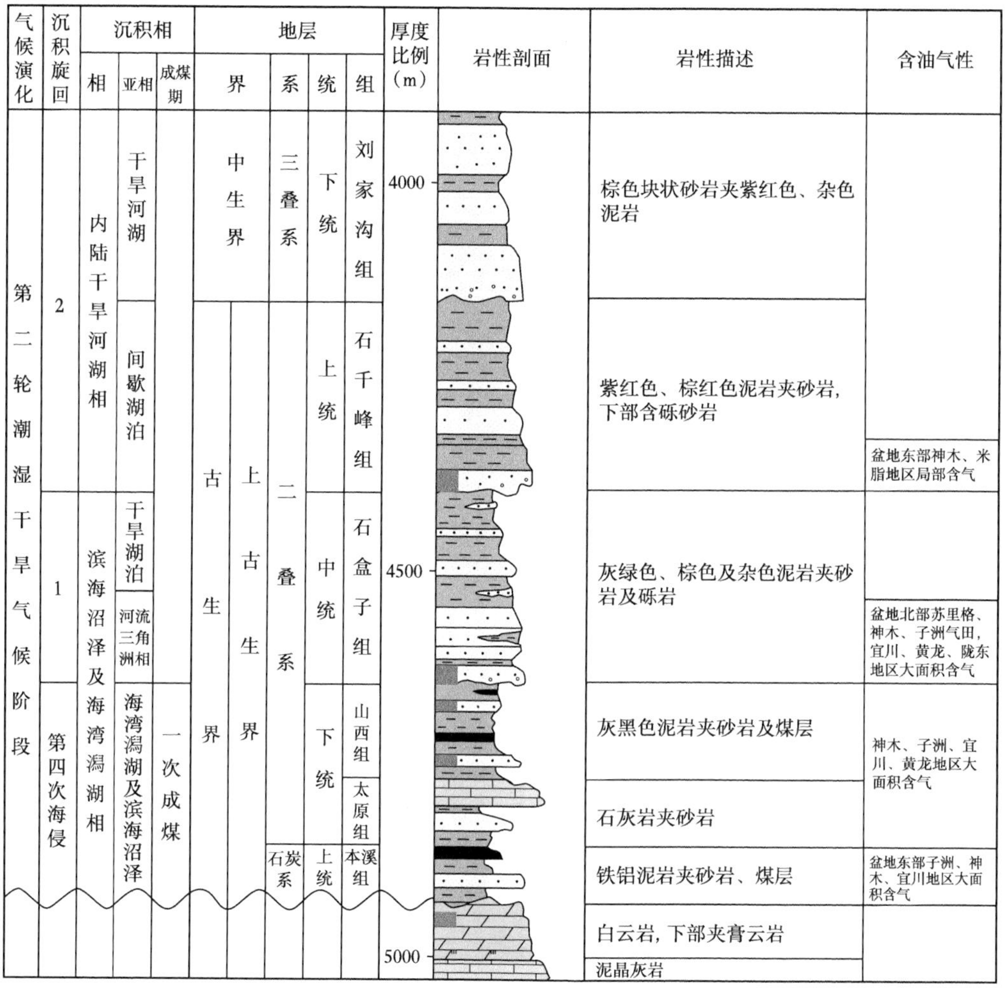

图 1-2-3　鄂尔多斯盆地（内部）上古生界地层柱状图

（一）二叠系

二叠系分为上、中、下三统，其上统为石千峰组，中统包括上、下石盒子组，下统包括山西组和太原组。

1. 上二叠统石千峰（P_3sh）

除盆地北部乌兰格尔凸起核部和盆地西南缘华亭、陇县一带缺失外，石千峰组在全盆地均有分布。其上部为大段紫红、橘红色泥岩夹褐红、灰绿色中—细粒长石砂岩。泥岩质纯，色泽鲜艳醒目，以红为主。自然伽马、视电阻率曲线呈起伏幅度较大的箱状，声波时差曲线在泥岩段呈锯齿状高峰，与上覆刘家沟组下部低幅锯齿状高阻、低自然伽马曲线形成鲜明对比。该特征在全盆地均可对比，为一区域性标志层。下部为棕红、紫红色泥岩与浅灰色不等粒岩屑长石砂岩互层，底部为砾状长石砂岩，局部地区在其中上部夹薄层石灰岩及泥灰岩。

石千峰组自成一正旋回沉积，与上石盒子组比较，石千峰组的特点是：泥岩为紫红、棕红色，色彩鲜艳，质不纯，普遍含钙质结核。砂岩成分以岩屑、钾长石为主，长石含量达28%~50%，酸性斜长石具清晰的钠长石双晶。正长石颗粒破碎，大小不均，形状不规则，轮廓模糊。砂岩孔隙主要为复合型粒间孔，中北部含气显示普遍。电性特征：自然伽马曲线呈箱状，砂岩段的视电阻率较高，与上石盒子组顶部干旱湖泊相泥岩段平滑的高自然伽马、低电阻率曲线可截然分开。石千峰组厚250~320m，根据沉积旋回可分为5个岩性段。

2. 中二叠统

石盒子组又分为上石盒子组和下石盒子组，除盆地北部乌兰格尔凸起和盆地西南部岐山、麟游、凤翔、陇县、华亭一带缺失外，全区均有分布。

1）上石盒子组（P_2s）

上石盒子组最显著的特征是泥岩特别发育，砂岩占比不到30%。从上至下，泥岩颜色从紫红夹灰绿色为主逐渐过渡为灰绿、褐红色，为一套干旱环境下的湖相沉积。泥岩含砂，具蓝灰色斑块，夹杂色砂岩及薄层凝灰岩、菱铁矿、燧石层。砂岩以含长石岩屑砂岩为主，其成分复杂，岩性致密。凝灰岩以灰绿色为主，为色彩鲜艳的玻屑凝灰岩、晶屑凝灰岩及沉积凝灰岩，其中含大量伊蒙混层矿物，见水易膨胀。上石盒子组厚度140~160m，根据沉积旋回和岩性组合特征划分为盒1段、盒2段、盒3段、盒4段4个岩性段。

2）下石盒子组（P_2x）

下石盒子组以半氧化环境下的河流相粗碎屑砂岩沉积为主，底部以灰白、灰绿色厚层块状含砾粗砂岩与山西组顶部的灰色碳质泥岩或岩屑砂岩整合接触。下部岩性以浅灰、灰白、灰绿、黄绿色块状含砾粗砂岩为主，夹灰黄、灰绿、褐红色砂质泥岩，局部发育暗色泥岩及煤线；上部为灰绿、褐红色砂质泥岩夹黄绿色砂岩，并由砂泥岩组成多个正粒序旋回；地层厚度130~150m，根据沉积旋回及岩性组合特征可分为盒5段、盒6段、盒7段、盒8段4个岩性段。

砂岩岩性为岩屑质石英砂岩、不等粒石英砂岩、浅灰白色含砾粗粒石英砂岩等。胶结物含量6%~15%，以高岭石、伊利石、绿泥石等再生—孔隙式胶结为主，高岭石晶间孔和岩屑溶孔发育，石英次生加大现象普遍。砂岩中常见大型楔状和槽状交错层理。物性较好，是鄂尔多斯盆地上古生界主要含气层。

3. 下二叠统

1）山西组（P_1s）

除盆地北部乌兰格尔凸起和盆地西南部岐山、麟游、凤翔、陇县、华亭一带缺失外，山西组在全区均有分布，地层厚度 90~120m。其底部以一套浅灰白色含砾粗粒石英砂岩（北岔沟砂岩）与太原组顶部碳质泥岩或生物碎屑灰岩、潮坪沉积粉细砂岩冲刷接触，在盆地西南缘一带底砂岩多超覆于奥陶系之上。底部砂岩之上为灰色岩屑石英砂岩、岩屑砂岩和深灰色碳质泥岩不等厚互层，夹厚度较大的可采煤层（3#、4#、5# 煤层）、煤线和菱铁矿透镜体。盆地东南部山西组下部发育泥灰岩和海相泥岩夹层，其中可见海相化石。中部以一套分布稳定的岩屑石英砂岩（船窝砂岩）的底部为界，将山西组分为山 1 段和山 2 段上下两段，各段分别发育 3 个以砂岩开始、碳质泥岩（煤层）结束的正粒序旋回。

山 1 段（上）厚 45~60m，岩性为中—细粒砂岩与深灰色碳质泥岩互层。由于泥岩中的有机质含量明显增高，其自然伽马和视电阻率曲线比盒 8 段泥岩明显高一个台阶。砂岩单层厚度一般 2~10m，主要岩性为灰色或浅灰色中粒岩屑砂岩与岩屑石英砂岩。岩屑在山 1 段砂岩中含量 8%~22%，除燧石、多晶石英岩外，主要岩屑组分为凝灰质火山碎屑、千枚岩、粉砂岩和泥岩等软岩屑。砂岩层面富含白云母和绢云母片，普遍见炭屑，石英次生加大普遍，伊利石和绢云母再生—孔隙式胶结为主。伊利石晶体多为毛发状、纤维状；蚀变矿物绢云母在山西组砂岩中是很常见的黏土矿物，含量在 2%~5% 左右，大多呈密集的鳞片状；高岭石含量 3%~8%。砂岩具有结构成熟度高、成分成熟度低的特点。受柔性浅变质岩屑的塑性压实变形影响，砂岩较石盒子组致密，但高岭石晶间孔仍为理想的储集空间。

山 2 段（下）厚 45~60m，岩性以碳质泥岩、薄煤层为主，夹中厚层状岩屑石英砂岩、岩屑砂岩和 2~3 套可采煤层（3#~5# 煤层）。由于泥岩中的有机质含量比山 1 段明显增高，且凝灰岩夹层发育，其自然伽马和视电阻率曲线又比山 1 段高一个台阶。山 2 段底部河流相沉积的北岔沟砂岩粒度粗（以粗粒为主）、磨圆度低、分选性较差，易与下伏太原组上部分选和磨圆均较好的潮坪沉积泥质胶结细粒石英砂岩区别。山 2 段底砂岩自然伽马测井曲线呈平滑的箱状或钟状，绝对值一般仅 35~40API；太原组潮坪沉积细砂岩的自然伽马曲线呈低起伏的微锯齿状，绝对值一般高于 55API。山西组煤层多由高大乔木死亡后原地堆积掩埋后经成岩演变而成，新鲜煤岩呈立方体块状，灰分、二价硫含量低，具明显的金属光泽，点燃后具芳香味。

山 2 段底部砂岩岩性主要为中—粗粒石英砂岩，称"北岔沟砂岩"，厚度 5~30m，具有石英含量高、岩屑含量低、矿物成熟度高等特点，残余粒间孔、岩屑溶孔和高岭石晶间孔发育，储集物性较好，孔隙度一般 5%~8%，渗透率大于 0.5mD，是榆林、子洲等气田的主力产层。

2）太原组（P_1t）

除伊盟隆起北部和盆地西南部缺失外，太原组在全区均有沉积，其岩性的东西差异较大，但均与下伏本溪组顶部 8# 煤层整合接触。伊盟隆起南坡至中央古隆起一带太原组厚度 15~30m；隆起带两侧的太原组一般厚 30~60m，盆地西北部乌达、惠农与呼鲁斯太一带厚度可达 100m 左右。

中央古隆起以西的太原组下部为灰白色厚层、块状石英砂岩，中上部为黑色碳质泥页岩夹薄层生物碎屑灰岩及可采煤层，厚度 50~100m。古隆起以东，太原组底部为灰色粉细砂岩，含菱铁矿结核；其上发育庙沟、毛儿沟、斜道、东大窑等4套含泥质生物碎屑石灰岩和夹于石灰岩之间的桥头、马兰、七里沟砂岩、黑色碳质泥岩及可采煤层（6#~8#上煤层）；石灰岩和砂岩及煤层（碳质泥岩）组成4个由下部灰岩（砂岩）开始、顶部煤层（碳质泥岩）结束的约代尔旋回，地层厚度30~50m。

太原组灰岩为含生物碎屑泥晶灰岩、生物碎屑灰岩、泥晶灰岩。颗粒成分主要为生物碎屑，其次是棱角状—半棱角状砾屑和砂屑。海相生物化石属种繁多，有蜓、有孔虫、苔藓虫、腕足、腹足、瓣鳃、三叶虫、棘皮、介形虫、牙形刺及藻类等，含量10%~50%。填隙物全为泥晶方解石，未见亮晶方解石胶结。石灰岩中发育陆源碎屑颗粒、泥质和有机质。

鄂托克前旗、乌审旗、榆林、神木一线以北与米脂、绥德一带的太原组砂岩发育。砂岩单层厚度一般2~7m，复合砂体厚度最大可达30m以上。砂岩石英含量可达90%以上。硅质再生式胶结为主，普遍发育铁白云石胶结，局部见交代成因的球粒状、放射状或麻绳状分布的自形晶菱铁矿。太原组砂岩物性较好，是盆地东部地区上古生界的有效储层之一。

太原组、本溪组煤层多由低等植物掩埋后成岩演化而成，其中的灰分和二价硫含量高，常见小型植物枝干、叶柄、叶片等碎屑化石，缺乏大型植物树干化石，新鲜煤岩多成不规则块状，金属光泽不明显，点燃后具较强的SO_2味道，俗称"臭煤"。

太原组从上到下发育的标志层有东大窑灰岩、七里沟砂岩、斜道灰岩、马兰砂岩、毛儿沟灰岩、桥头砂岩和庙沟灰岩。

由于太原组碳质泥岩中的凝灰岩和薄煤层发育，其自然伽马和视电阻率曲线的幅度又比山2段高一个台阶；其中石灰岩的自然伽马曲线呈低幅箱状，视电阻率绝对值一般在10000Ω·m以上。

（二）石炭系

由于加里东构造运动的影响，鄂尔多斯盆地整体缺失石炭系下统、泥盆系及志留系，石炭系上统与奥陶系平行不整合接触。鄂尔多斯盆地仅发育石炭系上统，盆地西部为靖远组、羊虎沟组，盆地东部为本溪组。盆地西缘和中东部的上石炭统在岩性组合、生物群落、海侵方向等方面都不相同，所涵盖的地层时代也不完全一致。

1. 本溪组（C_2b）

本溪组为鄂尔多斯盆地本部在加里东运动后的初次沉积，分别自东西两侧向中央古隆起超覆，古隆起东西两侧分别叫本溪组和羊虎沟组。中央古隆起上本溪组厚度仅10m左右，古隆起两侧厚度30~80m。

盆地东部的本溪组岩性以碳质泥岩、泥质粉砂岩为主，夹中厚层状石英砂岩、泥质粉细砂岩、煤层和生物碎屑石灰岩，底部发育铁铝岩，沿奥陶系风化壳上的古侵蚀面沟槽沉积底砂岩。根据沉积旋回和岩性组合特征，本溪组可分为本1段（晋祠段）、本2段（畔沟段）和本3段（湖田段）。

本1段顶部以8#、9#煤层与太原组整合接触，底部以潮道沉积的晋祠砂岩与本2段整合接触，中间以碳质泥岩为主，夹中厚层砂岩、泥质粉砂岩和煤线或薄煤层，中下部发育生物碎屑灰岩（吴家峪灰岩）。盆地东部地区的晋祠砂岩和8#、9#煤层之间的屯兰山岩及9#煤层与吴家峪灰岩之间的西铭砂岩均是物性较好的储气层。尤其是晋祠砂岩中往往发育压力系数达1.2左右的高压气层。

本 2 段为碳质泥岩夹泥质粉砂岩和 1~4 层生物碎屑石灰岩（畔沟灰岩），局部沿奥陶系顶面沟槽发育底砂岩。

本 3 段为奥陶系风化残积的铁铝岩段，其岩性混杂，下部为风化残积铝土质泥岩、风化残积泥质角砾岩（角砾成分为石灰岩或白云岩）和呈鸡窝状分布的褐铁矿，上部发育晚古生代初期形成的与华北地台周边火山活动相关的凝灰质蚀变层状铝土矿或铝土质泥岩，其测井曲线呈明显的低电阻、特高自然伽马和高密度。

本溪组的标志层有 8# 煤层、9# 煤层、吴家峪灰岩、晋祠砂岩、铁铝岩段（湖田段）。

盆地西部的羊虎沟组（C_2y）是和本溪组层位基本相当的地层单位，是在靖远组填平补齐的基础上，祁连海向东进一步推进的产物，岩性以灰黑色碳质泥岩和粉砂质泥岩为主，还发育灰色、灰白色薄层中细粒砂岩，夹数层深灰色生物屑泥晶灰岩和薄煤层，底部常以一层较厚的中厚层石英砂岩与靖远组分界。该组产较多的动、植物化石。该组北厚南薄，盆地西北部乌海雀儿沟剖面厚 1136.66m，乌达剖面厚 784.1m，向南至石炭井、呼鲁斯太一带厚度在 200m 以上，韦州太阳山一带厚 150~200m。

2. 靖远组（C_2j）

靖远组分布范围仅限于盆地西缘中北部地区，北起贺兰山北部的乌达和桌子山南缘雀儿沟一带，经贺兰山的沙巴太、石炭井、呼鲁斯太，向南至甘肃陇东北部的环县甜水堡狭长地带，由灰黑色粉砂质泥岩、灰白色石英砂岩夹薄层生物碎屑灰岩、钙质泥岩和薄煤层组成。该组北部岩性较粗，石英砂岩含量高，乌海市乌达剖面厚度可达 412.40m；向南石英砂岩厚度减薄，地层厚度变小，至宁夏同心韦州红城水一带厚度仅 50m。

四、下古生界

鄂尔多斯盆地下古生界包括奥陶系和寒武系，发育晚奥陶世背锅山期至早寒武世晚期辛集期地层。受加里东运动影响，盆地内部缺失志留系、泥盆系与上奥陶统。中奥陶统马家沟组是盆地内天然气勘探开发的主要目的层；盆地西南部中央古隆起东北侧寒武系三山子组、张夏组局部含气。

（一）奥陶系

受早奥陶世末的怀远运动影响，鄂尔多斯盆地内部绝大部分地区的下奥陶统乃至部分上寒武统被剥蚀殆尽，并在中—下奥陶统（奥陶系 / 寒武系）之间形成一风化剥蚀面。中奥陶世的海侵活动在盆地内形成了稳定的马家沟组碳酸盐岩与蒸发岩沉积；加里东运动使华北地台整体抬升，盆地内部普遍缺失晚奥陶世沉积，马家沟组顶部也被部分剥蚀；上奥陶统仅发育于盆地西南边缘地区（表 1-2-1、图 1-2-4）。

由盆地周缘向中央古隆起和伊盟隆起核部，奥陶系各组段依次减薄并最终尖灭，中央古隆起核心部位的镇探 1 井和乌兰格尔凸起上缺失下古生界，中央古隆起与伊盟隆起和吕梁隆起之间的陕北地区发育马家沟组膏盐湖沉积，地层厚度也由靖边陕参 1 井的 600 余米向东至榆 9 井一带（米脂县以东）增厚至 900 余米，盆地西部和南部则以正常石灰岩和白云岩沉积为主。

1. 上奥陶统

上奥陶统仅分布于鄂尔多斯盆地西南缘，分为背锅山组和平凉组。

1）背锅山组（O_3b）

上奥陶统背锅山组仅分布于鄂尔多斯盆地西南边缘的泾阳铁瓦店、麟游、陇县、平凉、彭阳一带，岩性为浅灰色及玫瑰红色巨厚层角砾状砾屑灰岩、泥粉晶灰岩及钙藻灰岩、生物碎屑灰岩，含丰富的珊瑚、三叶虫、腕足类化石。

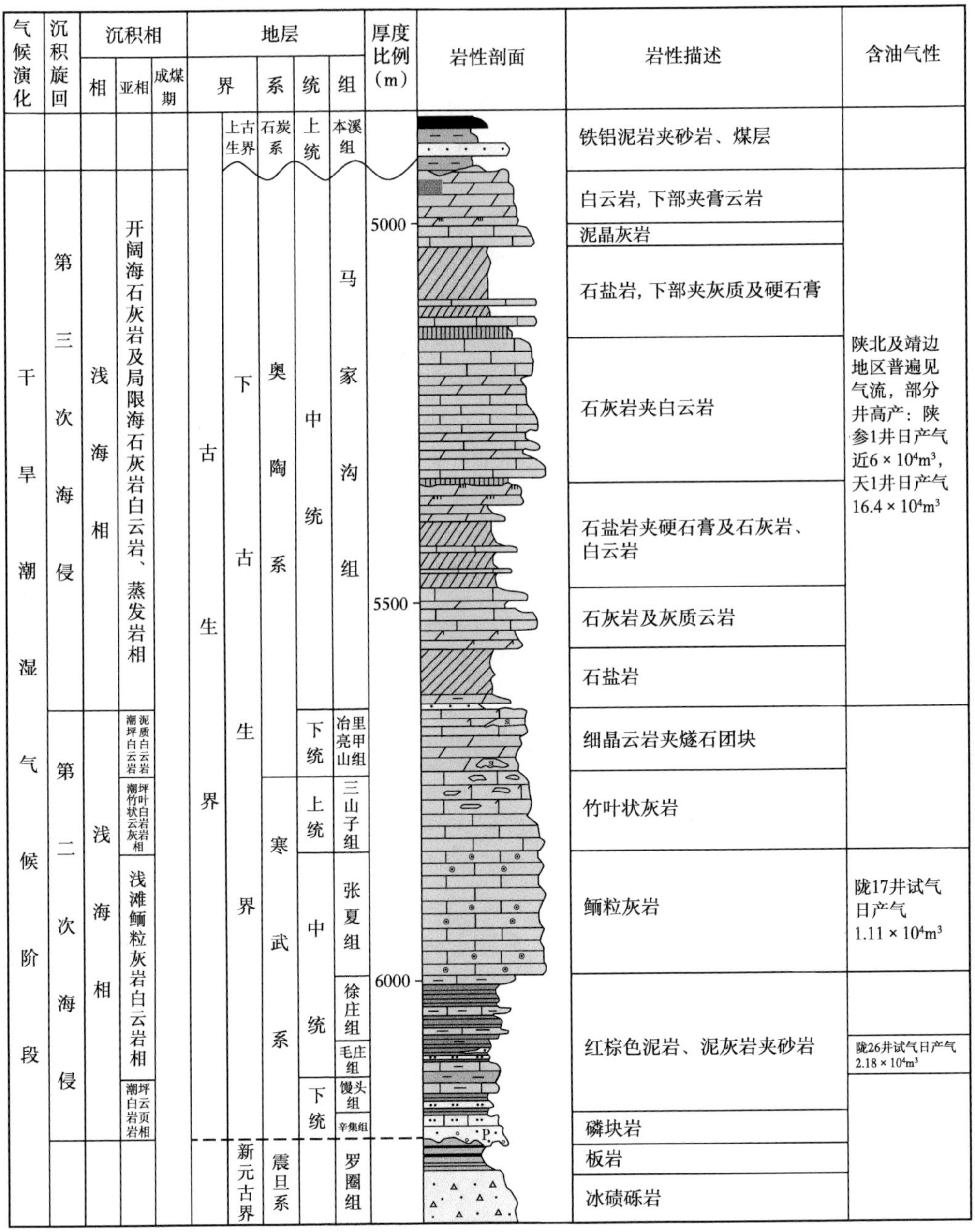

气候演化	沉积旋回	沉积相			地层				厚度比例(m)	岩性剖面	岩性描述	含油气性
		相	亚相	成煤期	界	系	统	组				
					上古生界	石炭系	上统	本溪组			铁铝泥岩夹砂岩、煤层	
干旱潮湿气候阶段	第三次海侵	浅海相	开阔海石灰岩及局限海石灰岩白云岩、蒸发岩相		古生界 下古生界	奥陶系	中统	马家沟组	5000		白云岩，下部夹膏云岩	陕北及靖边地区普遍见气流，部分井高产：陕参1井日产气近6×10⁴m³，天1井日产气16.4×10⁴m³
										泥晶灰岩	
										石盐岩，下部夹灰质及硬石膏	
										石灰岩夹白云岩	
										石盐岩夹硬石膏及石灰岩、白云岩	
									5500	石灰岩及灰质云岩	
										石盐岩	
	第二次海侵	浅海相	泥质白云岩潮坪相			寒武系	下统	冶里亮甲山组		细晶云岩夹燧石团块	
			潮坪竹叶状云灰岩相				上统	三山子组		竹叶状灰岩	
			浅滩鲕粒灰岩白云岩相				中统	张夏组		鲕粒灰岩	陇17井试气日产气1.11×10⁴m³
							中统	徐庄组	6000	红棕色泥岩、泥灰岩夹砂岩	陇26井试气日产气2.18×10⁴m³
			潮坪云页岩相				下统	毛庄组 馒头组 辛集组		磷块岩	
					新元古界	震旦系		罗圈组		板岩	
										冰碛砾岩	

图 1-2-4　鄂尔多斯盆地（内部）下古生界地层柱状图

2）平凉组（O_3p）

根据岩相类型，平凉组又分为壳灰岩相和笔石页岩相两种沉积类型。壳灰岩相仅分布于渭北扶风县以东的永寿、乾陵、礼泉、泾阳、耀州、富平等地，岩性为深灰色薄层、薄板状泥质灰岩，夹重力流沉积砾屑灰岩透镜体和灰黄色砂质蚀变凝灰岩，在富平将军山、耀州桃曲坡和永寿好时河等地发育由小型藻类、珊瑚、层孔虫等组成的点礁体,地层厚度250~450m。

笔石页岩相分布于扶风以西的岐山、麟游、陇县及盆地西缘地区。其岩性为深灰色薄层钙质泥岩、灰绿色泥质粉砂岩夹深灰色薄板状泥灰岩,发育重力流沉积砾屑灰岩,底部发育10~50m厚的黑色泥页岩。该组在盆地西南缘下部称平凉组,上部称段家峡组;在桌子山地区从下至上分为乌拉力克组、拉什仲组、公乌素组和蛇山组,厚度从数百米至两千余米。

蛇山组(O_3s):仅出露于乌海市海南区公乌素镇以东的晟翔机械厂西侧的小山头,厚度仅10余米,岩性为中厚层状浅灰色泥晶灰岩,发育纹层构造。

公乌素组(O_3g):在公乌素镇以北,其上部为灰绿色粉砂质泥岩夹灰色中层状细砂岩;下部为灰绿色粉砂质泥岩与灰色薄层状泥晶灰岩互层,夹中层状细砂岩。砂岩中可见鲍马序列沉积构造。

拉仕仲组(O_3l):在桌子山南缘、横山堡地区和天环坳陷均发育,厚度约为110~140m。在海南区恩格尔互通立交以东的山头上,拉仕仲组底部为中层状细砂岩,其上为灰绿色粉砂质泥岩与薄层细砂岩互层,砂岩中普遍发育鲍马序列沉积构造。

乌拉力克组(O_3w):在桌子山南缘、横山堡地区和天环坳陷均有发育,厚40~60m,岩性为灰黑色泥页岩,中下部发育块状碎屑流沉积石灰岩质砾岩。盆地西缘地区的乌拉力克组已发现可观的页岩气藏。

平凉组的沉积厚度由盆地边缘向西、南方向明显增厚,由200m增加到800m甚至2000m。

2. 中奥陶统

中奥陶统主要为马家沟组沉积,除中央古隆起和伊盟隆起核部地区外,其余地区都有分布。根据岩性和生物化石组合特征,马家沟组从下往上分为6段,即马一、马二、马三、马四、马五及马六段。

1)盆地中东部和渭北地区的中奥陶统马家沟组(O_2m)

在盆地中东部地区,马一段、马三段、马五段以含泥质准同生白云岩、泥质白云岩和白云质泥岩为主,发育大量硬石膏、盐岩等蒸发岩类,并在陕北地区形成资源量达10000×10^8t以上的巨大石盐矿;马二段、马四段、马六段以发育中厚层状及块状泥晶灰岩为主,马四段中下部以发育大量云斑灰岩为标志。

(1)马六段:在盆地中东部及吕梁山区,仅残余下部深灰色中厚层状泥晶灰岩,残余厚度0~20m。盆地南部渭北地区马六段发育最全,厚度也最大。其底部在蒲城尧山、富平金粟山、泾阳鱼车山和岐山崛山沟发育20m厚的重力流沉积砾屑灰岩;下部为灰色中厚层状泥晶灰岩,夹少量云斑灰岩;上部为浅灰色或灰黄色薄层状藻纹层准同生白云岩,局部可见燧石团块,总厚度为180~250m。马六段在岐山曹家沟、旬邑的旬探1井全部白云岩化。

(2)马五段:在晋西吕梁山西麓,马五段厚度为50~70m,下部为10余米的灰黄色泥质白云岩和白云质泥岩互层,中部发育10~20m的深灰色中厚层状泥晶灰岩(中部石灰岩),上部为灰黄色泥质白云岩夹浅灰色准同生白云岩。临汾晋王坟在中部石灰岩之上、下分别发育140余米和20m的硬石膏岩,地层厚度达到200余米。

盆地中东部地区,根据马五段的岩性组合特征,从上至下将其分为10个亚段。其中,马五$_1$亚段、马五$_2$亚段和马五$_4$亚段顶部发育膏溶孔洞白云岩，是盆地中部地区靖边气田的主要储层；马五$_3$亚段和马五$_4$亚段上部发育泥质硬石膏岩和泥质白云岩；马五$_4$亚段下部和马五$_6$亚段、马五$_8$亚段、马五$_{10}$亚段发育巨厚的盐岩和硬石膏岩等蒸发盐岩类（尤其是马五$_6$亚段的蒸发盐岩厚度可达 130~180m，其余各层厚度在 20~60m 之间）；马五$_7$亚段、马五$_9$亚段是厚度分别为 20~30m 的褐灰色准同生白云岩，局部发育残余颗粒准同生白云岩和膏溶孔洞白云岩，可在局部形成优质储层；马五$_5$亚段的深灰色厚层块状泥晶灰岩在盆地内部厚度约 20~25m，其岩性和厚度非常稳定，是整个华北地区奥陶系划分对比的主要标志层。位于台地边缘开放环境的渭北地区缺乏蒸发岩沉积，但具有与盆地内部相似的海平面升降变化过程，与马五$_{6-10}$亚段和马五$_{1-4}$亚段相当的地层以发育浅水潮坪沉积的藻纹层准同生白云岩为主，夹泥质白云岩，与马五段中部石灰岩相当的地层则为厚层块状灰岩，发育大量直角石、菊石等头足类化石及碎片。马五段主要含气层段岩性为：

马五$_1^1$：地层厚 1.0~7.0m，岩性为灰色、褐灰色泥晶、细粉晶白云岩，局部夹薄层鲕粒云岩及角砾状云岩，顶部发育褐红色角砾状岩溶风化成因次生灰岩。马五$_1^1$位于风化壳顶部，溶蚀淋滤缝与构造破裂缝较发育，仅局部地区发育少量溶蚀针孔。受奥陶系顶面风化残积物和本溪组底部细粒沉积物的充填作用影响，五$_1^1$各类孔、缝多被铝土质、铁质和次生方解石充填，孔隙层的储集物性较差。

马五$_1^2$：岩性为浅灰色、褐灰色泥—细粉晶白云岩、角砾状白云岩夹灰黑色薄层状含凝灰质白云质泥岩，局部发育砂屑白云岩，纵向上分上、下两部分。上部孔洞层厚 2.0~4.0m，以溶蚀孔洞白云岩为主，发育膏溶孔洞和少量针状溶孔、层间缝、不规则微裂缝、角砾缝和构造缝。溶蚀孔洞在岩心柱面上成层分布，局部富集，面孔率 5%~25% 不等。孔洞多被淡水白云石、方解石、泥质、石英晶体、黄铁矿半—全充填。下部致密层厚 3.0~5.0m，为褐灰色泥晶白云岩与含泥质白云岩互层，夹含凝灰质白云质泥岩薄层，发育层间缝、成岩收缩缝，偶见溶蚀孔洞。

马五$_1^3$：厚 2.5~4.6m，岩性为浅灰、褐灰色细粉晶膏溶孔洞白云岩，发育膏溶孔洞和树枝状微裂缝。膏溶孔洞成层分布，局部富集，并呈"二段"式（即溶孔上部富集，下部稀疏，或相反）或"三段"式（即上、下部以微裂缝为主，见少量星点状溶孔，中部溶孔发育）结构。在靖边气田及其周边地区，马五$_1^3$膏溶孔洞占岩心柱面 10%~35%，最密者达 45%，呈麻斑状或蜂窝状顺层分布。溶孔直径一般 1.5~3.5mm，个别井发育直径小于 1mm 的针状溶孔。绝大部分膏溶孔洞被亮晶方解石、粉晶白云石、石英晶体及高岭石等黏土矿物半—全充填。充填顺序为方解石（准同生期充填）、白云石、泥质、石英。方解石在下，白云石居中，泥质在上，石英晶体沿孔洞壁垂直生长。方解石和白云石充填物之间呈现明显的示顶底构造。微裂缝一般呈倒树枝状或近直立状，上宽下窄，并向下呈树枝状分叉，缝密度 2~6 条/10cm，多被方解石或白云石半充填—全充填；规模较大的直立缝（缝宽大于 3mm）多为泥质半充填。树枝状裂缝多不穿层，并与溶孔相伴而生，孔缝配置较好，其成因与表生期的岩溶作用有关；直立状大裂缝一般穿层，其产状、密度和规模与溶孔关系不大，其成因与表生期岩溶的溶蚀垮塌及构造应力作用有关。该层具有纵向上缝洞连续发育、横向上区域大面积连片分布的特点，密集的岩溶孔洞和良好的孔缝配置关系，成就了其优良的储渗能力，使其成为鄂尔多斯盆地下古生界储集能力最好的天然气产层之一。

马五$_1^4$：岩性为灰色泥晶白云岩、钙质白云岩、云质灰岩、泥晶灰岩等。局部地区发育分布面积小于20km²、厚度小于2.0m的透镜状粗粉晶—细晶"糖粒"状残余颗粒白云岩，其储集空间主要为晶间孔和晶间溶孔，储层物性极好，是较难得的优质储层。

马五$_1^4$顶、底部发育的灰黑色凝灰岩或凝灰质泥岩是划分奥陶系风化壳小层的重要依据。凝灰岩一般在马五$_1^4$顶部发育一层，底部发育2层，单层厚度一般仅20cm左右，其小钻时曲线反应明显。马五$_1^4$顶底和马五$_2^1$底部的自然伽马曲线均呈尖锐的高峰，且以马五$_1^4$底部最高，三者组合到一起呈燕尾状凸起，是奥陶系风化壳小层划分的重要依据。

马五$_2$：上部为经强烈岩溶改造的含泥质角砾状白云岩，下部为浅灰色薄层状微晶白云岩，发育板状石膏假晶，石膏假晶除大部分被方解石交代外，尚有部分假晶为硅质交代。

马五$_3$：为一套经强烈岩溶作用改造的角砾状泥质云岩或云质泥岩，盆地东部地区中下部发育团块状泥质硬石膏岩。其厚度变化与硬石膏岩分布有一定关系，一般马五$_3$段含石膏则厚度偏大，石膏出现的层位越高，厚度越大，反之则偏小。其中上部角砾间富泥，下部含有较多的结核状、团块状硬石膏。酸不溶物明显高于其他各层，平均达17.1%。上部发育1~3层蚀变凝灰岩薄层，下部硬石膏结核具有典型的鸡笼格子状构造。

马五$_4^1$：顶部4.0~5.0m为褐灰色细粉晶膏溶孔洞白云岩，岩心柱面上溶孔呈蜂窝状分布，孔径一般在2~4mm，亮晶方解石、淡水白云石及少量淡水石英晶体与高岭石等黏土矿物半充填—全充填，具示顶底构造。在盆地东部地区可见未溶蚀的似球状硬石膏斑。中下部为泥质白云岩和白云质泥岩互层，发育泥质硬石膏团块。底部发育灰黄、灰绿色凝灰质泥岩薄层。

马五$_4^2$：褐灰色泥质白云岩和白云质泥岩互层，发育鸡笼格子状硬石膏。

马五$_4^3$：褐灰色泥质白云岩和白云质泥岩互层，发育鸡笼格子状硬石膏，盆地东部地区发育40m左右的岩盐。

马五$_5$：深灰色泥晶灰岩和深灰色云质（化）泥晶灰岩，夹薄层含骨屑泥晶灰岩和泥晶含藻屑球粒灰岩。普遍具白云石化现象，白云石化后生成的半自形粉晶白云石晶粒多呈游离状分布，局部白云石化剧烈形成白云岩。偶见有腕足、三叶虫、藻类及棘屑等生物碎片。晋西吕梁隆起东西两侧和伊盟隆起与中央古隆起之间的古鞍部东侧发育点状分布的由球状藻堆积而成的藻礁体。礁体被风浪打碎后形成的藻屑滩灰岩体经白云石化后可形成物性很好的优质储层，是鄂尔多斯盆地奥陶系中组合的最好储气层。

（3）马四段：中下部为灰色厚层、块状云斑灰岩（豹皮灰岩），上部为灰色泥晶灰岩夹浅灰色准同生白云岩，局部发育云斑灰岩、硬石膏夹层。该段在全区的岩性和厚度都比较稳定，除河津西磴口、临汾晋王坟、蒲县峡村等吕梁隆起核部厚度不足100m，中央古隆起和伊盟地区受后期风化剥蚀以外，其他地区基本稳定在140~170m之间。

（4）马三段：在盆地中东部岩性以灰黄色泥质白云岩和白云质泥岩为主，夹薄层准同生白云岩，厚度一般50m左右；在陕北地区因发育大量硬石膏和盐岩层，厚度增加至130~160m；在渭北地区马三段以浅灰色准同生含泥质白云岩或含泥质石灰岩为主，泾阳东陵沟厚度为50m左右。

（5）马二段：在盆地中东部地区的岩性和厚度都比较稳定，纵向上由三套厚度稳定的厚层块状泥晶灰岩（局部地区顶部石灰岩发生了后生白云石化），夹两套灰黄色薄层含泥质白云岩和泥质白云岩，组成三厚两薄的剖面结构。陕北地区在两套泥质白云岩中往往发育硬石膏或盐岩层。渭北地区白云岩段中的泥质含量明显降低，但三厚两薄的剖面结构仍较清楚。盆地中东部厚50~80m，盆地南缘厚100m左右。

（6）马一段：又称贾汪页岩段或贾汪组，在盆地东缘吕梁山区厚10~30m，以发育灰黄、灰绿色泥质白云岩和白云质泥岩为主，夹浅灰色薄层状准同生白云岩，底部发育数层数厘米至半米厚的砂砾岩（砂砾成分为下伏亮甲山组中的燧石），在延安以南地区马一段发育50~110m盐岩。陕北、晋西南部地区因发育蒸发岩，最厚可达130m。盆地南部渭北地区以浅灰黄色含泥质白云岩为主，厚度约为30m。

2）盆地西部地区的中奥陶统

盆地西部地区的中—下奥陶统划分界限和地层命名比较混乱，至今没有完全统一。

（1）西缘南段。过去将盆地西缘南段平凉地区的中—下奥陶统从下至上分为麻川组、水泉岭组和三道沟组。近年来对平凉麻川村甘沟、水泉岭和三道沟采石场新剥露的奥陶系剖面的研究结果表明，麻川组为一跨越上寒武统至中奥陶统的地层单位。

在麻川甘沟，位于麻川组中部的马一段底部为0.5m左右的浅褐红色粉砂岩夹3~4层厚度小于1cm的红色钙质泥岩薄层，与下奥陶统亮甲山组顶部的灰色厚层、块状结晶白云岩呈平行不整合接触，其上为褐红色白云质泥岩和灰黄色泥质白云岩互层；马二段为灰色厚层泥晶灰岩夹一层浅灰黄色泥质白云岩，石灰岩层面可见局部富集的三叶虫、腕足和鹦鹉螺类动物化石碎片；马三段为浅灰黄色准同生白云岩和含泥质灰岩，发育泥质纹层和藻纹层构造。虽然该地马一—马三段的厚度很薄（马一段厚度仅3m左右，马二段厚度仅5m左右，马三段厚度也仅10m左右），但其地层层序结构及其反映的沉积水体的深浅变化趋势很清楚，与盆地中东部可以进行很好的对比。

马四段相当于麻川组上部和水泉岭组中下部，岩性为厚层块状云斑灰岩和泥晶灰岩，厚度约150m左右。

马五段出露于三道沟中部（水泉岭组上部），其岩性组合与渭北地区类似，下部为厚约20m的浅灰色薄层含泥质准同生白云岩，发育泥质纹层和藻纹层构造，中部发育20m厚层泥晶灰岩，上部为约80m薄层含泥质白云岩。

马六段（三道沟组）出露于三道沟中部平台的边缘部位，厚度约90m，岩性为灰色中厚层泥晶灰岩。

青龙山地区中奥陶统的岩性组合特征与平凉地区比较类似，在青龙山鸽堂沟马一段为15m左右的浅灰色、浅灰黄色含泥质白云岩与含泥质灰岩，底部与下奥陶统亮甲山组之间有明显的冲刷面；马二段为50多米的灰色厚层、块状泥晶灰岩夹浅灰色薄层泥质白云岩和泥质灰岩，具明显的三厚两薄的剖面结构特征；马三段为浅灰色薄层泥质灰岩；马四段为厚约120m的厚层、块状云斑灰岩和泥晶灰岩；马五段为上、下两段薄层泥质灰岩夹深灰色厚层块状生物灰岩（中部石灰岩），厚度约80m；青龙山酸枣沟马六段（三道沟组）为薄层泥晶灰岩、瘤状灰岩夹紫红色和灰黄色极薄层状凝灰岩，厚度约250m。

（2）贺兰山地区。贺兰山地区中奥陶统分为中梁子组和樱桃沟组。中梁子组相当于盆地中东部的马一—马五段，岩性基本都为厚层块状泥晶灰岩，除局部的层理厚度和泥质含量变化以外，纵向上基本没有明显的岩性变化，在贺兰山西麓中梁子组厚度约300m。樱桃沟组相当于峰峰组，岩性为浅变质泥板岩、粉砂岩夹巨厚层状重力流沉积砾屑灰岩（其中发育粒径达10m以上的大型漂砾），中梁子以北的樱桃沟厚约140m，阿拉善左旗呼吉台一带厚度大于2700m。

（3）桌子山地区。桌子山地区的中奥陶统分为三道坎组、桌子山组和克里摩里组。

克里摩里组（O_2k）相当于盆地东南部的马六段与峰峰组，或盆地西缘南段的三道沟组，地层厚度 150~180m。在乌海海南收费站附近，克里摩里组总厚度约 180m，其下部为中厚层瘤状灰岩，中部为薄层泥晶灰岩夹钙质泥岩薄层，上部为薄层泥灰岩夹深灰色薄板状钙质泥岩；在天环北段主要为深灰色泥晶灰岩夹白云岩化礁灰岩体，局部发育碎屑流沉积砾屑灰岩和岩溶洞穴再沉积泥质角砾岩。该组常见腕足、三叶虫、藻类及棘屑等生物碎屑。

桌子山组（O_2z）中下部相当于马四段，岩性为含完整生物化石的中厚层泥晶灰岩与中薄层云斑灰岩互层，厚度约 200m；上部 150m 相当于马五段，岩性为薄层含泥质纹层泥晶灰岩夹厚层、块状含完整生物化石泥晶灰岩（厚约 30m）。

三道坎组（O_2s）：相当于马一、马二和马三段，岩性为浅红色石英砂岩与浅灰色白云岩互层，老石旦东山厚度约 85m。

中奥陶统的沉积厚度仍向盆地西南缘明显增大，由 500m 增大至 1000~2000m，榆林—米脂地区厚 600~900m，中央古隆起周围厚仅 100m 左右。

3. 下奥陶统

下奥陶统包括亮甲山组和冶里组，主要分布于晋西吕梁山和盆地西南缘地区，盆地内部受怀远运动影响基本缺失。

1）亮甲山组（O_1l）

受怀远运动风化剥蚀影响，亮甲山组在各地的厚度变化较大。其岩性特征为富含硅质藻纹层（燧石条带）及燧石团块、燧石结核的中厚层状结晶白云岩。作为标志之一的燧石结核、燧石团块和燧石层，在盆地南部的亮甲山组中普遍发育，并集中分布于该套地层的中部，顶、底部含量逐渐降低；但在盆地西部及东北部清水河—偏关一带，燧石结核和燧石团块含量则急剧减少，更难见到燧石层。该套地层在盆地东北部偏关鸭子坪一带残余厚度约 110m，而在盆地东南缘河津西磑口仅剩约 20m；在盆地南部泾阳鱼车山、岐山曹家沟，厚度也在 100m 以上，在贺兰山下岭南沟一带的前中梁子组厚度最大可达 180m，但在陇县景福山等地则被剥蚀殆尽，平凉麻川甘沟残余厚度也不足 20m。

2）冶里组（O_1y）

冶里组与下伏上寒武统凤山组为连续沉积，在盆地东缘吕梁山区，岩性为灰、浅灰、灰黄色含泥质白云岩、泥质白云岩夹灰绿、灰黄色薄层状白云质泥页岩和少量竹叶状白云岩，厚 4~35m。盆地南缘及渭北地区探井均发育冶里组，其泥页岩含量较盆地东部明显减少，但厚度明显增加，岩性以灰色、黄灰色薄—中层状白云岩、泥质白云岩为主，厚 35~80m。贺兰山下岭南沟组厚 110m 左右，岩性为灰色薄—中层状含泥质白云岩、泥质白云岩夹竹叶状白云岩；青龙山鸽堂沟为灰色薄层状含泥质白云岩夹灰绿色钙质泥岩，残余厚度 15m；平凉水泉岭麻川甘沟的冶里组厚度仅 10m 左右，岩性为灰绿色钙质泥岩与灰黄色泥质白云岩薄互层。陇县及贺兰山北部、桌子山地区均缺失冶里组。

（二）寒武系

寒武系为华北地台早古生代的第一套沉积地层，纵向上可分为上、中、下三统，各组段的岩性特征在鄂尔多斯盆地各地基本一致。

1. 上寒武统

在宁夏贺兰山、山西河津西磑口和内蒙古清水河地区，根据岩性特征和古生物组合可将上寒武统划分为凤山组、长山组和崮山组。盆地其余地区岩性特征变化不明显，化石证据不充分，一般统称为三山子组。

23

1）凤山组（$\in_3 f$）

岩性多为褐灰色、浅黄色、深灰色厚层块状粗粉晶白云岩夹竹叶状白云岩。盆地西北部和西南部陇县一带因怀远运动的风化剥蚀而大面积缺失；盆地西部、南部和东部一般厚30~50m；贺兰山地区最厚可达130m左右；盆地东北部清水河、偏关一带为灰色颗粒（砂屑、鲕粒）灰岩，厚35m左右。

2）长山组（$\in_3 c$）

长山组分布范围与凤山组基本一致，岩性为褐灰色与灰黄色竹叶状含泥质砾屑白云岩、暗褐色泥晶泥质白云岩，局部发育竹叶状灰岩和泥质条带石灰岩。砾屑呈扁平的竹叶状，具褐色氧化圈，含量20%~50%，基质为细粉晶白云石。地层厚度30~50m。

3）崮山组（$\in_3 g$）

崮山组分布范围比长山组、凤山组稍大，岩性为浅灰黄色薄板状含泥质白云岩与灰黄、褐红色白云质泥岩互层，局部发育残余鲕粒白云岩和竹叶状白云岩夹层。地层厚度变化较大，贺兰山强岗岭厚度可达133m，岐山二郎沟厚225m，其余地区一般50~100m。

2. 中寒武统

鄂尔多斯盆地中寒武统从上至下分为张夏组、徐庄组和毛庄组。

1）张夏组（$\in_2 z$）

张夏组为中寒武世海侵高潮期的沉积，其典型特征是鲕粒特别发育。岩性主要为颗粒（鲕粒、砾屑、砂屑、生物碎屑）灰岩和残余颗粒（残余鲕粒、砾屑、砂屑、生物碎屑）结晶白云岩，小型竹叶状砾屑和鲕粒结构非常发育，并伴以大量生物碎屑和砂屑结构。在盆地西缘贺兰山、桌子山、青龙山地区，张夏组为灰色泥质条带鲕粒灰岩、竹叶状灰岩与页岩的不等厚互层，厚248~259m。在盆地中东部，张夏组厚度较薄，一般不超过100m，但单层厚度很厚，一般在剖面上呈厚层、块状或巨厚层状，其中的鲕粒、砂砾屑和生物碎屑特别丰富。在盆地南部，张夏组岩性较单一，为浅灰、深灰色粉—细晶白云岩与残余鲕粒白云岩互层，厚200m左右。中央古隆起上的庆深1井张夏组厚92m，庆深2井张夏组厚65m。盆地内部张夏组鲕粒灰岩多大面积白云石化。

2）徐庄组（$\in_2 x$）

底部为一套灰色泥晶颗粒（生物碎屑、砂屑、砾屑、鲕粒）灰岩，下部为紫色页岩夹亮晶鲕粒灰岩、颗粒灰岩、粉砂质灰岩；上部为灰色泥晶灰岩、含泥质竹叶状砾屑灰岩及鲕粒灰岩夹灰绿色钙质泥页岩，石灰岩中普遍发育肾状或绿豆状海绿石，局部地区海绿石含量可达10%左右。在盆地东北部清水河一带，徐庄组为紫红色粉砂质泥岩夹中薄层粉砂岩，顶部发育褐灰色中薄层状藻纹层灰岩，厚约40m；在中央古隆起周缘厚度50m左右，在岐山二郎沟厚219m，在其余地区厚130~150m。

3）毛庄组（$\in_2 m$）

盆地中北部和吕梁山中北部多沉积缺失，盆地西南部厚度20~70m。上部岩性为紫红色钙质页岩夹细—粉石英砂岩，下部为灰紫色生物碎屑鲕粒灰岩、泥灰岩。

3. 下寒武统

下寒武统为寒武纪海侵初期沉积，仅分布于盆地边缘地区，从上至下可分为馒头组和辛集组。

1）馒头组（$\in_1 m$）

馒头组各地岩性变化较大，盆地东南缘河津西礃口一带为浅土黄、灰褐、灰黄绿色薄—中层状粒屑灰岩、泥晶灰岩、白云岩、泥质白云岩夹砾屑灰岩及红色钙质泥页岩，底部为石英质砾岩，总厚 50m 左右；岐山曹家沟一带以白云岩为主，厚 112m；陇县牛心山一带下部为紫灰色、灰色粉晶白云岩、鲕粒白云岩、砂质白云岩，中上部为粉—中粒石英砂岩，上部夹紫红、紫灰色石灰岩，厚 76m；盆地西部平凉大台子白杨沟一带，底部为纯石英砂岩，上部为粉晶白云岩，厚 55m；耀州耀参 1 井为浅灰色石灰岩、鲕粒灰岩、白云岩，上部夹紫红、黄绿色泥页岩；贺兰山南段的五道淌组为薄层—厚层状钙质白云岩、钙质页岩及细粒石英砂岩，厚 42~82m。至贺兰山北段，沉积物显著变粗，为灰白色、土黄色薄—中厚层状石英砂岩夹含砾砂岩及少许泥灰岩、竹叶状灰岩，底部是砾岩，厚度 47m。天环地区馒头组中上部为灰色细晶白云岩夹泥质白云岩，下部为石英砂岩，厚度分别为 65m 和 42m。

2）辛集组（$\in_1 x$）

辛集组又称为猴家山组，贺兰山地区称苏峪口组，盆地南缘进一步分为下部的辛集组和上部的朱砂洞组。

盆地南部地区的辛集组上部为一套灰色、深灰色块状含石英砂质白云岩、鲕粒白云岩和藻白云岩等沉积（朱砂洞组），厚度 15~50m；下部为浅肉红色泥质粉砂岩、粉砂岩、含磷砂岩、砂质白云岩夹生物灰岩，底部发育磷块岩，厚约 5~25m；盆地西缘的辛集组（苏峪口组）为一套含磷钙质碎屑岩沉积，厚度 10~40m。辛集组平行不整合于罗圈组（正目观组）之上。

五、元古宇

元古宇是鄂尔多斯盆地的第一套沉积盖层，包括新元古界震旦系和中元古界蓟县系与长城系（表 1-2-1、图 1-2-5）。盆地北部伊盟隆起上的个别探井长城系含气。

（一）震旦系罗圈组（$Z_1 l$）

罗圈组仅分布于盆地西部和南部边缘地区，由盆地边缘向盆地内部迅速尖灭。宁夏贺兰山的震旦系叫正目观组，下部为紫红、黄绿、紫灰、黄灰色泥砾岩与浅灰色、灰色块状砾岩，上部为砂质页岩和板岩，厚度 9~144m。青龙山及其以南的阴石峡地区仅剩下部砾岩段，厚度 7~36m。盆地南缘的震旦系叫罗圈组，洛南上张湾厚度最大（94m），纵向上下粗上细的二元结构也比较明显。其他如永济二峪口、岐山蒲家沟、陇县周家渠的厚度都仅有 10m 左右，岩性以褐红色粉细砂岩和泥岩为主，偶见白云质冰碛砾石。盆地内部天深 1 井和镇探 1 井分别钻遇 8m 和 42m 震旦系冰碛岩，其岩性以白云质砾岩和泥砾岩为主。该套冰碛沉积与上、下地层均呈平行不整合接触。

（二）中元古界

1. 蓟县系（Jx）

蓟县系为盆地内第一次大规模沉积的海相碳酸盐岩地层。其分布范围自宁夏惠农—鄂托克前旗—定边—环县—华池—合水—旬邑—韩城一线西南地区。在蓟县系尖灭线附近以发育滨海砂页岩和泥质白云岩为主，向西南方向变为含硅质条带藻白云岩。盆地西部宁夏境内的蓟县系称王全口组，主要岩性为灰、棕红色白云岩、残余颗粒白云岩、藻白云岩、叠层石白云岩及泥质白云岩，含燧石结核、条带及团块，夹少许砂岩及页岩，底部与长城系为平行不整合接触，厚度由贺兰山王全口以北的数十米，到青龙山鸽堂沟的 708m（未见底）。盆地西南缘和盆地南部地区蓟县系岩性组合特征与盆地东南缘洛南地区类似，从

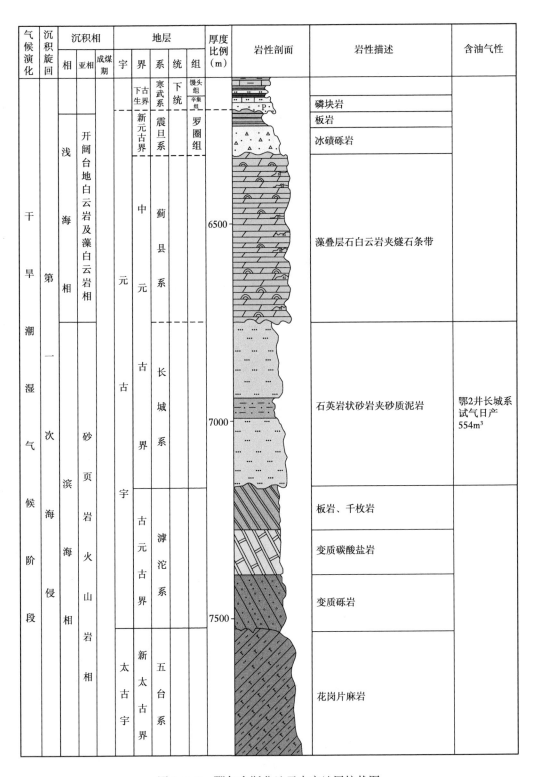

气候演化	沉积旋回	沉积相			地层				厚度比例(m)	岩性剖面	岩性描述	含油气性
		相	亚相	成煤期	宇	界	系	统	组				

图 1-2-5 鄂尔多斯盆地元古宇地层柱状图

下至上可分为龙家园组、巡检司组、杜关组和冯家湾组，主要岩性为灰色、浅灰色厚层、块状夹薄层泥晶—粉晶白云岩，夹褐红色泥质白云岩和白云质砂泥岩，发育大量燧石（化）藻纹层结构、燧石条带及燧石团块。

盆地西南缘的平凉山口子、华亭马峡、陇县景福山峡口、岐山下蒲家沟一带蓟县系均未见底，分别出露1351m、974m、845.2m和1706.2m的蓟县系中上部地层。永济二峪口蓟县系底部与下伏长城系的平行不整合接触关系清楚，但缺失巡检司组及其以上地层，残余厚度仅243m。洛南黄龙铺、巡检司和寺耳镇一带的蓟县系发育最全、厚度最大可达1500~1932m。目前盆地内部钻遇蓟县系的井除天环地区的天深1井（42m）外，庆深1井（310.5m）、庆深2井（522m）、镇探1井（323m）、宁探1井（616.3m）、龙2井（106m）、灵1井（88.6m）、香1井（58m）、旬探1井（235m）、陇27井（82.8m）等9口井均位于中央古隆起及渭北隆起。除天深1井、庆深1井和香1井外，其他井均未钻穿蓟县系。天深1井和庆深1井蓟县系岩性为暗紫、棕红、浅灰色细—粉砂岩夹泥岩、白云岩及喷发岩，其余井岩性为灰色细粉晶白云岩、残余颗粒白云岩、竹叶状砾屑白云岩和燧石结核白云岩，与下伏长城系为平行不整合接触。

2. 长城系（Ch）

长城系主要分布于杭锦旗—鄂尔多斯—乌审旗—榆林—志丹—太白—甘泉—大宁—河津一线以西及黄河以东的吕梁山、太岳山、中条山和洛南等地区。在地层尖灭线附近以发育冲积平原相砂砾岩为主，向西南方向逐渐相变为滨海相砂岩、砂页岩。

盆地西部贺兰山、桌子山一带的长城系称黄旗口组，其下部为灰白、浅紫、粉红色石英岩状砂岩夹杂色板岩（贺兰石），底部以底砾岩与古元古界贺兰山群、赵池沟群或千里山群呈角度不整合接触，厚150m；上部为灰、灰黑色粉砂质板岩、硅质板岩、灰色燧石条带白云岩和浅灰白色厚层块状石英岩状砂岩，厚13~550m。石英岩状砂岩中普遍发育楔状交错层理及波痕。

盆地东南部中条山二峪口一带的长城系厚达560m左右，由下至上分为白草坪组、北大尖组和崔庄组，由石英岩状砂岩、紫色和黑色千枚岩化浅变质页岩夹硅质灰岩组成，与下伏中元古界马家河组安山岩（相当于豫陕地区的熊耳群）为平行不整合接触。

洛南黄龙铺一带的长城系高山河群分为鳖盖子组、二道河组和陈家涧组，总厚度约为8000m，岩性为浅肉红色石英岩状砂岩、片岩和泥板岩，与下伏熊耳群杏仁状安山玢岩、细碧岩、玄武玢岩和石英斑岩呈平行不整合接触。

盆地北部伊盟隆起西部杭锦旗以西地区的长城系厚50m（克1井）至1500m（锦13井），岩性为浅肉红色、浅灰白色石英岩状砂岩。位于中央古隆起上的庆深1井长城系厚116m，岩性为杂色含砾粗砂岩、砾状砂岩和砂质砾岩。天环北段的天深1井、古探1井和伊陕斜坡上的桃59井、宜探1井分别钻遇长城系270.6m、331m、265m和222.4m，四口井均未见底；盆地内部的城川1井、莲1井、莲3井、富探1井、陇29井、陇32等井则刚钻入长城系数米至五六十米，其岩性基本上均为灰白色、肉红色、褐灰色石英岩状砂岩夹暗紫色、灰绿色粉砂质页岩及辉绿岩等浅成侵入岩。

结合重、磁、电法及深部地震勘探资料，鄂尔多斯盆地各次级构造单元发育的长城系的岩性基本一致，但厚度相差悬殊。盆地东南部洛南一带的长城系最厚，达到8000m左右，其次是盆地西南部的麟游、镇原，西北部的灵武、铁克苏庙等长城系的厚度都达到2500~3500m，由盆地西南部各沉积中心向东北方向厚度逐渐减薄，鄂托克旗—鄂托克前旗—定边—环县—庆城—合水—旬邑一线以东厚度降至数百米，再往东则逐渐尖灭缺失。

六、古元古界和新太古界

古元古界（Pt_1）及新太古界（Ar_3）变质岩系组成鄂尔多斯盆地的结晶基底，其岩石组成极为复杂，大多经历了较强的区域变质作用，一般达到了（高）角闪岩相—麻粒岩相，主要以变质程度较深的各种片岩、片麻岩及变粒岩、石英岩、大理岩及花岗片麻岩为主。从成因上讲，盆地基底岩石既有副变质岩（如伊盟隆起西段的克 1 井所钻遇的古元古界大理岩及变质砂岩），又有正变质岩（如盆地东部龙探 1 等井所钻遇的太古宇花岗片麻岩），且两者常混杂为一体而缺乏成层有序的原始产状，反映其经历了多期复杂构造变形作用的改造，常见石榴子石、夕线石、透闪石、透辉石等特征的变质矿物，局部可见含石墨的大理岩，另外还可见到强烈混合岩化。如盆地东北部胜 2 井的混合岩化花岗片麻岩基底岩心，可见其中基体与脉体的强烈分异，说明基底岩石最强变质阶段的温压条件已达到可使岩石发生部分熔融的程度。

盆地内基底岩性及其形成时代具有一定的分区性。盆地东南部韩城、三门峡、运城一带发育新太古—古元古界涑水群（Ar_3-Pt_1s）；汾阳、吉县、黄龙、铜川、西安、岐山一带发育新太古界太华群（Ar_3th）；盆地中部吕梁、佳县、清涧、延安、吴起、富县、环县、庆阳、平凉、陇县一带发育新太古—古元古界吕梁群（Ar_3-Pt_1ll）；清水河、偏关、准格尔旗、神木、横山、鄂托克旗、鄂托克前旗、定边、盐池一带发育新太古界五台群（Ar_3wt）；盆地北部伊盟隆中东部发育新太古界兴和岩群（Ar_3xh）（集宁群）和乌拉山群（Ar_3wl）；伊盟隆起西部发育古元古界千里山群（Pt_1qls）；贺兰山地区发育新太古界贺兰山群（Ar_3hl）；盆地西南部固原、天水、宝鸡一带发育海原群（Pt_2hy）（表 1-2-1）。

第二章　地质录井技术

地质录井（geological logging）是在钻井过程中，应用专用设备、工具和相应的工作方法，依据技术标准对该井所钻遇岩石和流体的信息记录。地质录井采集的信息是认识地层、构造、油气水层客观规律最直接的原始资料。常规地质录井主要包括钻时录井、岩屑录井、钻井取心录井、井壁取心录井、荧光录井、钻井液录井及现场其他资料收集等。

第一节　录井前准备

做好钻前准备是准确采集各项地质资料的基础。开钻前必须做好地质预告、设计交底、邻井资料收集、各种器材的准备等相关工作。

一、钻前资料收集

（一）地质相关数据

1. 熟悉地质设计

钻井地质设计是工程施工和地质录井的任务书。录井队接到钻井地质设计后，录井队长应认真组织全队人员学习设计，重点了解设计中的分层数据、岩性组合特征、显示情况、钻井液性能、邻井钻井施工过程中发生的工程事故及处理措施等内容，明确钻探目的和地质任务要求，同时要做好如下准备工作：

（1）地质设计书中有钻井取心项目时，必须掌握取心目的、原则及取心层位、进尺、收获率等方面的要求。

（2）地质设计书中有中途测试项目时，必须掌握中途测试的原则、目的等基本要求。

2. 了解区域地质特征

收集区域地质研究报告及综合柱状图，了解本井钻遇地层层序、岩性组合特征、岩性标志层、地层预计厚度、接触关系、生储盖组合、油气显示特征、各层位的电性特征等。

3. 收集邻井地质资料

收集邻井的地层、构造、油气水显示、测试成果、地层孔隙压力及井况（喷、漏、塌、卡）有关资料，以及邻井综合录井图、测井图等。

（二）与录井有关的工程数据

与录井有关的工程数据主要包括补心高度、钻井液池容积、排量换算表、方钻杆长度、表层套管数据等。

1. 补心高度

补心高度为转盘面至地面的垂直距离，转盘面也叫补心面。补心高度是录井剖面深度、测井深度、下套管深度及完井射孔深度的起点深度。实际丈量补心高度是在井架和钻机安装完毕后，从转盘补心顶面用钢卷尺自然下垂丈量到井架底座底面或水泥基础顶面的长度。

2. 表层套管

导管和表层套管的作用都是为了巩固井口，防止坍塌。有关表层套管的主要数据有：产地、直径、壁厚、钢级、总长、下入深度、联入。录井前应收集套管相关数据并填写套管记录。

1）套管总长 = 套管串长度 + 套管鞋长度

表层套管下入深度，即表层套管鞋深，通常下入第一根套管焊接护丝作为套管鞋，计算长度时也可合并在套管单根内。

2）套管下入深度 = 套管总长 + 联入

联入就是联顶节方入，即转盘面以下的联顶节长度。在现场丈量联入的方法，是在下套管之前丈量联顶节的长度，固定时再丈量转盘面以上出露部分的长度，二者相减得出联入。

当没有使用联顶节时，将最后下入一根套管在转盘面以上的部分称为套余，则套管下深 = 套管总长 – 套余。

3. 钻井液池容积

要丈量好钻井液池的长、宽、高，求出单位高度的容积。钻井液池应配有深度标尺，以便在发生井漏或井涌时计量；收集第一次开钻井深及钻井液性能。

4. 其他

（1）丈量、记录下井钻具类型、规范、长度。

（2）收集固表层数据，包括水泥牌号、用量（袋或方）、注入水泥浆密度、起止时间、替入清水量、水泥浆是否返出地面等。

二、方案制订与地质交底

（一）地质预告

地质录井人员接到地质设计后，必须认真学习研究，收集区域地层、构造、油气水显示资料和邻井实钻剖面，结合地球物理勘探和地层压力试验等资料，进行综合分析，绘制出地质预告图、构造井位图、过井剖面图，编制地质施工大表，提供地层、构造、油气显示等信息，并将绘制的图表张贴在值班房内。

1. 地质预告图

根据设计及区域邻井资料，将本井预计钻经的地层、井深、岩性、预计油气水层位置、取心位置、故障提示及录井要求等以柱状图的方式编绘，称为地质预告图。要求符号均按标准图例进行绘制。地质预告图项目内容齐全，标出防斜、防塌、防喷、防漏、防卡井段。格式比例及图幅大小视现场环境条件而定，达到通俗易懂、简单明了即可。

2. 构造井位图及过井剖面图

构造井位图及过井剖面图可根据地质设计提供的附图缩放，比例尺应一致。了解设计井所处的构造位置、邻井井号及邻井间的构造关系。当图面上不止一口井时，应将本井井位着色突出醒目。图幅大小以布置整齐美观为原则。

3. 地质施工大表

井别、地理位置、钻探目的、地质任务、地质循环、取心原则、中途测试原则、完

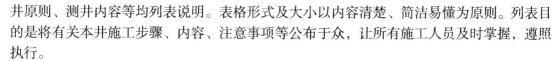

井原则、测井内容等均列表说明。表格形式及大小以内容清楚、简洁易懂为原则。列表目的是将有关本井施工步骤、内容、注意事项等公布于众，让所有施工人员及时掌握，遵照执行。

（二）地质交底

要对现场录井小队工程技术人员从以下几个方面进行地质交底：

（1）本井基本情况，包括井位、井别、设计井深、钻探目的、钻达层位和完钻原则、预计油气水深度等。

（2）邻井成果、故障提示及可能出现的复杂情况，是否存在有毒、有害气体等。

（3）本井录井作业方案、关键工序与关键过程分析等。

（4）其他，包括完钻原则及需要工程密切配合与要求工程特别注意的重要事项等。

三、仪器和材料准备

（一）仪器

现场安装后的地质参数仪器（气体录井仪、综合录井仪）或钻时仪应经调试合格后方可投入使用，确保仪器设备及各种传感器工作正常。

（二）录井器材

上井前，必须准备好录井所需的各种材料。

1. 录井用具

录井用具包括砂样盆、砂样袋、样品袋、岩心盒、劈心机、烤箱、水桶、砂样台等。

2. 鉴别用具

鉴别用具包括荧光灯、双目显微镜、放大镜、滴管、镊子、小刀、酒精灯、试管、吸管、烧杯、试管架、滴瓶、荧光对比系列样、有机溶剂（氯仿或四氯化碳）、5%稀盐酸、钻井液性能测量器具等。

3. 丈量计时工具

丈量计时工具包括方入尺、钢卷尺（2m、15m和30m）、秒表、五金工具、红白漆、棉纱等。

4. 报表用具

报表用具包括铅笔、绘图笔、毛笔、刀片、胶水、比例直尺、墨水、橡皮、订书机、U盘、各种报表、记录纸、标签、记录本等。

第二节　钻具丈量与管理

钻具（drilling tool）是包括方钻杆、钻杆、钻铤、连接接头、钻头等钻井用的下井工具统称。其具体组成随不同钻井作业目的要求而不同，但主要是钻杆段和下部钻具组合两大部分。

钻具既是钻井的主要工具，也是丈量井深的尺子。钻井过程中，井深的准确性取决于下井钻具长度的准确性。井深的准确性又是保证各项录井资料深度准确可靠的前提和先决条件。因此，钻具管理是录井技术中首要的一项关键性工作。录井中管理钻具的侧重点是其长度。录井现场录井人员应把钻具管理列为全井重点工作之一来抓，保证钻具丈量、计算和井深准确无误。

一、常用钻具与丈量方法

（一）常用钻具

常用钻具包括方钻杆、钻杆、钻铤、接头（包括钻杆接头、配合接头）等。在钻井中通常把方钻杆、钻杆、加重钻杆、钻铤、稳定器等用各种接头连接起来的入井管串称为钻柱。此外，在取心钻进时，钻具还包括岩心筒、取心钻头。

1. 方钻杆

方钻杆位于钻具的顶部，其上与水龙头相接，其下与钻杆相接。方钻杆的长度一般为12m左右，作用主要是将动力传送给钻杆、输送钻井液，工作时承受钻柱的重量。

2. 钻杆

钻杆工作时位于方钻杆与钻铤之间，其作用是传送动力和输送钻井液，连接、增长钻柱，达到不断加深井眼的目的。现场习惯称一根钻杆为一个单根，3根钻杆为一"立柱"。

3. 钻铤

钻铤工作时处于钻柱下部，主要作用是对钻头加压和防斜。

4. 接头

接头有钻杆接头和配合接头之分。钻杆本体的接头称钻杆接头。用来连接钻杆、钻铤、钻头或打捞工具等钻具的接头称为配合接头。

5. 钻头

钻头是钻进时破碎岩石的主要工具，工作时处于钻具最底部。现场正常钻进常用的钻头有刮刀钻头、牙轮钻头和PDC钻头三种类型。取心时的钻头中心是空的，常用的是筒式取心钻头。

（二）丈量方法

钻具丈量是确保钻井井深准确的首要条件。各组钻具下井之前地质人员必须密切配合工程技术员准确丈量长度，检查规范，不能有任何差错。

1. 方钻杆

方钻杆一般应丈量全长和有效长度。方钻杆全长减去上、下接头长度为有效长度，即方钻杆的使用长度。因为方钻杆方部末端上部的接头体部位无法进入转盘方补心内，因此在计算井深丈量方钻杆时，应从外螺纹大端台肩开始至方部末端为止，绝对不能量至内螺纹顶端面，否则井深出现误差。

方钻杆使用长度的丈量：将方钻杆平放在垫杠上，将钢卷尺零端对准方钻杆外螺纹大端台肩面，另一个人手握尺盒沿方钻杆逐渐将尺带拉出，然后将尺带贴在方钻杆内螺纹接头上面，眼观方钻杆末端的钢尺刻度，其刻度值即为方钻杆的使用长度。图2-2-1中 L_0 为方钻杆的使用长度。

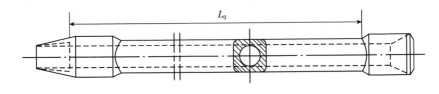

图 2-2-1　方钻杆使用长度丈量

2. 钻杆

钻杆从内螺纹一端的顶端量到外螺纹的螺纹台肩处，螺纹部分不计入长度。测量时，将钢卷尺零位端对准钻杆外螺纹大端台肩，另一个人将钢卷尺拉到钻杆内螺纹接头端，并将尺带紧贴于内螺纹接头上端顶部，两眼直视内螺纹接头顶部所对应的尺带数值，该数值即为钻杆长度值。图 2-2-2 中为钻杆丈量方法。

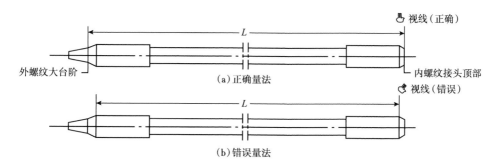

图 2-2-2　钻杆的丈量方法

3. 钻铤

钻铤与钻杆的测量方法一致，从内螺纹一端的顶端量到外螺纹的螺纹台肩处，螺纹部分不计入长度。一个人站在钻铤内螺纹端，左手拿住钢卷尺盒，右手轻抚钢卷尺带。另一个用右手握住钢卷尺带始端钢环，拉至钻铤外螺纹端时，将钢卷尺带贴于管体表面，尺带 "0" 点紧贴外螺纹端根部，如图 2-2-3 所示，然后将钢卷尺带贴于钻铤内螺纹端面开始读数。

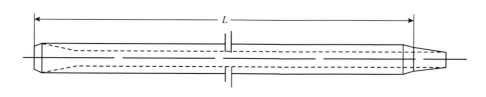

图 2-2-3　钻铤的丈量方法

4. 接头

接头与钻铤和钻杆的丈量方法相同，凡两端是内螺纹的接头，丈量全长；凡一端或两端是外螺纹的接头，丈量至外螺纹根部，其螺纹部分不计入长度。接头因使用频繁，又不被人们注意，往往是最容易出差错的地方，应特别注意。

5. 钻头

钻头测量时，应将钻头直立于平地垂直丈量，从牙轮的牙齿顶端或底面（PDC 钻头、取心钻头或磨鞋等）丈量到螺纹以下的台肩。钻头顶部是外螺纹部分不计入长度，内螺纹的丈量全长。

以上介绍了与录井工作有关的主要钻具丈量方法。在钻井过程中，不论是正常的钻进还是处理井内事故或钻取岩心等，经常需要丈量钻具，准确地计算出井深。因此，不管钻具实长如何，当它们衔接并下入井内工作时，不暴露在外表的部分都计入钻具长度以内。

只要掌握住这一原则，不管采用什么钻具（如接头、取心工具、打捞工具），都能丈量出它的长度。

二、钻具管理要求

钻具管理以工程数据为准，录井队应该对钻具进行丈量和复查，应做到"三对口"（工程、地质、场地）、"五清楚"（钻具组合、钻具总长、方入、井深和下接单根）和"一复查"（全面复查钻具），实行钻具卡片使用管理制度，确保井深准确。

（一）到井钻具的管理

1. 到井钻具数量的记录

到井钻具应分类记录总根数、合格根数和不合格根数。

2. 钻具编号和长度标识

（1）由钻井和录井人员一起用符合标准计量法的钢卷尺（15m 或 30m）精确丈量两次，精确到 0.01m，执尺人互换尺头复量无误。

（2）将待下井钻具按入井顺序分类编排，每丈量一个钻具，确认丈量准确无误后用油漆在钻具的一端注明其入井序号及长度；超深井要打钢号，并将规格、壁厚、扣型、长度、钢号、编号准确填入原始记录。工程、录井分别填写钻具原始记录，并与实物查校无误，双方对口。

（3）方钻杆的有效长度应标记整米刻度。整米刻度标记应清晰、耐磨损。

（二）下井钻具的管理

除有钻具丈量原始记录及钻具卡片外，还必须建立井下钻具计算记录和钻具变化记录，录井同钻井一定要时时对口。

1. 钻进过程

钻进过程应及时记录下井钻具、立柱编排和钻具变化情况，下钻方入计算要准，实际划在方钻杆上的方入记号要准；井深及各项钻具数据地质和工程必须对口，当发现问题时必须立即停钻，及时查清。

2. 起下钻时

起下钻时应编写立柱号，起钻按顺序号排列，下钻按编号依次下井，不得混乱；如甩下坏钻具，应丈量其长度，加注明显标识，并做好记录。

3. 倒换、变动钻具时

地质人员必须在钻具使用记录中注明，与工程一起核对出入井钻具，钻井中钻具不清不打钻。

4. 特殊作业钻具

特殊作业钻具应提前检查、丈量，早做准备。

5. 交接班工作要求

值班人员应详细、认真填写钻具交接班记录，应在现场交接说明本班钻具变化情况、下井钻具、鼠洞内钻具、坡道上钻具、场地编号顺序、坏钻具和新送钻具等情况。接班人要一一核对，正确无误时方可接班。

6. 中途测井

若进行中途测井，每次中途测井后，应选择明显标志层核对井深，读出分段岩性岩电差。岩电差超标准时，应立即查明原因，方可继续钻进。岩电差（一般情况下，测井深度减去录井深度）要求是：深度小于 3000m 的井，岩电差必须小于井深的 1‰；深度大于 3000m 的井，岩电差必须小于井深的 1.2‰。超限时，应查明原因及时提出补救措施。

第三节　钻时录井

钻时（rate of penetrationa）是衡量岩层可钻性的指标之一，即每钻进单位进尺所需要的纯钻进时间，单位为 min/m。在石油钻井工程中，通过测量钻时来判断地层的变化，系统地记录钻时并收集与其有关的各项数据、资料的全部工作过程，称为钻时录井（drilling time logging），采集项目包括井深和钻时。

一、方法原理

采用综合录井仪、气体录井仪、钻时仪或其他录井仪器进行钻时录井，根据钻达时间和停钻时间，计算单位进尺所用的纯钻进时间。

二、深度计算

（一）井深和方入的计算

钻时记录的准确性有赖于井深的准确性，进行钻时录井必须先正确计算井深和方入。井深计算不准，钻时记录必然也会不准，还会影响其他录井质量，造成一系列无法纠正的错误。计算井深是一项最基本的工作，地质人员必须熟练掌握井下钻具、组合状况，熟悉钻具长度、井深及方入、到底方入、整米方入计算方法，是进行钻时录井的前提。

1. 井深的计算

井深指从地面向地下钻进形成的井眼深度，井深的起始零点是转盘上平面。钻达的最大停钻井深称为井底或井底深度。

2. 方入的计算

方钻杆进入转盘面以下部分的长度称方入。方入包括到底方入和整米方入，到底方入是指钻头位于井底时的方入，整米方入是指井深为整米时的方入。

3. 井深、方入、钻具的关系

井深 = 钻具总长 + 方入。

钻具总长包括井下的钻杆、钻铤、接头、钻头或其他井下工具长度的总和。

到底方入 = 井深 – 钻具总长。

整米方入 = 整米井深 – 钻具总长。

钻进时由于每个单根的长度不同，所以方入也不相同。因此，每换一个单根，必须计算一次到底方入，特别注意有无增减接头。

（二）井深校正

仪器测量井深与钻具计算井深每单根误差不大于 0.20m，每次接单根时必须校正一次仪器测量井深。井深（井段）以 m 为单位，保留 2 位小数。

三、钻时记录

（一）计算方法

把井深、到底方入、整米方入计算正确后，只要按间距记录整米方入由浅到深的钻达时刻，两者之差再减去其间的停钻时间，即为单位进尺所需的时间—钻时。

1. 一次中停的纯钻进时间计算

钻进过程中的停钻时间（中停时间）次数少、时间较短时，纯钻进时间应用公式（2-3-1）计算：

$$T_c = (t_z - t_k) - T_t \qquad （2-3-1）$$

式中　T_c——纯钻进时间；

　　　t_z——钻到结束井深的时刻；

　　　t_k——钻到开始井深的时刻；

　　　T_t——钻进过程中的停钻时间（中停时间）。

2. 多次中停的纯钻进时间计算

钻进过程中有两次或两次以上中停，且中停间隔时间较短时，纯钻进时间可按公式（2-3-2）计算。钻进过程中有两次或两次以上中停，且中停间隔时间较长时，应按公式（2-3-1）分段计算纯钻进时间，然后按公式（2-3-3）计算总的纯钻进时间。

$$T_t = (t_z - t_k) - \sum_{i=1}^{n} T_{ti} \qquad （2-3-2）$$

式中　n——中停次数；

　　　T_{ti}——每次中停的时间。

$$T_c = \sum_{i=1}^{n} T_{ci} \qquad （2-3-3）$$

式中　n——分段钻进的次数；

　　　T_{ci}——每个分段钻进的时间。

3. 钻时计算公式

$$T = \frac{T_c}{J} \qquad （2-3-4）$$

式中　T——钻时；

　　　T_c——纯钻进时间；

　　　J——录井井深间距。

（二）资料采集

1. 采集项目

采集项目包括井深、钻时。

2. 录取间距

录井时连续测量，录井间距为 1m，需要时录井间距最小可调至 0.1m，保留 1 位小数。要求项目齐全，计算准确。

3. 钻具管理

录井队协助钻井队使用合格计量器具丈量及复查钻具，填写钻具丈量记录，格式见表 2-3-1。

表 2-3-1 钻具丈量记录表

日期	序号	单根长度 （m）	丈量人	复查人	备注

填写说明：（1）单根长度为 m，保留 2 位小数；（2）对损坏的钻具等情况备注说明；（3）本记录要求手工填写。

4. 井深校正

仪器测量井深与钻具计算井深每单根误差不大于 0.20 m，每单根或立柱校正一次仪器测量井深。

5. 注意事项

（1）发现放空应及时停钻，记录放空起止时间，测量放空距，卡准起止井深，深度记录精确到 0.01m。

（2）收集并记录放空时的悬重（钻压）、泵压、排量、钻头直径及类型、起下钻井深、钻头纯跳时间、纯跳井段及现场其他资料。

（3）详细记录钻井过程中的纯、跳钻等现象及相应的井段深度。

（4）碳酸盐岩地层的缝洞发育段，遇钻时加快应加密钻时点。

四、钻时资料的应用

钻时资料的应用主要是绘制钻时曲线，通过钻时曲线的变化趋势定性地判断岩性，划分地层。

（一）钻时曲线的绘制

绘制钻时曲线，就是将一口井取得的钻时，按照一定的比例，用平面直角坐标法，依井深顺序逐点连接。纵坐标表示井深，单位为 m，一般用 1∶500 比例尺。横坐标表示钻时，单位为 min/m，比例尺可根据钻时的大小来选择，以能表示出钻时的变化为原则。绘制时分别在相应的深度上标出其对应的钻时点，然后将各点连接成一条折线即为钻时曲线。

如果一口井的钻时变化太大，中间可以适当变换比例。钻时曲线绘好后，在曲线旁用符号或文字在相应深度上标注接单根、起下钻、跳钻、卡钻、更换钻头位置及钻头尺寸、类型等。符号分别是：接单根（ ）、起下钻（ ）、下钻取心（ ）、连续取心（ ）、取心完后起钻（ ）、换钻头（ ）。

（二）钻时曲线的应用

1. 辅助判断岩性

钻时曲线是岩屑描述中辅助岩性分层的重要参考资料。在钻井参数相同的情况下，钻时曲线的相对变化反映了岩石的可钻性，即反映岩性的变化。疏松地层比致密地层钻时小，脆性地层比塑性地层钻时小。一般来说，疏松渗透性的砂层、煤层、生物碎屑灰岩等钻时相对较小，泥岩、石灰岩钻时相对较大，玄武岩、花岗岩钻时最大。

2. 地层对比与卡准取心层位

钻时曲线和岩屑录井剖面是划分层位、与邻井进行地层对比、修正地质预告、卡准目的层、确定停钻循环观察油气显示、判断取心层位的首要依据。在钻井过程中，可以根据钻时由大到小的突变，及时停钻循环钻井液，观测油气水显示特征，以便采取相应措施；在取心过程中，加密钻时点，初步判断所取岩心之岩性，帮助确定地层岩性和割心位置。

3. 判断裂缝、孔洞发育层段

利用钻时曲线，可以帮助判断裂缝、孔洞发育的井段，确定储层位置。如果突然发现钻时变小，有时伴随钻具放空现象，说明井下已经钻遇缝、洞发育井段。

4. 在钻井工程方面的应用

（1）工程人员可利用钻时分析井下情况，判断钻头的使用情况等，还可利用钻时统计纯钻进时间，进行时效分析，正确选用钻头，修正钻井措施等。

（2）判断溜钻：在正常钻进情况下，钻时突然变小，甚至下降到了 1min/m 以内，在排除地层影响因素的条件下，则是司钻操作失误，导致溜钻。

（3）钻头泥包时，钻时明显变大。

（4）井壁坍塌，掉块增多，钻头反复研磨掉块，钻时明显变大。

（5）钻头类型与磨损程度：新钻头一般比旧钻头钻时小。

（6）钻井措施与方式：在同一岩层中，钻压大、转速快时，钻头对岩石破碎效率高，钻时小。在其他条件相同的情况下，使用井下动力钻具，钻时小。

（7）钻井液性能与排量：使用低密度、低黏度、大排量的钻井液钻井时，钻时小；反之，钻时大。

五、影响钻时录井的因素分析

钻时录井虽然能反映地下岩石的可钻性，在相同岩性条件下，钻时还受到钻头类型及新旧程度、钻井参数及钻井液性能变化、钻井方式与特殊工艺操作技术等因素的影响。

（一）钻头类型及新旧程度的影响

钻头类型直接影响钻进速度，也就影响钻时的大小。钻头新旧程度的影响也很明显，旧钻头磨损程度大，破碎岩石能力差，钻进速度慢，钻时大；新钻头破碎能力强，钻进快，钻时小。钻头又可分为刮刀钻头、牙轮钻头、PDC 钻头等类型，不同类型的钻头破碎地层的能力是不同的，PDC 钻头比牙轮钻头钻时小。

（二）钻井参数及钻井液性能的影响

钻井参数主要有转速、钻压、泵压及钻井液排量等。在地层岩性相同的情况下，转速合理、钻压大、泵压高、排量大，则钻头对岩石的破碎效率高，钻时小；反之，则钻时大。

实践表明，改善钻井液性能对提高钻速有明显的作用。一般来说，低密度、低黏度、大排量的钻井液钻进速度快，钻时低，而高密度、高黏度、小排量的钻井液钻进速度慢，钻时大。

（三）钻井方式与特殊工艺的影响

我国常用的钻井方式一般是转盘钻和涡轮钻两种。由于钻井方式不同，钻进速度也不同。通常情况下，涡轮钻的转数比转盘钻转数大得多，所以涡轮钻比转盘钻钻进快，钻时小。

特殊钻井工艺对钻时的影响很大，比如气体钻井、雾化钻井、泡沫钻井、充气液钻井等，一般钻井介质密度越低，机械钻速越快。

（四）操作技术的影响

司钻操作技术的熟练程度在很大程度上也会影响到钻时的真实性。经验丰富的司钻送钻均匀，钻压平稳，钻时的变化就能很好地反映地下岩层的软硬程度；否则，钻时不能真实地反映出地下岩石的性质或反映很差。

总之，不能只看到钻时的快慢不同就下结论，而应结合地层全面考虑各种影响因素，才能得出比较接近地下真实情况的结论。

第四节　岩屑录井

钻井时，地下的岩石被钻头钻碎后随钻井液一起带至地面，这些岩石碎块称为岩屑，又常称为"砂样"。钻井过程中，按照一定的井深间距和岩屑迟到时间，连续收集与观察岩屑并恢复地下原始地层剖面，了解井下的含油气情况等过程，称为岩屑录井（well cuttings log）。

一、录取资料

岩屑录井录取的资料包括层位、井段、岩性定名、岩性及含油气描述、定名岩屑占岩屑百分含量、含油岩屑占定名岩屑百分含量、荧光湿照、干照、滴照颜色和荧光对比级别等。

二、岩屑迟到时间的确定

岩屑迟到时间（lag time of cuttings）是指岩屑从井底返到井口取样位置的时间，单位是 min。

迟到时间不准，即使井深跟踪测量准确，按间距捞取的岩屑也会受到影响和歪曲，从而使岩屑失去代表性和真实性。因此，准确地测定迟到时间是岩屑录井工作的关键。常用的迟到时间测定方法有理论计算法、实测法、反比法和特殊岩性法。

（一）理论计算法

理论计算迟到时间与钻头的直径、钻具的外径、钻井泵的排量有关。常用钻井泵一般有双缸泵（双冲程）和三缸泵（单冲程），根据不同类型钻井泵（图 2-4-1）计算钻井泵的排量。

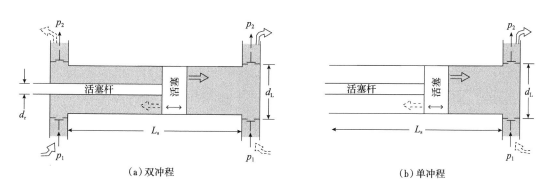

（a）双冲程　　　　　　　　　　　　（b）单冲程

图 2-4-1　钻井泵冲程

双缸泵（双冲程）排量计算公式为：

$$Q = VE\eta = \frac{\pi}{4}\left(2d_{\mathrm{L}}^2 - d_{\mathrm{r}}^2\right)\left(2L_{\mathrm{s}}\right)E\eta \tag{2-4-1}$$

式中　Q——钻井泵排量；

V——泵缸套容积；

d_L——缸套直径；

d_r——活塞内杆直径；

L_s——冲程；

E——泵冲数；

η——泵效率。

三缸泵（单冲程）排量计算公式为：

$$Q = VE\eta = \frac{\pi}{4} d_L^2 (3L_s) E\eta \qquad (2-4-2)$$

将井眼视为不同直径的筒形，则理论岩屑迟到时间为：

$$T_{理} = \frac{V}{Q} = \frac{\pi(D^2 - d^2)H}{4Q} \qquad (2-4-3)$$

式中　$T_{理}$——理论迟到时间；

V——井内环形空间容积；

Q——钻井泵排量；

D——井眼直径；

d——钻杆外径；

H——井深。

例如，某井深为 2500m，假设井眼为标准的 311.2mm，其钻杆为 127mm，钻井泵为三缸单冲程泵，缸套直径为 170mm，缸套冲程为 304mm，泵冲数为 100 次 /min，泵效率为 95%，计算泵排量和迟到时间。

泵排量：根据公式 $Q = \frac{\pi}{4} d_L^2 (3L_s) E\eta = 0.0207 \times 100 \times 95\% = 1.965\,(\text{m}^3/\text{min})$

迟到时间：根据公式 $T_{理} = \frac{V}{Q} = \frac{\pi(D^2 - d^2)H}{4Q}$

$$= [3.14 \times (0.3112^2 - 0.127^2)/(4 \times 1.965)] \times 2500 \approx 80.74\,(\text{min})$$

实际上，井眼并不规则（扩径），泵上水系数实际偏小（即泵排量实际偏小），而且岩屑在环形空间中上返时，因重力和涡流作用还有滞后现象，因此，由式（2-4-3）计算出的岩屑迟到时间与实际岩屑迟到时间总存在着误差。当理论计算与实测岩屑迟到时间误差不大时，以实测迟到时间为准；当理论计算与实测岩屑迟到时间误差较大时，要重新实测，确定迟到时间。

（二）实测法

1. 测量方法

实测法是现场中最常用的方法，其方法是：选用与岩屑大小、密度、形状相近且颜色醒目的指示物，如红砖碎块、瓷块、染色岩屑等，在接单根时投入钻杆内。指示物从井口随钻井液经过钻杆内到井底，又从井底随钻井液沿钻杆外的环形空间返到井口振动筛处。指示物在井口振动筛处发现的时间与开泵时间之差，称为循环一周时间（cycle time）。它

包括了指示物在钻具内的下行时间和从井底顺环形空间返至井口的时间。迟到时间是指示剂循环一周时间减去在钻具内的下行时间。

2. 实测岩屑迟到时间的要求

（1）井深不大于1000m，实测不成功时，可采用理论计算法求取迟到时间。

（2）换用不同直径的钻头钻进时，应重新测量迟到时间。

（3）每次进行实物迟到时间测定后，对理论计算迟到时间进行校正。迟到时间测量间距要求见表2-4-1。

表2-4-1　迟到时间测量间距

层段	井段（m）	测量间距
目的层	目的层前200m开始测量	至少100m测量1次
非目的层	≤1500	至少测量1次
	1501~2500	至少500m测量1次
	2501~3000	至少200m测量1次
	≥3000	至少100m测量1次

理论计算迟到时间应与实测迟到时间相对应，并填写实测迟到时间记录表（表2-4-2）。

表2-4-2　迟到时间测量记录

时间	钻头位置（m）	环空体积（m³）		钻井泵参数			理论迟到时间（min）	循环一周时间（min）	下行时间（min）	管路延迟时间（min）	实测迟到时间（min）	采用迟到时间（min）	采用井深（m）	测量人	审核人	备注
		内环空	外环空	缸套直径（mm）	冲数（min⁻¹）	排量（L/s）										

3. 计算方法

1）计算循环一周的时间

$$T_{循} = T_{见} - T_{开} \tag{2-4-4}$$

式中　$T_{循}$——循环一周时间；

　　　$T_{见}$——振动筛发现指示物时间；

　　　$T_{开}$——投指示物后的开泵时间。

2）计算下行时间

指示物从井口至井底的下行时间，可用下列公式计算：

$$T_{下} = \frac{V_1 + V_2}{Q} = \frac{\pi\left(d_1^2 h_1 + d_2^2 h_2\right)}{4Q} \tag{2-4-5}$$

式中　$T_{下}$——指示物在钻具内的下行时间；

　　　V_1、V_2——钻铤和钻杆的内容积；

　　　d_1、d_2——钻铤和钻杆的内径；

　　　h_1、h_2——钻铤和钻杆的累计长度；

Q——钻井泵排量。

3）计算迟到时间

$$T_{迟} = T_{循} - T_{下} = T_{循} - \frac{\pi\left(d_1^2 h_1 + d_2^2 h_2\right)}{4Q} \quad (2-4-6)$$

式中　$T_{迟}$——计算迟到时间。

（三）反比法

在钻井过程中，一定的井深间距内，排量有明显变化时，要对迟到时间进行修正。利用迟到时间与钻井液排量成反比的关系，计算出新的岩屑迟到时间，称为反比法计算岩屑迟到时间：

$$T_{新} = \frac{Q_{原}}{Q_{新}} \times T_{原} \quad (2-4-7)$$

式中　$T_{新}$——排量改变后的迟到时间；

　　　$T_{原}$——排量改变前的迟到时间；

　　　$Q_{新}$——新排量；

　　　$Q_{原}$——原排量。

（四）特殊岩性法

在实际工作中，还常常应用特殊岩性法来校正迟到时间，利用大段单一岩性中的特殊岩性（如大段砂岩中的泥岩，大段泥岩中的砂岩，大段泥岩中的石灰岩、白云岩，大段的煤层、石炭质泥岩，油气层顶部等）在钻时上表现出明显升高或明显降低的异常现象，根据其钻到时间和特殊岩性返出的实际时间，这两个时间差即为真实的岩屑迟到时间。

三、岩屑采样与整理

岩屑是系统了解井下地层、岩性、油气显示的直观资料。岩屑返出地面后，地质人员根据设计的捞样间距在振动筛前准确捞取岩屑。岩屑捞取后要进行洗样、晒（或烤）样、描述、装袋等工作，并建立完整的井岩性柱状剖面。

（一）岩屑采样

岩屑的收集及采样必须严格按照迟到时间连续进行，以确保岩屑的真实性、准确性。

1. 岩屑捞取时间

何时放置砂样盆要由迟到时间来确定，提前放置（或清理）会捞取多余的岩屑，推迟放置（或清理）会造成漏取岩屑，均会使岩屑剖面不准确。

（1）录取第一包岩屑放置砂样盆时间：

放置砂样盆时间 = 第一包整米井深开始钻进时间 + 迟到时间　（2-4-8）

（2）每次下钻到底后放置砂样盆时间：

放置砂样盆时间 = 钻头开始钻进时间 + 迟到时间　（2-4-9）

（3）未停泵或变泵时，按公式（2-4-10）计算岩屑录取时间；如停泵，岩屑捞取时间需再加上停泵时间。

$$T_2 = T_3 + T_1 \quad (2-4-10)$$

式中 T_2——岩屑捞取时间；

T_3——钻达时间；

T_1——岩屑迟到时间。

（4）变泵时间早于钻达时间时，按公式（2-4-11）计算岩屑捞取时间。

$$T_2 = T_3 + T_1 \times \frac{Q_1}{Q_2} \tag{2-4-11}$$

式中 Q_1——变泵前的钻井液排量；

Q_2——变泵后的钻井液排量。

（5）变泵时间晚于钻达时间但早于岩屑捞取时间时，按公式（2-4-12）计算岩屑捞取时间。

$$T_2 = T_4 + \left(T_5 - T_4 \right) \times \frac{Q_1}{Q_2} \tag{2-4-12}$$

式中 T_5——变泵前岩屑捞取时间。

2. 岩屑捞取要求

一般情况下，取样容器放在振动筛出砂口下方，岩屑沿筛布斜面落入取样容器内，按取样时间在振动筛前捞取。

（1）取样按设计间距连续进行。正常情况下，起钻前必须循环钻井液一周捞完最后一包岩屑，钻进地层大于 0.2m，应按迟到时间捞取岩屑，待下钻后与钻完整米所捞取岩屑合为一整包岩屑。特殊情况下，如起钻前不能循环一周时，停泵前按迟到时间捞取岩屑，余下未捞出的岩屑应在下次下钻到底循环钻井液时进行补取；重点探井发现良好油、气层及特殊岩性层段时，可加密捞样，间距可控制在 0.5m，并分包保存。

（2）定点取样以保证岩屑的真实性。应根据岩屑沉淀情况选择合理的取样位置，以保证岩屑的真实性。当岩屑过多时，应垂直切取堆积岩屑的四分之一或二分之一，并在取完一包岩屑后立即清除剩余岩屑；岩屑数量少时，捞净为止，并立即找出原因设法改进。当钻遇疏松地层、可溶盐岩层时，应在架空槽内设挡板定点捞取。每捞完一包岩屑后，应立即清理，净化取样处。每次下钻到底开泵后按迟到时间清理取样位置。

（3）现场捞样数量每包不少于 500g。录井间距应符合钻井地质设计书要求，每包岩屑质量不应少于 500g。重点探井（参数井、区域探井）目的层应采取双包样，一包保存，另一包供现场鉴定和挑选分析化验样品。

（4）钻井取心井段正常进行岩屑录井工作。如起钻前未能取到样，当取心收获率低于 80% 时，扩眼补取。

（5）带堵漏剂钻进时多次捞样。带堵漏剂钻进时，每包岩屑需要分多次捞取，每次应尽量多捞，清洗时漂去堵漏剂，留下岩屑合为一包，可尽量保证岩屑量充足、真实。

（6）使用油基钻井液时捞取的岩屑严禁直接烘烤。

（7）气体钻井条件下，岩屑采样装置应安装在排砂管线斜坡段的下部，使用透气的长条形布袋录取岩屑。

（二）岩屑整理

1. 岩屑清洗

（1）洗样工具视具体情况选择（洗样盆、洗样筛），以不漏掉、不破坏岩屑为原则。洗样水要保持清洁，严禁油污，严禁高温。

（2）捞出的岩屑应先闻后洗，洗样时要注意观察有无油气显示（油气味、气泡、油花、油迹）。清洗后的岩屑标记准确的深度后，立即进行现场荧光直接照射。洗样时见到油气显示而荧光照射没有显示时，要及时补捞样品观察，查明原因；对闻到、见到的油气显示要做详细记录。

（3）洗出的岩屑要能见岩石本色，无滤饼、泥团。细小和粉末状岩屑采用漂洗法清洗；疏松砂岩和软泥岩及煤屑时要注意保护岩屑，切忌大水量猛冲和揉搓；气体钻井条件下的岩屑不清洗。

（4）如遇岩屑难洗、假岩屑多时，可多捞一些，静放一下再洗，并将大块假岩屑去掉。

2. 岩屑干燥

（1）岩屑及时进行荧光湿照观察并填写了荧光记录后，才可进行干燥。

（2）条件允许时，岩屑以自然晾干为主，并避免阳光直接暴晒。条件不允许时，可使用烘箱。烘烤时间和温度要适当（控制在90~110℃为宜，含油显示层岩屑控制在80℃以下），烤至八成干即可取出烤盘，严防暴烤，以免岩屑碎裂变质。

（3）含油气岩屑、油页岩、油基钻井液条件下捞取的岩屑及要选送生油条件分析的岩屑严禁烘烤。

（4）烘样时把岩屑平摊在烤盘上，不要过多搅动，以免岩屑粘在一起，防止颜色模糊。

（5）晾烘样时要注明井深，严防混乱、丢失或掺混。

3. 岩屑收装

岩屑干燥或描述完后，应及时装袋和入盒。晾烘干的样品，随同岩屑标签（标明井号、井深）装入袋内。

将袋装岩屑按照井深顺序从左到右、从上到下依次列于岩屑盒中，并在盒外标明井号、盒号、井段。

四、岩屑描述

现场捞取的岩屑，由于受钻头类型和岩石性质、钻井液性能、钻井参数、井眼大小等多种因素的影响，每包岩屑并不是单一的岩性。这就需要进行岩屑描述工作，对井下一定深度的真假岩屑进行鉴别，给予比较确切的定名，才能真实地恢复和再现地下地质剖面。

（一）真假岩屑的识别

1. 真岩屑

真岩屑是在钻井中，被钻头新破碎下来的代表该录井深度位置的岩屑，也叫新岩屑。一般地讲，真岩屑具有以下特征：

（1）个体碎小，色调新鲜，棱角明显。

（2）成岩性好的泥质岩多呈瓦片状、碎块状、扁平状，页岩呈薄片状，具造浆性的泥质岩等多呈泥团状。

（3）疏松砂岩及成岩性差的泥质岩屑棱角不分明，多呈散砂状、小颗粒状。

（4）钻时大、致密坚硬的砂岩，其岩屑往往较小，棱角特别分明，多呈碎片或碎块状。

（5）碳酸盐岩的岩屑多呈碎块状。

（6）在钻井液携带岩屑的性能特别好，迟到时间又短，岩屑能及时上返到地面的情况

下，较大块的、带棱角的、色调新鲜的岩屑也是真岩屑。

2. 假岩屑

假岩屑是指真岩屑上返过程中混进去的掉块及不能按迟到时间及时返到地面而滞后的岩屑。假岩屑一般有下列特点：

（1）色调欠新鲜，比较而言，显得模糊陈旧，表现出岩屑在井内停滞时间过长的特征。

（2）碎块过大或过小，毫无钻头切削特征，形态失常。

（3）棱角欠分明，有的呈浑圆状。

（4）形成时间不长的掉块，往往棱角明显，块体较大。

（5）岩性并非松软而破碎较细，毫无棱角，呈小米粒状的岩屑，是在井内经过长时间上下往复冲刷研磨成。

（二）描述方法与原则

1. 仔细认真、专人负责

描述前应仔细认真观察分析每包岩屑。一口井的岩屑由专人描述，如果中途需换人，二人应共同描述一段岩屑，达到统一认识、统一标准。

2. 大段摊开、宏观细找

岩屑描述要及时，描述时应将岩屑顺次摊开数十包，系统观察，反复对比，仔细寻找新成分出现的位置。

3. 远看颜色、近查岩性

远看颜色，仔细对比，区分颜色变化的界限。近查岩性是指对薄层、松散岩层及含油岩屑、特殊岩性需要逐包仔细查找、落实，并把含油岩屑、特殊岩性及本层定名岩性挑出，分成小包，以备描述和挑样。

4. 干湿结合、挑分岩性

描述颜色时，以晒干后的岩屑颜色为准，但岩屑湿润时，颜色变化、层理、特殊现象和一些微细结构比较清晰，容易观察区分。挑分岩性是指分别挑出每包岩屑中的不同岩性，进行对比，帮助判断分层。

5. 参考钻时、分层定名

钻时变化虽然反映了地层的可钻性，但因钻时受钻压、钻头类型、钻头新旧程度、钻井泵排量、转速等因素影响，所以不能以钻时变化作为分层的唯一根据。应该根据岩屑新成分的出现和百分含量的变化，参考钻时，上追顶界、下查底界的方法进行分层定名。

6. 含油气岩性重点描述

含油气岩屑要结合现场观察综合描述油、气情况。对百分含量较小或呈散粒状的储层及用肉眼不易发现、区分油气显示的储层，必须认真观察、仔细寻找，并做含油气的各项试验，不漏掉油气显示层。

7. 特殊岩性必须鉴定

不能漏掉厚度 0.5m 以上的特殊岩性，并详细描述。特殊岩性以镜下鉴定的定名为准。

（三）岩屑描述内容

1. 描述内容

描述内容主要包括岩石名称、颜色、成分、结构、构造、胶结情况、油气显示、化石和其他含有物等，并填写岩屑草描记录，格式见表 2-4-3。

表 2-4-3 岩屑草描记录

井深 （m）	钻时 （min/m）	岩性定名			岩性及 含油气 水描述	定名岩屑 占岩屑 百分含量 （%）	含油岩屑占 定名岩屑 百分含量 （%）	荧光				……
		颜色	含油 级别	岩性				湿照 颜色	滴照 颜色	干照 颜色	对比 级别	

2. 岩石定名

（1）定名原则：与岩心各种岩性定名要求相同。综合岩石的基本特征，以"颜色＋岩性"为基本定名，其名称结构为"颜色＋含油气级别＋特殊含有物＋岩性（成分、结构、构造）"。当碎屑岩粒级无法确定时，可不必按其粒级定名，只定出岩石大类即可，如灰色砂岩、浅灰色灰质砂岩。

（2）颜色：以新鲜干燥岩屑为准，主要颜色在后，次要颜色在前，如灰褐色等。如果各色所占比例近似，可称杂色，但描述时将各色名称一一列出。常见岩石颜色及代码见表 2-4-4。

表 2-4-4 岩石颜色代码

颜色代码	颜色名称	颜色代码	颜色名称
0	白色	6	蓝色
1	红色	7	灰色
2	紫色	8	黑色
3	褐色	9	棕色
4	黄色	10	杂色
5	绿色		

注：两种颜色的以底圆点相连，如灰绿色为"7.5"，颜色深、浅分别用"＋""–"号代表，如深灰色为"＋7"，浅灰色为"-7"。

（3）含油级别：描述时应突出含油级别特征，岩屑含油显示要重点描述和统计。孔隙性地层岩屑的含油级别划分主要依据储层中含油岩屑占定名岩屑的百分含量和含油特征并重的原则，岩屑含油级别分富含油、油斑、油迹、荧光四级。孔隙性地层岩屑含油级别的划分见表 2-4-5。缝洞性地层岩屑含油级别是按照含油岩屑占定名岩屑的百分含量确定为富含油、油斑、荧光三级。裂缝性地层岩屑含油级别的划分见表 2-4-6。

表 2-4-5 孔隙性地层岩屑含油级别划分

含油级别	含油岩屑占定名岩 屑百分含量（%）	含油产状	油脂感	味
富含油	＞40	含油较饱满、较均匀，有不含油的斑块、条带	油脂感较强，染手	原油味较浓
油斑	5~40	含油不饱满，多呈斑块状、条带状含油	油脂感较弱，可染手	原油味较淡
油迹	0~5	含油极不均匀，含油部分呈星点状或线状含油	无油脂感，不染手	能够闻到原油味
荧光	0	肉眼看不见含油，荧光滴照见显示	无油脂感，不染手	一般闻不到原油味

表 2-4-6 裂缝性地层岩屑含油级别划分

含油级别	含油岩屑占定名岩屑百分含量（%）
富含油	> 5
油斑	0~5
荧光	肉眼看不见含油，荧光滴照有显示

（4）荧光检测：逐包荧光湿照、干照，储层逐包滴照；储层逐层荧光对比分析；样品失真、钻井液混油或含荧光添加剂时，不进行荧光对比分析。

（四）岩屑描述的要求及注意事项

（1）取样、洗样时应观察、记录岩屑的油气显示情况。对目的层段，每包岩屑均应进行荧光湿照。应认真鉴别显示的真假，查明假显示的性质和原因，确定真实的油气显示和级别。

（2）颜色变化：岩屑定名基本原则概括为"大段摊开，宏观细找，远看颜色，近查岩性"。"大段摊开，宏观细找"是在描述前，先将数包岩屑（如10~15袋）大段摊开，稍离远些进行粗看，大致找出颜色和岩性界线，避免孤立地看一包岩屑；"远看颜色，近查岩性"是因岩屑中颜色混杂，远看视线开阔，易于区分颜色界线。当钻遇的岩性颜色出现另一种新的颜色时，应按新颜色的岩性予以定名。

（3）岩性变化：当钻遇新的岩性段，特别是岩性变化的过渡段时，返出至地面采集到的岩屑可能是很小一部分，而大部分岩屑为上覆地层的岩性。因此，当出现新的岩性时，尽管其含量很少，也要考虑到岩性的变化，除非是明显的夹（薄）层。

（4）百分含量变化：当钻遇新的地层后，除颜色或岩性变化外，百分含量也同样是相应地由小到大再到小的变化过程。因此，仔细观察岩屑的百分含量变化也能方便地确定岩性的名称，判别一盘岩屑中估计某种岩石类型百分比参照图2-4-2。如果一包岩屑中含有多种成分，其中某一成分含量最高，但在给该包岩屑定名时不一定按最高含量的成分定名，而往往是根据新成分的出现和百分含量的逐步增加来决定的。在连续捞取岩屑中，如果有新岩性或成分出现，即使数量很少，则代表新地层的开始，可以作为分层依据；新成分含量逐渐增加至最大值代表这个地层的结束和下一个新地层的开始，可以作为分层依据。这种情况在采集深度间距较大时常常会遇到，如某包岩屑出现了少量的泥岩，约占5%，粉砂岩约占95%，而在下一包中泥岩上升至40%，粉砂岩占60%，而且第三包泥岩为主，则在此种情况下，第一包岩屑即可定为泥岩（尽管其含量较少）。

（5）互层性：若同时出现两种或两种以上的新成分，不易区分新成分，需要观察多包岩屑，从岩屑中某种岩性的百分含量增减来判断。某一种岩性成分的百分含量开始增加，另一种岩性成分的百分含量同时减少，可以作为分层依据；两种以上岩性组成的薄互层地层，无法区分新成分，可以根据含量较多的岩性成分确定地层名称，含量少的作为条带处理。

（6）连续性：区域地层岩性一般是连续沉积的过程，除非曾经历过地壳大幅度升降导致某一地层缺失或重复，或某种突变事件导致特有的地层结构，否则岩性界面之间不应有跳跃或缺失出现。如在正常情况下，黑色泥岩之后马上出现灰白色砾岩显然是不符合相序原理的，因此，在岩屑定名时应充分考虑沉积相的连续性。

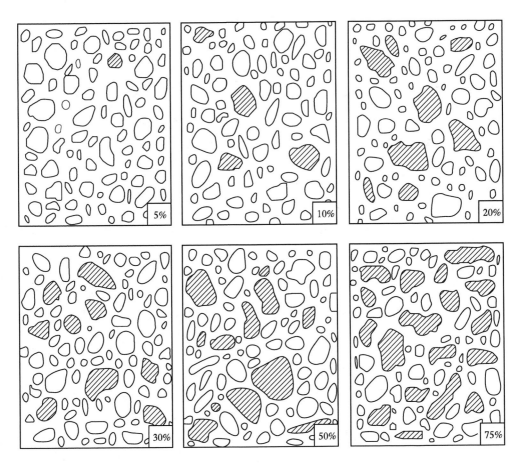

图 2-4-2 岩屑百分比判别图板

（7）碳酸盐岩：岩石表面的新鲜度、岩屑大小、岩石的孔隙性和渗透性的好坏，以及岩石表面黏附的碳酸盐粉末等都会影响对酸的反应。这时若把岩石敲碎成粉末状，反应就会比较明显一些，若不敲碎直接在岩石表面加酸，表面上会留下一层未溶的黄色黏土薄膜，黏土含量越高，对盐酸反应越微弱，可利用这点区分碳酸盐与黏土岩的区别。当碳酸盐岩中含有硅质时，岩石的硬度会增加，加稀盐酸不起反应。若硅质仅呈条带状或结核状集中分布，则除硅质结核和条带状之外的碳酸盐部分加酸反应。当岩样细小，特别是呈粉末状时，多与盐酸反应起泡不易区分，此时可用染色法。

（8）描述要抓住重点，定名准确，文字简练，条理分明，各种岩石的分类、命名原则必须统一，描述中所采用的色谱、术语等也应该统一。

（9）岩屑描述应及时，必须跟上钻头，以便及时与设计地层进行对比，随时掌握地层情况，做出准确地质预测，使钻井工作有预见性，保证及时落实油气显示、卡准取心层位及下套管位置等。

（10）对岩屑中出现的少量油砂，要根据具体情况对待。若是第一次出现可参考其他资料定层，若前面已出现过则应慎重对待，既不能盲目定层，也不能草率否定，必须综合分析再得出结论。

（11）对油气显示层、标志层及特殊岩性的岩屑，应挑出样品、标明井深，供分析化验和保存。

（12）失真岩屑要注明失真井段及程度，并进行原因分析。

（五）描述记录

岩屑描述记录见表2-4-7。

表2-4-7　岩屑描述记录

序号	层位	井段（m）		岩性定名			岩性及含油气水描述	定名岩屑占岩屑百分含量（%）	含油岩屑占定名岩屑百分含量（%）	荧光			
		顶深	底深	颜色	含油级别	岩性				湿照颜色	滴照颜色	干照颜色	对比级别

（1）序号：从1开始，用正整数连续填写。

（2）层位：对应于井段的实钻层位，用地层符号填写组（段），层位相同时可以合并。

（3）井段：填写相同岩性段的顶、底深度。

（4）岩性定名：按颜色、含油级别、岩性进行定名。

（5）岩性及含油气水描述，按照如下规定描述：

①岩性定名及描述内容相同者，可以合在一起描述；

②定名为含油和荧光（不包括矿物发光）的岩性，填写定名岩屑占岩屑、含油岩屑占定名岩屑百分含量，描述中不再叙述；

③泥岩应描述质地、硬度、造浆程度、含有物；

④煤层应描述质地、光泽、染手程度、含有物、可燃性；

⑤油页岩应描述质地、页理发育情况、含有物、可燃性、荧光性；

⑥介形虫层应描述胶结物及胶结情况、介形虫个体保存情况、含油气情况；

⑦砂岩应描述矿物成分，分选、磨圆、胶结物及胶结程度等结构、构造，含有物，物理化学性质，含油气性；

⑧砾岩应描述砾石成分，砾石颜色在3种以上时，应描述主要颜色、次要颜色、少量颜色、微量颜色，分选、磨圆、胶结物及胶结程度等结构、构造，含有物，物理化学性质，含油气性；

⑨碳酸盐岩定名主要依据岩石中碳酸盐矿物的种类，次要依据岩石中的其他物质成分，描述时着重突出与岩石储集油气性能有关的结构、构造特征；

⑩岩浆岩、变质岩以肉眼观察为主，结合现场薄片镜下观察内容进行描述；

⑪含气性应描述钻时变化情况、钻井液性能变化情况等。

（6）荧光：含油和具荧光（不包括矿物发光）的岩屑，记录荧光湿照颜色、荧光滴照颜色、荧光干照颜色和荧光对比级别。

五、随钻岩屑录井图的编绘

岩屑录井图包括岩屑录井草图和岩屑录井综合图。岩屑录井草图就是将岩屑描述的内容（如颜色、岩性、油气显示、粒度、含有物、荧光等）、钻时资料等，按井深顺序用统一规定的符号绘制下来，即随钻岩屑录井图。随钻岩屑录井图是编绘综合录井图的基础，随钻岩屑录井图的质量直接影响着岩屑录井综合图的质量，决定综合解释剖面精度的高低。因此，提高岩屑录井质量，绘制高准确性的随钻岩屑录井图，能够为勘探开发提供可靠的基础资料。

（一）绘制要求

（1）按规定格式和比例尺绘制图头及图框。深度比例尺为1∶500，井深从录井顶界开始，深度记号每10m标一次缩略井深，逢100m标全井深。

（2）钻时曲线：根据钻时记录数据确定恰当的横向比例并标出各点，将各点用点画线相连。若某段钻时太高，可采用第二比例。换比例时，应在相应深度位置注明比例尺，同时上下必须重复一点。在钻时曲线左侧，用规定符号标出起下钻位置。

（3）颜色：按统一色号填写在相应位置，厚度小于0.5m的地层可不填色号，但特殊岩性要填写。

（4）岩性剖面：根据岩屑描述按粒度剖面符号进行绘制，含油气级别按标准图例绘制。

（5）含有物：化石、特殊矿物及含有物均按标准图例绘制在相应深度位置。

（6）有钻井取心、井壁取心时，应将取心数据对应取心井段绘在相应的栏上。

（7）荧光滴照颜色和系列对比级别数据画在相应的深度上。

（二）随钻岩屑录井图的应用

1.为地质研究提供基础资料

岩屑录井是最直接了解地下岩性、含油性的第一手资料。通过岩屑录井，可掌握井下地层的岩性特征，建立井区地层岩性柱状剖面；及时发现油气层，进行生油指标分析，了解区域生烃能力。

2.进行地层对比

用随钻岩屑录井图与邻井对比，可及时了解本井的正钻层位、岩性特征、岩性组合，以便及时校正地质预告，推断油、气、水层可能出现的深度，指导下一步钻井。

3.为测井解释提供依据

随钻岩屑录井图是测井解释的重要地质依据。对探井来说，可用来标定岩性，进行特殊岩性及含油气解释，提高测井解释精度。

4.为钻井工程事故预告及处理提供依据

在处理工程事故的过程中，利用随钻岩屑录井图可分析事故发生的地质原因，制定有效的处理措施。根据岩屑中的油气显示提示对钻井施工的影响：油气显示好、油质轻时，要注意预防井涌和井喷，起下钻过程中要注意灌满钻井液，注意观察槽面油花、气泡和液面的变化。根据岩性提示对钻井施工的影响：钻遇页岩或大段泥岩时，要注意防井壁垮塌；钻遇含石膏质或含盐的地层时，要预防井壁缩径、卡钻等事故的发生；钻遇裂缝发育段或断层时要注意防漏。

六、影响岩屑录井的主要因素

（一）要求

取全取准岩屑是岩屑录井的关键。要实现这一点，必须要做到：

（1）规范钻具管理，丈量方入，确保井深准确无误；

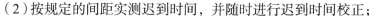

（2）按规定的间距实测迟到时间，并随时进行迟到时间校正；

（3）按迟到时间捞取岩屑，保证岩屑的连续性及代表性。

（二）影响因素

由于受到地质与工程条件等种种因素影响，岩屑的代表性差，以致影响到岩屑录井的质量。在描述岩屑时要充分考虑这些影响因素，力求定名、描述、归位准确。

1. 钻头类型和岩石性质的影响

由于钻头类型及新旧程度不同，所破碎的岩屑形态有差异，相对密度也有差异，所以上返速度也就不同。如片状岩屑较轻，受钻井液冲力及浮力的面积大，上返速度快；粒状及块状岩屑较重，与钻井液接触面积小，上返速度较慢。由于岩屑上返速度的不同，直接影响到岩屑迟到时间的准确性，进而影响了岩屑深度的正确性和代表性。

2. 钻井液性能的影响

钻井液性能不稳定（如黏度不均或切力大小不等），可造成钻井液携带岩屑的能力忽大忽小，井内混杂。黏度太小，失水太大容易使井壁坍塌；当钻井液切力变小时，岩屑就会特别混杂，使砂样失去真实性。

3. 钻井参数的影响

当排量大时，钻井液流速快，岩屑能及时上返；如果排量小，钻压较大，转速较高，钻出的岩屑较多，又不能及时上返，岩屑混杂现象将更加严重。尤其是当单泵、双泵频繁倒换，或泵压时高时低时，排量大小变化太频繁，岩屑上返会受到严重影响，使钻井液迟到时间不准，影响岩屑归位的准确性。

4. 井眼条件的影响

井眼大小不一，结构复杂、涡流增多，会改变岩屑上返速度，影响岩屑上返时间准确掌握。井眼越大，上返越慢，混杂机会越多。特别是不规则井眼在"大肚子"处出现停滞、往复、涡流，返出地面后造成以假乱真现象；另外，井越深、迟到时间越长，岩屑上返越复杂，混杂加重；裸眼井段过长、掉块的机会增多。

5. 下钻、划眼等影响

起下钻、钻进中停钻、停泵和划眼均容易造成岩屑下沉而导致混乱；起下钻、划眼产生掉块，与新岩屑混杂在一起，返至地面，致使真假难分。这种情况在刚下钻到底后的前几包岩屑中最容易见到。

6. 振动筛的影响

振动筛筛布孔径过大（目数小）或筛布斜度调节不合理，容易造成岩屑失真或捞取困难。

7. 人为因素的影响

司钻操作时加压不均匀，或者打打停停，都可能使岩屑大小不一、上下混杂，给识别真假岩屑带来困难；录井采样处理方法不当，也会影响岩屑的代表性。

第五节　钻井取心录井

岩心是在钻井过程中，用专用钻具从地下取出来的岩石样品。钻井取心（drilling coring）指的是为了掌握地下地质情况，直接获得真实可靠的地下岩层的有关资料，在钻井过程中用取心工具从地下取出岩心的作业。

现场地质工作者从确定取心位置到岩心出筒、岩心观察与描述、选送样品分析化验、综合研究而获取各项地质资料的过程，统称为岩心录井（core logging）。

一、录取资料

钻井取心录井资料包括层位、筒次、取心井段、进尺、岩心长度、收获率、含油气岩心长度、岩心编号、磨损情况、岩心累计长度、岩样编号、岩性定名、岩性及含油气水描述、荧光湿照、滴照颜色及荧光对比级别等。

二、取心过程工作要点

（一）取心原则

在单井地质设计中对取心层位、井段都提出了具体要求，作为施工依据。一般在下列情况下，应进行钻井取心：

（1）对于区域探井、参数井、预探井钻探目的层及新发现的油气显示，应进行取心。

（2）为了确定地层岩性、储层物性、局部层段含油性、生油指标、接触界面、断层、油水过渡带等情况应进行取心。

（3）对邻井岩性、电性关系不明，并影响测井解释精度的层位，应取心。

（4）对标志层变化较大或不清区域，应在标志层取心。

（5）在油气水边界落实的准备开发区，要选定1~2口有代表性的评价井或开发井集中进行系统取心或密闭取心，以获得各类油气层组的物性资料和基础资料数据。

（6）开发阶段的检查井为查明注水、开发效果，应在水淹处进行取心，对开采效果不清楚的层位应进行取心。

（7）确定完钻层位及特殊地质任务要取心。

（二）卡准油、气层的方法

卡准油、气层必须综合分析各种资料，做到一对比、二循环、三观察、四取心。

1. 曲线对比法

用标志层和沉积旋回控制，参考厚度与邻井对比，卡准油、气层出现的井段，做好油、气层预告。

2. 钻时卡层法

取心钻进中，钻时应加密测量，一般按0.25m或0.5m间距记录钻时，发现钻时加快、整跳、放空或气测异常、槽面油气显示和钻井液性能变化情况，立即停钻循环钻井液，捞取岩屑，在最后一包岩屑捞后延续一段时间再捞一包检查样。

3. 即见即停法

及时进行荧光滴照和直照，连续对比，注意量的增减与质的变化。气探井主要依据气测全烃值的变化，排除煤层掉块等干扰，去伪存真，综合判断，做出决定。

（三）井深控制

保证取心深度准确是做好岩心录井工作的基础，要求准确丈量下井工具，确保取心深度准确无误。计算井深及取心作业时应注意以下几点：

（1）取心之前起钻，应在钻头接触井底，钻压为2~3tf的条件下丈量到底方入。

（2）取心钻具下井前必须丈量清楚，下钻到底、取心钻进前应丈量到底方入，核实井深。

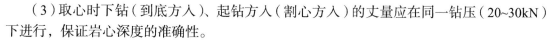

（3）取心时下钻（到底方入）、起钻方入（割心方入）的丈量应在同一钻压（20~30kN）下进行，保证岩心深度的准确性。

（四）注意事项

（1）连续取心中途需扩眼时，必须严格控制深度，以免磨掉余心或需要取心的地层。

（2）取心进尺应小于内筒有效长度0.5m以上，以防沉砂堆积而顶心或钻掉余心。

（3）正确选择割心位置，以保证岩心收获率。取心过程中详细记录钻时（1点/0.25m），分析井下地层变化，提出割心部位的参考意见。取心井段正常进行捞样及其他录井工作。

（4）预探井发现油、气层立即取心，不漏取2m以上油、气层。

三、岩心出筒、丈量和整理

（一）岩心出筒及清洗

岩心筒起出井口后，必须及时出筒，要防止岩心滑落，保证岩心顺序不乱、不倒。

1. 丈量顶空、底空

岩心筒提出井口后，立即用尺子插入钻头内，丈量岩心至钻头底面无岩心的空间和长度，即"底空"，用以判断井下是否有余心；丈量岩心筒内顶部无岩心的空间长度，即"顶空"。将底空、顶空和岩心筒长度作为岩心归位的依据。

2. 岩心出筒

岩心出筒的关键在于保证岩心的完整和上下顺序不乱。接心要特别注意顺序，先出筒的为下部岩心，后出筒的为上部岩心，应依次排列在出心台，不能倒乱顺序。

（1）敲击振动出筒。将内筒拉出后倾斜放在钻台斜坡前，与地面成30°~40°，筒底垫起离地面约10cm，然后轻轻敲击筒体，让岩心缓缓滑出，由专人依次接心装盒。其优点是岩心不会错、乱。

（2）人工捅心。当岩心中有吸水膨胀的岩性时，往往在筒内卡得较紧，敲击震动不易使岩心滑出，就需要将内筒平放在场地上，在岩心筒上端置一略小于岩心筒内径的胶皮垫子，然后用长于内筒的油管或铁管，向内冲击顶出岩心。这种方法对疏松的软地层不适用，易使岩心破碎。

（3）冬季出心，一旦发生岩心冻结在岩心筒内，只许用蒸汽加热处理，严禁用明火烧烤或硬物捅心。

3. 出筒观察与清理

（1）岩心出筒后，立即嗅油气味，观察岩心柱面冒气、渗油、含油（处数、气泡大小、连续性、听声响等）情况，渗油、冒气处用鲜色铅笔圈定，并做好记录。若肉眼观察无显示则进行荧光试验，观察荧光的颜色、面积、百分比及含水情况。有显示的油气界面、气水界面等均用红铅笔标出，并分段详细描述其产出状况。

（2）对于油基钻井液取心、密闭取心、常规取心的含油气岩心，以及需要进行核磁共振、离子色谱等防止非地层水渗入的分析项目，岩心出筒时一律不得用水洗，只能用刮刀或无油水的干棉纱进行清洁处理；强水敏地层不建议水洗，其他岩心则用水清洗干净。

（3）在清洗岩心过程中，应将假岩心清除掉。假岩心常出现在每筒岩心的顶部，多为下钻时沉砂或破碎的余心与滤饼混在一起进入岩心筒而成。其特征是：柔软，塑性好，手指可插入，剖开后成分很杂，可明显看出滤饼和岩块搅混在一起，偶尔也可见到较少岩性不连续，这种假岩心不能计算为岩心长度。

（二）岩心整理

（1）岩心清洗后，按顺序排放在丈量台上（可将两根钻杆错开接头，并拢在一起），根据岩心断裂茬口及磨损关系对紧岩心，由浅至深在每个自然断块岩心表面画方向线。

（2）由浅至深丈量岩心长度（切勿分段丈量再累加），长度精确到0.01m。在丈量的同时，在方向线的同一侧标注半米、整米记号。当整米或半米位置正好处于破碎岩心或疏松砂岩无法标注时，选相距最近的整块岩心，按实际距顶长度标注。

（3）由浅至深按自然断块的顺序进行编号，编号密度一般为碎屑岩储层每0.2m一个，泥岩、碳酸盐岩、火成岩及其他岩类每0.4m一个，破碎岩心装袋编号，在每一个编号岩心段上用白漆涂出45cm×35cm的长方块，为了信息化建设，编号方式如图2-5-1所示。在每筒岩心的首、尾块及编号尾数逢"0"和"5"的块号上加注其底界深度。破碎岩心堆够体积后选大块者控制编号。

××井	××井
取心次数-本次总块数-第几块	5-26-10/1547.51m
一般编号	单块编号尾数逢"0"和"5"加底界深度

图 2-5-1　岩心编号方式

（4）为了细致地观察岩心含油、气、水产状及沉积特征，编号后，应立即将储层及特殊岩性的岩心及时劈开（当有特殊要求时应保留部分全直径岩心）。劈心时应沿着岩心轴线对半劈开，使方向线和岩心编号保存在同半岩心的正中央，应尽可能不破坏岩心的层理结构，然后进行观察描述和取样。劈开的岩心要重新对好，因劈心碎了的岩心编号要移动位置重新编号。

（5）按由浅至深的顺序依次装入岩心盒中，对岩心盒进行系统标识，包括井号、盒号、筒次、井段、岩心编号范围；在单筒岩心底放置岩心挡板，注明井号、盒号、筒次、井段、进尺、心长、收获率、层位。岩心收获率分每次单筒岩心收获率（实取心长度/取心进尺×100%）和累计平均收获率（累计岩心长/累计取心进尺×100%），后者主要衡量全井取心效果分析，收获率精确到0.01%。

（6）每次取心必须有岩心卡片。岩心卡片（表2-5-1）贴在木板上装入塑料袋内，置于本次取心的最后，空筒也不例外。岩心盒内两次取心接触处用挡板隔开，挡板两面分别贴上岩心卡片，便于区分检查。

（7）岩心整理完成后，拍摄岩心照片，分辨率≥300DPI。

表 2-5-1　岩心卡片

井号		取心次数	
取心井段	m 至　　m	取心层位	
取心进尺	m	取心日期	
岩心实长	m	收获率	%
整理单位		整理人	

四、岩心描述

岩心出筒观察后，必须做到及时整理、及时描述、及时采样，减少油气的逸散挥发，避免资料的失真，以便于随钻分析地下情况。

（一）技术要求

（1）描述前，首先检查岩心的编号、长度记号是否齐全、完好，岩心上下顺序是否正确，茬口是否对好，若有问题，应查明原因。其次，检查整筒岩心放置是否颠倒，若整筒岩心颠倒，应根据该筒岩心顶底特征正常排序，通常一筒岩心的顶端较圆，有套入岩心筒的台肩或钻头齿痕，岩心底端有岩心爪痕及拔断面或磨损面。再次，检查各块岩心位置是否正确，若岩心位置放错，则应根据岩心断裂口及磨损面的特征及岩性、条带、结核、团块、特殊含有物、层理类型和岩心柱表面痕迹关系进行复原。

（2）描述岩心时，要将岩心放在光线充足的地方。描述方法一般采用"大段综合，分层细描"的原则，做到观察细致，描述详尽，定名准确，重点突出，简明扼要，层次清楚，术语一致，标准统一。

（3）描述岩心的分层原则：

①厚度不小于0.1m的一般岩层，颜色、岩性、结构、构造、含有物、油气水产状等有变化的均应分层描述；厚度小于0.1m的层，按条带或薄夹层描述，不再分层。

②厚度小于0.1m而不小于0.05m的特殊层，如油气层、化石层及有地层对比意义的标志层或标准层均应分层描述；厚度小于0.05m的冲刷、下陷切割构造和岩性、颜色突变面、两筒岩心衔接面及磨光面上下岩性有变化均应分层描述。

（4）描述岩心时，要以含油气水特征和沉积特征并重的原则进行。

（5）描述要按所分小层依次描述。采用借助放大镜和肉眼观察、简易试验、室内分析等手段进行。对于难以用文字确切表达的特殊构造、含有物等，可进行岩心照相。

（6）含油气岩心描述要充分结合出筒显示及整理过程中的观察记录情况，综合叙述其含油气特征，进行准确定级。

（二）碎屑岩描述内容

岩心描述采用分层定名、分层描述的原则，自上而下逐层进行描述。定名原则同岩屑定名，即颜色+含油气级别+特殊含有物+岩性。描述要突出颜色、成分、胶结类型、结构、构造、含油气情况、接触关系、化石及含有物、物理性质、化学性质等，重点描述含油气显示。

1. 岩石颜色的描述

描述岩石颗粒、基质胶结物、次生矿物、含有物的颜色及其分布变化状况等。确定岩石的颜色要在明亮的自然光下进行，只能以色描色，不能以物描色。岩石为单一颜色时，直接参加定名，有时与标准色相比有深浅之别，可在标准色前冠以深、浅等形容词，如深灰色、浅灰色。同种岩石中出现多种单一颜色，并且有主次之分时，主色在后，次色作为形容词在前，如灰白色、紫红色。同种岩石中出现三种以上单一颜色且比例相近时，定名为杂色。

2. 岩石成分的描述

碎屑岩中单矿物成分或岩块（如石英、长石、岩屑、云母、暗色矿物、砾石等）及其含量，凡肉眼或借助放大镜、双目显微镜可见的，均要描述。描述主要矿物时以"为主"

表示（含量≥50%），其余矿物以含量多少，用"次之"（25%≤含量<50%）、"含"（10%≤含量<25%）、"微量"（含量<10%）等表示，当不能估计百分比时则用"偶见"表示。若没有一种成分超过50%，且有两种含量在50%~40%之间，则描述为"成分主要为××及××"，优势矿物放在前面。少数不能确定的成分可表述为"见少量××矿物或××岩块"。取得薄片鉴定资料后，应对现场描述内容进行补充和修正。

对某些在地层对比、沉积相划分有特殊意义的矿物，其描述不受上述百分比约束，不但要描述，而且即使小于10%也可参加定名，如"海绿石石英砂岩"，描述中应估计出海绿石含量百分比。

几种常见矿物的现场鉴定方法：

（1）石膏：白色、无色透明或较少染有不同颜色，具有燕尾双晶，解理发育，常呈板块、纤维状、粒状、柱状，具玻璃、珍珠、丝绢光泽，硬度为2~3.5，密度为2.3~2.9g/cm³。鉴定方法是用热盐酸溶解后，加氯化钡溶液有硫酸钡白色沉淀。

（2）盐岩：呈白色、无色透明，极少数染有其他颜色，具立方晶体，吸潮、有咸味、易溶于水。

（3）煤：黑色或褐黑色，染手，条痕为黑色，密度低，可点燃。

（4）碳质沥青：外形似煤，黑色、质纯、脆、光滑、具贝壳状断口、可点燃、有臭味。

（5）铝土矿：灰、褐灰、深绿灰色，具滑腻感，硬而脆，具贝壳状断口，破碎后呈块状，属铝土硅酸岩类。滴稀盐酸无反应，常见于风化壳顶部，是古风化壳的标志。

（6）白垩土：白色，手能捻碎且污手，有滑腻感，加5%稀盐酸起泡剧烈，反应后残留物较少或无残留物。

（7）方解石：通常呈乳白色，含杂质时为黄、褐红、灰黑等色，玻璃光泽，硬度小于3，三向完全解理，加5%稀盐酸起泡剧烈。

（8）云母：无色透明或稍具浅色者为白云母，含铁多呈黑色、绿黑色或褐黑色者为黑云母，一向完全解理，具弹性，玻璃—珍珠光泽，硬度小，近于指甲。

（9）黄铁矿：常呈完好的立方体或五角十二面体，晶面有条纹，也呈粒状集合体或块状、结核状、粉末状等，强金属光泽，浅铜黄色，条痕为带绿的黑色，硬度小于小刀，性脆、无解理。

（10）凝灰岩：主要由火山喷发玻璃碎屑沉积而成，表面粗糙，由黑色及白色矿物组成，凝灰质结构，性坚硬，与稀盐酸不反应。

3. 岩石结构的描述

碎屑岩的结构指碎屑颗粒本身的特点，如粒度、分选性、圆度、球度及颗粒表面特征。

1）粒度

碎屑颗粒的大小称为粒度，以颗粒直径计量。粒度划分标准见表2-5-2。主要粒级颗粒含量大于50%时参与定名，次要粒级颗粒含量在25%~50%时用"××质"表示，如泥质粉砂岩。砾石含量在25%~50%时，则用"状"表示，如砾状粗砂岩。次要粒级颗粒含量在10%~25%时用"含"字加于主要成分之前，如含砾中砂岩。次要粒级颗粒含量小于10%时只进行描述。含有三种粒级且每种粒级含量均大于25%时，称不等粒砂岩，但要注明各种粒级。

表 2-5-2 碎屑颗粒的粒度分级

粒度（mm）	沉积物	相应的沉积岩
< 0.01	黏土（泥）	泥岩、页岩
0.01~0.1	粉砂	粉砂岩
0.1~0.25	细砂	细砂岩
0.25~0.5	中砂	中砂岩
0.5~1.0	粗砂	粗砂岩
1.0~10	细砾	细砾岩

描述时，如果粒度比较均一，分选好，主要粒度已参加了综合定名，可不再描述，只补充描述次要粒度含量情况即可。分选较差的，应分粒度估计含量，对碎屑岩中的砾石，应分别描述一般、最大和最小砾径，但岩屑描述中只描述未破碎的原始砾径。

2）分选性

碎屑岩都是由集中不同粒径的碎屑颗粒组成，衡量颗粒均匀程度称为分选性或分选程度，在实验室通过筛析可以计算出分选系数，在现场描述中根据主要粒度的含量分为好、中、差三级。

（1）分选好：主要粒度含量大于 75%，颗粒均一。

（2）分选中等：主要粒度含量为 50%~75%，颗粒较均一。

（3）分选差：岩石颗粒有两种以上的主要粒度，没有一种粒度含量超过 50%，且粗细混杂。

3）圆度

圆度指碎屑颗粒的棱和角被磨蚀、圆化的程度，一般分为四级，碎屑颗粒磨圆程度见图 2-5-2。有两种形状时，用复合级表示，如次圆—次棱角状，主要级放在"—"之后。

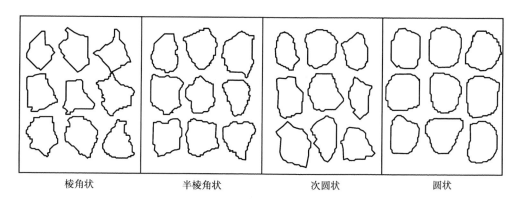

| 棱角状 | 半棱角状 | 次圆状 | 圆状 |

图 2-5-2 碎屑颗粒磨圆程度示意图

（1）棱角状：颗粒保持着原始的棱角形状，具尖锐的棱角，棱线和破裂面大多向内凹进，无磨蚀痕迹，说明未经过搬运过程。

（2）半棱角状：颗粒的棱和角稍经磨蚀，尖角已不明显，但原始的棱和角仍清楚可见，说明虽经搬运，但距离不长。

（3）次圆状：颗粒被磨蚀成圆钝角，已看不到棱和角，棱线略向外凸出，其原始形状隐约可见，说明搬运距离较长。

（4）圆状：颗粒的棱角已全部磨蚀，颗粒外形全部成弧线，说明经过反复或长距离搬运。

圆度除和搬运距离有关外，还与搬运方式（水中一般有悬浮、滚动和跳跃三种方式）和水流方式（单向流动、反复振荡）相关。粉砂岩常呈悬浮搬运，不易磨损，故圆度差但分选好。

4. 岩石构造的描述

构造就是岩石各组成部分的空间分布和排列方式，或者说构造是组成岩石的颗粒彼此间的相互排列关系。

（1）层理构造：是岩石性质沿垂直方向变化的一种层状构造，可以通过矿物成分、结构、颜色的突变或渐变而显现出来。层理是沉积岩最重要的一种构造特征，是沉积岩区别于岩浆岩和变质岩最重要的标志。层理按几何形态及细层、层系组合关系分类，包括水平层理、波状层理、交错层理等（图2-5-3）。

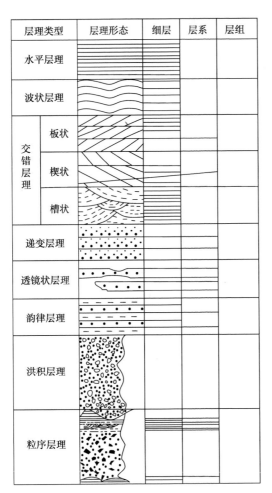

图 2-5-3　层理基本类型及有关术语

（2）层面构造：是在岩层表面呈现出的各种不平坦的沉积构造的痕迹的统称，与机械成因有关的常见层面构造有波痕、泥裂、斑块、冲刷面、雨痕、槽模及沟模等。

（3）变形构造：是指在沉积作用的同时或沉积物固结成岩之前，塑性状态下发生形变而成的各种构造，主要有负载构造（负荷构造）、球枕构造、包卷层理、滑塌构造。

（4）化学成因构造：指在成岩过程中或以后，由化学沉淀或溶解或交代所形成的构造，主要有结核、叠锥、缝合线、晶体印痕等。

（5）生物成因构造：在沉积过程中，生物在沉积物内部或表层活动时，把原来的沉积构造加以改造或破坏，从而留下它们的活动痕迹。最常见的生物成因构造是"痕迹化石"，即由生物活动留在沉积物表面或内部的各种痕迹，如潜穴（俗称虫孔）、足迹、爬痕等。

5. 岩石胶结情况的描述

（1）胶结物：常见的胶结物成分有泥质、钙质、白云质、硅质、铁质、凝灰质、泥灰质、高岭土质、石膏质等，其含量在25%~50%时用"××质"；含量在10%~25%时用"含××"加在岩性前定名；含量小于

10%时，可用文字描述，不参加定名。

（2）胶结程度：定性地反映颗粒之间连接紧密程度、孔隙和渗透的好坏，一般分为五级：

松散：岩石胶结物极少，岩心、岩屑松散呈颗粒状。

疏松：用手可捻成砂粒，难见胶结物，岩屑呈粒状。

较疏松：用手能抠下，少见胶结物，岩屑呈团块状。

较致密：用手抠不动，锤击可打下，胶结物明显，岩屑呈块状。

致密：锤击不易打下，断面可切穿颗粒，胶结物很明显，岩屑呈棱角明显的片状。

（3）胶结类型：胶结物在岩石中的分布状况及胶结物与碎屑颗粒间的接触关系。胶结类型为四种：基底胶结、孔隙胶结、接触胶结、镶嵌胶结。

6. 化石及含有物的描述

化石描述内容包括化石的种类、形状、形态、分布、保存情况。种类分生物、植物两大类。形状主要是大化石的外形、清晰程度、纹饰和个体大小等。形态主要描述含量及分布，用丰度来表示相对含量多少，分为丰富（化石很多，成堆出现）、较多（分布普遍，易发现）、少量（化石少，零星见到）、个别（在岩心中偶尔可找到）共四级。分布主要指化石的分布状态与层理关系，杂乱分散或顺层面富集成层等。保存情况分为完整（个体完整未遭破碎，轮廓、纹饰清晰，能鉴定种属）、较完整（局部有破损，但轮廓、纹饰尚可辨别和鉴定门类）、破碎（破碎成碎片，已看不出完整化石的外形），对保存完整的化石应送样鉴定和照相。常见的化石有介形虫、叶肢介、螺、蜓、鱼和植物根茎叶化石与碎片。

含有物主要指矿物的晶体和脉体，如黄铁矿、方解石、沥青、地蜡等，除定名外，重点描述其外形、结晶程度、大小、数量及分布状况；若为脉体，还应描述脉的宽度、延伸情况、充填程度、与层理的关系等。

7. 含油、气、水情况的描述

油、气显示观察贵在及时，要特别注意"动"和"变"的因素。岩心出筒、选样过程中要实时做好现场含油、气的记录和描述。要注意观察记录油、气味，岩心柱面冒油、冒气情况（处数、气泡大小、连续性、声响等），冒油、气处用鲜色笔圈定；直观岩心新鲜面的湿润程度，可分为：湿润（明显含水、可见渗水）、有潮感（含水不明显、手触有潮感）、干燥（不见含水、手触无潮感）。岩心油气显示记录和描述统计在表2-5-3中。

表2-5-3　xx井钻井取心统计表

取心筒次	层位	井段（m）	进尺（m）	心长（m）	收获率（%）	含油气岩心长度（m）							不含油气岩心长度（m）		备注
						饱含油	富含油	油浸	油斑	油迹	荧光	含气	储层	非储层	
合计															

注：岩心含油含水用"（长度）"标识，含气含油用"＜长度＞"标识。

1）含油级别的划分

含油级别是岩心中含油多少的直观表达。含油级别主要是依靠含油面积大小和含油饱满程度来确定。将一块岩心沿轴面劈开，新劈开面上含油部分所占面积的百分比，称为该岩心含油面积的百分数。

肉眼或借助放大镜观察，确定岩样孔隙或缝洞含油面积、含油饱满程度、油味及滴水和荧光显示情况。孔隙性储层岩心可分为饱含油、富含油、油浸、油斑、油迹、荧光 6 个级别（表 2-5-4）。

表 2-5-4　孔隙性储层岩心含油级别的划分

含油级别	含油面积占总面积百分比（%）	含油饱满程度	颜色	油脂感	味	滴水试验
饱含油	>95	含油饱满、均匀，粒间孔隙均匀充满原油，局部少见不含油斑块和条带	棕、棕褐、深褐、黑褐色，看不到岩石本色	油脂感强，极易染手	原油味浓	呈圆珠状，不渗入
富含油	70~95	含油较饱满、均匀，含有较多的不含油斑块或条带	棕、浅棕、黄棕、棕黄色，不含油部分见岩石本色	油脂感较强，手捻后易染手	原油味较浓	呈圆珠状，不渗入
油浸	40~70	含油不饱满，含油呈条带状、斑块状，不均匀分布	以灰色为主，其次为黄灰、棕灰色，含油部分不见岩石本色	油脂感弱，可染手	原油味淡	含油部分滴水呈半珠状，不渗或缓渗
油斑	5~40	含油不饱满、不均匀，多呈斑块、条带状含油	多呈岩石本色，以灰色为主	油脂感很弱，可染手	原油味很淡	含油部分滴水呈半珠状，缓渗
油迹	0~5	含油极不均匀，含油部分呈星点状或线状分布，肉眼可见含油痕迹	岩石本色	无油脂感不染手	能闻到原油味	滴水缓渗—速渗
荧光	0	肉眼看不到含油痕迹，荧光滴照见显示，荧光系列对比≥7级	岩石本色	无油脂感不染手	一般闻不到原油味	滴水缓渗—速渗

缝洞性储层含油是以岩石的裂缝、溶洞、晶洞作为原油储集场所，岩石含油级别划分为富含油、油斑、荧光三个级别（表 2-5-5）。

表 2-5-5　缝洞性储层岩心含油级别的划分

含油级别	缝洞见原油情况
富含油	50% 以上的缝洞壁上见原油
油斑	50% 以下的缝洞壁上见原油
荧光	肉眼不见原油，荧光检查或有机溶剂滴、泡有显示，荧光系列对比≥7级

2）含油级别的规定

含油级别应符合表 2-5-6 的规定。

3）气水试验

（1）浸水试验：将岩心浸入清水下约 2cm，观察油花、气泡情况。碳酸盐岩岩心出筒后，应立即做浸水试验，碎屑岩含气岩心在选样的同时进行浸水试验（岩心砸开后，一半选样，一半做浸水试验）。将岩心浸入水下约 2cm，观察含气冒泡情况（处数、部位、气泡大小、连续性、持续时间、声响程度及与缝洞的关系），冒气处用鲜色笔圈定。还应注意记录有无硫化氢味。

表2-5-6　含油气级别符号表

序号	符号	名称	RGB值	说明
1	▮	饱和油	255，0，0	红色矩形符号居左占图道宽度1/2
2	◤	富含油	255，0，0	红色直角三角形居左占图道宽度1/2
3	▮	油浸	255，0，0	红色矩形占图道宽度1/4，居左1/4~1/2处
4	▲	油斑	255，0，0	红色等边三角形居中占图道宽度3/5
5	◮	油迹	255，0，0	红色等边三角形居中占图道宽度3/5
6	△	荧光	255，0，0	红色等边三角形居中占图道宽度3/5

（2）滴水试验：对含油砂岩进行滴水试验，是粗略鉴别岩石含水程度的有效方法。试验要及时，岩心出筒采样时应随同进行观察。用滴管将清水滴在干净、平整的新鲜岩心断面上，观察水珠的形状和渗入情况，滴水结果以水珠停留1min左右的变化情况为准，包括以下四级（如图2-5-4）：

①不渗：水滴表面呈珠状，润湿角大于90º，水珠在岩石面上可以滚动，表示不含游离水，含油（气）很饱满或孔渗性差。

②微渗：水滴呈半珠状，润湿角在60º~90º之间，肉眼不见渗入，表示不含（或微含）游离水或孔渗性较差。

③缓渗：滴水后水滴向四周立即扩散或缓慢扩散，水滴无润湿角或呈扁平状，表示含水或孔渗性较好。

④速渗：滴水后立即渗入，为水层显示或孔渗性好。

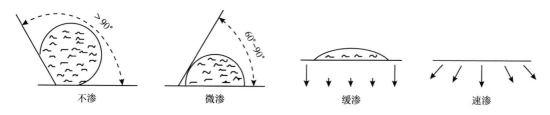

不渗　　　　微渗　　　　缓渗　　　　速渗

图2-5-4　滴水试验分级示意图

（3）塑料袋密闭试验。

试验方法：取岩心中心部分4cm×3cm×2cm的一块岩样，装入塑料袋中密闭，置太阳下或暖气片上30min，观察袋壁水珠情况（表2-5-7）。

表2-5-7　岩心含水观察判断方法

试验方法 ＼ 综合判断	含水	微含水	不含水
直观	湿润	有潮感	干燥
塑料袋密闭	雾状有水珠	雾状无水珠	薄雾状—无雾

含油砂岩的含水观察以滴水试验为主，参考其他两项。

含气砂岩的含水观察以直观和塑料袋密闭试验为主，参考滴水试验综合判断。

（4）荧光检测：岩心全部进行荧光湿照，储层逐层滴照并进行荧光对比分析。

（5）含油气岩心的二次描述：对含气、油浸及油浸以上含油级别的岩心，放置一段时间后应进行二次观察描述。二次描述应包括岩石颜色变化情况、含油气味变化情况、原油外溢情况等。

4）含气级别的划分

岩心含气级别统一分为三级，即气层、差气层、气水层。划分原则及标准详见表 2-5-8。

表 2-5-8　岩心含气级别的划分标准

级别	气测	岩心干湿程度	岩心冒气	钻井液
气层	高异常，峰值远远大于基值，后效明显，显示段厚度大于该砂岩层厚度	岩心直观干燥；塑料袋密闭试验时袋壁无水珠	岩心出筒柱面连续冒气，浸水试验呈串珠状冒气泡	槽面有气泡，收集后可点燃。密度下降，黏度上升，槽池液面上涨。低压气层钻井液无变化
差气层	中等异常，峰值大于基值，有后效，显示段厚度等于或小于该砂岩层厚度	岩心直观有潮感；塑料袋密闭试验时袋壁无水珠，有薄雾状水膜	岩心出筒断续冒气，浸水试验呈断珠状冒气	槽面有气泡，密度稍有下降，黏度上升 5%~10%。低压气层钻井液无变化
气水层	中低异常，峰值大于基值，后效不明显，异常段厚度小于该砂岩层厚度	岩心直观潮湿；塑料袋密闭试验见水珠	岩心出筒偶见冒气，浸水试验有零星气泡	钻井液密度、黏度无明显变化

8. 岩石物理性质的描述

岩石物理性质是指岩石的形状、硬度、风化程度、断口特征、水化膨胀情况、可塑性、燃烧程度、透明度、光泽、气味、条痕、解理、溶解性等。其中硬度、断口形状、岩石光泽特征如下：

（1）硬度（指泥岩）分四级：

①软：用手可捻成碎末，水湿成泥。

②较软：用手捻成粉末，岩屑各半，岩屑呈块状。

③较硬：手捻后无粉末，可抠动，岩屑呈片状或长条状。

④硬：用手抠不动，锤击裂开，岩屑呈片状或长条状。

（2）断口形状：贝壳状、锯齿状、瓷状、土状等。

（3）岩石光泽：油脂光泽、丝绢光泽、玻璃光泽、金属光泽等。

9. 岩石化学性质的描述

岩石化学性质是指岩石与盐酸反应、茜素红染色、三氯化铁染色、硝酸银与铬酸钾染色等情况。其中与盐酸（使用盐酸浓度 5%）反应情况可分为四级：

（1）剧烈：反应迅速，大量冒泡，并有"咝咝"响声。

（2）中等：反应较迅速，冒泡中等，有微弱响声。

（3）微弱：反应缓慢，有少量小泡冒出。

（4）无反应：与盐酸作用不起泡。

10. 缝洞发育情况的描述

1）分类标准

缝洞按缝的宽度和洞径分巨、大、中、小、微五个级别（表 2-5-9）；按裂缝的产状（即裂缝与岩层面的夹角）分为平缝（小于15º）、斜缝（15º~75º）、立缝（大于75º）（表2-5-10）；按裂缝的充填程度（开启程度）分为未充填缝（张开缝）、半充填缝（半张开缝）、全充填缝（闭合缝）；另外还有一种裂开面不平，破裂面新鲜，无充填物和擦痕，这是机械或人为造成的假缝，在统计时要注意甄别。

表 2-5-9　缝的宽度和洞径分类

名称	缝宽 D（mm）	名称	洞径 R（mm）
巨缝	$D > 10$	巨洞	$R > 100$
大缝	$5 < D \leqslant 10$	大洞	$10 < R \leqslant 100$
中缝	$1 < D \leqslant 5$	中洞	$5 < R \leqslant 10$
小缝	$0.1 < D \leqslant 1$	小洞	$1 \leqslant R \leqslant 5$
微缝	$D \leqslant 0.1$	针孔	$R < 1$

表 2-5-10　裂缝产状分类

裂缝类别	视倾角
立缝	$> 75°$
斜缝	$15°~75°$
平缝	$< 15°$

2）统计方法

岩心缝洞的发育程度，用缝洞密度和有效裂缝密度来表征。

裂缝密度：岩心柱面上的裂缝总条（个）数与岩心长度的比值，条（个）/m。

有效裂缝密度：张开或半张开的缝总条（个）数与岩心长度的比值，条（个）/m。

一条缝连续穿过几块岩心或切开岩心柱面者，只作一条统计。长度小于2cm的分支缝和裂缝、针孔以及长度小于5cm的全充填缝不参与统计，但须描述。裂缝数量以分段岩心柱面所见条数为准，裂开面、断面、破碎面所见裂缝不统计。

孔洞密度：系统观察岩心柱面孔洞发育特征，选择孔洞最发育处、一般发育处和不发育处，分别圈定有代表性的10cm² 柱面面积，统计面积内的孔洞个数，单位为个/cm²。填表时填范围值。针孔不参与统计，只描述。

3）描述内容

缝洞描述时分段综合描述各类缝洞的大小、数量、密度、开启程度、产状、排列、连通情况、充填物和含油气情况。

11.岩心描述中几种专用符号

为了简化文字描述，又便于绘制岩心图，特别是出筒观察时要求快准，因此对一些常见现象，统一规定如下：

（1）破碎岩心，按碎块直径分别为岩心直径的1/2、1/4~1/2、小于1/4，用△、△△、△△△分别表示岩心轻微破碎、中等破碎、严重破碎。整个描述层全破碎时，破碎符号画在该层编号的下方；若描述层的某一段破碎，应在破碎符号的上方标注距顶的距离。

（2）岩心断面有磨损时，用"～ 数字"表示磨光面，其中"数字"表示磨光面距该次取心顶部的深度，如"~~2.42m"。

（3）侵蚀面、冲刷面用"V"符号，表示方法同磨损面。

（4）碳酸盐岩用稀盐酸（5%）点滴时，分别用 HCl^-、HCl^+、HCl^{++}、HCl^{+++} 表示加酸不反应、加酸反应微弱、加酸反应中等及加酸反应剧烈。碳酸盐岩分别用冷酸、热酸试验时，加热酸试验用（ ）表示，如（HCl^-）、（HCl^+）、（HCl^{++}）、（HCl^{+++}）。

12. 地层倾角及接触关系

用三角板和量角器测定岩心倾角。若产状杂乱、有断面擦痕，为断层的标志，应描述其产状、断面上下的岩性、伴生物（断层泥、角砾）、擦痕、断层倾角等。

描述中如见铝土岩或风化壳等产物，可判断有沉积间断，此时再根据上下层面的倾角关系区分是平行不整合还是角度不整合。

描述层间接触关系时，应仔细观察上下岩层的颜色、成分、结构、构造变化及上下岩层有无明显的接触界线、接触面等，综合判断层间接触关系。层间接触关系一般分为渐变接触、突变接触、断层接触及侵蚀接触等。渐变接触是指不同岩性逐渐过渡，无明显界限；突变接触是指不同岩性分界明显。见到风化面时，应描述产状及特征。侵蚀接触在侵蚀面上具有下伏岩层的碎块或砾石，上下岩层接触面起伏不平。

（三）碳酸盐岩描述内容

碳酸盐岩是由方解石、白云石等碳酸盐矿物组成的一类岩石，由碳酸氢钙溶液过饱和后，碳酸钙从水体中沉淀形成。

1. 碳酸盐岩的分类及命名原则

碳酸盐岩分类及命名的方案比较多，从现场适用性出发，采用常见的"结构＋成分"分类命名的原则。

1）碳酸盐岩的成分分类

碳酸盐岩最主要的矿物是碳酸盐岩矿物，有少量的陆源混入物和自生非碳酸盐矿物，主要表现为：

碳酸盐矿物：主要为方解石、白云石、文石、菱铁矿等。

陆源碎屑混入物：黏土矿、石英、长石、微量重矿物。

自生非碳酸盐矿物：石膏、硬石膏、重晶石、黄铁矿、海绿石、蛋白石、钾钠镁卤化物、硫酸盐等。

根据方解石和白云石的相对含量的变化划分的岩石类型见表 2-5-11。

表 2-5-11 方解石和白云石相对含量划分岩石类型表

岩石类型		方解石（%）	白云石（%）
石灰岩类	石灰岩	>90	<10
	含云灰岩	90~75	10~25
	云质灰岩	75~50	25~50
白云岩类	灰质云岩	50~25	50~75
	含灰云岩	25~10	75~90
	白云岩	<10	>90

2）碳酸盐岩的结构分类

碳酸盐岩根据颗粒含量分类命名见表 2-5-12。

表 2-5-12 碳酸盐岩组构命名分类表

颗粒含量（%）	泥晶与亮晶相对含量（%）	颗粒岩结构类型									晶粒岩结构	原地生长生物岩组构		
		内碎屑	生物	鲕粒	球粒	藻团粒	核形石	变形粒	多种粒屑	礁型角砾				
>50	泥晶小于亮晶	亮晶颗粒灰（云）岩								漂浮状、接触状角砾	晶粒岩	生物粘结障积作用	生物粘结包壳缠绕	生物生长造成格架
	泥晶大于亮晶	泥晶颗粒灰（云）岩												
50~25	以泥晶为主	颗粒泥晶灰（云）岩												
<25		泥晶灰（云）岩										障积岩	粘结岩	骨架岩

碳酸盐岩根据碳酸盐岩中晶粒结构命名，按晶粒大小分级参与命名（表 2-5-13）。

表 2-5-13 碳酸盐岩晶粒的粒级划分表

粒度（mm）	碳酸盐岩中的颗粒		碳酸盐岩中的晶粒		碎屑岩中的碎屑	
>1.0	砾屑		砾晶		砾（石）	
0.5~1.0	粗砂屑	砂屑	粗晶	砂晶	粗砂	砂
0.25~0.5	中砂屑		中晶		中砂	
0.1~0.25	细砂屑		细晶		细砂	
0.01~0.1	粉屑		粉晶		粉砂	
<0.01	泥屑		泥晶		泥（黏土）	

3）成分及结构的命名

成分及结构的命名均采用"三级命名原则"：

（1）含量大于 50% 的，定岩石的基本名称，以"××岩"表示；

（2）含量 50%~25% 的，用它作为岩石基本名称的主要形容词，以"××质"表示，写在基本名称之前；

（3）含量 25%~10% 的，用它作为岩石基本名称的次要形容词，以"含××"表示，写在最前面；

（4）含量小于 10% 的，不参与定名，但需加以描述；

（5）岩石中含量没有大于 50% 的成分，则采用复名原则，即把 50%~25% 的成分联合起来定岩石的基本名称，如其中有含量相近的碎屑岩和碳酸盐岩两种成分，应优先考虑碳酸盐岩。

例如某一岩石，含方解石 45%，白云石 27%，泥质 28%，因几种矿物含量均未超过 50%，根据复名原则，由于白云石及泥质含量相近，应优先考虑碳酸盐岩，故此岩石可定名为"泥质云—灰岩"（中间用短线"—"相连）。

为了使定名简明易记，在成分命名中，对常见矿物及岩石名称可适当简化，具体统一规定如下：

（1）方解石——简称"灰"；

（2）白云石——简称"云"；

（3）泥质类——简称"泥"；

（4）石膏、硬石膏——简称"膏"；

（5）石灰岩——简称"灰岩"；

（6）白云岩——简称"云岩"。

4）现场命名的方法

现场命名应根据岩性的具体情况采取突出重点的"综合定名"法，即以成分为主，颜色为前冠，结合其中与缝洞和含油气有关的结构、构造、含有物等特征进行岩石综合定名，并注意把晶粒较粗的，孔隙相对较发育的，含油含气的，结构、构造、含有物特征很突出的优先考虑，而其他特征仅作重点描述，如：

（1）突出结构特征：浅灰色生物碎屑灰岩、灰色鲕粒云岩、褐灰色粗晶含泥云岩、紫红色细晶含云灰岩。

（2）突出构造特征：灰白色纹层状含泥云岩、黄灰色角砾状灰岩、褐灰色叠层状含泥灰岩。

（3）突出缝洞特征：深灰色针孔状云岩、灰色溶洞粉晶云岩。

（4）突出含油性特征：灰褐色油浸云岩、浅褐色油斑含泥灰岩。

（5）突出含有物特征：灰白色硅质云岩、浅灰色含膏灰云岩。

各种术语要求确切统一，如无法确定其名称，可对特征加以详细描述，不得生造名称，以免造成混乱。

2. 碳酸盐岩的描述内容和要求

碳酸盐岩综合定名后，按标准规定的描述顺序描述：颜色、矿物成分、结构、含有物、物理性质、构造、成岩后生作用、孔隙缝洞、含油气情况。着重描述组成碳酸盐岩的各种颗粒（内碎屑、鲕粒、球团、团块）的大小、形态特征、构造特征及相互关系，缝合线、叠锥、虫孔、层理等，构造、缝洞发育程度及有关的次生矿物（种类、含量、透明度、晶形），化石、含有物及接触关系。含油气显示描述基本内容同碎屑岩，重点要突出含油气产状和与裂缝的关系。

1）颜色

碳酸盐岩颜色描述同碎屑岩规定。

2）矿物成分

矿物成分描述以百分比表示，含有物除写明名称外，能估计含量者也用百分比表示。

如一块含云灰岩的成分及含有物描述如下：

成分：方解石占 67%，白云石占 18%，酸不溶物中泥质 7% 左右，见少量石英、长石及绿泥石等。

3）形态、硬度、圆度、分选

碳酸盐岩形态、硬度、圆度、分选的描述标准基本同碎屑岩的规定。

4）结构

碳酸盐岩主要由颗粒、泥、胶结物、晶粒、生物格架五种结构组分组成。五种结构类型的描述内容及要求如下：

（1）颗粒：碳酸盐岩中的颗粒，相当于碎屑岩中的砂粒组分。常见的颗粒类型有内碎

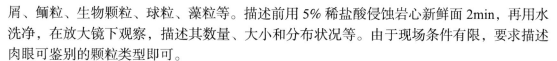

屑、鲕粒、生物颗粒、球粒、藻粒等。描述前用5%稀盐酸侵蚀岩心新鲜面2min，再用水洗净，在放大镜下观察，描述其数量、大小和分布状况等。由于现场条件有限，要求描述肉眼可鉴别的颗粒类型即可。

（2）泥：是与颗粒相对应的另一种结构组分，是指泥质的碳酸盐质点，它与碎屑岩中的泥质相当。对泥的描述内容主要为含量及分布情况等。

（3）胶结物：主要是指充填于颗粒之间的结晶方解石或其他矿物，与碎屑岩中的胶结物相似。

胶结物不作为定名成分，仅加以描述，其内容包括：成分、胶结程度、透明度、胶结形态（如栉壳状、马牙状或镶嵌晶粒状）等。如具粒间孔隙，则应详细描述。

现场条件具备时应描述胶结物。

（4）晶粒：是晶粒碳酸盐岩的主要结构组分。晶粒的描述内容主要包括：粒度、分选、透明度、形状特征（自形晶、半自形晶、他形晶）、相对晶体大小特征（如较粗，大于周围晶体之斑晶、大晶体中包含小晶体的包含量）、包裹体及成岩后生作用等。对于晶间孔或晶内孔，描述时应予以重视。

碳酸盐岩中的颗粒（主要是内碎屑）、晶粒的粒级统一使用碎屑岩中的碎屑粒级界限。

（5）生物格架：指原地生长的群体生物如珊瑚、苔藓、藻类等组成的碳酸盐岩格架。描述内容主要包括：生物类属（一般定到"类"）、大小、形态、分布情况、岩石化学成分、孔隙类型等。

5）构造

除描述与碎屑岩共有的层理、层面特征、结核等常见构造外，碳酸盐岩还应着重描述独有的构造，如：

（1）叠层石构造：指由富藻类的纹层（暗层）和富碳酸盐类的纹层（亮层）交互出现而构成的叠层构造。描述内容主要包括：亮层与暗层的主要成分、藻类组分含量、形态（如层状、柱状）及纹层的韵律变化等。

（2）叠锥构造：是层面上出现的一种锥形凹陷。描述内容主要包括：锥的高度、角度、形态（单锥或复锥）、内部结构及条纹清晰程度等。

（3）鸟眼构造：泥晶或粉晶碳酸盐岩中一种微小的形似鸟眼的空洞构造。描述内容主要包括大小、形状（扁平状、窗格状等）、排列方式、充填程度及充填物、发育程度（成群或单个出现）及周围基质成分等。

（4）示底构造：指碳酸盐岩的孔隙中，由于沉积物特征的不同而能揭示岩层顶底的构造。描述内容主要包括：充填物主要成分、颜色、结构、界面特征及清晰程度、孔隙发育程度及周围基质成分等。

（5）虫孔构造：包括生物穿孔、生物潜穴、生物爬行痕迹等。描述内容主要包括：大小类型（穿孔、虫穴等）、与层面的关系（垂直状、倾斜状、弯曲状、水平状等）、发育程度及周围基质成分等。

（6）缝合线构造：指岩石受压溶作用而形成的一种构造裂缝。描述内容主要包括：形态（锯齿状、波状、棱角状等）、产状（与层面呈平行、斜交或垂直排布）、凸凹起伏的幅度、延伸长度、宽度、充填情况、充填物及颗粒或胶结物的接触形式（绕过或切穿）等。

其他还有石膏假晶、石盐假晶、节理、缝洞、溶孔溶洞、溶斑、斑块构造以及反映岩石基本面貌的竹叶状、豹皮状、花斑状、纹层状、疙瘩状、蜂窝状构造等等，对其成分、形态、大小（厚度）均应详细描述。

6）成岩后生作用

碳酸盐岩成岩后生作用主要有：

（1）交代作用：由交代作用产生的后生变化包括白云石化（白云石交代方解石、白云石局部富集）、去白云石化或方解石化（方解石交代白云石且常见白云石残余特征）、膏化（石膏交代方解石或白云石）、去膏化、硅化等。

交代作用产生的次生变化程度分强、中、弱三级：

①强：次生成分含量大于75%。

②中：次生成分为50%~75%。

③弱：次生成分小于50%。

镜下鉴定时，应注意矿物的形态和组合关系，准确鉴别原生与次生矿物成分。如矿物成分为白云石，但它仍保持了石膏的晶形，则此白云石为去膏化形成。

在岩石定名时，这种交代作用形成的矿物用加注的方法表示。如云质（化）灰岩表示该岩石中的白云石是由白云石化作用形成的。若同一薄片中某矿物有原生的，也有次生的，则看以何者占优势，如交代作用形成的占优势，可在该矿物的名称后面注上"化"；反之不注。例如：次生的白云石占55%，原生的白云石占10%，泥质占28%，方解石占7%，则定名为泥质云岩（化）。

（2）重结晶作用：重结晶作用越强烈，形成的岩石晶粒越粗大。应着重描述重结晶作用引起的岩石内部结构（包括孔隙）变化及分布的均匀程度。注意亮晶胶结物中的较粗晶粒与重结晶作用形成的较粗晶粒的区分。

（3）压溶作用：压溶作用造成缝合线发育，缝合线的描述见"构造"部分。

现场有条件时描述成岩后生作用。

7）缝洞发育情况

碳酸盐岩缝洞发育情况描述同碎屑岩规定。

8）含油、气、水、情况

碳酸盐岩含油、气、水、情况描述同碎屑岩规定。根据碳酸盐岩油、气层的特殊性，参数井、区域探井钻井过程中应采取"见好的油气显示就中途测试，见高产就完钻"的原则，以便及时发现和保护油气层。

（四）描述记录

钻井取心描述记录格式表2-5-14。

表2-5-14　钻井取心描述记录

筒次：　　　　　取心井段：　　　　进尺：　　　　岩心长度：　　　　收获率：　　　　层位：

饱含油：　　m 富含油：　　m 油浸：　　m 油斑：　　　m 油迹：　　m 荧光：　　　m 含气：　　　　m
累计含油气岩心长度：　　　　m

岩心编号	磨损情况	累计长度(m)	岩样编号(岩样长度/距顶位置)	岩性定名			岩性及含油气水描述	荧光		
				颜色	含油级别	岩性		湿照颜色	滴照颜色	对比级别

一般要求按筒描述、记录，两筒之间应另起页。

（1）岩心编号：对应于同一岩性段内岩心编号，当出现多于1个编号时应填写岩心编号范围，两个岩心编号中间用"--"连接。

（2）磨损情况：用"～ 数字"表示磨光面，其中"数字"表示磨光面距顶深度；用"△"表示破碎情况，其中"△""△ △""△ △ △"分别表示岩心破碎轻微、中等和严重。

（3）累计长度：岩性分段底界深至本筒顶界的距离。

（4）岩样编号（岩样长度／距顶位置）：以下列形式表示，如 3，0.08/6.29，"0.08"表示岩样的长度，其中"6.29"表示岩样顶距顶深度，"3"表示岩样的系统编号（按井深顺序从1开始，用正整数连续编写）。

（5）岩性及含油气水按如下规定描述：

①泥岩：质地、硬度、含有物及其分布情况。

②煤层：质地、光泽、含有物及其分布情况、可燃情况。

③油页岩：质地、含有物及其分布情况、页理发育情况、燃烧情况。

④介形虫层：胶结物及胶结情况、含有物、介形虫个体发育情况。

⑤砂岩：矿物成分、分选、磨圆、胶结物及胶结程度等结构、构造、含有物、物理化学性质、接触关系、油气性描述，对含油气变化情况进行二次描述（油浸及其以上含油级别进行含油变化情况的二次描述）。

⑥砾岩：砾石成分、砾石颜色（颜色在3种以上时，应描述主要颜色、次要颜色、少量颜色、微量颜色）、分选、磨圆、胶结物及胶结程度等结构、构造、含有物、物理化学性质、接触关系、含油气性描述（对含油气变化情况进行二次描述，即油浸及其以上含油级别进行含油变化情况的二次描述）。

⑦碳酸盐岩：定名主要依据岩石中碳酸盐矿物的种类，次要依据岩石中的其他物质成分。着重突出岩石的缝洞发育特征，与岩石储集油气性能有关的结构、构造特征。

⑧岩浆岩、变质岩：以肉眼观察为主，结合现场薄片镜下观察内容进行描述。描述内容矿物成分、粒度变化、胶结物及胶结程度等结构、构造、缝洞、含有物、物理化学性质、倾角与接触关系、油气性描述（对含油气变化情况进行二次描述）。

⑨缝洞：岩心表面每米（m）有多少条（个）缝（洞）、长度（直径）、缝宽、充填物、产状。

⑩含油气岩心描述结合出筒显示及整理过程中的观察记录，综合叙述其含油气特征，准确定级。

（6）荧光：填写荧光湿照颜色、荧光滴照颜色、荧光对比级别。

（五）缝洞统计

缝洞统计表记录格式见表2-5-15。

（1）总条数：各块岩心对好茬口后整体统计。

（2）充填程度：全充填、半充填、未充填。

（3）连通情况：连通、不连通。

表 2-5-15　缝洞统计表

取心筒次	井段(m)	岩心编号	岩心长度(m)	岩性定名	总条数(条)	总密度(条/m)	有效缝										溶洞、晶洞								班块(个)	冒气处数(处)	连通情况
							条数(条)	密度(条/m)	宽度(mm)			产状(°)			充填程度	充填物	缝合线个数(条)	个数	密度(个/m)	直径(mm)			充填物	充填程度			
									>5	1~5	<1	立缝 >75	斜缝 75~15	平缝 <15						>10	5~10	<5	方解石 泥质…				

五、岩石的分类与鉴定

（一）沉积岩类

1. 陆源碎屑岩

碎屑岩是根据颜色、粒度、成分、含油气情况定名的。其岩石结构是指碎屑颗粒的大小、形状、表面特征、分选情况等。构造指碎屑岩的层理、层面特征、接触关系、颗粒排列、地层倾角、擦痕、裂隙等。胶结情况指碎屑岩的胶结物成分、胶结物含量、胶结类型及胶结程度。充填情况主要对砾岩而言，在描述充填物时，应描述其成分、粒径大小、数量及砾石间的相互接触关系。化石及特殊含有物包括生物化石、矿脉、黄铁矿、石膏、盐岩、煤、包裹体、团块、斑晶等。

2. 黏土岩

黏土岩定名原则与碎屑岩相同。黏土岩中页状层理发育的称页岩，不发育的称泥岩。对泥质颜色的描述应特别注意对次生颜色的观察描述。岩性的纯度指含砂、含灰质、含石膏、含盐等；泥岩的物理性质指断口形状、滑感、脆性、可塑性、膨胀性及硬度。构造特征包括节理、擦痕、滑动面、裂缝及收缩痕等。此外应对岩石中化石、含有物及含油气显示的描述。

3. 碳酸盐岩

碳酸盐岩的颜色一般为浅灰、灰白色，如含高价铁则呈红、褐、黄、紫等色，含低价铁则呈黑、灰绿等色。

碳酸盐岩的成分主要描述方解石（$CaCO_3$）和白云石 $[CaMg(CO_3)_2]$、硅质（SiO_2）、泥质、砂粒、生物碎屑、有机骨架的含量。

（二）岩浆岩

岩浆岩又称火成岩，是由岩浆喷出地表或侵入地壳冷却凝固所形成的岩石，有明显的矿物晶体颗粒或气孔，约占地壳总体积的 65%、总质量的 95%。岩浆是在地壳深处或上地幔产生的高温炽热、黏稠、含有挥发分的硅酸盐熔融体，是形成各种岩浆岩和岩浆矿床的母体。岩浆的发生、运移、聚集、变化及冷凝成岩的全部过程，称为岩浆作用。

岩浆岩根据侵入深度划分为深成岩、浅成岩和喷出岩三大类。深成岩（侵入岩）指岩浆侵入到地壳较深处冷凝形成，多形成沉积盆地的基底或大面积分布的岩株、岩基。浅成岩（侵入岩）是岩浆侵入到地壳较浅处冷凝形成，多呈岩墙、岩脉、岩床，厚度一般不大。喷出岩为岩浆喷出地面后迅速冷凝所形成，呈火山堆或岩被。岩浆岩的主要造岩矿物有长石、石英、黑云母、角闪石、辉石、磷灰石、磁铁矿、黄铁矿、锆英石、石榴子石、橄榄石等。

岩浆岩是在产状分类的基础上依据主要造岩矿物种类和含量的多少定名的。描述时要先观察描述岩石的结构、构造，确定其岩石的产状、类别，即区分开喷出岩、浅成岩、深成岩。然后再根据岩石的颜色，石英、长石含量及暗色矿物的种类、含量等定出岩石名称。

（三）火山碎屑岩

火山碎屑岩是介于岩浆岩和沉积岩之间的过渡类型的岩石，其中 50% 以上的成分是由火山碎屑流喷出的物质组成，这些火山碎屑主要是火山上早期凝固的熔岩、通道周围在火山喷发时被炸裂的岩石形成的。火山碎屑岩的物质组成可分为火山物质和陆源碎屑两部分，成因上受火山活动和沉积作用的双重控制。形成岩性大体分为火山角砾岩和凝灰岩两大类。

火山角砾岩是指火山碎屑直径在 2~100mm，多数为大小不等的熔岩角砾，分选差，棱角明显，不具层理，多为火山灰胶结。

凝灰岩指的是火山碎屑直径小于 2mm，多与砂泥岩碎屑混杂沉积。火山碎屑多为棱角状，其中火山碎屑含量多于 75% 时叫凝灰岩；含量在 50%~75% 时，称 ×× 质凝灰岩；含量在 25%~50% 且砂泥含量大于 50% 时，称凝灰质 ×× 岩。描述内容包括颜色、火山碎屑形状、大小、磨圆度、含量、胶结物情况、结构、构造、含油气情况。

（四）变质岩

变质岩的分类原则不尽相同，强调的分类依据也各有侧重。目前广泛采用的是以变质作用产物的特征（变质岩的矿物组成、含量和结构、构造）对变质岩进行分类。

变质岩按变质作用类型和成因分为动力变质岩类、接触变质岩类、区域变质岩类以及由蚀变作用产生的蚀变岩类。

六、密闭取心

密闭取心是在水基钻井液条件下，用密闭取心工具及其内筒的密闭液，使岩心受到密闭液保护，几乎不被水基钻井液渗入，可真实再现地层原始地质孔隙度、含油气饱和度及水侵和含水率等资料。它是通过专用密闭取心工具和密闭液的共同作用来实现的一种特殊钻井取心工艺。

（一）密闭液

密闭液是一种高黏度、黏附性强、没有触变性、具有化学惰性的高分子液体。密闭液不污染岩心，在岩心周围均匀涂上一层（3~5mm）液膜，保护岩心不受钻井液浸污、实现岩心密闭。

（二）密闭液性能

密闭液不污染岩心、黏稠、拔丝如发，丝长大于 1m，常温下呈半流状态，90~100℃时塑性黏度 500~600mPa·s。密闭液密度比洗井液密度小 0.1~0.3g/cm^3。

（三）钻井液要求

密闭液失水小于 4mL，电阻率 20Ω·m。

（四）注意事项

（1）割心要尽量选择在非含油气处，以避免钻井液渗入含油气岩心之中，因此，当钻时由快变慢后，再钻进 20~30cm 方可割心；若由慢到快，快钻时进尺不超过 3m 也割心提钻，防止磨掉岩心。

（2）岩心出筒后，立即按照顺序排好，用棉纱擦除表面密闭液，画上基线丈量，劈开后立即选样送实验室进行含水饱和度分析（避免岩心在空气中停放时间过久，使岩心束缚水挥发，影响分析成果的准确性）。

（3）不分析的岩心用洗涤剂洗掉岩心表面的密闭液。

（4）岩心整理及描述同常规钻井取心方法。

七、岩心分析采样

岩心分析在研究和认识储层的过程中具有重要的意义，是认识油气层地质特征的必要

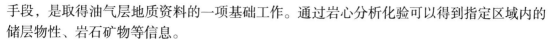

手段，是取得油气层地质资料的一项基础工作。通过岩心分析化验可以得到指定区域内的储层物性、岩石矿物等信息。

（一）分析样品选取

1. 采样要求

（1）采样岩心劈成两半，一半用于选样分析，一半长期保留。一般不允许整块取样，若需全直径岩心用于特殊分析，应打借条，待分析后归还录井队或岩心库。全段整块取走的岩心位置应以相应长度的木板或纸板顶替，并标注原岩心编号、长度，用塑料袋包好，置于原位。

样品的岩性应有均一性、代表性。

（2）样品由地质录井人员选采并按钻井地质设计要求确定分析项目。

（3）孔渗分析样品规格要求能取直径 2.5cm、高 3cm 的岩心柱（岩心柱两端切平行）。

（4）饱和度样品岩心出筒后，必须迅速用无油水的干棉纱（严禁用水清洗）清除岩心表面的钻井液并立即取样，采选岩心中部未受钻井液滤液侵入的部分，每块样品质量 25~40g，饱和度小样必须与孔渗大样在同一部位选取，且不带棱角，对应的大、小样品编号应一致。油井上要求配备盛有无水煤油的广口瓶，一个广口瓶内存放 1 块饱和度样品，且无水煤油淹没样品。气井岩心将选好的含水饱和度样品按顺序摆放在塑料袋中保存。有油气显示的碎屑岩岩心一律采选饱和度样品。

（5）为了减少岩心轻质油成分、水分的挥发，要求岩心筒起出井口至岩心出筒时间不得超过 15min，常规取心井岩心采样工作在出筒后 2h 内完成，密闭取心井岩心出筒至样品装入仪器时间不得超过 40min。

2. 采样（间隔）密度

1）储层物性

（1）油浸及其以上含油级别每 1m 岩心选样 8~10 块；油斑和油迹每 1m 岩心选样 4~5 块；油迹以下每 1m 岩心选样 2~3 块。

（2）含气及以上级别砂岩储层孔隙度、渗透率、含水饱和度分析每 1m 岩心选样 5 块；气水层及以下储层每 1m 岩心选样 2~3 块。碳酸盐岩储层孔隙度、渗透率分析每 1m 岩心选样 5 块；不含气碳酸盐岩储层孔隙度、渗透率分析每 1m 岩心选样 2 块；致密碳酸盐岩孔隙度、渗透率分析每 1m 岩心选样 1 块。

（3）含油、气层上下不含油、气的部位应选 1~2 块样品，以便分析对比。

2）其他分析

（1）薄片、筛析、重矿物样品，均匀砂岩层上、中、下各一块；不足 2m 的砂层上、下各一块；超过 5m 的 1 块 /2m，岩性有变化时应增选样品。

（2）碳酸盐岩薄片 2 块 /m，岩化 1 块 /m，岩性变化增选样品。

（3）砂岩含盐量样品 1 块 /m。

（4）一般泥岩在地层分界附近采集微古生物、光谱、黏土分析样品，间距 1 块 /2m。

（5）生油层、全直径及特殊分析样品等，根据研究工作的需要进行选样。

3. 岩心饱和度现场采样方法

1）油层油、水饱和度现场采样

（1）设备工具及试剂：

①电子天平：1/100 电子天平或 1/1000 电子天平。

②采样箱：必须在定点化验室领取专用采样箱，采用无水煤油作为保存样品的专用介质。

③饱和度包样纸：采用生宣纸，将其裁成长度为 16~18cm，宽度为 13~14cm 的长方形。

④绣花线。

⑤钢笔＋蓝黑墨水：采用蓝黑墨水的钢笔在样品纸包上编号。

（2）采样前的准备工作：

①岩心出筒前，将天平在平稳的地方安装好，校正天平的水平、零点及灵敏度。

②岩心出筒前，准确称量包样"纸＋线"的质量，保证本次取心所用数量。

③检查广口瓶中无水煤油是否足够浸泡岩样，并准备好选样的所用工具。

④岩心出筒后，先用干棉纱擦去岩心表面上的钻井液，判断含油情况，以最快速度丈量岩心长度，确定选样部位，小心地将岩心沿竖直方向劈成两半，一半放入岩心盒，一半分析选样用，切忌用水清洗岩心（如遇雨天，此项工作应在室内进行）。

⑤岩心出筒后，必须在 2h 内完成油、水饱和度样品选取。

（3）采样步骤：

①将"纸＋线"的质量填入油井饱和度测定原始记录（表 2-5-16）中。

表 2-5-16　岩石饱和度测定原始记录

井号：　　　　地区：　　　　项目组：　　　　选样单位（到小队号）：　　　　送样时间：

样品编号	纸＋线的质量（g）	湿沙＋纸＋线的质量（g）	水量（mL）	干沙＋纸＋线的质量（g）	干岩样质量（g）	浸油后岩样质量（g）	油中岩样质量（g）	煤油密度（g/cm³）	备注（对应的大样编号）

②将现场选好的不带棱角的岩样（裸样），去除掉砂，用"纸＋线"包扎好后，放入天平中称量，称完质量后，在油井饱和度测定原始记录中，记录编号、"裸样＋纸＋线"的质量。

③用蓝黑墨水的钢笔在样品纸包上写上编号、井号后放入盛有无水煤油的广口瓶中。

④现场选取的油、水饱和度编号要与送样清单（表 2-5-17）中油、水饱和度编号一致。

表 2-5-17　送样清单

井号：　　　　地区：　　　　项目组：　　　　选样单位（到小队号）：　　　　送样时间：

样品编号	取样深度（m）	层位	岩性描述	含油气性描述	分析化验项目									备注（小样编号）
					薄片（包括铸体薄片）	碳酸盐含量	岩石密度	孔隙度	渗透率	饱和度	碳酸盐成分	氯离子含量	碳酸盐岩岩化	

⑤地质录井人员根据本次取心情况填写送样清单。

2）气层水饱和度现场采样

（1）设备工具：

①电子天平：1/100 电子天平或 1/1000 电子天平。

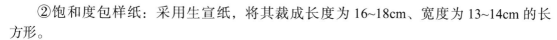

②饱和度包样纸：采用生宣纸，将其裁成长度为 16~18cm、宽度为 13~14cm 的长方形。

③绣花线。

④钢笔 + 蓝黑墨水：采用蓝黑墨水的钢笔在样品纸包上编号。

（2）采样前的准备工作：

①岩心出筒前，将天平在平稳的地方安装好，校正天平的水平、零点及灵敏度。

②岩心出筒后，先用干棉纱擦去岩心表面上的钻井液，判断含气情况，以最快速度丈量岩心长度，确定选样部位，小心地将岩心沿竖直方向劈成两半，一半放入岩心盒，一半分析选样用，切忌用水清洗岩心（如遇雨天，此项工作应在室内进行）。

③准备好选样的所用工具。

④岩心出筒后，必须在 2h 内完成含水饱和度样品选取。

（3）采样步骤：

①将现场选好的不带棱角的岩样（裸样）磕去掉砂，放在天平上称量，称完质量后，在气井水饱和度测定原始记录中，记录编号、"裸样"的质量。

②用纸和线将裸样包扎好（在包扎过程中防止纸包破裂）用蓝黑墨水的钢笔在样品纸包上写明编号、井号。

③将选好的含水饱和度样品按顺序摆放在塑料袋中保存。

④现场选取的含水饱和度编号要与送样清单中含水饱和度编号一致。

⑤地质录井人员根据本次取心情况填写送样清单。

3）注意事项

（1）及时了解取心的目的层及深度，做好采样前的一切准备工作。

（2）广口瓶内保持干净，使用前用无水煤油冲洗一次。

（3）天平每称十块样品校正一次零点、水平；遇振动或天平位置变动时，必须及时校正天平零点及水平。

（4）每筒岩心采样前需称够"纸 + 线"的数量。已称过的"纸 + 线"再次使用时必须校正其质量，所称"纸 + 线"必须保持清洁。

（5）岩心出筒后严防暴晒、雨淋和用水清洗。

（6）饱和度样品的选取，基本要求是样品具有系统性、代表性、深度的正确性；某层段选取的样品应能代表本层段的岩性、物性、含油、含气性之间的变化。选取前必须系统地观察岩心，合理地确定选样部位。太破碎的岩心，则不宜选取饱和度样品。

（7）选取饱和度样品前，应首先用干棉纱擦去岩心表面的钻井液及污物（严禁用水清洗），然后劈开岩心。选取的饱和度样品要求干净，没有钻井液及脏物污染，不能用口吹样品。每选完一块样品后，把所用的选样器具擦干净，再选取下一块样品，以免互相混淆、污染。

（8）选取饱和度样品，速度要快，称量要准确，每选十块饱和度样品不超过 15min。

（9）在选取饱和度样品时，随选随称，包扎要严密不漏砂，严禁堆放未称的岩样，严禁样品前后顺序倒错。

（10）每个样品纸包表面上，要分别写三个编号，字迹清晰，并在每个编号正下方划上 "—"。

（11）油、水饱和度样品称量后要立即放入盛有无水煤油的广口瓶内，溶剂要浸淹住岩样。一个广口瓶内只能存放 1 块油、水饱和度样品，严禁一个广口瓶内存放 2 块及以上的样品。

（12）每个编号的饱和度样品，在送样清单中注明岩性定名、含油、含气情况。

（13）每一次取心，在采样结束后，要把本次选取的饱和度样品块数和清单的块数查对，做到记录、清单、块数三对口。

一般探井分析化验项目主要是油气层物性分析、岩石薄片、铸体薄片以及钻井地质设计上要求的项目，由录井队负责现场采样，及时送回化验室分析。对于密闭取心的井，岩心分析化验工作必须在现场及时进行。其他分析化验项目的样品，根据研究需要采样。

（二）送样要求

（1）岩心样品要始终放置在无污染、无阳光直照的环境中，不得经受雨淋、日晒和高温烘烤。样品上交分析化验室必须确定专人专车进行送样工作。孔渗分析大样必须用岩心盒运送；油井的饱和度样品必须专用采样箱，并采用无水煤油作为保存样品的专用介质；气井的饱和度样品必须用岩心盒盛装整齐送至分析化验室。

（2）常规物性分析样品，在完钻 3d 内送至分析化验室。

（3）所有送交分析化验室的分析化验样品，都必须附上送样清单。

八、绘制岩心录井草图

凡进行岩心录井的井，都必须绘制岩心录井草图，按规定格式绘制图头和图框，并注明比例尺（1∶100）。

（一）绘制内容

1. 地层分层

通常根据对比结果绘制分层界限，填写该段地层所属最小地层单位。分层深在岩性明显时以实际深度为准；岩性不明显时，以设计分层井深度为准。

2. 井深

井深以钻具为准，逢 10m 标全井深，并画 5mm 长的横线；逢米只标出井深个位数，并画 3mm 长的横线。

3. 取心井段、次数、心长、进尺、收获率

按岩心描述记录的数据，用阿拉伯数字标注在相应位置。连续取心时，只在每筒顶界标出顶界深度；分段取心时，每段最后一筒及全井最后一筒，应标出取心的底界深度。取心筒次按顺序编号。

4. 岩心样品位置

根据岩样位置距本筒顶的距离，在岩心位置左侧用长 3mm 的横线标定，逢 5、10 要写上编号，横线长为 5mm。岩心长度被压缩时，样品位置应相应移动。

5. 颜色

按统一色号填写，厚度小于 0.4m 的单层，其颜色符号可不填，但特殊岩性和含油气岩性要填写。

6. 岩性剖面的绘制

岩性剖面用筒界作控制，当岩心收获率低于 100% 时，剖面自上而下绘制；当岩心收获率大于或等于 100% 时，从该筒底界向上依次绘制。当岩心上有明显的套心标记时，可

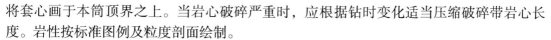

将套心画于本筒顶界之上。当岩心破碎严重时，应根据钻时变化适当压缩破碎带岩心长度。岩性按标准图例及粒度剖面绘制。

7. 化石构造及含有物

用规定的符号将破碎带、化石、构造及含有物绘在相应位置。

（二）技术要求

（1）厚度小于 0.1m 的特殊岩性、标准层、标志层，可放大到 0.1m 画入剖面中。

（2）本筒岩心不准超过该筒的底界深度。

（3）标筒界时，按取心井段的顶底深度画直线表示，顶底深度标在筒界线之下，筒内其他取心数据应均匀分布。

（4）岩心录井草图上的所有数据必须与岩心描述记录一致。

第六节 井壁取心录井

井壁取心指用井壁取心器按预定的位置在井壁上取出地层岩样的过程。井壁取心通常在测井后进行。井壁取心录井是确定井壁取心层位、井段、取心颗数，并利用井壁取心实物资料研究地层、岩性、储层物性、流体性质及其他矿产的全过程。

一、录取资料

井壁取心录井录取资料包括取心方式、颗数、层位、井深、岩性定名、岩性及含油气描述、荧光湿照、滴照颜色、荧光对比级别等。

二、取心的原则与质量要求

（一）取心原则

井壁取心的目的是证实地层的岩性、物性、含油性、岩性和电性的关系，或者为满足地质方面的特殊要求。一般情况下在下列地层均应进行井壁取心：

（1）岩屑失真严重、地层岩性不清的井段。

（2）钻井取心漏取及钻井取心收获率较低的储层井段。

（3）未进行钻井取心，但岩屑及气测录井见含油气显示的井段。

（4）岩心录井无油气显示，而测井曲线上表现为可疑油气层及参考井为含油气的层段。

（5）判断不准或需要落实的特殊岩性井段。

（6）复杂地质情况需要井壁取心的井段。

（7）地质研究需要的井段。

（二）质量要求

（1）井壁取心样品应满足现场观察、描述及分析化验取样，撞击式壁心长度不小于1cm，钻进式壁心长度不小于 3cm。

（2）井壁取心数量不得少于设计要求，收获率应达到 70% 以上；壁心长度应大于 1cm。

（3）井壁取心在数量上应保证满足识别、分析、化验需要，若因滤饼过厚或壁心太破碎太少，不能满足要求时，必须重取。当取出岩心与预计岩性不符合时，立即分析原因，确属井深无误，调整取心位置，在原取心深度上下再取心证实。

三、井壁取心整理与描述

（一）整理与标识

（1）取心工具出井后，应依次取下岩心筒，依次对壁心进行编号并清洁表面，装入准备好的样品瓶或塑料袋中，立即把深度标上，防止把深度弄乱。

（2）出筒时要注意不要把岩心弄碎，尽可能对已出筒的岩心，由专人用小刀刮去滤饼，检查岩心是否真实，岩性是否与要求相符；对于假岩心、空筒、岩性与预计不符的，应写明井深、颗数。

（3）及时观察记录油气水显示情况，对有油气显示的岩心做好标记；为了保存壁心完整性，原则上不破坏壁心，只可刮取表面的碎屑进行相关分析。

（二）荧光检测

（1）壁心逐颗进行荧光湿照，储层逐颗滴照；

（2）储层逐颗荧光对比分析。

（三）井壁取心描述

1. 描述内容

与岩心描述基本相同，填写井壁取心描述记录。描述内容包括每颗井壁取心深度、层位、岩性、含油性、结构、构造、层理、含有物、胶结物及胶结类型、加酸反应情况等。

2. 描述内容中注意事项

由于井壁取心的岩心是用井壁取心器从井壁上强行取出的，岩心受钻井液浸泡、岩心筒冲撞严重，在描述时，应注意以下事项：

（1）在描述含油级别时应考虑钻井液浸泡的影响，特别是混油和泡油的井，更应注意。

（2）在注水开发区和油水边界进行井壁取心时，岩心描述应注意观察含水情况。

（3）在可疑气层取心时，岩心应及时嗅味，进行含气试验。

（4）在观察和描述白云岩岩心时，有时也会发现白云岩与盐酸作用起泡。这是岩心筒的冲撞作用使白云岩破碎，与盐酸接触面积大大增加的缘故。在这种情况下，应注意与灰质岩类的区别。

（5）如果一颗岩心有两种岩性，则都要描述。定名可参考测井曲线所反映的岩电关系来确定。

（6）如果一颗岩心有三种以上的岩性，就描述一种主要的，其余的则按夹层和条带处理。

（7）岩心描述完后，及时装入井壁取心瓶中，并在井壁取心瓶上贴标签，标识井号和井深。

（四）井壁取心描述记录

井壁取心描述记录见表2-6-1。

表2-6-1　井壁取心描述记录

序号	层位	井深（m）	岩性定名			岩性及含油气水描述	荧光		
			颜色	含油级别	岩性		湿照颜色	滴照颜色	对比级别

（1）表头：取心方式分撞击式和钻进式两种。

（2）序号：从1开始，用正整数连续填写。

（3）层位：对应于井深的实际层位。

（4）井深：按由深至浅的顺序填写，保留一位小数。

（5）岩性定名：按颜色、含油级别、岩性进行定名。

（6）岩性及含油气水描述：简述岩石的物性，重点描述含油气情况，特殊岩性要结合镜下描述内容。

（7）荧光：填写荧光湿照颜色、荧光滴照颜色、荧光对比级别。

（五）统计计算与实物上交

（1）井壁取心的统计的基本数据包括取心井深、设计颗数、下井颗数、发射颗数、收获颗数、发射率、收获率等。其中：

$$发射率 = 发射颗数 / 下井颗数 \times 100\% \qquad (2\text{-}6\text{-}1)$$

$$收获率 = 收获颗数 / 下井颗数 \times 100\% \qquad (2\text{-}6\text{-}2)$$

（2）填写样品入库清单，连同壁心实物一并上交。

第七节　荧光录井

石油中的不饱和烃及其衍生物在紫外光照射下，由于紫外线光量子具有较大的能量，这些物质有选择地吸收紫外光，内部的分子会发生能量状态的变化，在不同能级间跃迁，发射出可见的荧光。当紫外线停止照射后，荧光也随之消失。这种使石油中分子受激而产生荧光的特性称为石油的荧光效应。

原油中的胶质沥青质含量不同，被激发的荧光强度和波长是不同的。轻质油的荧光为淡蓝色，含胶质较多的石油呈绿和黄色荧光，含沥青质多的石油或沥青质则为褐色荧光，饱和烃不发荧光。因此，在油气勘探工作中，常用荧光分析来鉴定岩样中是否含油，确定油质及其含量。

荧光录井是将岩屑、岩心等样品在荧光灯下进行湿照、滴照，观察与记录有无荧光反应，并用标准系列对其发光颜色、产状等进行对比，以判断其所含原油的性质和含量，确定含油气层及油气性质的方法。

一、荧光录井准备工作

（一）设备

紫外光仪：内装15W紫外灯管两只以上或8W紫外光灯管四支以上，发射光波长小于365nm。

（二）材料

（1）标准定性滤纸。

（2）有机溶剂（分析纯）：使用分析纯的氯仿、四氯化碳或正己烷。

（3）荧光系列：同油源的标准荧光系列。

（4）其他材料：试管（直径12mm，长度100mm）、磨口试管（直径12mm，长度100mm）、10倍放大镜、双目显微镜、滴瓶（50mL）、盐酸（浓度5%）、镊子、玻璃棒、小刀等。

二、荧光录井方法

现场常用的荧光录井工作方法有直照、滴照和系列对比。

(一)直照

直照即将岩屑、岩心或井壁取心样品置于紫外灯下直接照射，观察荧光颜色、发光强度、面积和产状。对于岩屑样品而言，直照又可分为湿照、干照。岩屑样捞出洗净、控水后直接进行紫外光照射观察即为湿照，样品放置一段时间后取干岩屑样品进行紫外光照射观察即为干照。

1. 荧光颜色

荧光颜色随油质而异，一般轻质组分多的轻质原油荧光颜色浅，多呈乳白色、亮黄色、黄色、金黄色；随着油质变稠而变为棕黄色、棕色以至棕褐色，部分氧化稠油直照无荧光显示。

部分矿物或钻井添加的成品油及矿物也会产生荧光，原油、成品油荧光颜色对比见表 2-7-1，部分岩石矿物荧光特性见表 2-7-2。荧光直照过程中，应注意观察荧光的颜色与产状，排除矿物及成品油发光造成的假显示。

表 2-7-1　原油、成品油荧光颜色对比表

油品名称	原油	成品油						
		柴油	机油	黄油	磺化沥青	螺纹脂	红铅油	绿铅油
荧光颜色	黄、棕、棕褐色等	亮紫、乳紫带蓝紫、蓝色	蓝、天蓝、乳蓝色	亮乳蓝色	黄、浅黄色	蓝、暗乳蓝色	红色	浅绿色

表 2-7-2　部分岩石、矿物荧光颜色特征表

矿物名称	荧光颜色	矿物名称	荧光颜色
石英、蛋白石	白、灰白	石蜡	亮蓝
贝壳、方解石	乳白	油页岩、有机泥岩	暗褐、褐黄
石膏	天蓝、紫蓝、乳白	泥质白云石	暗褐
岩盐	亮紫	钙质团块	灰白、暗黄
软沥青	橙、褐橙	钙质砂岩	浅黄

2. 荧光强度

荧光强度也就是荧光的亮度，它可以相对反映含油的丰富程度。荧光强度一般分四级，以人体指甲为参照物，与指甲在紫外光照射下的荧光强度（不是荧光颜色）相比，比指甲发光强的为强发光；与指甲发光相似的为中发光；比指甲发光弱的为弱发光；无荧光显示即为不发光。

在确定发光强度时应注意，指甲的荧光颜色发白，而含油荧光多发黄色，在视觉上往往容易把含油显示的荧光强度低估；尤其是岩屑颗粒远小于指甲盖的面积时，更容易引起视觉偏差而低估岩屑荧光强度级别。

3. 荧光产状

荧光产状主要针对岩心荧光而言，指荧光的分布情况。它不仅能反映含油的好与差，还能反映油层的均质程度。荧光产状分全面发光和不全面发光。

全面发光指岩石表面都发光，根据发光强度的均匀程度，又分全面均匀和全面不均匀。全面均匀指岩石表面都发光，且强度一致；全面不均匀指岩石表面虽全部具荧光，但强度不一，有明有暗。

不全面发光又根据发光面积和分布情况，分为星点状、斑状、片状及条带状。片状指样品表面荧光连片，发光面积在 40% 以上，不发光部分呈斑块状或条带状，还可以根据发光部分的几何形态进一步描述，如不规则片状，条带状等。斑状指荧光发光点较大，但不连片，发光面积在 10%~40%。星点状指样品表面呈分散、孤立的小光点，发光面积在 10% 以下。

荧光产状的描述主要用于岩心观察，岩屑由于颗粒太小，不反映岩石的全貌，但能看到的都应进行描述，还可结合荧光岩屑占同岩屑百分比进行类比描述。

（二）滴照

滴照也称点滴分析法，将有荧光显示的一粒或数粒岩屑或经破碎岩心或井壁取心（大小约 2~3mm）放在备好的滤纸（取定性滤纸一张，在荧光灯下检查，确保洁净无污染）上，用有机溶剂清洗过的镊柄碾碎，在碾碎的岩样上滴 1~2 滴有机溶剂，观察岩样周围有无荧光扩散和斑痕；待有机溶剂挥发之后，滤纸在荧光灯下观察。若为大块岩心，可先在岩心的荧光显示部位滴 1~2 滴有机溶剂，停留片刻，用备好的滤纸在显示部位压印，再在荧光灯下观察。根据其在荧光灯照射下的颜色、形态，按表 2-7-3 划分滴照级别。

表 2-7-3　荧光级别的划分

滴照级别	荧光颜色	形态
Ⅰ	灰黄、黄、亮黄、黄白	均匀—较均匀
Ⅱ	黄灰、黄白、褐黄	不均匀—放射状
Ⅲ	黄白	环状或斑点

为了区别真假含油显示，将已荧光湿照过的岩样挑几粒放在滤纸上，滴一滴氯仿，放在荧光灯下，进行观察：

（1）样品荧光湿照时发光，经点滴分析，滤纸上有荧光光环者，为真含油显示；否则为假含油显示。

（2）样品荧光直照时不发光，经点滴分析，滤纸上有荧光光环者，为含油显示。

（3）对于可疑样品、荧光湿照不发光的样品或呈粉末状的岩屑样品，也可进行点滴分析。

（4）石油沥青不在紫外线照射下会发荧光，而且进行点滴分析时，沥青被溶解后会发生随溶剂向外扩散的现象。一部分岩石或矿物，在荧光灯下也发光，但点滴分析无扩散现象。显然，用点滴分析法即可鉴别是矿物发光还是岩屑中的石油沥青发光。

（三）系列对比

1. 原理

利用原油能够完全溶于有机溶剂中和在紫外线照射下能发荧光的特征，可以按需要配制成浓度级别不同的含油溶液,而不同级别的含油溶液在紫外线照射下发出的荧光强度是随浓度降低而减弱的。利用这一特征,将未知含油浓度溶液的油样和已知含油浓度溶液的标准系列在荧光灯照射下对比荧光强度,找出荧光强度相等的级别,就可以求出未知的含油溶液油样的浓度。

选取本地区不同油层具有代表性的原油样品,配制成浓度依次降低为 1/2 的 15 级系列样品,最高级 15 级的原油含量为 5%,以下级别原油含量依次减半,此系列样品称为本地区的荧光标准系列。将溶有一定量的待测岩样的溶液与事先配制好的荧光标准系列溶液在紫外光下进行发光颜色、产状对比,以确定岩样中石油沥青含量的方法,称为荧光系列对比。

2. 系列对比方法

将 1g 真岩屑碾碎后装入用氯仿洗净的试管中,加入 5mL 氯仿轻轻摇动,使岩样与溶剂充分接触,然后注入少量清水封住有机溶剂液面,并密封试管防止其挥发。在试管上贴上标签,注明井号、井深。待浸泡 4h 充分萃取后进行荧光照射,观察发光颜色、强度,与标准系列对比定级。对比时应注意:

(1)样品必须碾碎,让其充分浸泡溶解。试管上要写好井深,并用水封,防止有机溶剂挥发使溶液变稠,影响对比系列。

(2)进行系列对比时,岩屑和有机溶剂用量应尽量准确。

当岩屑中挑样困难,挑不够 1g 时,应根据实际岩屑量,按比例减少有机溶剂用量,同样可以和标准系列对比定级;当岩屑少、溶剂少、对比观察有困难时,可增加溶剂一倍稀释,这时对比级别应是观察到的级别再提高一级。

(3)与标准系列对比定级,主要对比发光强度,一般是通过观察溶液的荧光亮度或溶液的透明度来确定。

(4)定级允许误差不超过 0.5 级,介于两级之间的,可以根据具体情况分别向上或向下靠半级。定级时都定为整级。

(5)现场用的标准系列要保持原有容量,如有挥发要随时更换、配全,不得随意估计。

三、技术要求与注意事项

(一)技术要求

(1)按设计间距对岩屑逐包进行荧光湿照,对储层岩屑逐包进行荧光滴照,并逐层进行荧光对比分析。要注意区别真假荧光,排除岩性、矿物及其他污染发光。一旦发现荧光,向上追踪复查,落实含油井段。

(2)岩心全部进行荧光湿照、滴照,储层逐层进行荧光对比分析。

(3)油斑以上含油级别的岩样不进行荧光对比分析。

(4)标准系列溶液必须用本工区同层位的原油配制,使用期为一年。

(5)将荧光湿照、滴照、系列对比结果记录在"岩屑描述记录""钻井取心描述记录"中。

(二)注意事项

(1)荧光录井所用溶剂是挥发性化学药品,应避免滴照工作时间过长,荧光室要安装通风设备。

(2)使用荧光灯时,应避免紫外线辐射直接照射眼睛。

第八节 钻井液录井

钻井液除了用来驱动涡轮、冷却钻头及钻具外，更重要的是携带岩屑，保护井壁，防止地层垮塌，平衡地层压力，防止井喷、井漏，是保证优质、快速、安全钻井的重要因素之一；同时钻井液又是地下信息的载体，当钻井液在井中与不同的岩层和流体接触时，钻井液的性质会发生某些变化，根据钻井液性能的变化情况，可以大致推断地下的地层情况及含油、气、水情况。

钻井液录井（drilling-fluid logging）是在钻井过程中，每钻进一定深度或时间，测量记录一次钻井液性能，并观察钻井液槽面、液面等处的变化，分析研究井下情况，判断油气水层等。

一、钻井液性能与测量方法

钻井液种类繁多，其分类项目各异，主要有水基钻井液、油基钻井液、气体钻井液、泡沫钻井液。钻井液的常规性能主要包括钻井液的密度、黏度、滤失量、滤饼厚度、切力、含砂量、pH 值、氯离子含量等。

不同的地质条件和不同类型的井，对钻井液录井的要求是不同的。一般情况下，钻井液性能的测定和处理是由钻井液工作人员负责进行的，但地质人员必须密切配合，共同系统地收集好钻井液录井资料，随时了解钻井液性能及其变化情况。

（一）密度

钻井液的密度即质量与体积之比，单位是 g/cm^3，常用符号 ρ 表示。钻井液相对密度是指钻井液在 20℃ 时的质量与同体积 4℃ 的纯水质量之比。钻井液通过调节密度来调节井内液柱压力，要尽量保持平衡钻井，才有利于发现油气显示和保护好油气层，并防止钻井安全事故发生。

1.钻井液密度对钻井工程的影响

在钻井作业中，钻井液密度的作用是通过钻井液柱对井底和井壁产生压力，以平衡地层中油、气压力和岩石侧压力，防止井喷，保护井壁，同时防止高压油气水侵入钻井液，以免破坏钻井液的性能引起井下复杂情况。在实际工作中，应根据具体情况，选择恰当的钻井液密度。若钻井液密度过小，则不能平衡地层流体压力并稳定井壁，可能引起井喷、井塌、卡钻等事故；若钻井液密度过大，则压漏地层，并易伤害油气层。钻井液对钻速有很大的影响，密度大，液柱压力也大，钻速变慢，因钻井液柱压力与地层压力之间的正压差使岩屑的清除受到阻碍，造成重复破碎，降低钻头破碎岩石的效率，使钻速下降。通常在保证井下情况正常的前提下，为了提高钻速，应尽量使用低密度钻井液。在钻井过程中，如钻遇油、气、水层，测量钻井液密度发生的变化，要及时分析可能情况并做好异常预报。

2.测定方法

钻井液密度一般用钻井液密度计测定。钻井液密度计是不等臂杠杆式仪器，它基于平衡原理，杠杆左端为钻井液杯，由右端平衡柱和可沿杠杆移动的游码保持平衡，如图 2-8-1 所示。

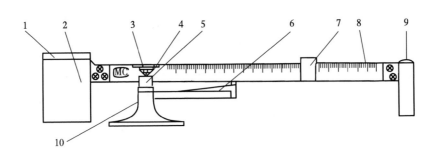

图 2-8-1　密度计示意图

1—杯盖；2—钻井液杯；3—水准泡；4—刀口；5—刀承；6—支撑臂；7—游码；8—标尺；9—平衡柱；10—底座

1）密度计示值误差校准

首次校准和修理后的密度计，依据测量范围按表 2-8-1 规定的五个点校准；使用中的密度计，按表 2-8-1 中规定带 * 号的两点校准。密度计的示值误差应符合表中的规定。

表 2-8-1　密度计示值误差　　　　　　　　　　　　　单位：g/cm³

测量范围					示值误差
0.1~1.50	0.96~2.00	0.70~2.40	0.96~3.00	1.30~3.00	
校准点					
0.10	—	—	—	—	
0.50	—	0.70	—	—	
1.0⁰*	1.00*	1.00*	1.00*	—	
1.30	1.30	1.50	1.50	1.30*	
1.50*	1.50	2.00	2.00	1.50	±0.01
—	1.75	2.40*	2.40	1.75	
—	2.00*	—	3.00*	2.40	
—	—	—	—	3.00*	

注：* 表示参考点或上限点。

（1）将密度计各部件清洗擦干，仪器支架放在水平的桌面上。

（2）首先进行 1mg/g 校准：钻井液杯内注满清水（蒸馏水或沉淀 24h 的自来水），轻轻盖上标盖，并把从小孔溢的水擦干净。将刀口轻轻放置在刀承上，移动游码，对准"1mg/g"，如不平衡，按需增减平衡住内铅粒，使杠杆平衡（气泡位于中线）；将杯内蒸馏水倒入烧杯内，用天平称量蒸馏水的质量，再加上杯及杯盖内表面的残留量（一般胶木制杯取 0.21g，金属制杯取 0.32g），得出杯容纳蒸馏水的总质量 M。

（3）其他点校准：将密度计各部件清洗擦干，在杯内放入与"$M×n$"（M—钻井液杯容纳蒸馏水的质量；n—表中规定的密度计校准点的数值）相应质量的校准专用替代砝码，盖上杯盖。将刀口轻轻放置在刀承上，在杯盖中心放上差值砝码（"$M×n$"减去相应的专用替代砝码的差值），移动游码，使杠杆平衡（气泡位于中线），记录测得值。

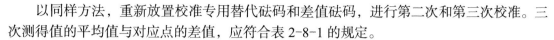

以同样方法，重新放置校准专用替代砝码和差值砝码，进行第二次和第三次校准。三次测得值的平均值与对应点的差值，应符合表2-8-1的规定。

2）钻井液密度测量

（1）以迟到时间为准，用量杯在钻井液槽内取正在流动的钻井液；

（2）把量杯中钻井液倒入密度仪盛液杯，保持杯面水平，如钻井液中浸入气泡，轻轻敲测试杯，溢出较大气泡；边旋转边下压盖紧杯盖，用抹布擦洗掉溢出的钻井液；

（3）将刀口轻轻放置在刀承上，移动游码，使杠杆平衡（气泡位于中线），此时读取游码左侧边线所指的刻度值即为钻井液密度。

3. 技术要求与注意事项

每次使用后要彻底洗净、擦干、重新放于盒内。每台仪器的杯盖、水平泡、砝码是出厂前选配校验好的，不得随意调换或拆装，以免造成较大误差。

（1）每口井开钻前应对密度计进行校准。

（2）取样时应取钻井液槽中流动的新鲜钻井液。

（3）按设计要求的间距及时取样，并按设计要求的间距进行测定。

（4）发现油气显示或钻遇油气水层时加密测量，有异常及时进行异常预报。

（5）加重压井时，应测量进出口钻井液密度。

（二）黏度

钻井液黏度是指钻井液流动时的黏滞程度，是流动时钻井液中固体颗粒间、固体颗粒与液体之间以及液体分子之间的内摩擦的反映，常用时间"s"来表示。

1. 钻井液黏度对钻井工程的影响

钻井液黏度的大小，对钻井液携带岩屑能力有很大的影响。一般来说，钻井液黏度大，携带岩屑能力强，但在钻井过程中，钻井液黏度要适当，否则将会引起不良后果。

（1）若钻井液黏度过低，不利于携带岩屑，井内沉砂快，冲刷井壁，易造成井壁剥落、坍塌、井漏等。

（2）钻井液黏度过高，则可能造成下列危害：

①流动阻力大，泵压高，井底清洗效果差，严重影响钻速。

②钻头易泥包，起下钻易产生抽汲作用或压力激动，造成"拔活塞"或卡钻；下钻后开泵困难，循环压力高，易憋漏地层。

③造成清砂和降气工作困难，净化不良，磨损钻具和配件。

④除气困难，钻井液密度下降，易引起下钻复杂情况。

⑤岩屑在井壁形成假滤饼，易引起阻卡。

⑥固井时水泥浆易窜槽，影响固井质量。

因此，钻井液黏度的高低应根据具体情况而定，通常在保证携带岩屑的前提下，黏度低些为好。但深井时泵压高，泵排量受限制，井眼情况一般比浅井复杂，为了有效携带岩屑并悬浮岩屑，黏度应大些；当井眼出现垮塌、沉砂较多或出现轻度漏失时，为消除井下复杂情况，钻井液黏度也适当增大。钻井液要能清洗井底，而在环形空间上返时又具有较高黏度，有利于携带岩屑，这个特性对提高钻速有利，除清水外多数钻井液具有剪切降黏的特性。

2. 测定方法

现场钻井液黏度一般用马氏漏斗黏度计测定。钻井液马氏漏斗黏度计漏斗、量杯及校

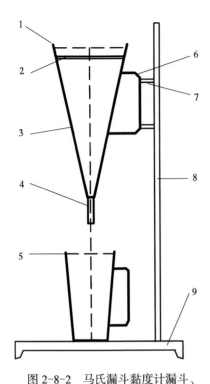

图 2-8-2 马氏漏斗黏度计漏斗、
量杯及校准架示意图

1—漏斗锥体上口径；2—滤网；3—漏斗体；
4—导流管；5—量杯杯沿刻线；6—漏斗
手柄；7—校准架挂件；8—校准架支架；
9—校准架水平底座

准架示意图如图 2-8-2 所示。漏斗由一个倒置的圆锥体连接一个规定内径的导流管组成，其测量原理是根据一定量钻井液从一定型定量漏斗内流出一定量的时间来确定钻井液的黏度。漏斗黏度是表征钻井液综合流动性的一个参数，其单位为"s"。

1）马氏漏斗黏度计校准

校准项目及其性能要求如下所示，一般在录井前测定标准容量流出时间和重复性误差。

（1）漏斗尺寸：用数显卡尺测量钻井液马氏漏斗黏度计漏斗的尺寸，平行测试三次，取三次测得值的算术平均值为其测量结果，测试结果应符合表 2-8-2 要求。

（2）漏斗容量（至滤网底部的溶剂容量）：在水平工作台上，将漏斗挂在校准架上，漏斗保持竖直、牢固；量取 1500mL 纯水（用 500mL 和 1000mL 的单标线容量瓶量取）；用手指堵住漏斗导流管出口，将量取的 1500mL 纯水缓慢转移到漏斗至滤网底部，液面与滤网相切。如果容量瓶内有剩余，将剩余转移至 10mL 量筒内，记录其体积数，计算漏斗容量；如果 1500mL 不够，再用 10mL 的分度吸量管加注至漏斗滤网底部，液面与滤网相切，记录加量，计算漏斗容量。平行测试三次，取三次测得值的算术平均值为其测量结果，测试结果应为 1500.0mL±10mL。

表 2-8-2 漏斗的尺寸

项目	要求（mm）
漏斗锥体上口径	152.00±1.00
导流管内口径	4.76±0.05
导流管长度	50.80±0.50
滤网方孔尺寸	1.40±0.10

注：漏斗锥体上口径是漏斗上口外沿直径。

（3）量杯容量（至杯沿刻度线的容积容量）：将量杯置于水平工作台上；量取 946mL 纯水（先后用 50mL 的单标线吸量管和 10mL 的分度吸量管从 1000mL 单标线容量瓶内量取移出 50mL 和 4mL）；将量取的 946mL 纯水缓慢转移到量杯至杯沿刻线；如果容量瓶内有剩余，将剩余转移至 10mL 量筒内，记录其体积，计算量杯容量；如果 946mL 不够，再用 10mL 的分度吸量管加注至量杯杯沿刻线，记录加量，计算量杯容量。平行测试三次，取三次测得值的算术平均值为其测量结果，测试结果应为 946.0mL±6mL。

（4）标准容量流出时间：在水平工作台上，将漏斗挂在校准架上，漏斗保持竖直、牢固，将量杯置于漏斗出口下方；量取 1500mL 纯水（用 500mL 和 1000mL 的单标线容量瓶量

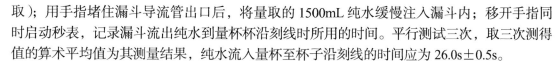

取）；用手指堵住漏斗导流管出口后，将量取的1500mL纯水缓慢注入漏斗内；移开手指同时启动秒表，记录漏斗流出纯水到量杯杯沿刻线时所用的时间。平行测试三次，取三次测得值的算术平均值为其测量结果，纯水流入量杯至杯子沿刻线的时间应为26.0s±0.5s。

（5）重复性误差：在水平工作台上，将漏斗挂在校准架上，漏斗保持竖直、牢固，将量杯置于漏斗出口下方；用手指堵住漏斗导流管出口后，向漏斗内缓慢注入纯水至滤网底部，液面与滤网相切；移开手指同时启动秒表，记录漏斗流出纯水到量杯杯沿刻线时所用的时间。平行测试三次，计算三次测得值的算术平均值，取三次测得值与其算术平均值之差的绝对值最大者，测得值的重复性误差应在 ±0.5s 范围内。

2）钻井液黏度测量

（1）在水平工作台上，将漏斗挂在校准架上，漏斗保持竖直、牢固，将量杯置于漏斗出口下方；

（2）以迟到时间为准，用盛液杯在钻井液槽内取正在流动的钻井液，然后盖好筛网；

（3）用手指堵住漏斗下部的流出口，将新取的钻井液样品经筛网注入干净、直立的漏斗中，直到钻井液样品液面达到筛网底部为止（1500mL）。

（4）将量筒放置于漏斗管口下面，移开手指同时启动秒表，测量钻井液流至量杯中（946mL）刻度。立即关住秒表，同时用手指迅速堵住管口，读出秒表的数值，所得的时间数值就是被测钻井液的黏度。

3.技术要求与注意事项

（1）钻井液需要充分搅拌均匀，保证数据准确。

（2）测试完毕将零件部件洗净擦干，应特别注意不能弄弯或压扁漏斗下的特制管嘴。

（3）管嘴堵塞时不能用铁丝等硬物去通，以免使管嘴胀大，若有堵塞可用气吹或用细木条穿通。

（三）切力

钻井液从静止状态开始流动时，作用在单位面积上的力或者钻井液静止后悬浮岩屑的能力，称为钻井液切力，实质是指钻井液单位面积上网状结构强度的大小，反映了钻井液静置后变稠的这种触变特性，通常用初切力和终切力来表示静切力的相对值。

测量钻井液在静止时黏土颗粒之间，相互吸引黏结而成的网架结构的强度大小（静切力）即破坏钻井液中单位面积上网架结构所需的力（切力），

1.钻井液切力对钻井工程的影响

钻井液切力大小代表了钻井液悬浮固体颗粒的能钻井工艺要求钻井液具有适当的切力和良好的触变性，钻井要求初切力越低越好，终切力适当（为初切的3~5倍为宜）。若切力过高，又可能造成下列危害：

（1）流动阻力大，下钻后开泵困难易憋漏地层。

（2）沉砂困难，影响净化，密度上升快。

（3）除气困难，钻井液易气侵，会使钻井液密度降低，导致井喷。

（4）含砂量增大，磨损钻具和配件，滤饼质量差，易造成黏附卡钻。

（5）钻头易泥包，钻具转动阻力大，动力消耗大，降低钻速。

终切力过低，则悬浮携带岩屑效果不好，钻井液静止时岩屑在井内下沉，易发生卡钻等事故，一旦停泵很容易造成复杂情况，对岩屑录井工作也带来许多困难，使岩屑混杂，难以识别真假。

2. 测定方法

切力用浮筒式切力仪测定，其结构示意图见图 2-8-3。钻井液静止 1min 后测得的切力称初切力，静止 10min 后测得的切力称终切力，计量单位为 Pa。

1）切力计校准

（1）将干燥、洁净切力浮筒，用天平称其质量，应为 5g±0.05g。

（2）用杠杆千分尺测量切力浮筒两端壁厚，每端从圆周均步的三点测量，每点测量值 0.19mm±0.01mm。

（3）用游标卡尺测量切力浮筒的外径，切力浮筒两端、中间线均匀划分出六个点测量，每点测量值应为 36mm±0.10mm。

（4）用游标卡尺测量切力浮筒的长度，应为 88.9 mm±0.10mm。

（5）将切力浮筒套入刻度尺，轻轻放至钻井液杯子底面，切力浮筒上边缘应与刻度尺最下刻度线平直。

2）钻井液切力测量

将被测钻井液经过搅拌均匀，倒入钻井液杯中，使其钻井液面在刻度尺 0 刻线的位置。将切力计浮筒沿刻度尺套入并轻轻垂直线接触钻井液表面，然后让其自由下落，待其静止 1min 时或静止 10min 时便可以从切力浮筒上端面与标尺相对应的刻度读出钻井液的初切力或终切力。

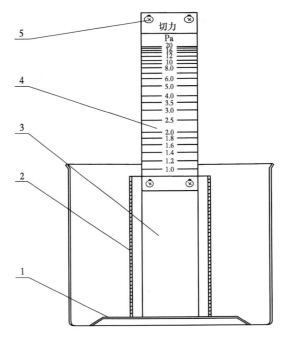

图 2-8-3　钻井液切力计结构示意图

1—钻井液杯；2—切力浮筒；3—尺杆；4—刻度尺；5—圆头螺钉 M2×5

测量钻井液在静止时黏土颗粒之间相互吸引黏结而成的网架结构的强度大小（静切力），即破坏钻井液中单位面积上网架结构所需的力（切力），测量所得的初切力和终切力。

（四）失水及滤饼

钻井液造壁性能主要是指护壁能力，包括两方面内容。一方面是滤失量，即其滤液进入地层多少；另一方面是在井壁形成滤饼质量的好坏，包括渗透性即致密程度、强度、摩阻性及厚度。当钻井液柱压力大于地层压力时，在压差的作用下，部分钻井液水将渗入地层中，这种现象称为钻井液的失水性（或滤失性）。失水的多少称为钻井液失水量；钻井液失水的同时，黏土颗粒在井壁岩层表面逐渐聚结而形成滤饼。

1. 钻井液的失水量及滤饼质量与钻井工程的关系

在钻进过程中，有失水才能形成滤饼，所形成的滤饼又能巩固井壁并阻止进一步失水。钻井液失水量小，滤饼薄而致密，有利于巩固井壁和保护油层。一般来讲，钻井要求钻井液要低失水量和薄而致密的滤饼。

失水过大，滤饼过厚而松散，对钻井是不利的。若失水量太大，滤饼厚，易造成缩径或引起泥页岩剥落坍塌、起下钻时摩阻力增加、泥包钻头或堵水眼、导致起下钻遇阻遇卡，也会妨碍套管顺利下入，测井遇阻遇卡，并且降低了井眼周围油层的渗透性，对油层造成伤害，降低原油生产能力。

但失水并不是越小越好，要求过小的失水量反而使钻井液成本增加，钻速下降。在钻井过程中，应根据地层岩石的特点、井深、井身结构、钻井液等类型来决定，如对石灰岩、白云岩、胶结致密的砂岩，对失水量不做要求，对易吸水膨胀、垮塌的页岩和易垮塌的其他地层，失水量应严格控制。另外，井浅时可放宽要求，裸眼时间长的应严控失水量及滤饼质量。总之，在井壁允许的情况下，可适当放宽失水量的要求，以最大限度地提高钻井速度。

2. 测定方法

钻井液失水大小一般以30min内在一定压差作用下通过$45.8cm^2 \pm 0.6cm^2$过滤面积的滤纸的水量表示，单位为mL。滤饼厚度是在测定失水量后，取出失水仪内的滤纸，在滤纸上直接量取，以mm表示。钻井液滤失量分为：（1）API滤失量，即在686Pa、常温下测定的数值；（2）高温高压滤失量，即在1034.25Pa及150℃下测定的数值。现场一般只测量低压滤失性能，可用中压滤失量测试仪（图2-8-4）测定。

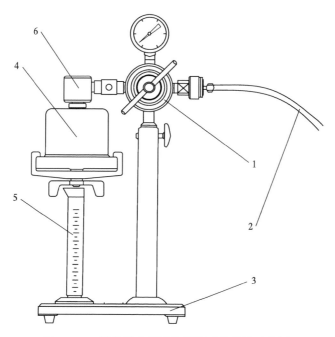

图2-8-4　钻井液中压滤失量测试仪结构示意图

1—减压阀；2—气源压力管汇；3—底座；4—钻井液杯；5—量筒；6—放气阀

1）中压滤失量测试仪校准

（1）密封性：仪器通过管汇连接气源，打开气阀，调整中压滤失量测试仪减压阀，使压力指示为 1.00MPa，稳压 45min。其间，观察压力波动情况，计时终止时，记录压力表指示值，压力波动不大于 0.02MPa。

（2）滤失量误差：钻井液中压滤失量测试仪与气源接通，将压力调至 0.69MPa；取下钻井液杯盖，向杯内注入水基钻井液，离密封圈约 2mm，放上滤纸，拧紧杯盖，固定在中压滤失量测试仪上，下面放上量筒；打开放气阀，气源进入钻井液杯中，当第一滴水出现后按下秒表（计时器），记下滤失时间，滤失 30min，记录量筒中的滤失水量；连续三次测试结果的最大值与平均值的绝对差值不大于 1mL。

（3）放出杯中气体，取下钻井液杯，卸下杯盖，进行清洗并使之干燥。

2）钻井液密度测量

按照滤失量误差校准的测量步骤，将减压阀、压力表、打气筒等组件通过方形凸位安装在支架上方形孔内；将减压阀手柄退出，使减压阀处于关死状态，此时无输出，然后关死放空阀；左手拿住钻井液杯，用食指堵住钻井液杯气接头小孔，倒入被测钻井液，高度以低于密封圈 2~3mm 为最好；放好密封圈，铺平一张滤纸，拧紧钻井液杯盖，然后将钻井液杯连接在三通接头上，将 20mL 量筒放在钻井液杯下面，对准出液孔。连接好打气筒，打气气压指示为 0.69MPa；迅速将放空阀退回一圈，微调减压阀手柄，使压力表指示为 0.69MPa，钻井液杯内气体压力保持在 0.69MPa 恒定状态。当见到第一滴滤液开始计时，30min 时取下量筒，记录下量筒内失水量，退出减压阀手柄关死减压阀，顺时针旋动放空阀一圈半左右，放空阀打开，钻井液杯内剩余气体被放出；取下钻井液杯，打开钻井液杯盖取出滤纸，清洗滤饼上的浮浆，测量滤饼厚度。测试完毕冲洗擦干钻井液杯、钻井液杯盖、密封圈，并吹干杯盖滤网。

（五）含砂量

含砂量指钻井液中不能通过 200 目筛孔即直径大于 0.074mm 的砂子占的体积百分数。

1. 钻井液含砂量与钻井工程的关系

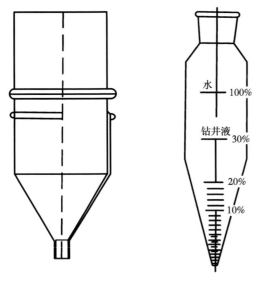

钻井液的含砂量过大，则易磨损钻具和泵的零件。随含砂量的增加，滤饼变粗变厚、摩擦系数增大、密度增加，严重时会引起卡钻；钻井液不循环时，砂子会沉积在钻具周围，影响钻井或者下套管作业，对钻井液性能造成连锁影响。因此，一般要求钻井液的含砂量小于 1%。

2. 钻井液含砂量测量方法

钻井液含砂量可用钻井液含砂量测定仪测量，其原理是将定量钻井液样品稀释并经过滤筛过滤之后，用蒸馏水冲洗筛网上的砂粒，使砂粒经漏斗冲洗进入测量管，由测量管测定以体积百分数表示的筛余含砂量。

钻井液含砂量测定仪结构示意图见图 2-8-5，由直径 63.5mm（2.5 in）、孔径

图 2-8-5　钻井液含砂量测定仪结构示意图

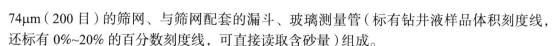

74μm（200目）的筛网、与筛网配套的漏斗、玻璃测量管（标有钻井液样品体积刻度线，还标有0%~20%的百分数刻度线，可直接读取含砂量）组成。

1）钻井液含砂量测定仪校准

分度对应的容量值、容量允差及示值误差见表2-8-3。

表2-8-3 分度对应的容量值、容量允差及示值误差

分度		容量值（mL）	容量允许误差（mL）	示值误差（%）
含砂量体积百分率分度（%）	20	6	±0.20	±0.9
	10	3	±0.17	±0.7
	5	1.5	±0.13	±0.5
	4	1.2	±0.10	±0.4
	3	0.9	±0.08	±0.3
	2	0.6	±0.05	±0.2
	1	0.3	±0.03	±0.1
钻井液标线		30	±0.30	
水标线		100	±1.00	

（1）校准点的确定：新制造的玻璃测试管，校准表2-8-3规定的9个点，使用中和修理后的玻璃测试管，校准百分率分度分别为1%、2%和钻井液标线三个点。

（2）将玻璃测试管洗净晾干，竖直固定在校准架上，

（3）用相应的滴定管，按玻璃测试管的百分率分度和容量大小由低分度线到高分度线依次吸取相应的蒸馏水，并记录吸取量，注入玻璃测试管内。注入时将滴定管的流液口移至玻璃测试管被检分度线处，使水沿内壁流下，避免水滴溅开；水面与内壁接触处形成正常弯月面，不应有挂水等沾污现象，以免影响容量校准的准确度。当观察液面准确地升到被检分度线时，停止注入，记录实测容量并计算容量误差，其值应符合表2-8-3的规定。

（4）液面的观察方法：应当以液体弯月面的最低点与分度线的上缘水平相切，观察者的视线应与分度线在同一水平面上。为使弯月面最低点的轮廓清晰地呈现，可在玻璃测试管分度线背面衬黑白纸板，黑色的上缘位于弯月面下1mm处。

（5）示值误差应符合表2-8-3的规定。示值误差按公式（2-8-1）计算：

$$e = V \cdot \frac{V_1}{V_2} \times 100\% \qquad (2\text{-}8\text{-}1)$$

式中 e——示值误差；

V——含砂量体积百分率分度；

V_1——实测含砂量体积百分率分度相应的容量值；

V_2——实测钻井液容积的容量值。

2）钻井液含砂量测量

（1）将钻井液注入玻璃测量管至"钻井液"标记处，加水至下一标记处，堵住管口并剧烈振荡。

（2）向洁净、湿润的筛网中倾倒上述基液，弃掉通过筛网的流体。向玻璃测量管中再加些水，振荡并倒入筛网上。重复上述步骤，直至玻璃测量管洁净。冲洗筛网上的砂子，以除去残留的钻井液。

（3）将漏斗上口朝下套在筛框上，缓慢倒置，并把漏斗尖端插入玻璃测量管口中，用小水流通过筛网将砂子冲入玻璃测量管内，使砂子沉降到测量管底部，从测量管上的刻度读取砂子的体积分数。

（4）以（体积）分数记录钻井液的含砂量。同时记录钻井液取样位置，如振动筛前、钻井液池等。除砂子外的其他粗颗粒（如堵漏材料等）也会留在筛网上，存在这类固相时应注明。

3）操作注意事项

（1）量取定量钻井液不要超过30mL，钻井液和清水的总体积不要超100mL。

（2）用清水冲洗筛网上的钻井液时，水要从四周缓缓冲洗。上下滤筒为一体能放入漏斗中，一端为上过滤筒，另一端为下过滤筒。

（3）严禁对过滤网使用过大外力，以免使其破损变形，影响精度和使用。

（六）pH值

钻井液的pH值，即酸碱度，是钻井液中氢离子浓度的负对数值，即$pH=-\lg[H^+]$。例如，若钻井液中氢离子浓度$[H^+]=10^{-5}g/L$，则该钻井液的$pH=5$。pH值小于7时，钻井液为酸性，pH值越小，酸性越强；pH等于7时，钻井液为中性；pH值大于7时，钻井液为碱性，pH值越大，碱性越强。高碱性钻井液（如石灰钻井液）pH值为12~14；不分散低固相钻井液的pH值为8~9；弱酸性钻井液（如饱和盐水钻井液）pH值为6~7。现代钻井常用低碱性钻井液。

1. 钻井液pH值与钻井工程的关系

钻井液性能的变化与pH值有密切关系。pH值的变化往往引起黏度、失水等性能变化。pH值低，将使钻井液水化性和分散性变差，切力、失水上升；pH值高，会使黏土分散度提高，引起钻井液黏度上升。pH值过高时，会使泥岩膨胀分散，造成掉块或井壁垮塌，且腐蚀钻井设备。所以对钻井液的pH值应要求适当。在使用铁铬盐钻井液时，如果pH值低于8或大于10，钻井液中都会产生大量气泡。实践证明，保持一定的pH值（pH>8）有利于钻井液性能稳定，而钻遇含硫化氢地层时pH值则要保持在9.5~11。

2. 钻井液pH值测定

现场可用pH试纸测pH值：

（1）取一条约25mm长的pH试纸缓慢地放在待测样品表面。

（2）使滤液充分浸透并使之变色（时间不要超过30s）。

（3）将变色后的滤纸与色标进行对比，读取并记录pH值。

（4）如果试纸变色不好对比，则取较接近的精密pH试纸重复以上试验。

注：用pH试纸测定水基钻井液的pH值通常只能测到0.5pH单位，如需精确测定，应使用玻璃电极pH计。

（七）氯离子浓度

在钻井过程中，钻遇不同的层位，钻井液中氯离子浓度也会随之变化，如钻遇盐膏层或者地层出水，氯离子的含量也会随之增加或降低，钻井液性能也会发生变化；因此录井过程中监测氯离子浓度也是判断层位、识别地层流体、保证井筒安全的有效辅助手段。

1. 测定钻井液氯离子浓度的原理

硝酸银与水中氯化物反应生成白色氯化银沉淀，用铬酸钾作指示剂。当水中氯离子与银离子全部反应完后，过量的硝酸银则与铬酸钾生成砖红色的铬酸银沉淀，即终点。

2. 钻井液氯离子浓度测定

1）实验药品器材准备

检查量杯、烧杯、移液管、pH试纸、器皿、药品等是否齐全，器皿清洗干净，以内壁不挂水珠为准。清水洗完后，应用蒸馏水清洗容器（2~3次）。

（1）硝酸银（CAS编号：7761-88-8）标准溶液（4.791g/L，即0.0282mol/L，相当于0.001g/mL氯离子），存放在棕色或不透明的玻璃瓶中。

（2）铬酸钾（CAS编号：7789-00-6）指示剂水溶液（5g/100mL）。

警告：铬酸钾为致癌物，应小心处理。

（3）硫酸（CAS编号：7664-93-9）标准溶液（0.01mol/L）或硝酸（CAS编号：7697-37-2）标准溶液（0.02mol/L）。

警告：硫酸和硝酸均为强酸且有毒。

（4）酚酞（CAS编号：518-51-4）指示剂溶液（1g/100mL）的50%乙醇水溶液。

（5）碳酸钙（CAS编号：471-34-1）沉淀物（化学纯）。

（6）蒸馏水。

（7）刻度移液管：1mL（量出式）、10mL（量出式）。

（8）锥形瓶（100mL或150mL），推荐使用无色透明的锥形瓶。

（9）搅拌棒。

2）测定程序

（1）样品准备：用1000mL的瓷盅、50mL的量杯在指定位置取钻井液原样10mL。

（2）破胶脱色：取1mL或更多滤液于锥形瓶中，加入2~3滴酚酞溶液。如指示剂变为粉红色，则边搅拌边用移液管逐滴加入硫酸或硝酸标准溶液，直至粉红色消失。如滤液颜色较深，则先加入2mL 0.01mol/L硫酸或0.02mol/L硝酸并搅拌均匀，然后加入1g碳酸钙并搅拌。

（3）过滤：用蒸馏水冲洗采样容器及漏斗2~3次擦干后放好滤纸；用玻璃棒引流过滤，处理剩余滤液。

（4）加入25~50mL蒸馏水和5~10滴铬酸钾溶液。在不断搅拌下，用移液管逐滴加入硝酸银标准溶液，直至颜色由黄色变为砖红色并能保持30s为止。记录到达终点所消耗的硝酸银溶液的毫升数。如硝酸银标准溶液用量超过10mL，则取较少一些的滤液样品重复上述测定。

3）计算

氯离子浓度计算公式：

$$\text{氯离子浓度} = \frac{M \times V_2 \times 1000 \times 35.5}{V_1} \qquad (2\text{-}8\text{-}2)$$

式中　M——硝酸银的摩尔浓度；

　　　V_2——滴定中所消耗的硝酸银标准溶液体积；

　　　V_1——滤液样品体积。

为方便现场工作，一般现场均已提前算出，在取样量一定时，硝酸银用量与氯离子浓度对应，操作者可以依据水样量、硝酸银用量，在已给定的对应表格中查出对应氯离子浓度。

3. 注意事项

（1）滴定前必须使滤液的 pH 值保持在 7 左右。若 pH ＞ 7，用稀硝酸溶液调整；若 pH ＜ 7，用硼砂溶液或小苏打溶液调整。

（2）加入铬酸钾指示剂的量应适当。若过多，会使滴定终点提前，计算结果偏低；若过少，会使滴定终点推后，则计算结果偏高。

（3）$AgNO_3$ 溶液必须保存在有色瓶中，使用前必须摇动瓶子然后将溶液倾入滴定管中，同时滴定不宜在强光下进行，以免 $AgNO_3$ 分解造成滴定终点值不准确。

（4）当滤液呈褐色时，应先用过氧化氢使之褪色，否则在滴定时妨碍滴定终点的观察。

（5）铬酸钾的用量要适当，一般估计氯离子浓度在 1000mg/L 左右则加 2 滴，氯离子浓度在 10000mg/L 左右则加 4 滴（多加或少加都会导致滴定终点颜色不一致，使观察者的终点读数有偏差，导致计算值偏低或偏高）。

（6）全井使用试剂必须统一，以免造成不必要的误差。

（7）如滤液中的氯离子浓度超过 10000mg/L，可使用相当于 0.01g/mL（0.282mol/L）氯离子的硝酸银溶液。此时，需将式（2-8-2）中的系数 1000 改为 10000。

二、钻井液录井资料收集

钻进时，钻井液不停地循环。当钻井液在井中和各种不同的岩层及油、气、水层接触时，钻井液的性质就会发生某些变化。根据钻井液性能变化情况，可以大致推断地层及含油、气、水情况。当油、气、水层被钻穿以后，若油、气、水层压力大于钻井液柱压力，在压力差作用下，油、气、水进入钻井液，随钻井液循环返出井口，并呈现不同的状态和特点，这就要求进行全面的钻井液录井资料收集。油、气、水显示资料，特别是油、气显示资料，是非常重要的地质资料。这些资料的收集有很强的时间性，如错过了时间就可能使收集的资料残缺不全，或者根本收集不到资料。

（一）钻井液性能监测

（1）检测项目测量间距按地质设计执行，以迟到钻井液井深为准。

（2）钻井液进行处理、调整时，应做好井深、时间、处理剂名称和数量、处理前后液量和性能变化的详细记录。

（二）钻井液观察试验

钻入目的层后应注意观察钻井液槽、钻井液池液面和出口情况，并定时测量钻井液性能，记录显示时间及相应井，推算显示深度和层位；槽面见油、气、水显示时，必须取样进行分析。

1. 钻井液显示分类

（1）油花、气泡：油花或气泡占槽面30%以下，钻井液性能变化不明显。

（2）油气侵：油花、气泡占槽面30%~50%，钻井液性能变化明显，钻井液出口密度下降，黏度上升，有油、气味，钻井液池内总体积增加。

（3）井涌：钻井液涌出转盘面，不超过1m；如为油气涌出，油花、气泡占槽面50%以上，油、气味浓。

（4）井喷：钻井液涌出转盘面1m以上；超过二层平台称强烈井喷。

（5）井漏：钻井液量明显减少。

2. 钻井液观察与资料收集、记录

要经常注意观察收集钻井液出口情况、钻井液槽面、钻井液池液面变化。若发现异常现象，必须连续观察记录变化时间、井深、层位及变化情况等。

1）油气侵

钻遇油、气显示时，需要观察、记录的内容主要是：

（1）油、气显示的起止时间；记录槽面出现油花、气泡的时间，显示达到高峰的时间，显示明显减弱的时间。

（2）显示时的钻头深度，并根据迟到时间推断油、气层的深度和层位。

（3）油花、气泡的大小（一般指直径，用mm表示）及分布特点等。

（4）油花、气泡的产状（如条带状、片状、圆球状、星点状及不规则形状）、油的颜色、分布状况（包括密集或少量）等。

（5）油花、气泡占槽面的百分比，显示达到高峰时占槽面的百分比，显示减弱时占槽面的百分比。

（6）油、气味（浓、较浓、淡、无）。

（7）连续测定钻井液相对密度、黏度等性能的变化。

（8）槽面有无上涨现象、槽面上涨高度（在钻井液槽面固定地点取）、有无油气芳香味或硫化氢味等。

（9）油、气显示高峰时间（根据钻井液性能变化及槽面百分比确定）。

（10）必要时应取样进行荧光分析和含气试验、气样点燃试验（包括燃烧程度、火焰颜色及高度等）等，或密封送实验室分析。

2）水侵

钻开水层以后，地层水在压力差的作用下进入钻井液中，引起钻井液性能的一系列变化，这就是水侵现象。根据地层水含盐量的不同，水侵可分为淡水侵和盐水侵。

淡水侵的特点：钻井液被稀释，密度、黏度均下降，失水量增加，流动性变好，钻井液量随水量的增加而增加，钻井液池液面上升。

盐水侵的特点：钻井液性能受到严重破坏，黏度和失水增大，流动性迅速变差，呈不能流动的豆腐脑状或呈清水状，氯离子含量剧增。

水侵时应收集记录下列资料：

（1）水侵的时间、井深、层位；

（2）钻井液性能、流动情况、水侵性质；

（3）钻井液槽和钻井液池显示情况；

（4）定时取样做氯离子滴定实验。

3）溢流

应记录起止时间、井深、层位、钻头位置、工况、气测值、槽面显示（油花与气泡形状、大小、分布占槽面百分比、槽面上涨高度）、外溢量、外溢速度、钻井液性能变化、取样（保存、点火试验）、处理措施。

4）井涌、井喷

起止时间、井深、层位、钻头位置位置、工况、涌（喷）出高度、涌（喷）出物（油、气、水）、夹带物（钻井液、砂泥、砾石、岩块等）及其大小、进出口流量变化、间歇时间、处理井涌（喷）措施、处理方法、压井时间、加重剂名称及用量、压井后钻井液性能、外涌（喷）前及压井后钻井液性能（特别是井喷前后的相对密度）、工程简况、井涌（喷）原因分析及处理情况。

井涌往往是井喷的先兆，除应加强观察外，还应通知工程上做好防喷准备工作。

节流管放喷时要注意收集放喷管线尺寸或节流阀孔径、压力变化、射程、喷出物、放喷起止时间。井漏时，要记录钻达井深、层位、起止时间、漏速、漏失量等。

5）井漏

起止时间、井漏井深、层位、钻头位置、工作状态、漏失量、漏速、井漏处理措施、处理方法、堵漏时间、处理剂名称及用量、井漏前及处理后钻井液性能、井漏原因分析。

（三）影响钻井液性能的地质因素分析

了解钻井过程中影响钻井液性能的地质因素，对于判断油气层和岩层的变化十分重要。影响钻井液性能的地质因素是比较复杂的，归纳起来有以下几个方面。

1. 高压油气水层

当钻穿高压油气层时，油气渗入钻井液，造成钻井液降低，黏度增高，钻井液出口处钻井液外涌，钻井液槽内液面升高，并可见到油膜油花或气泡显示。当钻遇淡水层时，钻井液黏度和切力均降低，失水量增大。钻遇盐水层时，钻井液黏度增高后又降低，密度下降，切力和含盐量增加。水侵会使钻井液量增多。

2. 盐侵

当钻到可溶性盐类如岩盐（NaCl）、芒硝（Na_2SO_4）或石膏（$CaSO_4$）时，会使钻井液性能发生变化。由于岩盐和芒硝这些含钠盐类的溶解度大，使钻井液中 Na^+ 浓度增加，导致黏度和失水量增大。当盐侵严重时，还会削弱黏土颗粒的水化和分散程度，使黏土颗粒凝结，黏度降低，失水量显著上升。钻遇石膏层时，要发生钙侵，使钻井液黏度和切力急剧增高，有的甚至使钻井液呈豆腐块状，失水量上升。当氢氧化钙侵入钻井液时还将使钻井液 pH 值增大。

3. 砂侵

砂侵主要由于黏土中原来含有的砂子及钻进过程中岩屑的砂子未清除所致。钻井液中含砂量过高的危害见前文。

4. 黏土层

钻进黏土层或页岩层时，因地层的造浆性，钻井液相对密度、黏度增高。

5. 漏失层

遇漏失层，轻则钻井液池液面下降，严重时会丧失循环。一般情况下，钻进漏失层要求钻井液有高黏度、高切力或采取专门措施堵漏，阻止钻井液流入地层。

第九节　泥（页）岩密度分析

泥（页）岩密度分析是使用密度测量仪器对随钻捞取的泥（页）岩岩屑样品的密度进行测量、分析的录井方法。通过测定泥（页）岩密度，可了解钻遇地层压力变化趋势，预测可能存在的地层压力异常层。对于泥（页）岩地层，特别是甩开的探井，要落实异常压力带，需要进行泥（页）岩密度分析。

一、进行基本原理与设备校准

根据阿基米德定律，通过将被测泥（页）岩样品放在空气中测出其质量 m，在水中测出其体积 V，然后根据公式 $\rho=m/V$，计算出泥（页）岩的密度值 ρ。

（一）泥页岩密度计法

1. 密度计组成与结构

密度计由有机玻璃圆筒（基管）、带有镜面的刻度尺（以下简称刻度尺）、带有浮桶和样品盘的不锈钢丝（简称浮子）三部分组成，其结构见图 2-9-1。

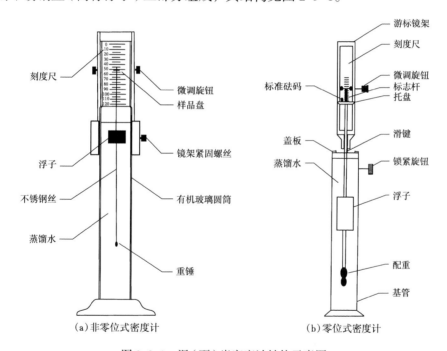

图 2-9-1　泥（页）岩密度计结构示意图

2. 技术指标

（1）量程：1~3g/cm³。

（2）允许误差：±2%。

（3）分辨率：≤ 0.03g/cm³。

3. 示值准确性校准

1）零位式密度计

（1）调节游标镜架及微调旋钮，使标志杆顶面与刻度尺零位对齐。

（2）将专用密度块放入托盘内，浮子下降，然后逐次减少砝码，直至标志杆顶面重新回到零位，记录减少的砝码质量（m）值。

（3）打开基管盖板，提起浮桶，将专用密度块放到浮桶上面，使浮桶重新沉入水中。关闭基管盖板，浮子上升，然后逐次向托盘内加砝码，直至标志杆顶面重新回到刻度尺零位，记录增加的砝码质量（n）值。

（4）取出专用密度块，干燥后分别与50mg、100m、150m、200mg二等标准砝码组合，重复第（2）项步骤。

（5）密度值的计算。按式（2-9-1）计算出各检定点的密度值：

$$\rho_i = \frac{m_i}{m_0}\rho_w \qquad (2\text{-}9\text{-}1)$$

式中　ρ_i——第 i 个检定点的密度值；

　　　m_i——第 i 个检定点标志杆顶面回零时减少砝码的质量；

　　　m_0——专用密度块放入水中标志杆顶面回零时增加砝码的质量；

　　　ρ_w——水的密度。

（6）误差的计算。按式（2-9-2）计算出各检定点的误差值，其最大误差应≤±2%。

$$\Delta\rho_i = \frac{\rho_i - \rho_{i0}}{\rho_{i0}}\times100\% \qquad (2\text{-}9\text{-}2)$$

式中　$\Delta\rho_i$——第 i 个检定点的误差；

　　　ρ_{i0}——第 i 个检定点的已知密度值。

2）非零位式密度计

（1）用手指轻按钢丝尖端，使浮子在水中下降一段位移。轻轻松开手指、待浮子稳定后，调节游标镜架及微调旋钮，使钢丝尖端与刻度尺零位对齐。反复调节多次，直至稳定为止。

（2）将专用密度块放入样品盘内，待浮子稳定后，读出并记录浮子在水中下降的幅度（L）值。

（3）提起浮子，将专用密度块放在浮桶上，轻轻将浮子放入水中，待浮子稳定后，读出并记录浮子在水中下降的幅度（L）值。

（4）取出专用密度块，干燥后分别与50mg、100mg、150mg、200mg二等标准砝码组合，重复步骤（2）。

（5）密度值的计算：

$$\rho_i = \frac{L_i}{L_1 - L_0}\rho_w \qquad (2\text{-}9\text{-}3)$$

式中　L_i——第 i 个检定点浮子下降的幅度；

　　　L_1——专用密度块放在样品盘内时浮子下降的幅度；

　　　L_0——专用密度块放在浮桶上时浮子下降的幅度。

（6）误差的计算：

按式（2-9-2）计算出各检定点的误差值，其最大误差应≤±2%。

（二）矿石密度计法

1. 测量原理

采用阿基米德原理浸渍法、密度瓶法、表面处理封蜡法、表面处理涂脂法等。

2. 适用范围及测量项目

（1）适用于各种矿业、地质研究、煤业、考古学研究、实验室研究。

（2）测量项目：真密度、体密度、有效孔隙率、总孔隙率、开口孔隙、闭合孔隙、吸水率、含水率。

3. 测量对象

天然块体、自然块体、饱和块体、干块体。

4. 适用标准

依据 GB/T 23561、STM C39、C128、C127、AASHTOT84 等标准规范。

5. 测量步骤

（1）将样品放入测量台，显示产品重量，按 ENTER 键记忆。

（2）将产品放入水中即显示密度值。

二、资料采集

（一）采集项目

泥（页）岩密度。

（二）操作步骤

以非零位式密度计为例，操作步骤如下。

1. 测量准备

（1）测量时必须用纯泥岩，排除砂岩、石灰岩及其他岩石。从要测的深度的样品中挑选 5~10 块新钻地层的纯泥岩岩屑有代表性的样品，每块的直径要小于 5mm。

（2）把挑出的样品清洗干净后，放在滤纸上把岩屑表面的水分吸干（不得烘、晒）。

（3）如果蒸馏水是新的，加 3~5 滴洗洁净（或肥皂液），可以润滑不锈钢杆、减少水表面的张力，以便得到正确的读数。

2. 检测仪加水

将水注入有机玻璃管内，水面距管顶 4cm 为宜。将不锈钢杆、顶盘、浮子、重锤组成整体放入筒内水中，此时浮子顶面在水面以下 1~2cm。浮子表面及重锤上不应附有气泡，如有气泡，则上下抖动整体，直至气消除。然后把托盘向下压，直至重锤碰到管底，此时托盘应在水面上 1cm（否则去掉一些水）。

3. 零位调整

（1）在仪器上没有岩样时，调整刻度尺，使浮动部分的顶尖正好在零位（或一个整十的位置，如 10 或 20）。调节时，使要调到的刻度尺上的点和浮杆顶尖及其镜中的像三点成一线。

（2）室温有变化时，重新调整零位，读出新零值。

4. 测量

（1）用镊子把足够的样品放入上部托盘上，使浮子下沉，但不要使重锤碰到筒子的底部。当浮动部分稳定下来时，读出刻度值 L_1（在空气中的测量值）。

（2）再用镊子把这些样品放置在下部托盘中（水中浮子上），待稳定后读出刻度值 L_2（在水中的测量值）。

（3）计算泥岩密度：

$$ds = \rho_0 L_1 / (L_1 - L_2) \qquad (2\text{-}9\text{-}4)$$

式中　ds——泥岩密度；

L_1——样品在空气中的测量值；

L_2——样品在水中的测量值。

ρ_0——水的密度。

由于水的浮力，L_2 应小于 L_1。如果不是，重新取样再做，一般每个深度的样品做三遍，取平均值。

（4）填写"泥（页）岩密度分析记录"，见表 2-9-1。其中，L_1 填写第一次测量值，L_2 填写第二次测量值，密度填写由 L_1 和 L_2 所计算出的密度值。

表 2-9-1　泥（页）岩密度分析记录

序号	层位	井深（m）	岩性定名	测量值		
				L_1	L_2	密度（g/cm³）

三、资料应用

选取上部地层中厚度大于 150m 的正常压实泥（页）岩井段，确定本井的泥（页）岩密度趋势线。当泥（页）岩密度值偏离其密度趋势线时，可能存在异常地层压力。

根据设计要求进行随钻地层压力监测；结合泥（页）岩密度分析及其他资料，预测本井地层压力异常情况。

由泥岩压实规律可知，正常情况下，泥岩孔隙度随深度增加而呈指数函数减小，即泥岩密度随深度增加而增加。当遇到压力过渡带和高压层时产生欠压实的结果，孔隙度比正常条件下要大，密度比正常条件下要小。根据泥岩密度这种变化规律，在钻井过程中按一定井段间隔取出返至地面的泥岩岩屑测量密度。正常压力井段的泥岩密度值为正常趋势线。凡偏离正常趋势线即反映压力异常，偏移量越大，异常压力越高，开始偏离正常趋势线的点即为异常压力过渡带的顶点。

在泥岩段钻进时，按一定间距（5~20m）对泥（页）岩岩样密度进行测量，以井深为纵坐标，以泥（页）岩密度为横坐标，绘制井深—密度曲线。在正常地层压力情况下，密度随井深增加而增大，为泥（页）岩密度正常趋势线。若偏离正常趋势线方向密度减小，则反映为异常高压。它的开始端即为压力过渡带顶部（点），见图 2-9-2 中 A 点。

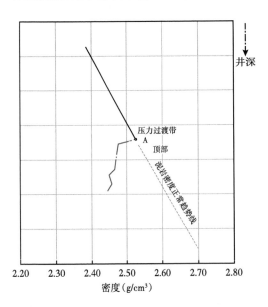

图 2-9-2　泥岩录井图

同样将这些来自不同井深的泥岩密度值标在"密度—压力图表"的密度—深度坐标上，（图2-9-3），构成A、B、C、D的泥岩密度大致连线。

计算C点井底压力：

AB线段是正常泥岩密度趋势线，在B点遇到压力异常，泥岩密度开始下降，趋势线向左偏移弯曲。

由C点作垂线，交于AB线段于D点，其井深为1920m，相应的静水压力为19.2Pa，在压力标尺找该点值，该点为E，并连接DE线。

通过C点作一直线平行DE与压力标尺交于F点，读井底压力为63.7Pa。

计算压力梯度，即平衡井下压力所需要钻井液密度理论值。C点的井深为3840m，其静水压力为38.4Pa。因此有：

$$63.7/38.4 = 1.66（g/cm^3）$$

$1.66g/cm^3$为钻井液密度平衡井下压力的理论值。

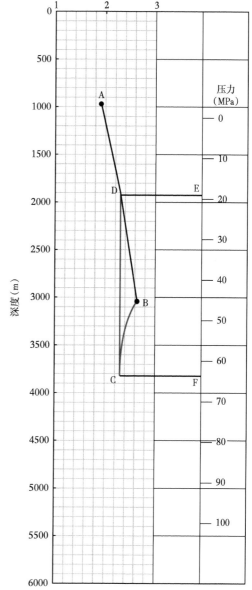

图2-9-3 泥岩"密度—压力"图

第十节 碳酸盐岩分析

碳酸盐岩的识别有很多成熟的方法，如碳酸盐岩分析、元素分析、薄片分析等。碳酸盐岩分析是基于压力法或体积法，可快速准确确定白云质、石灰质和酸不溶物的百分含量，用于判断地层岩性、分析岩石胶结情况、了解地层层序和沉积相带、辅助地层对比、识别储层等，为现场录井人员工作提供决策依据。

一、基本原理

岩石中碳酸盐种类较多，一般以碳酸钙为主。利用盐酸与岩样中的碳酸盐发生化学反应，测量所生成二氧化碳气体的体积或压力，可计算出岩石中的碳酸盐含量。化学反应方程式如下：

$$CaCO_3 + 2HCl \longrightarrow CaCl_2 + H_2O + CO_2\uparrow$$

二、录井准备

（一）仪器设备

（1）岩石碳酸盐含量测定。

（2）电子天平：感量 1mg。

（3）高温热解炉：最高温度不低于 400℃，控温精度 ±5℃。

（4）温度计：量程 0~50℃，最小分度值 0.5℃。

（5）气压计：量程 80~106kPa，最小分度值 0.1kPa。

（6）电热恒温干燥箱：最高温度不低于 200℃，控温精度 ±1℃。

（7）研钵或岩石破碎机。

（二）试剂与试剂

（1）盐酸溶液：质量浓度 10%。

（2）碳酸钙：优级纯或标准物质。

（3）甲基橙。

（4）氯化钠。

（5）材料，包括包样纸、样品盒、样品盘、分样筛（孔径 0.18mm）、样品杯（选用与盐酸不发生化学反应的材料制成）、量筒（25mL）、镊子。

（三）设备校准

岩石碳酸盐含量测定分为压力法和体积法，分析前应对碳酸盐分析仪进行校准。

1. 压力法

（1）按压力法岩石碳酸盐含量测定仪（图 2-10-1）的操作要求接通电源，并预热 30min。

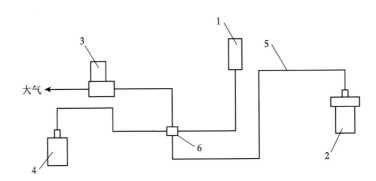

图 2-10-1　压力法岩石碳酸盐含量测定仪流程示意图

1—压力传感器；2—反应瓶；3—排空阀；4—缓冲瓶；5—软管；6—四通

（2）根据反应瓶的容量和压力传感器的量程，在 0.050~0.400g 之间选定并称取定量碳酸钙，置于样品杯中待测。

（3）向反应瓶中加入一定量（宜在 10~25mL 之间选定）盐酸溶液，再放入盛有碳酸钙的样品杯，此时应避免碳酸钙与盐酸溶液接触。

（4）塞紧反应瓶盖，并对反应瓶内气体放空后，调校仪器零点至合格。

（5）关闭测量管路与大气连通的阀门，摇动反应瓶，使碳酸钙与盐酸溶液在反应瓶中充分反应，观察测量压力示值。

（6）测量压力的示值稳定 2~5min 后，应达到仪器规定的标定压力范围，并记录其数值。

（7）重复（2）~（6）步操作，两次测得的压力示值相对偏差应小于 1%，并以两次测得的压力平均值作为计算标准。

（8）记录实验温度。

2. 体积法

（1）按体积法岩石碳酸盐含量测定仪（图 2-10-2）的调试要求，向水槽中注满蒸馏水；取溶有甲基橙的饱和盐水，加入盐酸至溶液呈红色，装入平衡瓶和刻度管中。

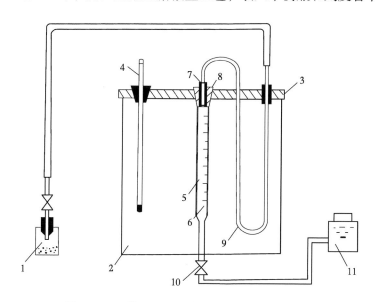

图 2-10-2 体积法岩石碳酸盐含量测定仪示意图

1—反应器；2—水槽；3—温度计；5—刻度外管；6—刻度管；7、8—橡皮塞；9—U 形管；10—玻璃双通；11—平均瓶

（2）盖紧反应瓶塞，调整刻度管内外液面高度使其产生一定的差值，如能保持 20min 无变化，则仪器检漏结果为合格。

（3）称取 0.200g 碳酸钙，置于样品杯中待测。

（4）向反应瓶中加入一定量（宜在 10~25mL 之间选定）盐酸溶液，再放入盛有碳酸钙的样品杯，此时应避免碳酸钙与盐酸溶液接触。

（5）盖紧反应瓶塞，并对反应瓶内气体放空后，调校刻度管内外液面高度达到一致，记录刻度读数 V。

（6）摇动反应瓶，使碳酸钙与盐酸溶液在反应瓶中充分反应，调节刻度管内外液面高度达到一致，记录刻度读数 V_2，得到二氧化碳气体体积，即 V_2-V。

（7）取下反应瓶，并清洗干净。

（8）记录实验温度及大气压力。

（9）重复（3）~（7）的操作，测定碳酸钙 2~3 次，每次测得的碳酸盐含量均应达到 95% 以上，相对误差不大于 2.5% 为合格。

三、资料采集

采集项目主要检测碳酸钙、碳酸镁钙、其他成分等相对百分含量。

（一）岩石取样

（1）选取有代表性及未被污染的样品 3~15g。

（2）用已写清岩样井号、编号的包样纸包好样品，按编号顺序排放于样品盒内保存。

（3）岩样除油：砂岩中不含碳质夹层和泥质含量小于 15% 的含油岩样，可使用热解法除油。将含油岩样置于用铅笔标明编号依次排列在样品盘内，并置于热解炉中，按升温速率 8~10℃/min 升温至 200℃，恒温 2h；再升温至 380℃，恒温 3~4h。

（二）岩样粉碎

（1）除油后的岩样经过粉碎、研磨后，全部通过分样筛。

（2）将过筛后的样品在 105℃ 条件下恒温干燥 3~5h，再移至干燥条件下保存。

（三）样品称取

根据不同岩性的碳酸盐含量范围与选用的测量仪器及要求，在 0.200~1.500g 之间选定和称取定量样品，置于样品杯中，按样品编号顺序依次排放于样品盘中待测。

（四）样品分析

将选取样品与盐酸充分反应，测定碳酸钙、碳酸镁钙、其他成分等相对百分含量，并填写碳酸盐含量分析记录。

1. 压力法

（1）将盛有待测样品的样品杯置于盛有一定量［与压力法仪器校准中（3）的用量相等］盐酸溶液的反应瓶中，此时应避免样品与盐酸溶液接触。

（2）重复压力法仪器校准中（4）和（5）的操作，使样品与盐酸溶液在反应瓶中充分反应。

（3）当测量压力的显示值不再上升时，记录其压力示值。

（4）放空测量管路内气体，取下反应瓶，并清洗干净。

（5）测量结果计算。压力法测定岩石中碳酸盐含量按公式（2-10-1）计算：

$$c = \frac{c_0 p_s m_0}{p_0 m_s} \times 100\% \qquad (2\text{-}10\text{-}1)$$

式中　c——岩石中碳酸盐含量；

　　　c_0——标准碳酸钙含量；

　　　p_s——岩样与盐酸反应释放的 CO_2 气体压力；

　　　m_0——标准碳酸钙的质量；

　　　p_0——标准碳酸钙与盐酸反应释放的 CO_2 气体压力；

　　　m_s——岩石样品质量。

2. 体积法

（1）将装有待测样品的样品杯置于盛有一定量［与体积法仪器校准中（4）中的用量相等］盐酸溶液的反应瓶中，此时应避免岩样与盐酸溶液接触。

（2）重复体积法仪器校准（5）~（7）的操作，记录样品与盐酸溶液充分反应而产生的二氧化碳气体体积。

（3）测量结果计算。体积法测定岩石中碳酸盐含量按公式（2-10-2）计算：

$$c = \frac{pVM}{R(273+T)m} \times 100\% \qquad (2\text{-}10\text{-}2)$$

式中　c——岩石中碳酸盐含量；

　　　p——实验条件下的大气压力；

　　　V——岩样与盐酸反应生成 CO_2 气体的体积；

　　　M——碳酸钙的摩尔质量；

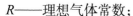

R——理想气体常数；

T——实验条件下的温度；

m——岩样质量。

（五）质量要求

（1）岩石中碳酸盐含量计算结果取小数点后一位。

（2）每批样品抽查10%，两次测定结果的绝对偏差应符合表2-10-1中的规定。

（3）抽查样品中如有10%超过允许误差范围，则该批样品需重测。

表2-10-1 岩石碳酸盐含量测定结果允许偏差

岩石碳酸盐含量 c（%）	绝对偏差（%）
$c < 5$	0.4
$5 \leqslant c < 30$	0.8
$30 \leqslant c < 50$	1.2
$c \geqslant 50$	1.6

（六）岩性定名

碳酸盐岩地层岩性定名原则见表2-10-2。

表2-10-2 碳酸盐岩地层岩性定名

岩类	碳酸钙含量（%）	碳酸镁钙含量（%）	岩性定名
石灰岩	100~90	0~10	石灰岩
	90~75	10~25	含云灰岩
	75~50	25~50	云质灰岩
白云岩	50~25	50~75	灰质云岩
	10~25	75~90	含灰云岩
	10~0	90~100	白云岩

（七）分析记录

碳酸盐含量分析记录格式见表2-10-3。

表2-10-3 碳酸盐含量分析记录

序号	井深（m）	样品类型	碳酸钙含量（%）	碳酸镁钙含量（%）	其他（%）

第三章　气体录井技术

气体录井（gas logging）属随钻天然气地面测试技术，通过对钻井液中天然气的组成和含量进行测量分析，为判别油气显示、评价油气水层提供依据。在油气勘探开发中，气体录井已经成为最基本且不可缺少的一项录井方法，具有获取地下信息及时、快捷、有效等特点。

第一节　技术原理

在石油天然气钻井过程中，油气层中的流体以渗滤和扩散等各种方式进入井筒，并随着钻井液上返到地面。在地面条件下，这些流体以气态或液态形式伴存于钻井液中，其中气体一般以低分子量的饱和烃类为主，并可能含有二氧化碳、一氧化碳、氮气、氢气、硫化氢以及少量的惰性气体等非烃类气体。

一、气体录井常用概念

（一）钻进背景气

在压力平衡条件下，钻头并未进入新的油气层，由于黏土岩中的气体和上覆地层中一些气体进入钻井液，使全烃曲线出现变化很小、相对稳定的曲线，称这段曲线的平均值为背景气，又称基值。

（二）接单根气

在钻进过程中，由于要间断停止钻井液循环去实施接单根（或立柱）作业，因此地层流体有一个短暂的渗入和积聚于井筒的过程。当再度钻进时，气体检测系统检测分析的全烃和气体组分就会出现一个峰值，此峰值则为接单根气或称单根峰。

（三）后效气

在钻井液静止时，钻穿油气层中的流体由于扩散、渗滤等原因进入钻井液中形成压差气并沿井眼上窜，这种现象称为后效；当再度循环钻井液时，在一定时间内检测到烃类的异常即为后效气。

二、系统组成与原理

气体录井是利用安置在振动筛前的脱气器对井底返出钻井液所携带的气体进行脱附，样品气经过气路管线与分析仪器连接，连续或周期对其组成和含量进行分析与记录。气体录井设备一般由脱气器、气体分析系统、各类传感器及信号变送系统、计算机及辅助设备等部分构成。本节重点介绍气体分析系统。

（一）气相色谱仪分析检测系统

气相色谱仪包括全烃检测单元和烃组分检测单元。全烃检测单元通过氢火焰离子化检测器（FID），将全烃浓度的变化转化为电信号，经放大后发送到计算机，连续检测全烃含量；烃组分检测单元是由载气把样品带入色谱柱进行分离，并先后进入氢火焰离子化检测器（FID），将各组分浓度的变化依次转换为电信号发送到计算机，周期检测 $C_1{\sim}C_5$ 烃类气体组分含量。

气相色谱仪一般包含六个基本单元，分别为气路系统、分离系统、检测系统、温度控制系统、数据采集及处理系统等。气体录井用气相色谱仪采用多维气相色谱法，即将两个或多个色谱柱组合，通过切换，可进行正吹、反吹或切割等操作，利用氢火焰离子化检测器（FID）可测量钻井液中的总烃、$C_1{\sim}C_5$ 烃类气体，利用热导检测器（TCD）或红外检测器（IR）可检测 CO_2、H_2 等非烃气体。

以神开 SK-3Q04 烃类气体检测单元为例（图 3-1-1），其采用预柱、分析柱串联切割—反吹的模式，通过多通阀转换、定量管定量进样分析，系统流程如下：

样品气经干燥和过滤后，由样品泵吸入，经稳压控制后进入"样气输入"端，样气进入气相色谱仪后分为两路，一路直接进入总烃 FID 检测器；另一路经十通阀的 1、10 口进入定量管，并经十通阀的 3、2 口后放空。

在一个分析周期内同时完成组分分析和重组分的快速反吹。分析时，转换十通阀，载气由"氢气输入"端经十通阀的 9、10 口携带定量管中的样气、经十通阀的 3、4 口进入预柱，并通过十通阀的 8、7 口进入分析柱；为了加快分析时间，防止重组分进入分析柱，选择一定的时间，当 C_5 组分进入分析柱时，转换十通阀，进行采样的同时，载气一路经十通阀的 9、8 口反吹预柱中的重烃，另一路经十通阀的 6、7 口后进入分析柱，携带试样分离后进入组分 FID 检测。

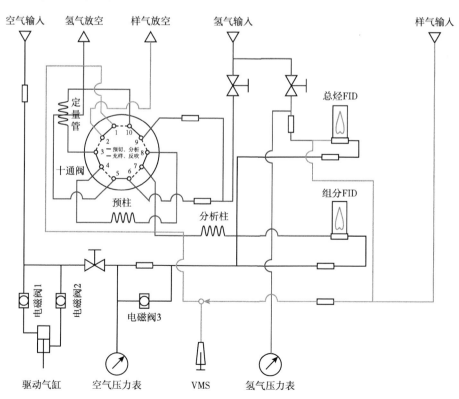

图 3-1-1　SK-3Q04 分析单元气路控制图

1. 气路系统

气路系统为检测分析系统提供所需的气体，并对气体进行干燥、净化、稳压、稳流控制。

1）气源

气源分载气和辅助气两种，分别由气体发生器和空气泵提供。载气是携带分析试样通过色谱柱和检测器、提供试样在柱内运行的动力；辅助气提供 FID 检测器燃烧或尾吹，并作为驱动多通阀转换气缸的动力气。气体录井气相色谱仪器使用的载气一般为氢气，氢气发生器输出压力 0~0.4MPa，流量 0~300mL/min，纯度为 99.99%。空气泵输出压力 0~0.4MPa，流量 0~3000mL/min。

2）净化系统

净化系统是气路系统的核心与关键，直接影响仪器的稳定性和分析结果质量。存在气源管路的水分、烃、氧会产生噪声峰、额外峰和基线"毛刺"，对检测器影响显著，还可能会破坏色谱柱。水不仅会影响组分分离，还会使固定相降解，缩短柱寿命；氧的破坏作用最严重，即使很微量的氧气也会破坏毛细柱及极性填充柱，氧会使固定相氧化，从而破坏色谱柱性能和寿命；氧化物还会引起基线噪声和漂移，并随柱温升高破坏性急剧增大；如有非烃检测，还会造成热导检测器热丝氧化。

为了保证色谱柱的性能及检测器获得稳定的基流，必须净化样气、载气和辅助气。脱气器出口的样气因为湿度及流速都较大，通常采用吸湿率更大、吸湿性能更强的无水氯化钙脱水；氢气和空气用气量较小，且为了便于观察气体净化程度、防止干燥剂粉尘进入分析系统，采用化学性质稳定好、有较高的机械强度的硅胶干燥，硅胶吸湿后由蓝色变为淡粉色或白色，失效的硅胶可以经烘干再生后继续使用；空气泵压缩机长时间工作时可能产生碳氢化合物，需用活性炭去除；如发现氢气纯度下降，可用脱氧剂去除氢气发生器中的微量氧气。气体净化及气源维护保养应注意以下事项：

（1）净化管出入口必须用脱脂棉、玻璃棉或烧结不锈钢材料堵好，以防止净化剂中的粉末进入仪器的气路系统，损坏阀件，影响色谱柱及检测器性能。

（2）仪器连续工作一段时间后，需检查气源干燥室中的变色硅胶是否由蓝色变为淡粉色或白色，如果变色则应及时更换。

（3）空气泵脱油净化中的活性炭在仪器工作 1000h 后应予更换（活性炭规格为 20~40目）。

（4）更换净化剂应在无压力状态进行（压力表指示在 0MPa 时），重新装配的脱油净化室需检查气密性，以不漏气为原则。

（5）空气泵建议每个星期手动排水一次。在关闭空气泵电源并关机后打开排水阀排水，待压力降为 0 后，再关闭阀门。气源更换净化剂或排水后注意 FID 检测器需要重新点火。

（6）氢气发生器首次使用时，将 100g 的 NaOH 或 KOH 化学纯试剂融入 1000mL 蒸馏水中，搅拌均匀后加入电解池注液口中，确保在规定的水位线范围内，注意溶解过程会产生热量防止烫伤；日常工作中，当水位置降低时，可直接添加蒸馏水或去离子水，注意不要超过上水位线。

2. 分离系统

色谱柱是内有固定相以分离混合物的柱管，是分离系统的核心，其分离示意过程如

图 3-1-2 所示。脱气器脱出的样品气被载气（也叫流动相）携带进入色谱柱，柱内含有固体填料或在石英毛细管的内壁涂渍固定液（称为固定相）。由于各组分的沸点、极性及吸附性能不同，每种组分都倾向于在流动相和固定相之间形成分配和吸附平衡。但由于载气是流动的，这种平衡实际上很难建立起来，使样品组分在运动中进行反复多次的分配和吸附/解吸，结果是在载气中分配浓度大的组分先流出色谱柱，而在固定相中分配浓度大的组分后流出，最终实现混合物的分离。

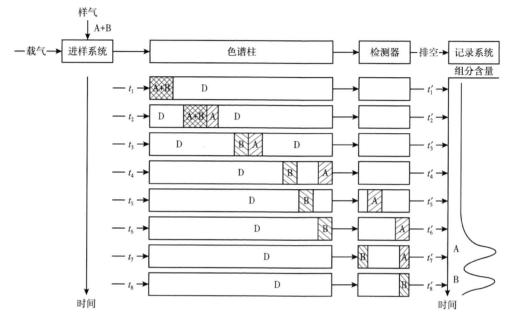

图 3-1-2　色谱分离示意图

气体录井气相色谱仪由预柱和分析柱组成，一般采用高分子聚合物微填充柱作为预柱，让特定组分进入色谱分析柱，其余组分留在预柱内，通过载气反吹出预柱，避免过重的组分在柱内积存污染柱子或后续柱子，并缩短分析时间。

3. 检测系统

从本质上讲，可以把检测系统看成将样品组分浓度或质量转换为电能信号的装置。气体录井气相色谱仪常用氢火焰离子化检测器和热导检测器。

1）氢火焰离子化检测器

氢火焰离子化检测器（flame ionization detector，简称 FID），属于破坏性的质量检测器，用于全烃和烃组分检测。其原理是以氢气和空气燃烧生成的火焰为能源，当有机化合物进入以氢气和氧气燃烧的火焰，在高温下产生化学电离，电离产生比基流高几个数量级的离子，在高压电场的定向作用下形成离子流的电信号，响应信号与单位时间内样品组分进入检测器的质量成正比。

氢火焰离子化检测器及后级放大电路结构原理分别如图 3-1-3（a）、（b）所示，由金属圆筒作外罩，底座中心有喷嘴，喷嘴附近有环状金属圈（极化极，又称发射极），上端有一个金属圆筒（收集极）。两者间加 90~300V 的直流电压，形成电离电场。收集极捕集的离子流经后级放大器的高阻产生信号，放大后输送至数据采集系统；燃烧气、辅助气和色谱柱由底座引入；燃烧气及水蒸气由外罩上方小孔逸出。

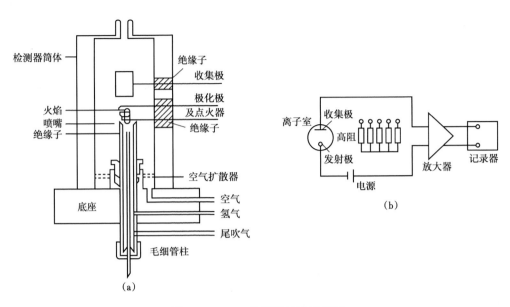

图 3-1-3　FID 检测器结构示意图

2）热导检测器

热导检测器（thermal conductivity detector，简称 TCD），是气相色谱法最常用、最早出现和应用最广的一种检测器。其工作原理是基于不同气体具有不同的热导率，当载气和色谱柱流出物通过热敏元件时，由于两者的热导系数不同，使阻值发生差异而产生电信号。热导检测器对所有可挥发性化合物都有响应，属于浓度型检测器，响应信号与样品组分在流动相中的浓度成正比，在气体录井中多用于氢气和二氧化碳气体检测。

热导检测器由热导池和检测电桥两部分组成。热导池体孔道内装有热敏原件，热导池块内有两个对称性的腔室，一个为参比池，另一个为测量池。TCD 按气流形式分为直通型、扩散性和半扩散型，如图 3-1-4 所示。

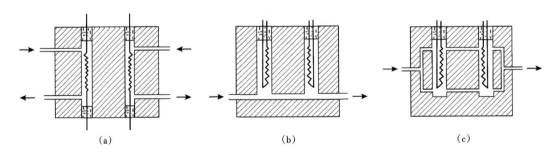

图 3-1-4　热导检测器三种流型示意图

池内装有一组热敏元件组成电桥（图 3-1-5）。该热敏元件选用电阻率和电阻温度系数大的金属丝或半导体热敏元件制成。热敏元件具有电阻随温度变化的特性，在通过恒定电流以后，热敏元件温度升高，其热量一部分被载气带走，另一部分传给池体。没有待测试样进入检测器时，由于参比池和测量池通入的都是纯载气，具有相同的热导率，因此两臂的热丝温度就稳定在一定数值，电阻值相同，电桥平衡。当有试样进入检测器时，纯载气

110

流经参比池，载气携带着组分气流经测量池，由于载气和待测量组分二元混合气体的热导率和纯载气的热导率不同，测量池中散热情况因而发生变化，使参比池和测量池孔中热丝电阻值之间产生了差异，进而使电桥输出端产生不平衡电位而作为信号输出。在其他操作条件恒定时，输出信号大小是组分浓度的函数。

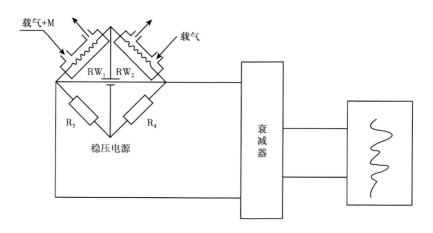

图 3-1-5　热导检测器工作原理示意图

3）红外检测器

气体录井中 CO 和 CO_2 目前常用非分光传感技术（也称非色散红外，NDIR）红外分析原理检测，其工作原理是气体对特征红外波长进行选择性吸收。红外线分析仪常用的红外线波长为 2~12μm。简单说就是红外光源发射一道红外光束穿过一定长度和容积的气室，样本中的各气体组分吸收特定频率的红外线，通过探测器接收和测量相应频率的红外线吸收量，依据朗伯—比尔（Lambert-Beer）定律，红外线的吸收与吸光物质的浓度成正比，由此就可知道被测气体的浓度。

除了单原子的惰性气体和具有对称结构无极性的双原子分子气体外，CO、CO_2、NO、NO_2、NH_3 等无机物，以及 CH_4、C_2H_4 等烷烃、烯烃和其他烃类及有机物都可用红外分析器进行测量；因此对于多种混合气体，为了分析特定组分，如一氧化碳可以选择性吸收以 4.5μm 为中心波段的红外辐射，二氧化碳气体可以 4.3μm 为中心波段的红外辐射，一般在传感器或红外光源前安装一个适合分析气体吸收波长的窄带滤光片或气体滤波室，将红外辐射限制在待测物吸收的窄带光范围内，使传感器的信号变化只反映被测气体浓度变化，其原理见图 3-1-6。

4. 温度控制系统

色谱柱温是一个很重要的条件，它直接影响着分离度和分析时间。一般情况下，柱温升高会导致柱效降低，分离度下降，保留时间缩短。为了保证分离度、保留时间重复性和分析结果的一致性，需要对色谱柱进行温度控制。气体录井柱温一般控制在 80℃ 以下。

5. 数据采集及处理系统

该系统也称色谱数据工作站，由计算机、将模拟信号转换成数字量的数据采集系统及色谱数据处理软件构成，完成气相色谱仪的信号转换、数据采集、定性与定量计算、储存功能，还可以具有气相色谱仪控制、网络支持等扩展功能。其中，可以通过设置时间窗口或峰序等参数，实现峰跟踪与峰定性识别；一般基于峰面积或峰高采用外标法来确定样品中组分含量。

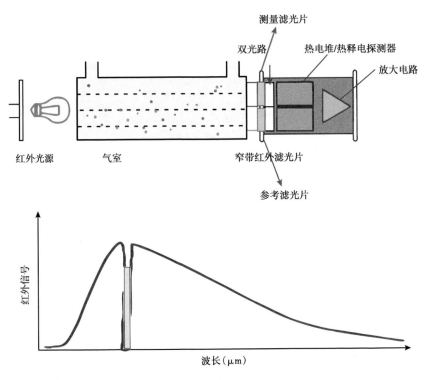

图 3-1-6　非分光型红外探测器原理示意图

6. 有关气相色谱图的概念

图 3-1-7 为单一组分分析谱图示意图。

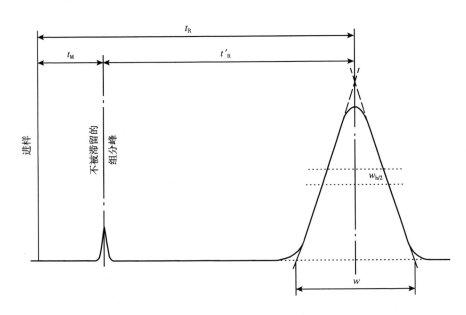

图 3-1-7　单一组分色谱图示意图

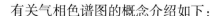

有关气相色谱图的概念介绍如下：

（1）色谱峰：色谱柱流出组分通过检测系统时，响应信号随时间变化所产生的曲线图。

（2）峰底：从峰的起点与终点之间的直线。

（3）峰宽：在峰两侧拐点处作切线与峰底相交两点间的距离，常用符号 w 表示。

（4）峰高：从峰最大值到峰底的距离，常用符号 h 表示。

（5）半高峰宽：通过峰高的中点作平行于峰底的直线，此直线与峰两侧相交两点之间的距离，常用符号 $w_{h/2}$ 表示。

（6）峰面积：色谱峰轮廓线与峰底之间的面积，常用符号 A 表示。

（7）基线：在正常操作条件下，仅有载气通过检测器系统时所产生的响应信号的曲线。

（8）保留时间：从进样开始到某一组分出峰顶点时所需要的时间，称为该组分的保留时间，常用符号 t_R 表示。

（二）红外光谱仪分析检测系统

红外光是一种波长介于可见光区与微波区之间的电磁波。红外光谱（infrared spectroscopy，IR）研究红外光与物质间的相互作用，是鉴别化合物和确定物质分子结构的常用手段之一。

红外光谱法是基于测量分子对特征电磁辐射的选频吸收原理，对其进行定性定量测量的一种方法。该法以连续波长的红外光为光源照射样品，当物质分子中某个基团的振动频率或转动频率和红外辐射的频率一样时，分子吸收红外辐射的能量并发生振动和转动能级的跃迁，使透射光强度减弱。记录红外辐射的百分透射比与波数或波长关系曲线，就得到相应物质的振转光谱，又称红外光谱。

1. 仪器原理

红外区可分三个区域，即近红外区、中红外区和远红外区。气体录井的红外光谱仪利用红外辐射波长（λ）为 2.5~25μm 范围内的中红外区域，仪器采用傅立叶变换的红外光谱仪。

傅里叶变换红外光谱仪主要由光源、干涉仪、样品池、检测器和计算机系统等几部分组成（图 3-1-8）。它利用干涉仪干涉调频的原理，把光源发出的光经迈克尔逊干涉仪变换成干涉光（图 3-1-9），再让干涉光照射样品，所得到的干涉图函数即包含了光源的全部频率和强度的信息，用计算机将干涉图函数进行傅里叶变换就可以计算出原来光源的强度按频率的分布。如果在复合光束中放置一能吸收红外辐射的试样，探测器由所测得的干涉图函数经过傅里叶变换后与未放试样时光源的强度按频率分布之比值即得到试样的光谱图。

2. 红外光谱的吸收强度和表示方法

通常用透过（或吸收）与波长（或被数）绘制的红外吸收光谱曲线来表征各种物质的红外吸收光谱，简称红外图谱或红外谱图。一般纵坐标以百分透光率 T（%）表示或吸光度（A）表示，横坐标以波数 σ（cm^{-1}）表示。气体录井常见的组分红外光谱图见图 3-1-10。

由于不同物质具有不同的分子结构，会吸收不同的红外辐射能量而产生相应的红外吸收光谱，因此用仪器测绘试样物质的红外吸收光谱，然后根据各种物质的红外特征吸收峰

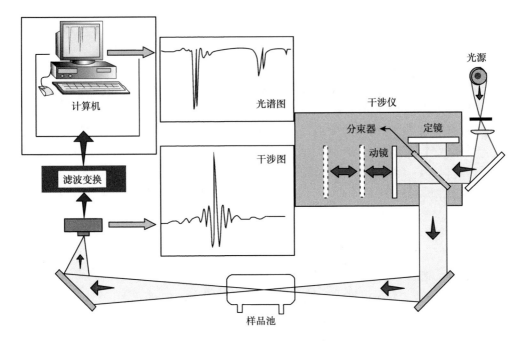

图 3-1-8 傅里叶变换红外光谱仪原理图

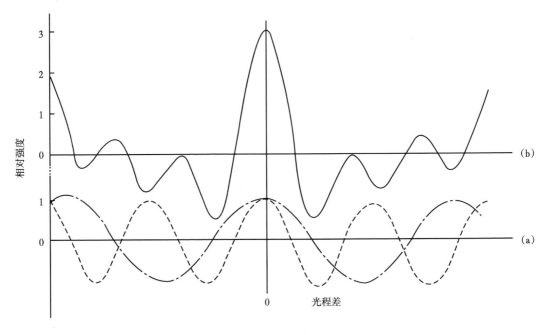

图 3-1-9 干涉图

位置、数目、相对强度和形状（峰宽）等参数，就可推断试样物质中存在哪些基团，并确定其分子结构，这就是红外吸收光谱的定性和结构分析的依据；同一物质浓度不同时，在同一吸收峰位置具有不同的吸收峰强度，在一定条件下试样物质的浓度与其特征吸收峰强度成正比关系，它是红外吸收光谱的定量分析依据。

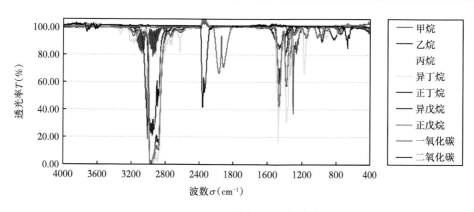

图 3-1-10　天然气红外光谱图

3. 红外光谱气体录井技术特点

傅里叶变换红外光谱法是目前气体浓度检测最为理想的手段之一，红外光谱法具有快速、非破坏性的特点，尤其对多组分混合气体来说是一种简便、易行的测量方法。除了单原子和同核分子如 Ne、He、O_2、H_2 等之外，几乎所有的有机化合物在红外光谱区均有吸收。与常规气相色谱法相比，该法具有操作简单、分析速度快、分析气体种类多、抗干扰能力良好等特点，且运行中不需要对仪器进行校准，免除了氢气、空气等辅助气源，可以实现免维护长期运行和远距离传输和无人值守工作；分析周期不大于 12s，动态性好，完全满足当前快速录井的需要，利用红外光谱分析钻井过程中的气显示是很有效的一种方法。

第二节　设备安装

气体录井设备的规范安装是保障安全生产、资料准确采集的前提条件，其中仪器房、脱气器、样气管线、供电系统的规范安装是保障气体录井安全和质量的关键因素。

一、安装

（一）仪器房

（1）井场应提供放置仪器房和地质房的安全平整场地，在面对井架大门右侧靠近振动筛方向，距井口距离 30~35m 安全位置。

（2）综合录井仪器房、地质值班房在井场用电应设置专线，并标注清楚，要求供电线电压 380V（AC）±10%，频率 50Hz±2Hz。

（二）脱气器

（1）钻井液出口架空槽与振动筛之间要设置缓冲罐（推荐尺寸：长 130cm× 宽 60cm× 深 150cm），脱气器安装在缓冲罐中，缓冲罐内钻井液液面高度应大于 50cm，底部沉砂不得大于 20cm，罐底设有排砂口和排砂开关。

（2）脱气器与缓冲罐内钻井液面垂直，上下调节装置灵活，集气筒钻井液排出口与槽内钻井液流动方向同向，脱气筒浸入液面的深度以排出口的钻井液量为排出管径的 2/3 左右为宜。

（3）电缆在防爆电动机的防爆接线盒内连接，电源线的额定值应与设备的最大电流相适应，单根金属线截面积不小于 $1mm^2$，接地可靠，并采取适当措施处理好防爆电动机电源引出线的防水问题，确保在露天雨淋及钻井液槽面的蒸汽环境中长期可靠工作。

（4）电动脱气器转速不低于 1200r/min，集气筒容积不小于 ϕ170mm×270mm（直径 $\geq$ 170mm，高度 $\geq$ 270mm），搅拌棒形状为三脚锥形。

二、样气传输与管线架设

（一）样气传输

样气传输是将脱气器脱附出的样品气传送到分析仪器入口端的过程。传输管线宜采用可溶性聚四氟乙烯（PFA）或聚四氟乙烯（PTFE）等含氟管材和管件，一般要求如下：

（1）需准备两根内径 4~6mm 的样气管线，长度余量不大于 2m，一根管线作为备用，两端应密封并做好标识。

（2）样气要经过除湿、除粉尘与颗粒物。与脱气器连接端的净化筒加无水氯化钙吸湿试剂，净化筒出口与样气传输管线间需安装气水分离器（冷凝球）和防堵器（砂心过滤球）。

（3）保持管线畅通且无泄漏，放空管线应接仪器房外，选择合适的泵吸流量，一般要求样气传输滞后时间宜小于 120s。

（4）防止相变，即在传输过程中，气体样品应保持为气态，在冬季气温较低时为防止样气出现冷凝，应考虑使用伴热保温措施，保温在其露点以上。

（5）样气传输系统应符合密封性要求，以免样品外泄或环境空气侵入。

（二）管线架设

（1）仪器房与振动筛之间的样气传输管线与电缆采取高空架设，架线杆高度不小于 3m，以直径 5mm 的钢丝绳作为承载，使用拉紧器拉紧。

（2）样气管线与信号电缆捆扎在承载钢丝绳上，捆扎间距 0.5~1m，捆扎过程要防止气管线被挤压和磨损，承力处和线路拐点应考虑防磨问题并加装绝缘防护套。

三、电源要求

（一）供电要求

1. 电源输入

电压：220×（1±20%）V，380×（1±20%）V，440×（1±20%）V。

频率范围：45Hz~65Hz；

2. 电源输出

电压：380×（1±20%）V，220×（1±20%）V，110×（1±20%）V。

功率：不小于 20kW。

3. UPS 输出

电压：220×（1±5%）V。

频率：50Hz±1Hz。

波形：正弦波，失真小于 5%。

续电时间：大于 20min。

（二）布线要求

（1）仪器房供电应使用专用线路接入井场配电系统，并确保供电稳压、稳频，在配电箱内做适当的标识。

（2）仪器房电源传输应采用单根金属线截面积不小于 6mm^2 的工业用电缆，电缆采用额定电流不小于 30A 防爆插销连接，连接处做防水处理。

（3）仪器房箱体外壳要保证良好接地，使用直径大于10mm、表面镀锌或镀铜的金属接地棒，前端加工成锥形埋入地下50cm以上；连接接地棒和仪器房箱体的地线采用铜线或铜扁线，截面积不小于16mm²，对地电阻小于4Ω。初次掩埋接地棒时，接地点倒入一定量的饱和氯化钠溶液，且日常要保持接地线处湿润。

第三节　仪器性能指标与检验方法

为了确保气体录井结果的准确可靠，在录井前应对仪器进行校准。在录井过程中，应定期或不定期对仪器性能进行校验。现场常用两种仪器：气相色谱仪和红外光谱仪。

一、气相色谱仪

（一）主要性能

1. 基线噪声与漂移

基线噪声与漂移是由各种因素引起的基线波动：基线噪声是基线中噪声最大峰值与最小峰值之差对应的信号值。基线漂移是基线随时间定向的缓慢变化，偏离起始点最大的信号值（图3-3-1）。

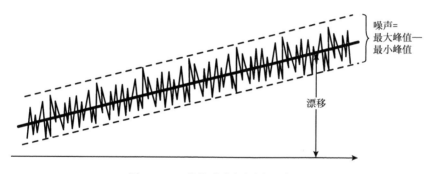

图3-3-1　基线噪声与漂移示意图

2. 分离度

分离度表征混合物质在色谱柱中的分离程度，其值为相邻色谱峰保留时间之差与两色谱峰平均峰宽的比值（图3-3-2），常用符号 R 表示。R 越大，表明相邻两组分分离越好。

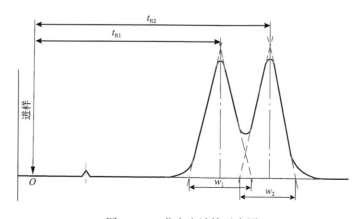

图3-3-2　分离度计算示意图

一般当 $R<1$ 时，两峰有部分重叠；当 $R=1.0$ 时，分离度可达 98%；当 $R=1.5$ 时，分离度可达 99.7%。通常用 $R=1.5$ 作为相邻两组分已完全分离的标志。

分离度的计算公式为

$$R = 2\frac{t_{R2} - t_{R1}}{w_1 + w_2}$$

式中　R——分离度；

t_{R1}、t_{R2}——相邻两色谱峰的保留时间；

w_1、w_2——相邻两色谱峰的峰宽，即在两峰两侧拐点处所作切线与峰底相交，得出的两点间的距离。

3. 分析周期

在保证分离度和灵敏度的前提下，气相色谱仪完成一次烃组分周期检测的时间称分析周期。分析速度等于单位时间流出色谱峰的个数，即分析速度与峰宽呈反比。峰宽越小，单位时间内可容纳峰的个数就越多，分析时间就越短。事实上，色谱分析是在分析速度、分离度和灵敏度三者之间找折中点，不可能三者同时达到最佳，见图 3-3-3。

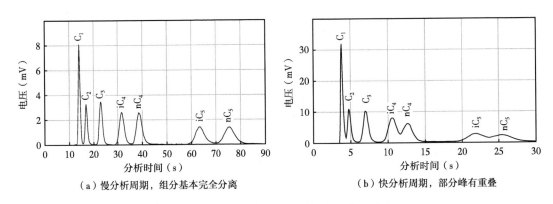

（a）慢分析周期，组分基本完全分离　　　　（b）快分析周期，部分峰有重叠

图 3-3-3　不同分析时间的色谱分离度对比

4. 最小检测量

最小检测量（最小检测浓度）也称检测限，是指气相色谱仪可靠地将样品组分信号从背景（噪声）中识别出来时的最低浓度或量。一般按照产生信号是噪声 2 倍的气体浓度来计算（图 3-3-4），即当样品组分的响应值等于基线噪声 2 倍时，该样品的浓度就被作为检测限，与此对应的该组分的进样量就叫最小检测量或最小检测浓度。

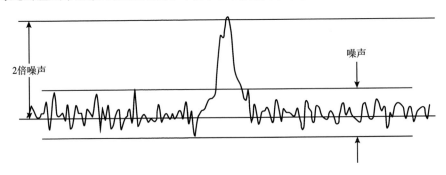

图 3-3-4　检测限示意图

5.测量重复性

测量重复性也称精密度，是在规定条件下，对同一被测对象重复测量所得值（平均值）间的一致程度。

6.测量准确度

测量准确度是指被测量的测得值与其真值（约定真值）间的一致程度。

7.动态线性范围

动态线性范围是表征分析结果与被测物质量或浓度之间的线性相关程度。

（二）技术指标

主要技术指标应符合表 3-3-1 要求。

表 3-3-1　气相色谱仪测量结果的质量要求及检验项目

序号	校准项目	技术指标		检验时机		
		全烃	烃组分	录井前	使用中	修理后
1	基线漂移	0.1%（60min）	0.1%（60min）	－	－	＋
2	最小检测浓度	0.001%（甲烷）	0.001%（甲烷）	＋	－	＋
3	测量误差	0.001%~1.0%：±10.0% 1.0%~100%：±5.0%	0.001%~1.0%：±10.0% 1.0%~100%：±5.0%	＋	＋	＋
4	重复性	2.0%	2.0%	＋	＋	＋
5	分离度	—	≥0.85	＋	＋	＋
6	分析周期	连续	≤30s	－	－	＋

注："＋"表示必须检验项目，"－"表示无此项指标或无须检验的项目。气体浓度为体积比。

（三）校准方法

1.标准物质

以氮气为平衡气，不确定度应≤2%，应使用经国家计量行政部门批准颁布的有效期内的有证标准物质，标准物质配备应符合表 3-3-2 要求。

表 3-3-2　标准物质一览表

序号	名称	浓度值	说明
1	甲烷标准气体	1%，10%，100%	氮气平衡
2	混合组分标准气体	甲烷 0.1%、乙烷 0.025%、丙烷 0.025%、正丁烷 0.025%、异丁烷 0.025%、正戊烷 0.01%、异戊烷 0.01%、二氧化碳 50%	氮气平衡，色谱分析系统可不含二氧化碳气体
		甲烷 1.0%、乙烷 0.25%、丙烷 0.25%、正丁烷 0.25%、异丁烷 0.25%、正戊烷 0.1%、异戊烷 0.1%、二氧化碳 10%	
		甲烷 10.0%、乙烷 2.5%、丙烷 2.5%、正丁烷 0.5%、异丁烷 0.5%、正戊烷 0.25%、异戊烷 0.25%、二氧化碳 5%	
		甲烷 20.0%、乙烷 5.0%、丙烷 5.0%、正丁烷 1.0%、异丁烷 1.0%、正戊烷 0.5%、异戊烷 0.5%、二氧化碳 1%	
		甲烷 50.0%、乙烷 10.0%、丙烷 10.0%、正丁烷 2.0%、异丁烷 2.0%、正戊烷 1.5%、异戊烷 1.5%、二氧化碳 0.2%	

（1）同一口井必须使用同一批标样。

（2）烃组分混合标准气样在一定的压力下，当环境温度低于一定值时，重烃可能液化，导致相对含量偏低（与标称浓度不一致）；长期低温下使用，还会使瓶中剩余的样品气的浓度比例发生变化（重烃比例升高）。因此，禁止在环境温度低于15℃时使用混合烃样品气。

（3）混合物中各组分的密度不等，混合物长时间静止后，将出现按密度分层的现象。为保证瓶内气体混合均匀，混合烃样品气使用前必须将气瓶充分晃动。

2. 建立校准曲线

（1）从低浓度到高浓度依次注入不少于表3-3-2规定浓度的标准气体，进行一次性连续色谱校准。每个校准浓度点不少于3次分析，取平均值建立气体浓度和响应信号（峰面积或峰高）之间的数学函数表达式，并绘制校准工作曲线（图3-3-5），横坐标为标准气体的浓度，纵坐标为电压值或峰面积。记录原始数据，格式参见表3-3-3。

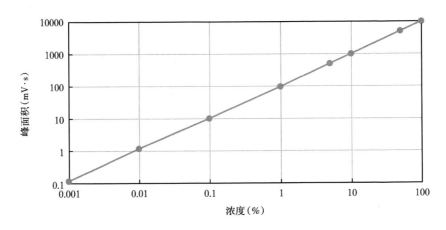

图3-3-5　仪器校准曲线示例

表3-3-3　仪器校准原始记录

序号	日期/时间	气体名称	标准值（%）	输出值（峰面积或峰高）	误差	校准人	备注

（2）线性相关系数应不小于0.999。如果校准曲线没有通过原点，则应重新制作校准曲线。

3. 校准要求

建立校准曲线时，应满足下列要求：

（1）气相色谱仪各气体压力、气体流量、柱箱温度、检测器温度显示正常，校准全程必须连续进行，操作的人员中途不得更换；使用球胆或气袋应即配即用，样气在存放时间不超过1h。

（2）气相色谱仪工作的载气（氢气）纯度应满足仪器使用要求，一般不低于99.999%，燃气和助燃气不得含有影响仪器正常工作的物质。

（3）在计算机相应的调校窗口或打印图上标注标准气体名称、标准气体浓度、操作员姓名、校准日期和技术条件（包括压力、流量、温度、保留时间等）。

（四）性能检验

1.基线噪声与漂移

开机仪器稳定后，在正常工作条件下且未进样，待基线稳定后，每隔10min记录一次基线值，连续记录"60min"，按式（3-3-1）计算基线噪声和漂移。根据不同量程，基线噪声和基线漂移应小于满量程的0.1%。

$$\delta_s = \frac{c_{max} - c_{min}}{R} \times 100\% \qquad (3\text{-}3\text{-}1)$$

式中　δ_s——基线漂移或噪声；

C_{min}——仪器的初始基线值或噪声中最小值；

C_{max}——与初始基线值偏离最大的值或噪声中的最大值；

R——满量程值。

2.分离度

在正常工作条件下，待基线稳定10min后，注入混合标准气体。分别记录甲烷和乙烷峰的保留时间与峰宽，按式（3-3-2）计算气相色谱仪的分离度，甲烷与乙烷的分离度应不小于0.85。

$$R = 2\frac{t_{R2} - t_{R1}}{w_1 + w_2} \qquad (3\text{-}3\text{-}2)$$

式中　R——分离度；

t_{R2}——相邻两峰中后一峰的保留时间；

t_{R1}——相邻两峰中前一峰的保留时间；

w_1、w_2——此相邻两峰的峰宽。

3.分析周期

在正常工作条件下，待基线稳定后，注入烃组分混合标准气体，观察并记录出峰情况，在一个分析周期内注入的所有气体组分应全部出峰完毕。记录注样开始到最后一个峰结束时间，分析时间不大于30s。

4.最小检测浓度

在正常工作条件下，待基线稳定后，注入0.01%甲烷标准气体，气体注入次数不小于3次，分别记录稳定峰高，并计算其算术平均值，按公式（3-3-3）计算最小检测浓度。

$$D = \frac{2NW}{h} \qquad (3\text{-}3\text{-}3)$$

式中　D——检测限；

N——基线噪声；

W——甲烷进样量；

h——峰高算术平均值。

5. 测量重复性

气相色谱和红外光谱法检验测量结果重复性时，根据全烃、烃组分和非烃检验项目，选取表 3-3-2 中推荐的甲烷含量为 1% 和 10% 的一种混合气体，连续分析 5 次，测量结果重复性，以相对标准偏差 RSD 表示。气相色谱和红外光谱测定结果重复性分别满足表 3-3-1 的要求。相对标准偏差 RSD 按公式（3-3-4）计算。

$$RSD = \sqrt{\frac{\sum_{i=1}^{n}(x_i - \bar{x})^2}{n-1}} \times \frac{1}{\bar{x}} \times 100\% \qquad (3-3-4)$$

式中　RSD——定量测量重复性相对标准偏差；

　　　N——测量次数；

　　　x_i——第 i 次测量的浓度；

　　　$\bar{x}$——5 次进样测得浓度的算术平均值；

　　　i——进样序号。

6. 测量准确度

在测量量程范围内，选用一种未参与建立校准曲线的标准气体浓度（甲烷浓度不小于0.5%），在与校准曲线相同条件下，用同等样量的标准气体，依据校正曲线计算样品的含量。测量结果准确度以相对误差来表示，气相色谱和红外光谱测定结果准确度或再现性分别满足表 3-3-1 规定的要求。按照式（3-3-5）计算示值误差。

$$E_r = \frac{x_i - x_a}{x_a} \times 100\% \qquad (3-3-5)$$

式中　E_r——定量测量结果相对误差；

　　　x_i——当前测量结果的浓度；

　　　x_a——标准气体的参考量值。

7. 动态线性范围

选择表 3-3-3、表 3-3-4 中规定的浓度样品分析测试，线性回归方程的相关系数不低于 0.999。

二、红外光谱仪

红外光谱仪主要性能特性如下：

（1）分析周期：≤ 12s。

（2）最小检测量与动态线性范围：与气相色谱仪相同。

（3）测量结果精密度：

①重复性 r 与再现性 R 计算见表 3-3-4。

②同一样品连续两次重复测试结果的绝对差不大于 r。

③同一样品独立再现测试结果的绝对差不大于 R。

表 3-3-4　标准气体分析的气态烃组分、CO 及 CO_2 的重复性和再现性计算公式

检测项目	精密度		
	浓度范围（%）	重复性 r（%）	再现性 R（%）
气态烃	0.003~100.00	$r=0.041m^{0.612}$	$R=0.151m^{0.726}$
CO	0.001~10.00	$r=0.045m^{0.536}$	$R=0.118m^{0.655}$
CO_2	0.05~100.00	$r=0.042m^{0.743}$	$R=0.062+0.096m$

注：m 为气态烃、CO、CO_2 浓度的平均值。

第四节　资料采集

气体录井采集的资料可分为三项，即随钻气体检测、后效气体检测、钻井液热真空蒸馏气体检测等资料。

一、随钻气体检测

检测钻进过程中钻井液脱出气体的成分和含量的气测录井方式，连续或不间断周期性齐全准确的录取全烃、烃组分、非烃等气体分析数据。

（一）采集项目与要求

1. 全烃（气相色谱法）

（1）测量方式：连续。

（2）最小检测浓度：≤ 0.001%。

（3）检测范围：最小检测浓度 ~100%。

（4）取值：修约到四位小数。

2. 烃组分

（1）检测项目：C_1、C_2、C_3、iC_4、nC_4、iC_5、nC_5。

（2）测量周期：≤ 30s（色谱法），≤ 15s（光谱法）。

（3）最小检测浓度：甲烷≤ 0.001%。

（4）检测范围：最小检测浓度至 100%。

（5）取值：修约到四位小数。

3. 非烃组分

1）二氧化碳（红外光谱法必测、气相色谱法选测）

（1）最小检测浓度：≤ 0.1%；

（2）检测范围：最小检测浓度至 100%；

（3）取值：修约到一位小数。

2）氢气（红外光谱法不测、气相色谱法选测）

（1）最小检测浓度：≤ 0.02%

（2）检测范围：最小检测浓度至 100%；

（3）取值：修约到两位小数。

3）一氧化碳（红外光谱法）

（1）最小检测浓度：≤0.01%；

（2）检测范围：最小检测浓度至30%；

（3）取值：修约到两位小数。

4. 硫化氢

（1）响应时间：90s内达到最大值的90%。

（2）最小检测浓度：≤1.5mg/m³。

（3）检测范围：最小检测浓度至150mg/m³。

（4）取值：修约到一位小数。

（二）资料采集要求及注意事项

1. 采集井段与间距

（1）按《钻井地质设计书》要求，确定气体录井井段。

（2）一般在设计录井井深前100m进行预录井，验证气体录井系统工作是否正常。

2. 采集要求与注意事项

（1）在钻进过程中按照整米和0.2m间距及时整理气体录井数据表。

（2）坚持"三不打钻""一不起钻"：停电时不打钻，气测仪器有故障时不打钻，后效影响超高造成资料失真时不打钻（要循环除气）；气测点未测完不起钻。

（3）录井过程中应始终保证仪器处于良好运行状态。气测曲线不稳或发生漂移时，应结合其他资料迅速查明原因、排除假象。

（4）随时注意钻井液性能变化和脱气器工作状况，及时掌握钻井液处理情况，如加入药剂的种类、数量、混油情况等，并及时测定气测背景值。

二、后效气体检测

后效气体是地质循环、接单根、起下钻过程中，钻井液与地层液体压差的变化引起的气体显示异常。

（一）采集参数与要求

（1）采集参数同随钻录井。

（2）钻遇油气显示层后，每次下钻到底均应循环钻井液1个周期以上，进行后效气体检测。

（3）循环钻井液时应记录时间、井深、钻头位置、井筒静止时间、循环一周迟到时间、钻井液情况、气体的延续时间和变化等，计算油气层深度。

（4）油气上窜速度有两种计算方法，分别为迟到时间法和容积法。

迟到时间法：

$$v=\left[H-h\left(T_1-T_2\right)/t\right]/T_0 \qquad (3\text{-}4\text{-}1)$$

式中　v——油气上窜速度；

　　　H——油气层深度；

　　　h——循环钻井液时钻头所在井深；

　　　t——钻头在井深钻井液迟到时间；

　　　T_1——见到油气显示的时间；

T_2——下钻至井深 h 处后开泵时间；

T_0——井内钻井液静止时间。

迟到时间法比较接近实际情况，是现场常用的方法。

容积法：

$$v=\left[H-Q\left(T_1-T_2\right)/V_a\right]/T_0 \tag{3-4-2}$$

式中　Q——钻井泵排量；

V_a——井眼环形空间每米理论容积；

（5）填写后效气体检测记录。

后效气体检测记录格式见表3-4-1。

表 3-4-1　后效气体检测记录

日期	井深（m）	钻头位置（m）	井筒静止时间（h）	钻井液情况				迟到时间（min）	全烃出峰情况			归位井段（m）	上窜高度（m）	上窜速度（m/h）
									开始时间（h:min）	高峰时间（h:min）	结束时间（h:min）			
				槽面显示	密度（g/cm³）	黏度（s）	电导率（mS/cm）		开始值（%）	高峰值（%）	结束值（%）			

井筒静止时间记录上次循环钻井液结束至本次循环钻井液开始的时间间隔，精确到分钟。

（二）注意事项

（1）钻井液气侵或后效强烈时，必须循环钻井液，并通过钻井除气器脱气，至全烃基值稳定，且曲线波动幅度在相对基值 ±10% 范围内，方可正常钻进。

（2）因特殊原因钻井液需混油时，必须停钻充分循环钻井液，待气测背景值稳定后方可正常钻进，并及时测定气测背景值，及时研究高于背景值的微小变化，寻找规律，判断真假异常。

三、钻井液热真空蒸馏气体检测

（一）取样

用 500mL 取样瓶在脱气器前取满钻井液样品，密封倒置保存，并在取样瓶上标注井号、取样井深、钻井液密度和取样日期。取样原则参考如下：

（1）在录井前、未钻遇油气显示或更换钻井液体系后，取钻井液样品作为基值分析的样品。

（2）当首次出现气体显示值或录井油气显示全烃值高于基线的2倍时，取钻井液样品，若遇较好的油气显示加密取样。

（3）遇钻井取心时，每取心钻进 1~2m 取一个样品。

（4）后效录井过程中，后效高值时取钻井液样品。

（5）遇特殊情况或仪器故障不能正常录井时，每 1m 取一个样品，补充缺少的全烃和组分资料。

（二）色谱分析

（1）定量取钻井液 250mL，抽真空使真空度达到 -0.09~-0.1MPa，搅拌加热到钻井液沸腾，加热时间按仪器要求。

（2）分析时的注样量为 2~8mL，应大于色谱定量管容积（红外光谱法由于全脱蒸馏出的气体量无法达到气体池的体积，且进样方法与色谱法不同，故红外光谱法无法做热真空蒸馏分析）。

（3）若钻井液脱出气体的 1/2 不能满足分析仪的最低注样量要求时，应在第一次注样前用空气对其进行倍数稀释，在分析记录上予以说明。

（4）填写《钻井液热真空蒸馏气体检测记录》，格式见表 3-4-2。

表 3-4-2　钻井液热真空蒸馏气体检测记录

序号	层位	井深（m）	取样时间	钻井液量（mL）	脱气量（mL）	C_1~nC_5 分析值（%）								现场数据		相对密度	备注	分析人
						C_1	C_2	C_3	iC_4	nC_4	iC_5	nC_5	$\sum C_{绝}$（%）	$\sum C_{绝}$	C_1	黏度（s）		

四、影响气体录井资料的因素分析

影响气体录井因素很多，概括起来主要包括以下四个方面。

（一）地质因素

1. 油气性质和成分

油气密度越小，油质越轻、气油比越大，轻烃组分越丰富，气测显示越好；反之，保存条件差或其他原因导致的油质偏重储层，气测显示越差，还可能会出现无明显的气体异常现象。

2. 储层特性

一般情况下，储层的厚度越大、物性越好、含油气饱和度越高，则在钻穿油气储层时进入钻井液中的油气越多，所测得的气体浓度越高；反之越差。

3. 地层压力

正常情况下钻井时的液柱压力要略高于地层压力，形成正压差。若井底正压差越大，进入钻井液的油气仅是破碎岩层而产生的，气显示越低。正压差越大，地层渗透性越好，气显示越低，甚至无显示；反之，若井底为负压差，进入钻井液的油气除破碎岩层而产生的破碎气外，由于地层压力不平衡的原因，使临近及未钻遇的地层中的油气在地层压力的推动下，侵入钻井液而形成高的油气显示；负压差越大，地层渗透性越好，气显示越高，严重时会发生井涌、井喷。

（二）钻井条件

1. 钻头直径

钻头直径决定井眼尺寸大小。钻头直径越大，单位时间破碎的岩石体积越大，由岩石破碎进入钻井液中的油气越多，气体录井异常显示也越明显；小井眼尺寸气测幅度较低。

2. 机械钻速

在相同的地质条件下，钻速越高，单位时间内被破碎的岩石体积越大，岩石破碎后进入钻井液中的油气也越多，在气测上显示也增大。同时，当钻速越大时，单位时间破碎岩石的表面增大，因在较短的时间内，钻井液未能在刚钻开的井壁表面上全部生成滤饼，所以钻速增加，不同的井底压差可能导致气测增大或减小。

3. 钻井液密度

钻井液密度对气测录井的影响与地层压力影响相同。钻井液密度越大，液柱压力越大，井底压差越大，地层的气体很难进入或极少进入钻井液中，气显示越低；当钻井液液柱的压力小于地层压力（即欠平衡或近平衡钻进）时，则地层破碎气和大量的地层压差气进入钻井液中，表现为气体显示活跃，气测值明显且较高。

4. 钻井液黏度

黏度是反映钻井液流变力学性质重要参数，与脱气器脱气效率直接相关。随着钻井液塑性黏度的增加，脱气速度有减慢的趋势，进而导致脱气效率下降，同时，黏度大的钻井液对天然气的吸附作用增强，故脱气困难，气显示低。钻井液黏度越大，气显示越低。

5. 钻井液流量

钻井液流量增加，钻井液在井筒循环时间快，通过扩散和渗滤方式进入单位体积钻井液中的油气含量相对减少，但单位时间内通过脱气器的体积增加，因此，对气测影响不大。

6. 钻井液添加剂

部分钻井液添加剂，如磺化沥青等，在一定条件下可产生烃类气体，造成假异常；油基钻井液对气测影响较大，全烃基值升高，烃组分、重烃含量增加。

7. 钻井取心

取心钻进中取心钻头机械破碎的只是正常钻进所钻岩柱的小部分，极少量的破碎油气进入钻井液；取心钻进钻时较慢，单位时间内进入钻井液中的破碎气含量更低。受上述两种因素的影响，气测值很低。

（三）脱气条件

1. 脱气器安装

由于井口至导管口之间不是一个全封闭的系统，脱气器安装位置和安装条件也直接影响气显示的高低。安装位置不合适，导致气体逸散量更大，气测显示值下降；进入电动脱气室的钻井液量随着钻井液槽面的高低而变化，排量大时进入脱气器的钻井液量也大，脱气器脱出的气体越多；同时，安装高度过高或过低都会降低脱气效率，甚至漏失油气显示。

2. 脱气效率

脱出气体中某组分气体的浓度和钻井液中某组分气体的原有浓度的比值的百分比称为脱气效率。一般情况下，单位时间内，脱气时分离出的待检测气体的浓度越高越好。不同结构的脱气器，脱气效率可能会有差异，脱气效率越高，气显示越高；反之，气显示越低。

3. 泵吸流速及补充气量

脱气器脱出的气体量一般要求和泵吸的量相当，当单位时间内泵吸气体流量大于脱气器脱出的气体量，为了防止钻井液吸入，一般电动脱气器上方设置有与大气相通的补充气口，通过补充空气达到压力平衡。大量补充气吸入，会稀释目标气体的浓度，导致气测值降低；当单位时间泵吸的量小于脱气器脱出的气体时，多余的气体则会留在脱气室内，就会和后续气混合，使后续气失真，气测基值抬升。

（四）其他干扰

1. 上覆油气层的后效

当钻开上部油气层后，停泵引起压降造成井筒压差，储层中的油气渗透侵入钻井液中并集聚；开泵循环时，钻井液返出地面被仪器检测后，就会在气测上出现假异常；后效气循环结束后，气测值回到原来的基值。在钻井液还没有充分循环均匀就开始钻进，易造成一些弱显示层和薄层无法准确识别。

2. 起下钻与接单根

当钻开油气层后，钻井工程进行起下钻与接单根作业时，储层中的油气受地层压力变化的影响，同时在接单根或起下钻时对地层的抽汲效应，使地层中的油气不断地进入钻井液中。当对应地层的钻井液返至井口时，气体录井会出现假异常。另外，在较浅的井段接单根时，在高压管线和方钻杆内充满了空气，开泵后由于压力的改变，空气段会急剧地从钻井液中分离出来，分离过程在井底的油气层段较为强烈，带出了地层中的烃类气体，形成气测录井假异常。而在较深的井段接单根时，钻井液循环时间加长，接单根时钻具内的空气被分散在大段的钻井液中，当钻井液返至井口时，钻井液中烃类气体的浓度相对降低。

3. 再循环气

残余在钻井液中的气体，由于除气系统未完全排除而再次被泵入井底，返出到地面后被再次检测引起基值抬升，并可能导致持续时间较长的气显示。

4. 管路延时

在录井过程中，当钻井停泵时，深度系统计算的迟到井深会停止在某一个深度上的气体数据；当钻井开泵时，深度系统开始计算并记录气体数据，这时仪器还需要一个管路延时之后才可检测到来自井口脱气器分离出的气体。这样，在钻速较快的情况下，就会丢失几米深度的气体记录数据。

5. 环境温度

环境温度过低，会造成重组分气体在脱气器至仪器入口流路中冷凝，导致测量结果轻重组分相对关系失真。

6. 仪器校准

录井气体色谱仪器定量校准时，一般采用几个不同体积分数的标准气样分析，分别记录下每一体积分数的样品气分析产生的电信号值，通过线性回归曲线作为定量分析模型。回归曲线不过零点或相关系数低，都会影响到目标气体定量的准确性；另外，对于氢火焰离子化检测器（FID），当地层气成分与校准仪器时的气体组成相差太大时，会产生较大的显示误差。特别是全烃校准时，一般采用甲烷或混合标准气体做校准定量工作曲线的气体，由于不同气体在 FID 检测器中的响应因子不同，如相同浓度的甲烷与乙烷气体在 FID 检测器中测得的峰面积或峰高是不同的，导致全烃测得值与组分之和不相等。

7. 仪器性能

衡量分析仪器的主要性能指标有灵敏度、检测限和线性范围等。仪器性能的差异可能导致较低的气体异常检测不到，或高低浓度的气体定量不准确等问题。

第四章 工程录井技术

工程录井是通过钻井工程参数、钻井液参数、气体参数、地层压力检测等参数对钻井过程进行实时监测，进而指导安全优化钻井，避免钻井工程事故发生，减少钻井工程施工复杂或风险，为科学快速优质钻井提供技术支持。

第一节 基本原理

工程录井的原理是通过安装在钻井设备上的各种传感器采集和计算的参数，实时监测钻井过程，并利用工程参数变化情况，对钻井过程中各种工程异常信息综合分析，及时对可能发生的工程事故进行判断和早期预报。

一、常用概念

（一）与录井信息有关的钻井工程术语

1. 钻进

钻进是指钻头破碎岩石使井眼不断加深的工作，包括纯钻进、接单根、划眼、起下钻、循环钻井液等工序。

2. 接单根

当钻完方钻杆的有效长度时，将一根钻杆接到井内钻柱上，使之加长操作的过程称为接单根。

3. 起下钻

将井下的钻柱从井眼内起出来，称为起钻；将钻具下到井眼内称为下钻。

4. 划眼

在已钻井眼内，清除附在井壁上的杂物，修整井壁，边循环旋转下放或上提钻柱的过程称为划眼。

5. 换钻头

换钻头指起出钻具、卸掉旧钻头，换上新钻头重新下入井中。

6. 循环钻井液

循环钻井液指钻头提离井底，并开泵将钻井液通过循环系统进行循环。

7. 钻柱

钻柱通常由钻头、钻铤、钻杆、稳定器、专用接头及方钻杆等部分组成，具体组成随不同的目的、要求而不同。钻铤部分也可能安装稳定器、减震器、震击器、扩眼器及其他特殊工具；钻杆部分有时也装有扩眼器。

钻柱的基本作用是：起下钻头，施加钻压，传递动力，输送钻井液，挤水泥，处理井下事故等。

（1）方钻杆：传递扭矩。

（2）钻杆：传递扭矩，输送钻井液。

（3）加重钻杆：钻铤与钻杆之间的过渡，在小井眼和定向井中代替钻铤。

（4）钻铤：给钻头加压，使下部钻柱组合具有较大的刚度，从而使钻头工作稳定，有利于防斜。

（5）其他钻井工具（钻井"三器"）。

①稳定器：直井中防斜，定向井中控制井眼轨迹；

②减震器：减轻钻头的冲击震动；

③震击器：用于处理卡钻事故及井下复杂情况。

8. 静液压力

静液压力是指在静止液体中的任意点液体所产生的压力，用符号 p_h 表示，单位是MPa。

9. 静压梯度

静压梯度是指单位垂直高度静压的变化，符号为 G_h。法定计量单位规定，压力是作用在每平方米面积上以 N（牛顿）为单位的力。横截面积为 $1m^2$ 时的 $1m$ 高的液柱，作用在底部的压力是体积为 $1m^3$ 液体的重力。这就是 $9.80665 \times 10^3 N/m^2/m$ 表示的压力梯度，当以 g/cm^3 为单位给出钻井液密度时：

$$压力梯度（g/cm^3）=1000kg/m^3=9.80665 \times 10^3 Pa/m=9.80665 kPa/m$$

10. 上覆岩层压力

上覆岩层压力是指上覆岩层中的岩石骨架及孔隙中流体的总重量所产生的压力，即上覆地层对某一深度地层岩石表面单位横截面积上的总重力，用符号 p_0 表示，单位是 MPa。

11. 上覆压力梯度

上覆压力梯度是指单位垂直高度上覆地层压力的变化，用符号 G_0 表示，单位 Pa/m。

12. 地层压力

地层压力是指岩石孔隙中的流体自身所具有的压力；即地下某一深度地层岩石孔隙中流体单位横截面积上的总压力，又称地层孔隙压力，用 p_p 表示。

13. 地层破裂压力

地层破裂压力是指在某深度处井内的钻井液柱所产生的压力升高到足以压裂地层，使原有裂缝张开延伸或形成新的裂缝时的井内流体压力。

14. 地层坍塌压力

地层坍塌压力是指某一深度地层在压力作用下发生井壁坍塌时的临界压力。

15. 压力系数

压力系数是地层孔隙流体压力与同一深度的地层静水压力的比值。压力系数等于 1 时的地层压力称为正常地层压力；压力系数小于 1 时的地层压力称为异常低地层压力；压力系数大于 1 时的地层压力称为异常高地层压力。

16. 正常静水压力

正常静水压力是指由地层水液柱重力所产生的压力，其大小取决于地层水的平均密度和所处的垂直深度。

17. 异常地层压力

偏离地层静水压力的某一深度的地层孔隙压力称为异常地层压力。

18. 当量钻井液密度

某一深度处用以平衡该深度的地层压力的钻井液密度称为当量钻井液密度。

19. 当量循环钻井液密度

当循环钻井液时，井底除了承受钻井液液柱压力外，还要承受钻井液喷射所产生的喷射压力。钻井液液柱压力与喷射压力之和所换算得到的钻井液密度称为当量循环钻井液密度。

（二）与钻井有关的计算参数

1. 钻压

计算机直接从传感器上采集到大钩负荷。钻具重量（总悬重）从钻具未到达井底读得或由钻井监测本身计算得到。在每加一次单根（或其他钻具）后，钻具总重量（总悬重）都有所增加，总悬重就应相应调整，一般由计算机自动加上。

$$钻压 = 钻具总重 - 大钩负荷$$

其中，钻具总重为钻头、钻铤、钻杆、各种接头等所有下井工具重量的总和，t；大钩负荷为大钩所承受的钻具重量，t。

2. 钻速

有几种确定钻速的方法，如 ft/h、min/5ft 或 min/m、m/h。钻井监测可以按深度 / 小时或分钟 / 深度，每一深度间隔的钻速取之于这个间隔的钻进时间和本身记录的间距。平均钻速由钻头钻进总的距离和总钻进时间求出。

3. 纯钻钻时和钻头进尺

纯钻钻时为实际钻进时所花的时间，它取决于计算机对钻进和上提离开井底所做出的判断。

钻头进尺由当前井深减去钻进时的其实深度（新钻头下到井底深度）计算得到。

4. 井深

井深指井口转盘面到井底的距离（井深的起始零点是转盘面）（图 4-1-1）。

$$井深 = 钻具总长 + 方入$$

其中：

（1）钻具总长 = 钻头长 + 接头总长 + 钻铤总长 + 钻杆总长 + 其他钻具总长。

（2）方入：在钻进过程中，方钻杆在转盘补心以下的长度称为方入。

$$到底方入 = 井深（或钻头位置）- 下井的钻具总长$$

整米方入 = 整米井深 - 下井的钻具总长（新钻杆到底方入 + 前一根单根打完时的
井深与其紧邻的整米井深之差值）

$$单根方入 = 上一单根的到底方入 - 新接单根的长度$$

变换钻具时，预计方入为原方入减去下井钻具总长的增加值，或原方入加上下井钻具总长的减少值。

（3）方余：指方钻杆在转盘面以上的长度。

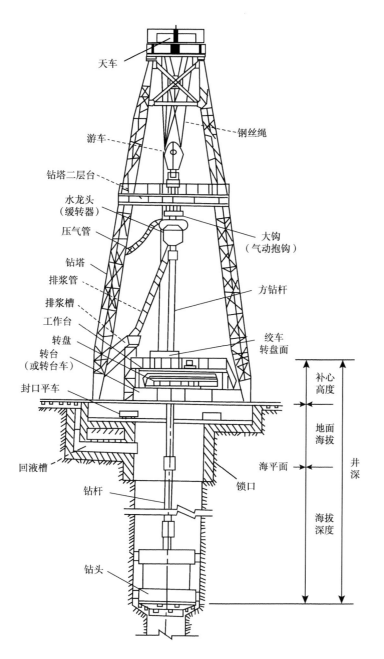

图 4-1-1　井深概念示意图

（4）补心高：井口转盘面到地面基墩的距离。

（5）方钻杆长 = 方入 + 方余。

5. 垂直井深

计算机采用角度平均法计算。

$$垂直井深 =（\cos\theta \times 本次测量钻进间距）+ 上次测量垂直井深$$

式中　θ——井斜角。

（三）辅助计算参数

辅助计算参数包括钻速、dc 指数、sigma 指数、地层破裂压力、钻头水功率等。

1. 流体静压力

流体静压力是由流体单位重量（密度）和流体柱的垂直高度而存在的压力，这样井底承受流体静压力由下式得到：

$$p=0.0052 \times W \times D \tag{4-1-1}$$

式中　p——流体静压力；

　　　W——钻井液密度；

　　　D——垂直深度。

2. 压力梯度

压力梯度为单位流体重量的流体静压力随深度的变化率：

$$压力梯度 = p/D = 0.0052 \times W$$

淡水的密度为 8.33 lb/gal，淡水压力梯度 $= 0.0052 \times 8.33 = 0.432$（psi/ft）。

海水的密度为 8.6 lb/gal，淡水压力梯度 $= 0.0052 \times 8.6 = 0.446$（psi/ft）。

3. 当量钻井液密度

在压力控制时，需要计算总压力，按每段环空压力损失累计相加 $\sum p_{an}$。

$W = p/(0.052 \times D) = \sum p_{an}/(0.052 \times D)$，由压力梯度公式转化而来，将压力换算成当量钻井液密度：

$$ECD = W_0 + \sum p_{an}/(0.052 \times D) \tag{4-1-2}$$

式中　ECD——当量钻井液密度；

　　　W_0——实际钻井液密度；

　　　$\sum p_{an}$——总环空压力损失；

　　　D——垂直深度。

4. 钻头压力损失

$$p_{bit} = (W \times v_n^2)/1239 \tag{4-1-3}$$

式中　v_n——水眼喷射速度。

5. 钻头水功率

钻头水功率是以总的水功率的百分数来衡量：

$$总的水功率 = (SPP \times Q)/1714$$

$$钻头水功率 = (p_{bit} \times Q)/1714$$

式中　SPP——立压（泵压），psi；

　　　Q——泵排量。

6. d 和 dc 指数

这是一个标准化转速，计算它的目的是检测地层压力。它的计算取决于一些测量参数：

$$d = \frac{\lg \dfrac{R}{60N}}{\lg \dfrac{12W}{10^6 D}} \quad 或 \quad d = \frac{\lg \dfrac{3.282}{NT}}{\lg \dfrac{0.0684W}{D}} \tag{4-1-4}$$

式中　R——钻速；

　　　T——钻时；

　　　N——转盘转速；

　　　W——钻压；

　　　D——井径。

　　为了能够较为准确地反映出钻时与异常高压层之间的关系，就必须消除其他因素对钻时的影响。dc 指数就是在消除钻压、钻头直径、转盘转速、钻井液密度等影响因素的情况下，反映地层可钻性的一个综合指标。它实现了把所有钻遇地层的可钻性放在同等钻井条件下进行比较，研究发掘异常段，发现异常高压过渡带，最终做出预测预报。dc 指数法就是根据泥岩压实规律和钻井液柱压力与地层孔隙压力之差以及钻井参数对机械钻速的影响规律来定量检测地层压力的。dc 指数计算方法如下：

$$dc = d \times p_n / ECD \tag{4-1-5}$$

式中　dc——dc 指数；

　　　p_n——正常孔隙压力；

　　　ECD——当量循环钻井液密度；

　　　d——由公式（4-1-4）计算出的 d 指数。

　　孔隙压力严格定义为地层压力，由于地层中水的矿化度变化，所以正常孔隙压力是不一样的（一般地层水采用世界平均值 0.103MPa）。

　　7. 正常 dc 指数趋势线方程

$$dc_n = 10^{aH+b} \tag{4-1-6}$$

式中　dc_n——井深 H 处正常趋势线 dc 指数；

　　　H——井深；

　　　a——方程斜率；

　　　b——方程截距。

　　8. sigma 指数

$$\sigma_t = \frac{WOB^{0.5} \times RPM^{0.25}}{D_h \times ROP_l^{0.25}} \tag{4-1-7}$$

式中　σ_t——sigma 指数值；

　　　WOB——钻压；

　　　RPM——转盘转速；

　　　D_h——钻头直径；

　　　ROP_l——钻速。

二、钻井工程异常事件

　　从异常事件种类上分，钻井工程异常事件可以分为钻头类（钻头老化、钻头泥包、钻头水眼堵、水眼刺）、钻具类（钻具刺、泵刺、遇阻、卡钻、溜钻、断钻具）、钻井液类（井涌、井漏、油气水侵、异常压力）、井眼类（井壁垮塌、压差卡钻、缩径）、有害气体类（硫化氢、二氧化碳）等。

（一）钻头类

钻头分为牙轮钻头与刮切类钻头（包括 PDC 钻头）。准确判断钻头使用状况可避免掉牙轮等井下复杂事故的发生，对提高机械钻速、安全钻井意义重大。

1. 牙轮钻头事故

牙轮钻头事故占钻井事故中的比例较大，做好牙轮钻头事故预报对安全钻井意义重大。牙轮钻头事故类型一般有掉牙齿、掉牙轮、堵水眼、掉水眼和钻头泥包。

1）掉牙齿、掉牙轮

牙轮钻头是通过牙轮滚动使牙轮上的牙齿对地层岩石产生冲击破碎而实现钻进。由于长时间在高压下滚动，牙轮上的牙齿、牙轮轴承使用到一定程度就会磨损、松动甚至脱落。牙轮落井后，不能正常钻进，将影响钻井工期，加大钻井成本。

2）堵水眼

下钻过程中，由于钻头没有做防堵水眼措施，或钻进时钻井液中大颗粒物体进入水眼，将水眼堵死，钻井液无法循环，只有起钻通水眼，这样将增加一次起下钻，影响钻井时效。

3）掉水眼

掉水眼是由于水眼安装不到位，钻井液沿水眼周边刺漏，最后刺掉水眼。掉水眼后钻头水功率下降，脱落的水眼引起钻头整跳，导致钻速下降，降低钻头使用寿命。

4）钻头泥包

牙轮钻头或刮切类钻头在钻大段泥岩时，由于钻头选型不合理（牙齿大小、水眼大小等）或转盘转速、钻压、泵压等工程参数的搭配不合理，钻头就会泥包。泥包后的钻头机械钻速会明显降低，将会影响钻井工期。如果以泥包钻头起钻，还将诱发井涌甚至井喷。

2. 刮切类钻头老化

刮切类钻头是用钻头本体上镶的牙齿切削地层岩石来实现钻进。当钻头牙齿切削地层岩石到一定程度时，钻头上镶的牙齿会脱落或磨平，这时机械钻速明显降低，增加钻井成本。

（二）钻具类

1. 钻具刺漏

钻具刺漏是钻井中较为常见的现象，发生钻具刺漏的原因是钻进所使用的钻具较陈旧，在高含硫地区钻井液对钻具腐蚀较大，以及钻进时使用的钻井泵泵压较高。钻具刺漏的后果：轻则需起钻检查钻具，重则因钻具刺漏导致钻井液循环短路引起干钻，干钻又将引起掉牙轮、卡钻等一系列事故。钻具刺漏如果没有及时发现，钻具还会刺断落井。这样会严重影响钻井周期，甚至会因钻具打捞不成功，造成井眼报废。

2. 断钻具

断钻具是由于钻进所使用的钻具较旧，钻进中没有及时发现钻具刺漏，钻进时因溜钻、顿钻引起的扭矩急剧升高以及起钻过程中遇阻后野蛮性的强提拉断钻具。断落的钻具打捞出来后通常不能再使用。如果打捞不成功将侧钻，这将严重影响钻井周期甚至造成井眼报废。

3. 上提下放钻具的卡阻

在起下钻或接单根时由于钻井液性能及地层岩性引起的井眼缩径或井壁垮塌，将导致下钻时遇阻大段划眼、接单根下不到底重复钻进，在起钻或接单根上提时遇卡；遇卡严

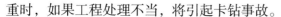

重时，如果工程处理不当，将引起卡钻事故。

4. 溜钻

溜钻一般是司钻送钻大意，在钻头上突然加上超限的钻压，使钻具压缩、井深突然增加的现象。溜钻如果不及时发现，将损害钻头及钻具，在地质上形成假钻时，会造成地质师判断失误。

（三）钻井液类

1. 井漏

井漏是钻井液从井眼漏入地层的一种钻井现象，根据漏失速度的快慢可大致分为渗漏、小漏、大漏和只进不出。

1）形成井漏的原因

（1）钻入裂缝、孔洞发育的碳酸盐岩地层或高孔隙度的碎屑岩地层；

（2）液柱压力大于地层破裂压力，将地层压裂；

（3）下钻速度过快，引起压力激动；

（4）钻入异常低压地层。

2）井漏的危害

井漏在钻井过程中最容易引发重大恶性事故。渗漏、小漏会增加钻井液量的消耗，增加钻井成本。大漏或只进不出将引起井壁垮塌、卡钻等井下事故，如井漏层位上部有油气层，还将可能引起井喷。由井漏引起的任何事故，处理起来都非常困难。因此工程录井需要对可能出现的井漏做好预测以便预防，在井漏出现时要及时预报，以便及早处理。

2. 井涌

井涌是钻井液和地层流体在地层压力的作用下涌出井口的现象。

1）发生井涌的主要原因

（1）钻遇异常高压地层，地层超压驱动地层流体进入井眼形成井涌；

（2）钻井液密度因地层流体的不断侵入而降低形成负压，负压加剧地层流体的侵入又进一步加大负压形成恶性循环，最后形成井涌；

（3）在井底压力近平衡状态下停止循环时，作用于井底的环空压耗消失，使井底压力减小；

（4）起钻时未按规定补充钻井液，使井筒液面下降，液柱压力降低；

（5）井漏时钻井液补充不及时，使井筒液面下降；

（6）起钻时，特别是钻头泥包时，因起钻抽汲作用诱发井涌。

2）井涌的危害

井涌在钻井施工中如果不及时预报，发现后如不及时进行加重钻井液密度等措施的处理，将引起井喷。所以在工程监测时录井一定要加强监测引起井涌的各项参数，尽可能提前发现井涌征兆，这对避免井喷这样的恶性工程事故可起到决定性作用。

3. 油气水侵

油气水侵指地层压力大于循环液柱压力，储层中油气水进入井筒，侵入钻井液的现象，将影响钻井液性能。钻井过程中，发生油气水侵时，参数会出现异常显示。钻井液密度降低，黏度增大，负荷增加，所测烃类信号异常，油气侵时电导率下降，水侵时电导率增加，变化幅度依据地层水矿化度而异；钻井液体积增加，出口流量增加。若地层压力远远大于钻井液液柱压力，油气水侵会快速发生，出现井涌现象。

4. 异常地层压力

异常地层压力是指在任何深度上地层压力值偏离正常静水压力值的现象，形成原因有多种，主要有成岩作用、区域性块状盐沉积、永冻环境、地层流体压力、储层构造、储层加压、沉积速度和沉积环境、古压力、构造活动、透析作用、热力学和生物化学因素等。在钻井过程中进行地层压力监测的录井参数有扭矩、超拉力、钻时、dc 指数、钻井液密度、温度、流量、电导率、泥岩密度等。

（四）井眼类

1. 井壁垮塌

井壁垮塌一般是由地层与钻井液性能的不匹配以及工程上的钻具组合不当引起的。井壁垮塌将引起井下复杂状况，起钻遇卡、下钻遇阻。井壁垮塌严重时将引起卡钻，造成固井质量下降等情况。

2. 压差卡钻

钻柱在钻井液液柱压力与地层压力之差的作用下，紧贴在井壁上造成的卡钻，称压差卡钻或黏附卡钻。

发生压差卡钻的主要原因：（1）钻具在井内静止时间长，活动钻具不及时或活动钻具的方法不当；（2）钻井液的失水大，滤饼厚，固控设备配备不齐或由于固控设备坏使用少，造成固相含量急剧增加；（3）钻井液液柱压力比地层孔隙压力大得较多；（4）深井、定向井和复杂井等在钻井液中加入的润滑剂含量少，滤饼摩阻较大。

3. 缩径

缩径是指原已形成的井眼直径缩小。钻头通过的井段，其直径小于钻头直径，均可造成卡钻。缩径卡钻也是钻井工程中常见的事故。缩径卡钻的原因有：

（1）砂砾岩的缩径：砂岩、砾岩、砂砾混层如果胶结不好或甚至没有胶结物，在井眼形成之后，由于其滤失量大，在井壁上形成一层厚的滤饼，而使原已形成的井眼缩小。

（2）泥页岩缩径：泥页岩井段一般表现为井径扩大，但有些泥页岩吸水后膨胀，也可使井径缩小。

①表层泥页岩，主要成分为钠蒙脱石，具有较高的含水量，在钻进中易出现塑性变形。

②未固结的黏土，内摩擦角为零，一旦剪切应力大于胶结强度，便发生塑性变形。

③在压力异常带的泥页岩，因其含水量和孔隙压力都远远超过正常值，也就容易发生塑性变形。

（3）盐膏层缩径。所谓盐膏层，是指主要由盐岩（NaCl）和石膏（$CaSO_4$ 或 $CaSO_4 \cdot 2H_2O$）组成的岩层。以盐为胎体或胶结物的泥页岩、粉砂岩或硬石膏团块，遇矿化度低的水会溶解，盐溶的结果导致泥页岩、粉砂岩、硬石膏团块失去支撑而坍塌；随着埋藏深度的增加，温度、压力也相应地增加，盐岩层逐渐失去了自持能力，如没有一定的钻井液液柱压力与之相抗衡，一旦钻孔形成，它就向钻孔蠕动，而使井眼缩小，如发现不及时，就会立刻造成卡钻。

（4）深部沉积的石膏层：一般认为在石膏上覆岩层压力下把结晶水挤掉，成为无水石膏。当钻开时，石膏又吸水膨胀，减弱强度，缩小井径。其他盐类如芒硝、氯化镁、氯化钙等也具有类似性质。

（5）钻井液性能发生了较大的变化：如钻遇石膏层、盐岩层、高压盐水层，滤失量增加，黏度、切力增加，滤饼增厚，或者为了堵漏，大幅度地调整钻井液性能，都很容易形

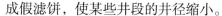

成假滤饼，使某些井段的井径缩小。

（五）有害气体类

1. 硫化氢

硫化氢是一种无机化合物，化学式为 H_2S，分子量 34.076，对空气相对密度为 1.19（15℃，0.10133MPa）。在标准状况下，硫化氢的密度为 $1.5392mg/m^3$，是一种易燃的酸性气体，无色，低浓度时有臭鸡蛋气味。由于硫化氢气体密度大于空气密度，所以当有硫化氢气体泄漏的时候，硫化氢一般会聚集在低洼处，沉积在空气的下部；其熔点为 -85.5℃，沸点为 -60.4℃；能溶于水（在 0℃ 的时候，1L 水能溶解 4.67L 硫化氢；在 25℃ 的时候，1 水能溶解 2.282L 硫化氢），易溶于醇类、石油溶剂和原油；当硫化氢与氧气或者空气以一定比例混合的时候，则极易发生爆炸。当硫化氢与空气混合的时候，其混合气体发生爆炸的硫化氢含量体积比范围为 4.3%~46%，而天然气与空气混合爆炸含量体积比范围为 5%~15%。硫化氢有剧毒，可与人体组织中碱性物质结合形成硫化钠，也具有腐蚀性，从而造成眼和呼吸道的损伤。硫化氢主要经呼吸道进入人体，在体内的游离硫化氢和硫化物来不及氧化时，使中枢神经麻痹，引起全身中毒反应。硫化氢浓度低于 $15mg/m^3$ 内，作业人员不可在工作区连续工作超过 8h；达到 $1500mg/m^3$ 时，人会立刻失去知觉，1min 内死亡。因此，在钻井期间，监测硫化氢是非常重要的任务。

油气井中硫化氢的主要来源：一是地层天然气中含有硫化氢；二是地层中硫酸盐的高温还原作用产生硫化氢；三是石油中含硫化合物分解产生硫化氢；四是地壳深部或幔源硫化氢通过裂缝向上部运移聚集；五是某些钻井液处理剂（含硫化合物）在井下高温高压分解产生硫化氢。

2. 二氧化碳

二氧化碳含量过高可能造成井眼堵塞，腐蚀钻杆或套管等状况发生。

三、钻井参数及意义

按照传感器安装位置、测量与衍生计算参数的不同，钻井工程分为钻井液参数、钻井工程参数、地层压力参数及其他参数等。

（一）钻井液参数

钻井液参数主要是通过安装在钻井液出入口位置及钻井液池上的传感器所测量，常见的钻井液参数介绍如下。

1. 钻井液出入口流量

准确实现钻井液出入口流量的检测，对于现场油气钻探的安全施工有着重要的意义。通过安装在钻井液出口及入口的流量传感器，能够监测钻井液在入口处和出口处的流量变化情况，通过流量情况，可以监测有无钻井液漏失或地层流体进入，从而及时发现井漏、井涌、井喷。

2. 钻井液出入口密度

钻井液密度反映了钻井液中的固相物质含量，是实现平衡钻井、提高钻井效率的一项重要的钻井液参数，也是反映钻井安全的重要参数。在正常情况下，泵入井内和从井内返出的钻井液密度应相等。但当有流体侵入时，返出的钻井液密度减小；钻入造浆地层或地层失水过大时，会引起密度增加。因此，监测钻井液密度的变化是及时发现井内异常，防止井喷、井漏等事故发生的重要手段。监测钻井液密度可为计算地层压力等提供实时数据参数，为调整钻井液性能、优化钻井提供方案。

3. 钻井液池体积

钻井液主要用于钻井液循环沉淀作用，通过在各个钻井液池安装声波传感器，监测各钻井液池体积变化，能够反映有无钻井液漏失或地层流体进入，从而及时发现井涌、井漏、井喷等异常，进而保证安全钻井。

4. 钻井液出入口温度

钻井液温度是反映钻井安全的一个重要参数，入口和出口温度之差可以帮助地质人员了解井下情况。钻井液池出口温度在一定程度上能够反映地热梯度，是监测异常压力的重要参数；当地层流体进入井筒时，出口温度会明显上升，由此可以监测井涌、井喷事故。

5. 钻井液出入口电导率

电导率是用来描述物质中电荷流动难易程度的参数。电导率仅与溶液中所含离子的类型和浓度有关，其倒数就是电阻率。钻井液电导（阻）率是分析评价地层流体性质的重要参数，同时是检测钻井液中矿化度的基本方法。通过安装在钻井液出入口处的电导率传感器测量，当地层流体进入井筒后，会引起钻井液电导率变化，判断侵入钻井液中地层流体的性质。现场安装条件受限时可只安装出口电导率传感器。

（二）钻井工程参数

录井现场有多种传感器能够监测钻井工程参数，这些传感器分别安装在钻台、钻井液泵、高压管汇上，钻井工程参数的类型及意义简介如下。

1. 转盘转速

转盘转速是指钻盘在单位时间内转动的圈数，单位为 r/min。通过调整转盘转动的速度，可控制钻井速度。转盘转速是影响钻井效率、优化钻井工艺的一项重要参数。通过转盘转速传感器测量，提供优化钻井、压力检测所需的数据，监测钻井施工状态。

2. 钻时参数

钻时是通过绞车传感器测量计算得来，能够反映钻头钻进速度，从而判断钻头工作状态。

3. 泵冲参数

泵冲数指单位时间内钻井泵作用的次数，单位为冲/min。泵冲通过安装在钻井泵处的传感器测量，用以测量钻井泵每分钟的活塞动作次数。根据输入的单冲泵容积、泵效率等参数计算出入口流量，计算迟到时间及其他派生参数，还可用于判断泵故障，与立管压力等参数综合分析可以判断井下钻具事故等。

4. 扭矩参数

钻井过程中，通过转盘扭矩传感器来测定转盘驱动钻具扭矩大小的变化，可正确反映出井下钻具的工作情况和井底地层的变化，也能反映钻井工程异常（钻头磨损钝化、牙轮咬住或脱落、钻柱遇卡或折断、钻头泥包、断钻具、井眼塌方）以及地层硬度改变等。目前，工程上使用的测量转盘扭矩有多种方式，包括过桥轮式机械液压扭矩传感器、顶丝转盘扭矩传感器、夹持式扭矩传感器、电动扭矩传感器等。

5. 大钩负荷

大钩是吊升系统的主要设备，是连接旋转系统中水龙头的纽带，其作用是在钻井过程中悬挂水龙头及井下的钻具和钻头，起下钻时悬挂吊环及吊卡以起下钻具，并完成钻井过程中起吊重物等辅助工作。大钩负荷也称悬重，通过测量大钩悬重参数变化，可以判断钻井工作状态（坐卡、解卡、钻进、起下钻、离井底），判断卡钻、遇阻、溜钻、断裂、掉

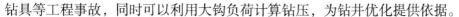

钻具等工程事故，同时可以利用大钩负荷计算钻压，为钻井优化提供依据。

6. 钻压

钻压是一个派生参数（钻压＝钻具总重－悬重），通过大钩负荷计算得到，能够反映钻头钻进过程中对地层的压力，反映钻井破岩效率，同时也能判断溜钻、顿钻等事故。

7. 套管压力

套管压力是指地面施加到井内套管上的压力，通过安装在管线上的套压传感器测得，能够辅助计算地层压力梯度，同时监测套管压力变化，可以为处理工程事故提供依据。

8. 立管压力

钻井液通过钻井泵进入立管的压力即为立压。立管压力反映循环系统的工作状态，如开泵、关泵、循环钻井液等，该参数的变化能够监测钻具刺漏、掉水眼、堵水眼、憋泵、掉钻具等工程事故，也为钻具水动力学计算提供依据。

9. 绞车

绞车担负着起下钻具、下套管，在钻进时带动转盘旋转、控制钻进、上卸钻具螺纹以及起吊重物等重要工作。在录井过程中，绞车传感器用来测量绞车滚筒角位移的变化，并配合其他参数测量大钩高度、钻头位置、井深。脉冲式绞车传感器主要由一个定子部件和一个转子部件组成。在大钩运动时，其转子部件在滚筒传动下转动，转子齿轮的齿与齿之间的空隙交替通过脉冲式绞车传感器探测头，使脉冲式绞车传感器输出两路具有一定相位差的脉冲信号。该脉冲信号在倍频鉴相电路处理下输出一系列脉冲计数信号和方向判断信号，通过计算机处理就可以得到钻井时大钩高度位置变化。

（三）地层压力参数

地层压力参数由钻井工程参数、钻井液性能参数实时衍生出来，主要有当量循环钻井液密度、dc指数、sigma指数、地层孔隙流体压力、地温梯度、正常静水压力、上覆地层压力、大地构造应力、异常地层压力、地层破裂压力、地层坍塌压力、井涌控制容限等。

（四）其他参数

由于工程录井大部分的数据来源于地面的测量，所以工程录井系统还处理由循环钻井液系统产生的参数，如迟到时间、迟到井深、迟到钻井液流量、迟到钻井液池体积、迟到钻井液密度、迟到钻井液温度、迟到钻井液电导率（或电阻率）、硫化氢气体含量、可燃气体含量等。

第二节　传感器安装与校验

传感器是测量系统中的一种前置部件，它将输入变量转换成可供测量的信号，通常由敏感元件和转换元件组成。敏感元件能直接感受或响应被测量的部分，转换元件能将敏感元件感受或响应的被测量转换成适于传输或测量的电信号部分。工程录井中，传感器是现场实现各项工程数据准确录取的基础与核心部件。

一、传感器主要类型与技术指标

（一）传感器的原理与分类

目前对传感器尚无一个统一的分类方法，但比较常用的有如下三种：

（1）按传感器的物理量，可将传感器分为位移、力、速度、温度、流量、气体成分等传感器。

（2）按传感器工作原理，可将传感器分为电阻、电容、电感、电压、霍尔、光电、光栅、热电偶等传感器。

（3）按传感器输出信号的性质分类，可将传感器分为：输出为开关量（"1"和"0"或"开"和"关"）的开关型传感器、输出为模拟型传感器、输出为脉冲或代码的数字型传感器。

（二）工程录井常用传感器

1. 压力传感器

压力传感器是能感受压强并转换成可用输出信号的器件。工程录井压力传感器主要用于测量由钻井泵所产生的压力（立管压力）、由地层高压所产生的环空压力（套管压力），以及在大钩死绳固定器处钻具重量所产生的压力（悬重）和转盘所承受的扭矩力（转盘机械扭矩）等绝对压力。压力传感器由压力转换装置和变送器组成。压力转换装置是将外界压力信号转换为电信号，而变送器则是将电信号转换为标准电流信号。压力传感器的工作原理是利用压阻效应，将外界压力信号转化为电阻信号，并在恒流（或恒压）的供电条件下，输出与被测量压力成正比的标准电流（4~20mA）信号。常见的压力敏感器件主要有扩散硅式、电阻应变式、溅射薄膜、压电陶瓷等几种。

2. 差压传感器

测量钻井液密度最常用的是差压传感器，包括电容式差压传感器和单晶硅谐振式差压传感器等，由两个压力传感器和差压变送器组成。当两个压力传感器安装在不同高度时，被测介质的高、低压力就会对测量传感器产生不同的压力，介质密度的大小与压力成正比，两个压力传感器将产生的压力传送到差压变送器，差压变送器输出与差压值成正比的电压信号，根据介质在定垂直距离的差压值计算出介质的密度值，并根据与密度关系转换为 4~20mA 电流值。

3. 霍尔效应电流传感器

霍尔效应是电磁效应的一种。当电流垂直于外磁场通过半导体时，载流子发生偏转，垂直于电流和磁场的方向会产生一附加电场，从而在半导体的两端产生电势差，这一现象就是霍尔效应，这个电势差也被称为霍尔电势差。电扭矩传感器属于霍尔效应电流传感器，传感器套在电动钻机转盘动力电缆上，当电缆线中有电流通过时，即穿过霍尔效应扭矩传感器测量环的电流，在霍尔效应扭矩传感器周围产生一个磁场，使霍尔效应扭矩传感器内的霍尔元件产生一个霍尔电压，该电压在电路的处理下被转换为一个与转盘扭矩成正比的标准电流（4~20mA）信号。

4. 接近开关传感器

接近开关是一种靠感受外部物体对其内部振荡器之影响而达到输出转换的传感器。接近开关传感器由内部电磁振荡器和外部保护体组成。接近开关传感器的工作原理是采用电磁振荡与金属感应相结合的方式。接近开关传感器的敏感元件——电磁振荡电路在供电电源的作用下产生振荡，在金属物体交替靠近和远离传感器时，改变了其输出电压幅度，从而产生一组脉冲信号。振荡器振荡及停振的变化被后级放大电路处理并转换成矩形脉冲，从而得出"不探测"（高电平）和"探测"（低电平）的脉冲信号。接近开关有电感式、电容式、光电式、霍尔效应式、热释电式等。

工程录井中接近开关传感器按照用途可分为泵冲传感器、转盘转速传感器、绞车传感器等。泵冲传感器主要用于测量钻井泵的冲数，而转盘转速传感器则主要用于测量转盘的转动速率。绞车传感器安装在滚筒轴上，并随着滚筒轴转动，监测滚筒轴所发生的角位移，测量、计算钻头所在的井深。绞车传感器内部装有两只光电开关，并配有一片带12（或20）齿的遮光片（各家的产品不一样）。当遮光片随绞车轴转动时，分别阻断或导通传感器内两只相位差为90°的光电开关间隙中的红外线，从而使光电开关产生两组相应的电脉冲信号，供后级仪表计数检测。

5. 温度传感器

温度传感器是指能感受温度并转换成可用输出信号的传感器，按照传感器材料及电子元件特性分为热电阻和热电偶两类。工程录井采用热电阻的传感器较多。

1）热电偶式温度传感器

热电偶是常用测温器件之一，它直接测量温度，并将温度信号转换成电动势信号，通过换算得到被测介质的温度。热电偶测温的基本原理是两种不同成分的材质导体组成闭合回路，当两端存在温度梯度时，回路中就会有电流通过，此时两端之间就存在电动势——热电动势。因此，在热电偶测温时，可接入测量仪表，测得热电动势后，即可知道被测介质的温度。

2）热电阻式温度传感器

热电阻式温度传感器一般是采用铂丝制成的测温电阻作为敏感器件，利用金属铂在温度变化时自身电阻值也随之改变的特性来测量温度的原理，将钻井液温度值转化为铂丝的电阻值，并将阻值信号转变为标准电流信号，从而实现温度测量。

6. 电导率传感器

电导率传感器根据测量原理与方法的不同可以分为电极型电导率传感器、电感型电导率传感器以及超声波电导率传感器。其中工程录井电导率传感器一般采用电感型电导率传感器。

电感型电导率传感器依据电磁感应原理实现对液体电导率的测量，由磁感应探头和变送器组成。电导率传感器磁感应探头是将钻井液导电能力转换为感应电压信号，而变送器则是将感应电压信号转换为标准电流值。电导率传感器的工作原理是采用电磁感应的原理，即在感应探头内的初级线圈上加入一个交流激励信号，使之在呈闭合状态的钻井液中产生感应电流，并感应到电导率传感器的次级线圈上。次级线圈产生感应电压信号的大小与钻井液的导电能力（电导率）成正比。该感应电压信号经变送器整形放大处理后，输出与钻井液电导率值成正比的标准电流（4~20mA）信号。

7. 钻井液流量

工程录井中，测量钻井液流量常用机械挡板式流量计和超声波式流量计。

（1）机械挡板式流量计的核心转换元件是触头可随被测体移动的电位器，可得出流量与传感器靶摆动幅度之间的函数关系，并以电阻器的阻值变化线性反映传感器靶摆的角位移。当接入电桥测量电路时，触头将随物体的移动（角位移）转换成输出电压的变化，即输出电压与物体的位移成比例，从而测得钻井液流量的相对变化。该类流量计一般只测量钻井液相对变化值，测量绝对流量时有较大误差。

（2）超声波式流量计工作原理：当超声波束在液体中传播时，液体的流动将使传播时间产生微小变化，其传播时间的变化正比于液体的流速。根据对信号检测的原理，超声波式流量计可分为传播速度差法（直接时差法、时差法、相位差法和频差法）、波束偏移法、多普勒法、互相关法、空间滤法及噪声法等。

8. 池体积传感器

工程录井中，测量池体积一般通过测量液位换算成池体积并可以得到总体积参数。常

143

用于测量钻井液液位的传感器主要有两种，一种为超声波式，另一种为浮子式。

超声波液位传感器原理为通过检测超声波发送与反射的时间差来计算液位高度，由超声波发射与接收装置和变送器组成。发射探头发出的超声波脉冲在介质中传到相界面（如液体表面）经过反射后，再返回到接收探头，由接收装置接收。通过记录超声波从发射经反射面反射后到接收装置所需的时间，换算为超声波式体积传感器端面与反射面之间的距离，输出与液体高度成反比的标准电流（4~20mA）信号。

浮子式体积传感器的工作原理是采用电位计输出电阻方式，通过电位计电阻值改变，换算为钻井液罐内钻井液的液面高度，输出与液体高度成正比的信号。浮子式体积传感器由浮子、重锤、滑轮和电位计组成。滑轮的轴与电位计的轴连接在一起。浮子受钻井液浮力、重锤的拉力作用上下移动，通过游丝带动滑轮转动，滑轮转动改变电位计的输出电阻。电流型浮子式体积传感器除上述部件外还有变送器，其功能是将电位计输出的电阻信号转换为标准电流信号（4~20mA）。

9. 硫化氢传感器

现场检测硫化氢广泛使用的是基于电化学和半导体的硫化氢气体传感器。

（1）电化学硫化氢气体传感器根据电化学的原理工作，由两个电极（感应电极和负电极）、电极间的电解质薄膜（可通过氢离子的半透膜）、低阻抗外部电路组成。通过电子线路将电解池的工作电极和参比电极恒定在一个适当的电位，硫化氢气体扩散进入传感器后在感应电极上发生氧化反应，两极间产生电流。该电流值与对应的硫化氢浓度成正比并遵循法拉第定律，通过测定电流的大小，就可以确定硫化氢气体的浓度。

（2）半导体式硫化氢传感器是采用固体金属氧化物半导体（MOS）的吸附效应来检测硫化氢气体。当待测气体与半导体表面接触时，其半导体金属氧化物的表面与待测气体会发生化学反应，并通过这一过程产生的电导率等物理变化来检测气体的含量。传感器由两片薄片组成，薄片放置在两个电极之间的衬片上。无硫化氢气体时，两电极间电阻值很大；当有硫化氢气体吸附在薄片上时，两电极间电阻值减小，电阻值的变化与硫化氢浓度呈对数比例关系。电阻值的变化被仪器转换成电流信号，并输出为硫化氢浓度值。

二、传感器安装

工程传感器安装区域主要分布在钻井液出口区（排量、密度、温度、电导率、硫化氢）、钻井液入口区（密度、温度、电导率）、钻井液罐（池体积）、泵房区（泵冲）和钻台区（悬重、绞车、扭矩、钻盘转速、立压、套压、硫化氢）。主要传感器分布见图4-2-1。

（一）钻机参数传感器

钻机参数的主要传感器有7个，包括大钩负荷（悬重）、绞车、扭矩、钻盘转速、立压、套压、泵冲等。

1. 大钩负荷（悬重）传感器

1）安装位置

安装位置如图4-2-2所示。该传感器使用高压软管线连接传感器，用快速接头连接到死绳固定器的压力源上（死绳张力器液压转换器处、指重表处的压力三通）。

2）安装要求

（1）安装时使钻具处于坐卡或空载状态，安装前检查压力传感器总成，如连接有高压胶管的应注满油，快速接头无堵塞、不漏油。

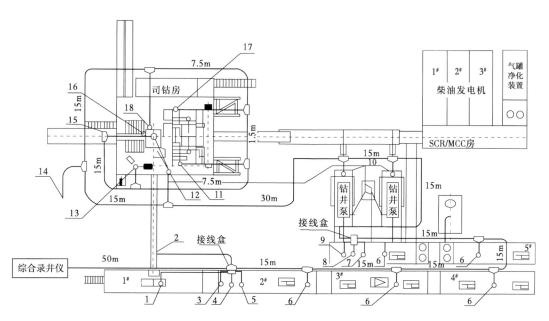

图 4-2-1　工程录井传感器现场位置平面示意图

1—H₂S 传感器；2—流量出口传感器；3—出口温度传感器；4—出口电导率传感器；5—出口密度传感器；
6—液位传感器（5 只）；7—进口电导率传感器；8—进口温度传感器；9—进口密度传感器；10—泵冲传感器（2 只）；
11—转盘转速传感器；12—立压传感器；13—悬重传感器；14—套压传感器；15—终端电阻；16—H₂S 传感器；
17—绞车传感器；18—转盘扭矩传感器

（2）将压力传感器总成的三通快速接头插入指重表液压系统的钢丝绳死端手泵加油处的外螺纹接头上，用高压注油泵或手压油泵给指重表液压力系统加注液压油，并排尽空气，避免因油路中空气导致的测量信号不稳定。

（3）将悬重传感器接到缓冲油管上，观察接头有无漏油等异常现象。

（4）连接信号电缆，并对接插件和压力传感器进行密封防水处理。

2. 转盘转速传感器

1）安装位置

安装位置如图 4-2-3 所示。将转盘转速传感器用支架固定在转盘主动轴适当部位或气囊离合器的转轴上，不要安装在转盘下面，要方便检查、维修和保养。

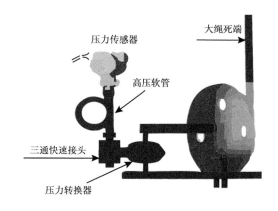

图 4-2-2　大钩负荷传感器安装位置示意图

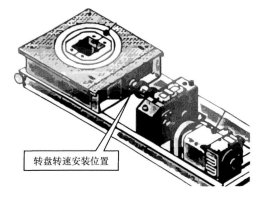

图 4-2-3　转盘转速传感器安装位置示意图

2）安装要求

（1）安装转盘转速传感器应在转盘停止运转状态下进行；安装前要与工程协调，确保安装过程中转盘无动作。

（2）将约 30mm×30mm 直角金属感应片焊在主动轴或气囊离合器的转轴上，使其端面位置与传感器端面接近平行；转盘传感器感应探头应固定牢固。

（3）调整传感器固定螺母，使金属感应面与传感器端面之间的距离为 8~10mm。防止发生检测不到信号或是感应体损坏传感器的情况。

（4）连接信号电缆，并对接插件和传感器引出线端进行密封防水处理。

3. 转盘扭矩传感器

转盘扭矩传感器一般有两种，分别为电动扭矩传感器和液压扭矩传感器。

1）电动扭矩传感器的安装

（1）安装位置：电动扭矩传感器应安装在转盘驱动电动机的电源线上。

（2）安装要求：

①安装时首先松开传感器测量环螺钉，将被测电流动力电缆放入测量环内拧上螺钉，使被测电流动力电缆固定在测量环中间。如果被测电流动力电缆不能可靠固定，可用适当厚度的泡沫塑料等弹性绝缘物包裹后，放入测量环内拧上螺钉。

②应根据电动钻机的类型选择交流或直流扭矩传感器。如果转盘驱动电动机为直流电动机，还应将电流方向对准直流扭矩传感器的红色标记面。

2）液压转盘扭矩传感器的安装

（1）安装位置：安装在转盘液压扭矩仪压力转换器上（受力传动链条的受力紧边），如图 4-2-4 所示。

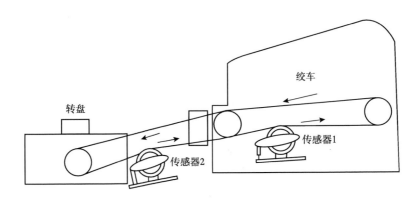

图 4-2-4　过桥轮式传感器安装位置示意图

（2）安装要求：

①液压扭矩传感器在停转盘的状态安装，用于液压转盘扭矩测量的传感器量程要与压力转换器输出压力相匹配。

②首先卸下转盘驱动链条，将过桥轮装置安装在转盘驱动链条正下方后，再接上链条。

③将高压软管、三通及压力传感器接好，注入液压油，排尽空气，升高液压装置，使链条张紧，保证绞车既可以自由转动，又受到驱动链条的一定压力。

④连接信号电缆，并对接插件和压力传感器进行密封防水处理。

4. 绞车传感器

1）安装位置

绞车传感器应安装在远离电磁刹车的钻机滚筒轴端（图4-2-5），绞车滚筒轴两端均可安装。

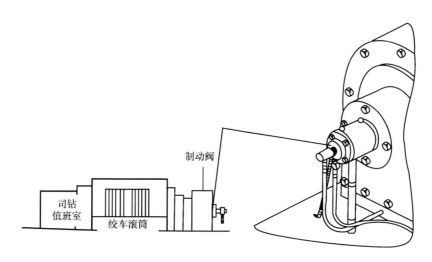

图 4-2-5 绞车传感器安装位置示意图

2）安装要求

（1）绞车传感器的安装应在滚筒静止状态下进行。

（2）卸下滚筒轴端面的护罩及导气龙头的气动接头，将传感器的内螺纹接在滚筒轴管牙的外螺纹上，再将导气龙头接在传感器上。

（3）把信号电缆及定子固定在滚筒轴导气龙头的进气管线上，连接信号线，并对接插件和传感器进行密封防水处理，装上护罩即可。

（4）为了检测正确的转轴方向，需根据绞车滚筒轴两端安装位置确定输出相位的位序，如反向安装应在软件内设置运行绞车方向。

5. 立管压力传感器

1）安装位置

立管压力传感器安装在在钻机的立管压力缓冲器上或立管压力表三通处或预留活接头上，立管压力三通的传感器接口应对着无人操作的方向。建议使用高压软管线连接缓冲器与立管压力传感器。

2）安装要求

（1）在立管内无压力、无钻井液条件下安装。

（2）如安装在钻机的立管压力缓冲器上，直接将传感器连接在立管压力缓冲器上。要求连接的快速接头要匹配，不能有漏油现象。

（3）如安装在立管的预留活接头上，应先卸下立管旁通活接头的丝堵，安装好立管压力缓冲器，连接立管压力传感器。要求保证活接头连接牢固、快速接头要匹配，不能有漏油现象。

（4）如安装在立管压力表处，应先卸下立管压力表，再通过立管压力三通固定好立管压力表，将立管压力传感器安装在三通上。要求在安装压力表、三通、传感器时，必须采取密封措施,确保无刺漏现象。

(5)立管压力传感器安装完成后,必须对油路注油并排气,避免因油路中空气导致的测量信号不稳定。

(6)安装后连接信号电缆,并对接插件和压力传感器进行密封防水处理。

6.套管压力传感器

1)安装位置

套管压力传感器应安装在节流管汇的压力表三通处,不宜安装在低压表端,防止低压表端阀门关闭而无法检测套压参数。

2)安装要求

(1)安装前要确保安装过程中无封井器试压作业。

(2)安装套管压力传感器时,必须采取密封措施,确保无刺漏现象。

(3)安装完成后,必须对油路注油并排气,避免因油路中空气导致的测量信号不稳定。

7.泵冲传感器

1)安装位置

泵冲传感器感应探头应安装在钻井泵的旋转轴上,注意将传感器感应端面对准泵头拉杆两端的任意一端,不可对准泵头拉杆的中间位置,否则会测出双倍的泵冲数;不要安装在泵拉杆窗处,确保传感器不被损坏,方便检查、维修和保养。

2)安装要求

(1)泵冲传感器在钻井泵静止状态下安装。

(2)将传感器用支架固定在中心拉杆上方的泵体上,调整传感器的感应端面(探头)与钻井液活塞拉杆带动的金属片的位置,使金属感应片端面与传感器端面平行,它们之间的距离调节为8~10mm(图2-4-6)。

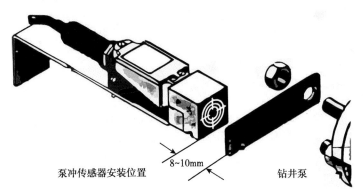

泵冲传感器安装位置　　　8~10mm　　　钻井泵

图 4-2-6　泵冲传感器安装位置示意图

(3)如果安装在皮带轮上,只需在皮带轮上焊接一块长宽各为30mm左右的直角铁片,其端面位置应与传感器端面接近平行,调整感应距离并锁紧固定卡子即可。

(4)安装后清洁感应面,连接信号电缆,并对插接件和传感器引出线进行密封防水处理。

(二)钻井液参数传感器

钻井液参数的主要传感器有5种,包括出口流量、出入口温度、出入口密度、出入口电导率、硫化氢等。

1. 钻井液出口挡板式流量传感器

1）安装位置

钻井液出口挡板式流量传感器应固定在钻井液返出管线接近喇叭口处。

2）安装要求

（1）钻井液返出管线（导管）留有安装口且管线斜度不应小于15°，水平位置要高于缓冲罐内循环时的液面高度。

（2）靶式钻井液流量传感器的靶子（摆杆）活动方向应与钻井液流动方向一致，无钻井液流动时，靶子张角最大，见图4-2-7。

（3）在传感器安装好后，传感器靶的高度要调节合适，上下位置要调节适当。调节传感器的靶与测量管低端的距离，寻找靶与测量管低端结合的临界点，使靶与测量管低端恰好结合，既不要使传感器的靶悬空，也不要使传感器的靶回不到零位。

2. 电导率传感器

1）安装位置

钻井液入口电导率传感器应安装在钻井

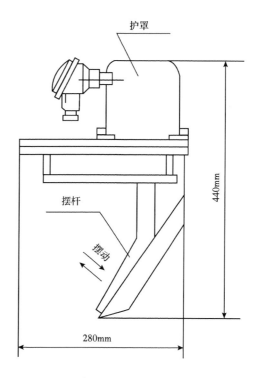

图4-2-7　挡板式流量传感器结构示意图

泵吸入口顶部附近或连接的钻井液罐内；钻井液出口电导率传感器应安装在钻井液出口缓冲罐内或振动筛三通槽内。传感器探头位置要合理，避免出现传感器探头露出钻井液或被沉砂埋住的现象；尽量让传感器远离金属物，如罐壁等，以免影响测量效果（图4-2-8）。

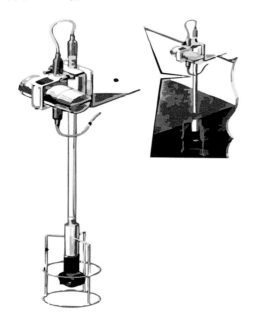

图4-2-8　电导率传感器外形及安装示意图

2）安装要求

（1）为获得准确的信号，应将传感器安装在钻井液流动平稳且沉砂较少处，切勿安装在钻井液搅动过大或者滞留不动的死角。

（2）要尽量使传感器的探头背对着钻井液流动的方向，避免钻井液冲击力影响传感器的测量效果。

（3）在安装位置附近先将固定架装好，再将传感器探头放入钻井液中，将上、下法兰盘部分浸入钻井液中（不可陷入淤泥中），转换部分留在外部，保持传感器垂直，用安装夹夹紧传感器杆。

（4）连接信号电缆，并对接插件进行密封防水处理，防止钻井液或其他液体喷溅到传感器的变送器上，腐蚀传感器的外壳，损坏变送器内部电路。

3. 温度传感器

1）安装位置

出口温度传感器安装在振动筛上三通槽或缓冲槽中，入口传感器安装在靠近泵管线入口处。

2）安装要求

（1）尽量选择沉砂较少的地方，注意调节传感器的高度，既要使传感器不被罐底的沉砂埋没，又要保证传感器的检测探头在整个录井过程中都淹没在钻井液中。沉砂较多容易埋没传感器的探头，外界环境温度将影响测量效果，使实际测量值失真。

（2）为获得准确的信号，应将传感器安装在钻井液流动平稳处，切勿安装在钻井液搅动过大或者滞留不动的死角。

（3）尽量让传感器远离金属物，如罐壁等，减小外界环境温度对测量效果的影响。

（4）电缆密封螺栓保持紧固，连接信号电缆，并对接插件进行密封防水处理。

4. 密度传感器

1）安装位置

钻井液入口密度传感器应安装在钻井泵吸入口所连接的钻井液罐内。钻井液出口密度传感器应安装在钻井液出口缓冲罐内。

2）安装要求

（1）钻井液密度传感器必须垂直置于钻井液中，保证测量数据的准确性。

（2）选择钻井液罐中液面较平稳且沉砂较少的地方，将传感器垂直固定牢固。沉砂较多容易埋没传感器的探头，使实际测量值偏大；传感器倾斜，将会使实际测量值偏小。同时采取必要的措施，防止钻井液或其他液体喷溅到传感器的变送器上，腐蚀传感器的外壳，损坏变送器内部电路。

（3）传感器的感应探头较为敏感，安装时要尽量使传感器的探头背对着钻井液流动的方向，避免钻井液冲击力影响传感器的测量效果。

（4）传感器的感应探头比较娇贵，不要用锋利的东西碰撞探头。安装时，要尽量避免周围出现锋利物体。

5. 池体积传感器

1）安装位置

池体积传感器应安装在钻井液循环罐、起下钻罐上，且安装在液面平稳处。超声波液位传感器安装方式分夹持式（图4-2-9）和焊接式（图4-2-10）两种。夹持式通过所配的传感器安装支架安装在需要监测液位的钻井液罐上；焊接式是将安装架底部的焊接块直接焊在钻井液罐面上。

2）安装要求

（1）传感器位置要适中，超声波探头与钻井液罐罐面的垂直距离应大于25 cm，探头下无异物遮挡。

（2）浮子式传感器安装固定牢固，测量端完全浸入钻井液中且垂直于钻井液罐面，与钻井液罐壁无接触，无沉砂掩埋。

（3）安装环境温度应在传感器工作温度范围之内（-40~+60℃）；传感器应尽量远离高压电线、接触器及可控硅整流器等。

（4）注意传感器换能器的声通道不应与粗糙罐壁、横梁和梯子等物相交。

图 4-2-9　超声波传感器（夹持式）

图 4-2-10　超声波传感器（焊接式）

6. 硫化氢传感器

1）安装位置

5 个固定式硫化氢传感器分别安装在钻台、圆井、钻井液缓冲罐、循环罐以及室内气管线上。气体释放源处于露天或半露天布置的设备区内，检（探）测点与释放源的距离宜符合下列规定：

（1）当检测点位于释放源的最小频率风向的上风侧时，硫化氢检测探头与释放源的距离不宜大于 2m。

（2）当检（探）测点位于释放源的最小频率风向的下风侧时，硫化氢检测探头与释放源的距离宜小于 1m。

2）安装要求

（1）传感器探头必须朝下，室外硫化氢传感器应带有具有护罩，防止水和灰尘接触传感器探头。

（2）钻台硫化氢传感器离钻台面不应超过 1m，固定在离司钻操作台较近处。

（三）信号电缆接线与架设

（1）振动筛与钻台信号电缆的架设应绕开钻井液压力管线区，信号电缆与钢丝扎间距 0.5~1m，扎后的线缆承力处应加装绝缘防护套。

（2）传感器信号电缆采用屏蔽电缆，每条信号电缆应标记对应传感器的名称，布线应绕开旋转体、钻井液压力管线、强电磁环境。

（3）钻井液罐区至架线杆的信号线缆应沿钻井液罐边缘布线，钻台区信号电缆应沿防护栏外侧布线，需通过钻井液罐面或钻台面的信号电缆应加装防护管。

（4）接线盒放置要求包含以下内容：

①钻台接线盒应固定于钻台防护栏距振动筛较近一侧，出口接线盒应固定于离架空槽、缓冲槽或振动筛三通槽较近处，入口接线盒应固定于钻井液上水罐防护栏处。

②接线盒的信号电缆接入处应密封防水，信号线缆余量捆扎整齐，接线盒防水。

三、传感器技术条件与试验方法

（一）主要指标要求

工程录井传感器主要类型及工作原理见表 4-2-1。

表 4-2-1　工程录井传感器一览表

名称	工作原理	测量范围	输出信号	测量误差
绞车	霍尔/光电效应	0~600r/min	脉冲信号	±1脉冲
泵冲	电感量变化	0~400r/min	脉冲信号	±1脉冲
转盘转速	光电效应	0~400r/min	脉冲信号	±1脉冲
大钩负荷	压电效应	0~7MPa	4~20mA	±2.0%FS
立管压力	压电效应	0~40MPa	4~20mA	±2.0%FS
套管压力	压电效应	0~100MPa	4~20mA	±2.0%FS
机械转盘扭矩	压电效应	0~200kN·m	4~20mA	±2.0%FS
电扭矩	霍尔效应	0~1000A	4~20mA	±2.5%FS
钻井液温度	热电效应	0~100℃	4~20mA	±1.0%FS
钻井液密度	电容/谐振频率变化	0~3g/cm³	4~20mA	±0.01g/cm³
钻井液电导率	电感量变化	0~300mS/m	4~20mA	±2.0%FS
钻井液出口流量	阻值变化或压电效应	0~100%	4~20mA	±5.0%
钻井液池液位	压电效应	0~5m	4~20mA	±0.5%
硫化氢	电化学	$0~100\times10^{-6}$	4~20mA	$±2.0\times10^{-6}$（响应时间≤60s）

注：FS为满量程的简写。

（二）传感器校准

1. 脉冲式绞车传感器

（1）将绞车传感器与标准转速仪（测量范围2~600r/min、准确度≥0.06%）连接，见图4-2-11。

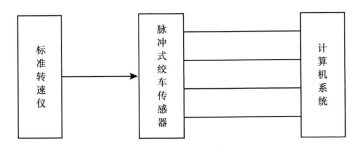

图 4-2-11　脉冲式绞车传感器测量误差校准连线示意图

（2）分别设定标准转速仪输出转速为10r/min、100r/min、300r/min，从标准转速仪上分别读取脉冲式绞车传感器各校准点正、反转所转动的转数，按公式（4-2-1）计算各校准点的标准脉冲数。

$$N_1=nmk \tag{4-2-1}$$

式中　N_1——各校准点的标准脉冲数；

　　　n——脉冲式绞车传感器各校准点转动的转数（不少于20转）；

　　　m——传感器齿片的方齿数；

　　　k——倍频鉴相电路中倍频的倍数。

mk 表示绞车传感器每圈输出的脉冲数。例如，绞车传感器具有 12 个方齿时，数据采集电路采用 4 倍频鉴相电路，此时绞车传感器每圈输出的脉冲数 =12×4=48 个。

（3）从计算机上分别读取脉冲式绞车传感器各校准点正、反转输出的脉冲数示值，脉冲式绞车传感器连续转动转数不小于 20 转时，输出的累计脉冲数误差应小于 0.5%。按公式（4-2-2）计算脉冲式绞车传感器各校准点正、反转的测量误差。

$$\delta_1=|N_2-N_1|/N_1\times100\% \qquad (4-2-2)$$

式中　δ_1——各校准点正、反转的测量误差；

　　　N_2——各校准点正、反转输出脉冲数的示值。

2. 接近开关传感器（泵冲与转盘转速）

（1）将传感器与标准转速仪（测量范围 2~600r/min、准确度 ≥ 0.06%）连接，见图 4-2-12。

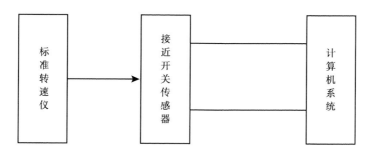

图 4-2-12　接近开关传感器测量误差校准连线示意图

（2）分别设定标准转速仪输出转速为 50r/min、100r/min、200r/min，从标准转速仪上分别读取感应片转动的转数，从计算机上读取采集的脉冲数，接近开关传感器的准确度不大于 ±1 个脉冲。按公式（4-2-3）计算各校准点的测量误差。

$$\delta_2=N_4-N_3 \qquad (4-2-3)$$

式中　δ_2——各校准点的测量误差；

　　　N_3——标准转速仪读取的转速；

　　　N_4——计算机上读取的脉冲数；

3. 靶式流量传感器

（1）将靶式流量传感器与校准设备（角度尺，精度误差 0.1°）连接，见图 4-2-13。

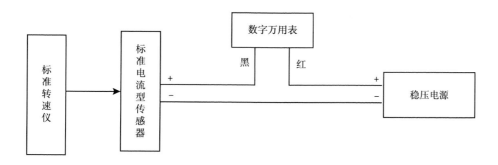

图 4-2-13　标准电流型（4~20mA）传感器校准连线示意图

（2）按确定的校准点（测量范围的上下限及其量程的 40%、60%）和循环 1 次（从测量下限开始至上限，再逐点倒序回到下限结束）设置靶板转动角度进行校准。在校准过程中，应在靶式流量传感器输出电流值稳定时，逐点读取各校准点输出电流的示值。

（3）按公式（4-2-4）计算靶式流量传感器各校准点的标准电流。

$$I_1 = (16/M) \cdot \theta + 4 \tag{4-2-4}$$

式中　I_1——各校准点的标准电流值；

　　　M——靶式流量传感器量程；

　　　θ——各校准点靶板转动的角度。

（4）按公式（4-2-5）计算靶式流量传感器各校准点输出电流的示值误差。

$$\Delta I = I_2 - I_1 \tag{4-2-5}$$

式中　ΔI——各校准点输出电流的示值误差；

　　　I_2——各校准点输出电流的示值。

（5）按公式（4-2-6）计算靶式流量传感器的测量误差，其准确度最大误差不大于 5%。

$$r = (\Delta I_{\max}/I_3) \times 100\% \tag{4-2-6}$$

式中　r——传感器的测量误差；

　　　$\Delta I_{\max}$——校准点中输出电流的最大示值误差；

　　　I_3——传感器测量上限的标准电流值。

4. 压力传感器

（1）压力传感器校准的主要设备为压力检测仪，根据不同压力检测传感器的需要，应配置两套检测设备：

①测量范围 0~60MPa，准确度 0.05%。

②测量范围 0~160MPa，准确度 0.1%。

（2）将压力传感器与校准设备连接，见图 4-2-13。

（3）按确定的校准点（测量范围的上下限及其量程的 20%、40%、60%）和循环 1 次（从测量下限开始至上限，再逐点倒序回到下限结束）设置压力值校准。在校准过程中，应在压力传感器输出电流值稳定时，逐点读取各校准点输出电流的示值。

（4）按公式（4-2-7）计算靶式流量传感器各校准点的标准电流。

$$I_1 = (16/M) \cdot p + 4 \tag{4-2-7}$$

式中　M——压力传感器量程；

　　　p——各校准点承受的压力值。

（5）按公式（4-2-5）计算压力传感器各校准点输出电流的示值误差。

（6）按公式（4-2-6）计算压力传感器的测量误差，其准确度最大误差不大于 2%。

5. 霍尔效应扭矩传感器

（1）将霍尔效应扭矩传感器与校准设备（直流电流校准仪，测量范围 0~100A，准确度 0.5%）连接，见图 4-2-13。

（2）按测量范围的上下限及其量程的 20%、40%、60% 校准。

（3）从霍尔效应扭矩传感器的测量下限开始，依次调节直流电流校准仪的输入电流直至上限后，再逐点倒序回下限结束。在此过程中，应在各校准点输出电流稳定后，逐点读取霍尔效应扭矩传感器输出电流的示值。

（4）按公式（4-2-8）计算靶式流量传感器各校准点的标准电流。

$$I_1=（16/M）\cdot（i-i_0）+4 \tag{4-2-8}$$

式中　I_1——各校准点的标准电流值；

　　　M——霍尔效应扭矩传感器量程；

　　　i——各校准点输入电流；

　　　i_0——霍尔效应扭矩传感器测量下限电流值。

（5）按公式（4-2-5）计算霍尔效应扭矩传感器各校准点输出电流的示值误差。

（6）按公式（4-2-6）计算霍尔效应扭矩传感器的测量误差，其准确度最大误差不大于2.5%。

6. 电导率传感器

（1）将电导率传感器与校准设备（直流电阻箱，输出范围 0.01Ω~10kΩ，准确度 0.5%）连接，见图 4-2-13。

（2）按测量范围的上下限及其量程的 20%、40%、60% 校准。

（3）从电导率传感器的测量下限开始，依次调节校准设备的环绕电阻值直至上限后，再逐点倒序回下限结束。在此过程中，应在各校准点输出电流稳定后，逐点读取电导率传感器输出电流的示值。

（4）按公式（4-2-9）计算电导率传感器各校准点的标准电流。

$$I_1=（16/M）\cdot（\sigma-\sigma_0）+4 \tag{4-2-9}$$

式中　I_1——各校准点的标准电流值；

　　　M——电导率传感器量程；

　　　σ——各校准点电导率值；

　　　σ_0——电导率传感器测量下限的电导率值。

（5）按公式（4-2-5）计算电导率传感器各校准点输出电流的示值误差。

（6）按公式（4-2-6）计算电导率传感器的测量误差，其准确度最大误差不大于 2%。

7. 超声波池体积传感器

（1）超声波池体积传感器的校准应配置钢卷尺（测量范围 0~5m）。

（2）将超声波传感器与校准设备连接（图 4-2-13），传感器应水平放置在滑台轨道上，端面应与挡板面平行。

（3）按测量范围的上下限及其量程的 20%、40%、60% 校准。

（4）从超声波传感器的测量下限开始，依次调整相应的测量距离直至上限后，再逐点倒序回下限结束。在此过程中，应在各校准点输出电流稳定后，逐点读取超声波传感器输出电流的示值。

（5）按公式（4-2-10）计算电导率传感器各校准点的标准电流。

$$I_1=（16/M）\cdot（s-s_0）+4 \tag{4-2-10}$$

式中　I_1——各校准点的标准电流值；

　　　M——超声波传感器量程；

s——各校准点的距离；

s_0——超声波式池体积传感器测量距离下限。

（6）按公式（4-2-5）计算超声波式池体积传感器各校准点输出电流的示值误差。

（7）按公式（4-2-6）计算超声波式池体积传感器的测量误差，其准确度最大误差不大于 0.5%。

8. 密度传感器

（1）将密度传感器与校准设备（测量范围 0~36MPa、准确度 0.05%）连接，见图 3-2-13。压力检测仪与传感器之间的连接应采用优质软管，加压密封罐应与传感器的底座探头连接，并保持密封。

（2）按测量范围的上下限及其量程的 20%、40%、60% 校准。

（3）按公式（4-2-11）计算密度传感器各校准点对应的压力值。

$$p=(1/100)\cdot \rho \cdot g\cdot h \qquad (4\text{-}2\text{-}11)$$

式中　p——各校准点对应的压力值；

　　　ρ——各校准点的密度；

　　　h——密度传感器两个探头中心之间的距离；

　　　g——重力加速度。

（4）按确定的校准点（测量范围的上下限及其量程的 20%、40%、60%）和循环 1 次（从测量下限开始至上限，再逐点倒序回到下限结束）设置压力值校准。在校准过程中，应在压力传感器输出电流值稳定时，逐点读取各校准点输出电流的示值。

（5）按公式（4-2-12）计算密度传感器各校准点的标准电流。

$$I_1=(16/M)\cdot (\rho -\rho _0)+4 \qquad (4\text{-}2\text{-}12)$$

式中　I_1——各校准点的标准电流值；

　　　M——密度传感器量程；

　　　ρ——各校准点的密度值；

　　　$\rho _0$——密度传感器测量下限。

（6）按公式（4-2-5）计算密度传感器各校准点输出电流的示值误差。

（7）按公式（4-2-6）计算密度传感器的测量误差，其准确度最大误差不大于 0.5%。

9. 温度传感器

（1）将温度传感器与校准设备（恒温水槽，测量范围 25~100℃，准确度 0.2%）连接，见图 4-2-13。传感器探头置于恒温水槽中心，并完全浸入液体介质。

（2）选择 25℃、40℃、50℃、60℃、80℃ 作为校准点，循环 1 次（从测量下限开始至上限，再逐点倒序回到下限结束）校准。在校准过程中，应在温度传感器输出电流值稳定时，逐点读取各校准点输出电流的示值。

（3）按公式（4-2-13）计算温度传感器各校准点的标准电流。

$$I_1=(16/M)\cdot t+4 \qquad (4\text{-}2\text{-}13)$$

式中　I_1——各校准点的标准电流值；

　　　M——温度传感器量程；

　　　t——各校准点的温度值；

（4）按公式（4-2-5）计算温度传感器各校准点输出电流的示值误差。

（5）按公式（4-2-6）计算温度传感器的测量误差，其准确度最大误差不大于 0.2%。

10. 硫化氢传感器

1）硫化氢传感器校准与校验条件

（1）准备硫化氢标准样品（0.001%、0.002%、0.005%、0.01% 的标准气样）

（2）硫化氢传感器通电运行 60min 以上基线稳定后方可进行校准或校验，校准或校验环境通风良好。

2）硫化氢传感器校准

（1）分别注入浓度为 0.001%、0.002%、0.005%、0.01% 的标准气样，各进样浓度点的计算机采集值与理论计算值比较，最大允许误差为 ±2.0×10⁻⁶（响应时间 ≤ 60s）。

（2）在计算机相应的调校窗口或打印图上标注气样名称、浓度、仪器型号、仪器编号、小队号、操作员姓名、操作日期和技术条件，技术条件包括流量、压力、温度、保留时间。

（3）由各浓度点和相应的计算机采集值建立校准曲线，填写原始校准数据记录表。

（4）校准间隔为 12 个月。

（5）新设备投入录井前、录井过程中、更换重要检测元件后，以及技术指标偏离而不能满足技术指标要求时，应重新进行校准。

3）示值误差校准

仪器经预热稳定，用零点气和浓度为测量范围上限值 80% 左右的标准气体校准仪器的零点和示值后，在测量范围内依次通入浓度分别为量程上限值的 20%、50% 左右的标准气体（如果仪器有两个量程，应在低量程范围内通入至少一种标准气体），并记录通入后的实际读数。重复上述步骤 3 次，示值误差限符合下列要求：

摩尔分数 X（H_2S）：$\leq 100 \times 10^{-6}$，示值误差限 $\pm 5 \times 10^{-6}$；

摩尔分数 X（H_2S）：$> 100 \times 10^{-6}$，示值误差限 $\pm 5\%FS$。

按式（4-2-14）或式（4-2-15）计算仪器各检定点的示值误差：

$$\Delta e = \frac{\bar{A} - A_s}{R} \times 100\% \qquad (4-2-14)$$

$$\Delta e = \bar{A} - A_s \qquad (4-2-15)$$

式中　$\bar{A}$——读数的平均值；

　　　A_s——标准值；

　　　R——量程。

当仪器的量程 $> 100 \times 10^{-6}$ 时，用公式（4-2-14）计算，取绝对值最大的 Δe 作为仪器的示值误差；当仪器的量程 $\leq 100 \times 10^{-6}$ 时，用公式（4-2-15）计算，取绝对值最大的 Δe 作为仪器的示值误差。

4）响应时间

仪器经预热稳定，用零点校准气校准仪器零点后，通入浓度为量程 50% 左右的标准气，读取稳定数值后，撤去标准气，使仪器显示为零。再通入上述浓度的标准气，同时用秒表记录从通入标准气体瞬时起到仪器显示稳定值的 90% 时的时间，即为仪器的响应时间。重复上述步骤 3 次，取算术平均值为仪器的响应时间。扩散式仪器不大于 60s（扩散式传感器应附带有检定用标定罩），泵吸式仪器不大于 30s。

（三）传感器校验

录井前和录井过程中，应定期或不定期对传感器及采集单元测量结果进行校验，特别是仪器由于修理或更换重要部件而影响测量结果时，应及时校验该仪器单元。录井前校验结果、现场的气体分析仪检验结果和现场涉及改变性能的检验结果应在仪器技术档案上记录并保存。

1. 硫化氢

1）录井前

正式录井前分别注入浓度为 0.001%、0.002%、0.005%、0.01% 的标准气样，各浓度点计算机采集值与理论计算值相比较，最大允许误差 $\pm 2\times10^{-6}$ 或 $\pm 10\%$，60s 内达到进样浓度的 80% 以上。

2）录井过程

录井过程中，硫化氢传感器每 7d 使用 $15mg/m^3$ 浓度的硫化氢标样进行一次校验；录井过程中，每次故障维修后应进行校验。测量值与校准值的误差不大于 $1.5 \ mg/m^3$。

2. 井深（绞车）单元

1）录井前

检验钻头位置测量误差，将传感器顺时针旋转 20 圈，然后逆时针旋转 20 圈，检查钻头位置是否回到原始位置，误差应为 0。

2）录井过程

录井过程中每单根或立柱校正一次仪器测量井深，仪器测量井深与钻具计算井深每单根误差不大于 0.20 m。输入正确的绞车参数，检查单根长度和井深显示。单根测量长度与丈量长度误差应≤ 2%。

3. 泵冲单元

1）录井前

在其量程范围均匀选择 5 个检测点进行检测，泵冲测量误差应不大于 1%。

2）录井过程

更换传感器时比较钻井泵实际冲数与泵冲单元的测量值，误差应不大于 2%。

4. 转盘转数单元

1）录井前

每口井录井之前检验一次转盘转数测量误差。利用模拟信号校验，在其量程范围均匀选择 5 个检测点进行检测，测量误差应不大于 1%。

2）录井过程

更换传感器时，比较钻机转盘实际转数与转盘转数单元的测量值，误差应不大于 2%。

5. 立管压力、套管压力单元

1）录井前

每口井录井之前检验压力测量误差。正确连接好传感器，启动立管压力的仪器单元，用压力校验台进行校验，在其量程范围均匀选择 5 个检测点进行检测，压力测量误差应不大于 1%。

2）录井过程

每个班至少一次比较井队压力指示表和压力测量单元的压力值，误差应不大于 2%。

6. 钻井液体积（超声波体积传感器）单元

1）录井前

每口井录井之前检验体积测量误差。将传感器探头放置在 0.5~2m 任意位置，在其量程范围均匀选择 5 个检测点进行检测，比较理论体积值与测量体积值，误差应不大于 0.5%。

2）录井过程

每个班比较钻井液罐的实际体积和仪器测量的体积，误差应不大于 1%。

7. 钻井液电导率单元

1）录井前

每口井录井之前检验电导率测量误差。用一根导线穿入电导率传感器中，将导线的两端接到电阻箱最大阻值的接线柱上，在其量程范围均匀选择 5 个检测点进行检测，比较理论计算和实际测量的电导率值，误差应不大于 2%。

2）录井过程

每个月检验一次电导率测量误差，按录井前的校验方法，误差应不大于 2%。

8. 钻井液温度单元

1）录井前检验

每口井录井之前校验一次温度测量误差，把传感器放入已知温度的液体中，在其量程范围均匀选择 5 个检测点进行检测，观察测量值，误差应不大于 1℃。

2）录井过程

每个月用温度计测得传感器处的钻井液温度，比较实际钻井液温度和仪器的测量值，误差不大于 2℃。

9. 钻井液密度单元

1）录井前检验

每口井录井之前检验一次密度测量误差，把传感器放入已知密度的液体中，在其量程范围均匀选择 5 个检测点进行检测，观察测量值，误差应不大于 $0.01g/cm^3$。

2）录井过程

每班、每次起下钻、钻遇油气层和异常压力层、钻井液性能变化时，用密度计测得传感器处的钻井液密度，比较实际钻井液密度和仪器的测量值，误差不大于 $0.01g/cm^3$。

10. 出口流量（测距式）单元

1）录井前

每口井录井之前校验一次流量测量误差和响应时间。调整传感器位置对应理论值，在其量程范围均匀选择 5 个检测点进行检测，比较理论流量与测量流量的误差应不大于 2%，响应时间应不大于 5s。

2）录井过程

起下钻之前、钻进时每天比较理论流量与测量流量的误差应不大于 2%，响应时间应不大于 5s。

11. 大钩负荷（悬重）单元

1）录井前

每口井录井之前需校验大钩负荷测量误差，正确连接好传感器和启动仪器检测单元，在其量程范围均匀选择 5 个检测点进行检测，测量误差应不大于 1%。

2）录井过程

录井过程每个班需对大钩负荷测量误差进行校验。在大钩静止状态下（钻进时，在大钩离井底开泵、开转盘情况下），观察钻台大钩负荷指示表与仪器的测量值，测量误差应不大于2%。

12. 扭矩单元

1）录井前

每口井录井之前需校验扭矩测量误差。正确连接好传感器和启动扭矩检测单元，在其量程范围（包括其上限值和下限值或上限值下偏和下限值上偏10%量程范围内）均匀选择5个检测点进行检测，测量误差应不大于1%。

2）录井过程

录井过程每个班需对扭矩测量误差进行校验，观察钻机扭矩指示表与扭矩单元的测量值，误差应不大于2%。

（四）传感器误差

（1）绞车传感器、泵冲传感器、转盘转速传感器的误差为实测脉冲数值与设定脉冲数值的差值。

（2）密度传感器的误差为实测值与理论值的差值。

（3）温度传感器、液位传感器、流量传感器按式（4-2-16）计算误差。

$$\Delta I_1 = \frac{I_{实} - I_{理}}{I_{理}} \times 100\% \qquad (4\text{-}2\text{-}16)$$

式中　ΔI_1——传感器输出相对误差；

　　　$I_{实}$——传感器实测值；

　　　$I_{理}$——传感器理论值。

（4）电扭矩传感器、大钩负荷传感器、立管压力传感器、套管压力传感器、电导率传感器的误差按式（4-2-17）计算误差。

$$\Delta I_2 = \frac{I_{实} - I_{理}}{I_{满}} \times 100\% \qquad (4\text{-}2\text{-}17)$$

式中　ΔI_2——传感器输出满量程误差；

　　　$I_{满}$——传感器满量程值。

四、信号通道

（一）电流型

在传感器电流型通道的输入端分别输入 4mA、8mA、16mA、20mA 电流信号，输入电流信号的误差不大于 ±0.1mA，记录结果。

（二）电压型

在传感器电压型通道的输入端分别输入 0V、4V、8V、10V 电压信号，输入电压信号的误差不大于 ±0.1V，记录结果。

（三）脉冲型

在传感器脉冲型通道的输入端分别输入频率为 100 次 /min、200 次 /min、300 次 /min、400 次 /min 的脉冲信号，输入脉冲信号的误差不大于 10 次 /min，记录结果。

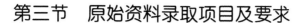

第三节 原始资料录取项目及要求

一、基础数据收集

（1）井位数据，包括井号、井别、地理位置、构造位置、井位坐标、地面海拔（m）、补心高度（m）、水深（m）等。

（2）井身数据，包括钻头程序、套管程序、套管数据等。

（3）钻机数据，包括钻机型号、大钩重量（kN）、最大钩载（kN）、滚筒直径（mm）、绞车滚筒钢丝绳圈数、绞车钢丝绳直径（mm）、滚筒钢丝绳层数、钢丝绳股数、钻井泵缸套数量、缸套直径（mm）、冲程、作用方式、钻井泵理论排量（m^3/min）、效率等。

（4）钻具数据，包括钻具类型、长度（m）、内径（mm）、外径（mm）、体积（m^3）、重量（kN）等。

（5）钻头数据，包括序号、类型、规格、直径（mm）、长度（m）等。

（6）钻井液数据，包括类型、相对密度、塑性黏度（mPa·s）、失水（mL）、滤饼厚度（mm）、初（终）切力（Pa）、含砂量、pH值、氯离子含量（mg/L）等。

（7）井斜数据，包括井深（m）、井斜角（°）、方位角（°）等。

（8）其他数据，包括钻井取心、固井、测井、测试数据等。

二、实时录取参数及要求

实时录取参数包括钻井液参数（池体积、进出口密度、黏度、流量、电导率、温度等）和钻井参数（井深、钻压、大钩位置、大钩载荷、转盘转速、扭矩、立管压力、套管压力、泵冲等）两大类，气体钻井条件下还应采集气体流量参数。

（一）大钩位置

（1）测量范围：0.00~50.00m。

（2）测量误差：≤0.20m。

（二）大钩负荷（悬重）

（1）测量范围：0.00~4000.00kN。

（2）测量误差：≤2.0%。

（三）单池钻井液体积

（1）测量范围：0.00~50.00m^3（可根据钻井液池/罐的实际容积设定）。

（2）测量误差：≤1.0%。

（四）进出口钻井液密度

（1）测量范围：0.00~3.00g/cm^3（可根据实际需要调整）。

（2）测量误差：≤1.0%。

（五）进出口钻井液温度

（1）测量范围：0.00~100.00℃。

（2）测量误差：≤1.0%FS。

（六）进出口钻井液电导率

（1）测量范围：0.00~300.00mS/cm。

（2）测量误差：≤2.0%。

（七）立管压力、套管压力

（1）测量范围：0.0~40.0MPa（可扩大量程）。

（2）测量误差：≤2.0%。

（八）转盘转速

（1）测量范围：0~400r/min（上限可根据钻机的实际钻速设定）。

（2）测量误差：≤1.0%。

（九）泵冲

（1）测量范围：0.00~400.00冲/min（上限可根据钻机的实际每分钟冲数设定）。

（2）测量误差：≤1.0%。

（十）钻井液出口流量

（1）测量范围：0.00%~100.00%（相对流量）。

（2）测量误差：≤5.0%。

（十一）扭矩

1. 机械扭矩

（1）测量范围：0~200kN·m（可扩大量程）。

（2）测量误差：≤2.0%FS。

2. 电扭矩

（1）测量范围：0.0~1000.0A。

（2）测量误差：±2.5%FS。

三、实时计算参数及要求

（1）井深：

①测量范围：0.00~12000.00m。

②测量误差：≤0.2m/单根。

（2）钻头位置：

①测量范围：0.00~12000.00m。

②测量误差：≤0.1%。

（3）钻井液池钻井液总体积：

①测量范围：0.00~400.00m^3（测量上限可根据钻井液池/罐的实际容积和钻井液池体积传感器的安装数量进行设定）。

②测量误差：≤1.0%。

（4）钻压，测量误差：≤2.0%。

（5）钻时，单位min/m。

（6）泥（页）岩地层可钻性指数dc。

（7）泥（页）岩地层可钻性指数趋势值dc_n。

（8）钻头进尺，单位为m。

（9）钻头纯钻进时间，单位为min。

（10）当量钻井液密度：单位为g/cm^3。

第四节 实时监测及预报

录井的异常事件监测参数包括钻井生产的各个方面，按监测异常事件种类，可以分为钻头类（钻头老化、钻头泥包、钻头水眼堵、水眼刺）、钻具类（钻具刺、泵刺、遏阻、卡钻、溜钻、断钻具）、钻井液类（井涌、井漏、油气水侵、异常压力）、井眼类（井壁垮塌、粘卡、缩径）、有害气体类（硫化氢、二氧化碳）等。

一、异常事件工程参数特征

异常事件按照参数变化的反映特征，可分为工程参数异常、气体参数异常和其他异常。

（一）工程参数异常

测量参数和资料异常显示的判别标准，是异常事件解释和预报的依据。在无特定要求或规定情况下，录取的任意一项资料参数符合下列情况则为异常：

（1）钻时突然增大或减小，或呈趋势性减小或增大。

（2）钻压大幅度波动，或突然增大，或钻压突然减小并伴有井深跳进。

（3）除去改变钻压的影响，大钩负荷突然增大或减小。

（4）转盘扭矩呈趋势性增大，或大幅度波动以及突然减小甚至不转。

（5）转盘转速无规则大幅度波动，或突然减小甚至不转，或人工监测发现打倒转。

（6）立管压力逐渐减小，或突然增大或减小。

（7）钻井液总池体积相对变化量超过 $1m^3$。

（8）钻井液出口密度减小 $0.04g/cm^3$ 以上，或趋势性减小或增大。

（9）钻井液出口温度突然增大或减小，或出、入口温度差逐渐增大。

（10）钻井液出口电导率或电阻率突然增大或减小。

（11）钻井液出口流量明显变化。

（二）气体参数异常

（1）气体全烃异常（一般全烃背景值为 0.001%~0.01% 者，大于背景值 6 倍为气测异常；全烃背景值为 0.01%~0.1% 者，大于背景值 4 倍为气测异常；全烃背景值 > 0.1% 者，大于背景值 2 倍为气测异常）。

（2）一氧化碳、二氧化碳含量明显增大。

（3）硫化氢含量超过预报警值。

（三）其他参数异常

（1）泥（页）岩井段 dc 指数或 sigma 值相对于正常趋势线呈趋势性减小。

（2）泥（页）岩密度呈趋势下降。

（3）碳酸盐含量明显变化。

二、实时监测及预报

录井过程中，要充分掌握工程参数与工程事故的关系，对钻井过程中各施工状况进行实时监测，并要在采集软件中设置参数门限报警值，发现参数异常变化时，对其综合分析判断并填写工程异常报告单，做到早发现、早预报，为处理可能的事故争取宝贵的时间。

根据钻井参数类别、钻井工况及引发工程事故等因素的不同，将实时监测类型分为四类（表 4-4-1）。

（一）工程参数

工程录井实施的监测主要针对起下钻、钻进和划眼作业。起下钻过程中容易出现遇阻、遇卡、断钻具、井涌（或井喷）、错井深等现象，应密切监测悬重、扭矩、大钩高度、泵压、立柱（或单根）号、钻井液出口流量、起下钻罐钻井液体积、井内灌液与排液量等参数变化情况。在进行钻进和划眼作业时，易发生钻具受损（刺、断）、钻头后期（牙轮旷动、牙轮卡死、掉齿、掉牙轮、水眼堵、掉水眼）、钻头掉落、蹩钻、溜钻、顿钻、放空、卡钻、井涌（或井喷）、井漏、钻井液地面跑失、钻井泵刺、地面管汇刺等事件和事故，现场录井作业人员应密切监测立管压力（泵压）、悬重（大钩负荷）、扭矩、进出口钻井液排量、钻压、钻时（或钻速）、转盘转速、大钩高度、钻头位置、进出口钻井液密度、进出口钻井液温度、进出口钻井液电导率、气体显示、钻井液槽面油花气泡、岩屑等参数的变化情况。

表 4-4-1　工程监测类型统计表

监测类型	监测内容及可能发生异常事件
工程参数	录井过程中主要对起下钻、钻进和划眼期间的工程参数的监测，具体有钻压、悬重、扭矩、钻时、大钩高度、钻盘转速、立管压力、泵等参数，对其变化进行实时分析，得出井下状况。通过以上参数的监测，预测遇阻、遇卡、钻头问题、钻具问题等工程异常
钻井液参数	钻井液参数改变很可能预示着井漏、井涌、溢流、井喷等现象，录井通过各种传感器对钻井过程中的进出口密度、进出口温度、进出口电导率、返出流量、池体积等参数进行监测，及时预防井漏、井涌、井喷等异常
地层压力	在钻井施工中，录井常采用 dc 指数法，实时监测扭矩、钻压等参数的变化，进行压力监测。检测地层压力、发现异常高压过渡带，最终做出预测预报
气体监测	钻井过程中通过对钻井液中天然气的组分和含量进行测量分析，对有毒有害、井涌、井喷等工程事故进行预警

钻井工程参数的实时变化，能够及时反映井底的钻井工具、井内的钻具状况和地层的变化。在录井过程中，现场录井作业人员应密切监视各项参数的变化，准确地分析判断异常情况，及时提示预报给现场相关人员（司钻、钻井工程技术员、平台经理、现场监督等）。表 4-4-2 为工程录井参数异常变化与钻井工程事件或事故类型对照表。

下面给出录井过程中常出现的钻井工程事件或事故的录井参数变化分析。

1. 遇阻、遇卡及卡钻

下钻遇阻、起钻遇卡通常与砂岩缩径、泥岩垮塌、压差卡钻、膏岩缩径、套管变形及井斜度有关。下钻遇阻时，扭矩增大或大幅度波动，大钩负荷持续减小并小于钻具的实际负荷，立管压力升高；上提遇卡时，大钩负荷持续增加且远大于钻具的实际负荷。当钻具上不能提、下不能放时，即发生卡钻事故。

1）起钻遇卡提示

起钻过程中，随着井下钻具不断减少，悬重会不断降低。由于裸眼井段缩径、地层垮塌及井身斜度等因素的影响，起钻时，当大钩负荷呈持续增加趋势且大于钻具的实际悬重时，即发生起钻遇卡。

2）下钻遇阻提示

下钻过程中，随着井下钻具不断增加，悬重会不断增加。由于受裸眼井段缩径、地层垮塌及井身斜度等因素的影响，下钻时，当大钩负荷下降且悬重值小于钻具的实际悬重时，即发生下钻遇阻。

表4-4-2　钻井工程参数异常变化与事故类型对照表

参数异常	钻压	悬重	扭矩	钻时	大钩高度	转盘转数	立压	泵冲	总池体积	出口流量	出口密度	出口温度	气体全量	硫化氢	岩屑特征	dc指数	备注
下放遇阻		减小			缓降												
上提遇卡		增加			缓升												
卡钻		提增放减	增大		平缓波动		上升	下降		下降							
上提解卡		突降			波动												
钻头寿命终结			增大	增大											可见铁屑		
钻具刺漏							持续缓降	稳定							偶见上部岩屑		
泵刺漏							持续缓降	稳定									
钻具断		突降	突降			转时突增	突降	上升		突升							
溜钻顿钻	突升	突降	溜钻突升	突降	突降												
放空	突降	突升	突降	突降	突降												
堵水眼							持续上升	稳定									停泵缓降
掉水眼							先降后稳	稳定									

3）下钻卡钻提示

由于裸眼井段缩径、地层垮塌及井斜度等因素影响，下钻时大钩负荷持续减小并小于钻具的实际负荷，同时上提钻具时大钩负荷持续增加且远大于钻具的实际负荷，当钻具不能上提、又不能下放时，即发生卡钻事故。

4）钻进过程中卡钻提示

钻进过程中，当上提钻具时悬重增加，继续上提钻具，悬重继续增加且远大于钻具的实际负荷，而下放钻具时，当钻头未至井底前，悬重降低，说明已发生卡钻事故。

2.钻具刺漏、泵刺漏预报

由于钻具陈旧、钻井液的腐蚀，或者钻柱扭转速度变化幅度大、场地拖拽使钻具外表受损、钻穿地层中含酸流体侵入钻井液后与钻具发生化学反应导致钻具受损，以及钻进中泵压较高，可能引起钻具刺漏。

判断钻具刺漏的参数主要有泵压和泵速两项，其主要表现特征是泵冲速不变的情况下立管压力呈现平稳的缓慢降低趋势，刺漏的程度越小，其平稳降低的趋势越缓慢，甚至在长达几个小时内从钻井平台的泵压表上根本看不出泵压的变化，而只有通过工程录井系统的实时数据列表和工程录井曲线图才能发现。当然，在钻具刺漏较为严重的情况下，不但从工程录井实时数据表和曲线图上可以看到立管压力的平稳降低趋势，而且从钻井平台的泵压表也能观察到泵压明显降低。钻井液循环状态下，钻井泵刺漏、地面管汇刺漏所表现的钻井工程参数特征与钻具刺漏完全相似，都具有在泵冲速不变的情况下立管压力平稳缓降的特点。

3. 断钻具预报

钻进所使用的钻具较旧或钻进参数加强，钻进中没有及时发现钻具刺漏，或钻进时因溜钻、顿钻引起的扭矩急剧升高，以及起钻过程中遇卡后强提拉造成断钻具。

断钻具在工程录井参数上的表现为悬重突然下降，且低于钻具正常悬重值。钻进状态下，断钻具同时伴有立管压力下降、扭矩波动幅度变大、钻井液出口流量有所增加等现象，其原因主要是钻进所使用的钻具较旧、钻进中没有及时发现钻具刺漏或钻进时因溜钻和顿钻而引起的扭矩急剧升高、遇卡强行提拉（超拉）等。起下钻期间断钻具，不存在钻井液循环系统参数的异常，其主要原因是遇卡后强行提拉（超拉）、钻具回转脱扣等。由此可见，断钻具频发于钻进阶段，这多数是钻具刺漏未能及时发现、快速处理和顿溜钻造成钻具强烈受损所致。现场录井服务过程中，录井技术人员可能对钻具刺漏进行预报，但并不能对钻具断落进行预报，而只能对其予以提示，因为断钻具是瞬间发生的。

4. 钻头故障预报

钻头是钻井中的重要工具，它是直接影响钻井质量、钻井成本和钻井工程顺利进行的重要因素。钻头故障主要有钻头后期、钻头牙轮旷动、钻头掉齿、掉水眼、水眼堵、钻头泥包等。钻头后期、牙轮旷动、掉齿则往往被视为钻头寿命终结，一般要实施钻头更换；而掉水眼、水眼堵、钻头泥包则通常实施起钻，对钻头进行维修处理然后再重复利用。

（1）钻头寿命终结通常表现为扭矩值增大且波动幅度增大、机械钻速降低（单位时间内钻头纯钻进尺减少）、钻时升高、钻头成本增大。钻头寿命终结后，无论施加怎样的外部条件，如加压、提高转盘转速、增大钻井泵入口排量等，都不能产生高效的进尺，当岩屑变细或有铁屑可能导致钻头寿命终结。

（2）堵水眼通常是下钻时未做好防堵措施或钻进时钻井液中大颗粒物体进入水眼造成，表现为下钻到井底开泵或钻进循环时泵压持续升高，停泵后泵压不降或下降很慢；一旦堵水眼，钻井液循环将不畅通；如果水眼全堵，将导致钻井液无法循环。

（3）掉水眼往往是因为钻头水眼安装不到位而造成钻井液沿水眼周边刺射，最后导致刺掉水眼。掉水眼之前，由于水眼四周的钻井液刺射，工程录井系统监测到的显示为立管压力缓慢下降；当刺漏到一定程度并最终使水眼掉落时，立管压力突然呈台阶式降低后稳定，转盘转速与扭矩呈现蹩跳性变化，从而使钻速降低。立压的变化反映了水眼先从周边刺漏然后掉落的过程。

（4）钻头泥包的主要原因，一是钻头钻入不成岩的软泥、易于水化分散泥页岩、含有分散状石膏、易形成滤饼的高渗透率的地层，二是使用抑制性差、固相含量和黏切过高、密度偏高和失水大、润滑性能差的钻井液，三是钻进时排量小、软泥岩地层钻压过大、长裸眼下钻未进行中途循环，四是钻头水眼设计无法满足排屑要求、流道排屑角阻碍了钻屑顺利脱离井底。当钻头泥包后，工程录井系统采集处理的参数表现为机械钻速会明显降低（钻时增大）、扭矩变小且波动幅度降低、扭矩曲线较钻头没有泥包时更为平滑、立管压力升高、钻井液出口流量与钻井液总池体积将有所降低。

（5）掉牙轮表现为转盘转速、扭矩大幅度跳跃并增大；转盘转速、扭矩波动；钻时显著增大；钻头时间成本增大；岩屑中可能有金属微粒。

5.溜钻、顿钻、放空预报

溜钻一般是司钻送钻不均匀，在钻头上突然施加超限度的钻压，导致钻具压缩、井深突然增加的现象；顿转是指钻头提离井底后未控制好刹把，钻具自然下落，导致钻头瞬间接触井底（或井壁）使悬重降低而产生超限钻压、钻具压缩、钻头位置突然增加的现象；放空是在钻进状态下，钻遇裂缝性或孔洞性地层时，钻头瞬间下行的现象，表现为钻进速度突然增加，同时钻压、扭矩和钻时突然下降、悬重突升的现象。溜钻、顿钻可能对钻具造成损伤。对放空段，应在钻入 1~1.5m 及时停钻检查钻井液流量情况，防止漏、涌、喷等事故发生。工程参数表现的特征为钻压突然瞬时增大，大钩载荷突然瞬时减小，大钩高度下降速度瞬时加快，钻时骤减，深度跳进。

（二）钻井液参数

录井通过各种传感器对钻井过程中的进出口密度、进出口温度、进出口电导率、返出流量、池体积等参数进行监测，及时预防井漏、井涌、井喷等异常，其响应的变化特征见表 4-4-3、表 4-4-4。

表 4-4-3　钻井液参数异常判别模式

事故类型	全烃	密度	H_2、CO_2	温度	电导率	池体积	流量
溢流	增大	减小		升高或减小	减小或升高	增大	增大
井涌	增大	减小		升高或减小	减小或升高	增大	增大
井喷	增大	减小		升高或减小	减小或升高	增大	增大
井漏						减小	减小
盐侵		增大			增大		
油气侵	增大	减小		升高	减小	增大	增大
低温异常		减小		增大			
水侵		减小	增大		增大	增大	增大
地面跑失						减小	

表 4-4-4　地质异常事件及相关参数变化趋势

异常类型	检测参数显示特点	
	实时参数	迟到参数
气侵	钻时减小，出口流量增大，总池体积增加	气测全烃高异常；单根峰、起下钻后效气明显；钻井液密度减小，黏度升高，电导率可能减小；地温梯度可能增大；岩屑无荧光显示
油侵	钻时减小，出口流量增大，总池体积增加	气测全烃高异常，烃组分重烃异常明显；钻井液密度减小，黏度升高，电导率减小；地温梯度可能增大；岩屑有荧光显示
盐水侵	钻时减小，出口流量增大，总池体积增加。	钻井液密度减小，黏度降低，电导率增大；氯离子含量升高；气测小异常或无异常显示；岩屑无荧光显示

1. 井漏

钻井液消耗量大于井筒内容积的增加量与地面、管线循环过程中正常消耗量之和，排除其他地面因素，可判断为井漏。井漏按漏失速度可分为渗漏、普通漏失和只进不出三种，表现为循环池（计量罐）液面降低超过正常钻进或起钻速度，或上涨低于正常下钻速度，以及出口流量的降低。高渗透性砂岩或孔洞、裂缝发育的地层易发生井漏。一旦发生井漏，不但大幅增加钻井成本，而且极易导致卡钻和井涌（或井喷）。

1）下钻井漏提示预报

下钻过程中，随着井下钻具体积不断增加，等量体积的钻井液被顶替出来返入活动池或灌入起下钻罐内，工程录井系统配置安装的活动池（或起下钻罐）液位传感器实时检测返入活动池或灌入起下钻罐液量，钻井液出口流量传感器检测钻井液出口流量的变化情况。当发生井漏时，出口流量为零或低于正常值，循环池体积不再增加，或者计量罐体积逐渐降低；工程参数中钻时突然减小并伴随放空，平均钻时大幅度减小，立管压力大幅度下降，大钩负荷增大，钻压减小。

2）起钻井漏提示预报

在起钻过程中，随着井下钻具钻柱体积不断减少，通过计量罐（起下钻罐）向井内泵入相同体积的钻井液，工程录井系统配置的液位传感器实时监测计量罐（起下钻罐）液面的变化情况。当发生井漏时，计量罐（起下钻罐）内钻井液体积迅速降低，超过井中钻柱体积的减少量。通过起钻钻井液体积检测记录，可以得到钻井液实际减少量，从而算出漏失速度。

3）钻井液循环过程中井漏提示预报

在钻井泵冲速有所升高的情况下，立管压力呈缓慢平稳降低趋势，钻井液出口流量降低，钻井液循环罐内的钻井液体积减少。

4）钻进过程中井漏提示预报

钻进过程中，钻井液消耗量大于井眼增加量与地面管线循环过程中的正常消耗量总和，排除其他地面因素，可判断钻进中发生井漏。同时，泵冲速微弱升高，立管压力却微弱降低，钻井液出口流量快速减小，钻井液总池体积也快速降低。

2. 井侵、井涌、井喷

当地层孔隙压力大于该井深的钻井液压力，地层孔隙中的可动流体将进入井内，发生井侵；停泵后，井口处钻井液自动外溢，产生溢流；当溢流进一步加强，钻井液连续不断地涌出井口时称为井涌。高压地层流体进入井筒后不受控制地从井口喷出，形成井喷。无法用常规方法控制井喷，形成敞喷时，称为井喷失控，这是钻井生产中最严重的事故。

发生井侵、井涌时，钻井液出口流量起伏跳跃并迅速增大，总池体积迅速增加，钻井液密度减小，黏度升高，电导率增大或者减小；工程参数中，钻时突然减小或者伴随放空，平均钻时大幅度减小，立管压力突然大幅度跳跃，或者出现先升高后降低的微变过程，大钩负荷增大；气测值大幅度升高，单根峰极为明显，地温梯度可能增大。

（三）地层压力参数

地层压力异常是指在某一深度上的地层压力值偏离该深度正常静水压力值的现象。异常压力给钻井工程带来的潜在危险包括井眼报废、井漏、井喷、井壁失稳、卡钻、地层污染、多余套管和钻井液费用增加等。对异常压力的准确预报、监测和检测，有助于保证钻井安全与保护油气层。

在钻井施工现场，工程录井依据钻井工程参数（如钻时、dc 指数、扭矩、立管压力等）、钻井液参数（如钻井液出口流量、池体积、出口密度、出口温度、出口电导率等）、气测参数（如全烃、非烃、组分等）和其他（如井口溢流、岩屑形状、泥页岩密度）的变化来进行地层压力监测。当钻达异常超压地层之前，录井采集处理的多项参数将发生变化，其具体变化规律见表 4-4-5。

表 4-4-5　钻遇异常高压地层录井参数变化一览表

参数或现象	变化情况	参数或现象	变化情况
钻时	降低	钻井液出口流量	增加
钻速	升高	钻井液池体积	增加
dc 指数	降低	钻井液出口密度	降低
sigma 指数	降低	钻井液出口温度	升高
扭矩	有变化	钻井液出口电导率	有变化
立管压力	升高	全烃	升高
井口观察	有溢流	气体组分	升高
非烃气体	可能升高	泥页岩密度	降低
岩屑形状	钻屑大且多，呈碎片状		

1. 地层压力监测方法

多数的异常压力监测法都源于工程录井参数的变化。常见的异常地层压力监测法见表 4-4-6。

表 4-4-6　常见的异常地层压力监测法

序号	监测方法	方法描述
1	dc 指数法	地层孔隙流体压力高，dc 指数缓降
2	sigma 指数法	地层孔隙流体压力高，sigma 指数缓降
3	钻井液气侵法	钻遇异常高压地层，全烃含量升高且持续时间长
4	钻井液出口温度法	钻遇异常高压层段，地温梯度升高
5	钻井液电导率法	一般情况下，钻遇异常高压地层，钻井液电导率呈升高趋势
6	钻井液出口密度法	钻遇超压地层，钻井液出口密度降低
7	压力溢流法	钻遇超压地层时，在停泵的状态下，钻井液出口会有溢流
8	钻井液池体积法	钻遇高压地层时，钻井液池总体积增加
9	钻井液流量法	钻遇高压地层，钻井液出口流量增加
10	起下钻钻井液体积法	钻遇异常高压地层时，实施起下钻作业，起下钻罐钻井液量增加
11	页岩钻屑参数法	钻遇异常高压地层，钻屑体积大、呈碎片状，且量多、密度降低
12	钻井工程参数法	钻遇异常高压地层，扭矩增大
13	岩石体积密度法	钻遇异常高压地层，岩石体积密度降低

2. 地层压力异常预报

在正常压力地层，随着岩石埋藏深度的增加，其上覆岩层压力增大，泥（页）岩压实程度也相应增加，岩石的强度也随之增加，使得地层岩石内孔隙度减小。因此，在正常压力地层，泥（页）岩随井深的增加，其机械钻速将减小、钻时增加。而当钻进异常高压层时，由于欠压实作用，地层孔隙度增大，泥（页）岩的机械钻速相对增加，钻时变小。

众多地层压力监测方法是相互关联、彼此印证的，因此综合分析判断是保证准确预报的前提或者基础。在地层压力异常预报过程中，应重点注意以下几个方面：

（1）以钻时、dc 指数、泥（页）岩密度、孔隙度、sigma 值及岩性为主，参考出口钻井液温度、气体显示及钻井液出口流量变化，确定压力过渡带和可能出现的异常高压地层的位置。

（2）利用计算机处理的 dc 指数资料确定地层压力系数。选取上部地层中厚度大于 150m 的正常压实泥（页）岩井段，消除因钻压过大等因素造成的异常值后，用该井段起、止井深的 dc 指数值确定本井的 dc 指数趋势线 dc_n。当井眼直径或钻头类型发生改变时，应重新选取 dc 指数趋势线 dc_n。

（3）利用综合录井仪录井资料发现与解释异常地层压力，应在钻开高压油气层之前完成。采用联机软件实时计算地层压力梯度、地层破裂压力梯度，并与该地区正常的地层压力梯度（一般为 $0.97\sim1.06g/cm^3$）进行比较，分析地层异常压力带分布情况。

（4）在现场解释异常地层压力时，录取的地层压力参数资料不应少于 1000m 井段。

（5）每次起下钻时必须进行 dc 指数、sigma 值回放处理，重新选择正常趋势线参数，并修改联机的有关参数。

（6）回放处理的压力参数曲线，纵向应选择小比例作图，使得指示压力变化的趋势更加明显。

（7）在取得测井与地层测试（RFT）压力资料时，应及时总结现场录井预测结果的成功率，找出本井预测结果产生偏差的原因，以便确定本井所在井区现场录井监测的地层压力参数，为今后现场录井正确解释评价异常地层压力提供依据。

（四）气体参数

钻井过程中，通过对钻井液中气体（包括烃类非烃类、气体）的含量进行测量分析，在及时发现油气层、判别地层流体性质、间接对储层进行评价的同时，对井涌、井喷等工程事故进行预警，以避免恶性事故发生。

1. 油气层气体监测

当钻遇油气层后，录井参数的变化特征如下：钻时明显降低，钻速明显加快（大钩高度下行速度变快），扭矩波动幅度增大，全烃含量迅速增加，烃组分含量迅速升高，钻井液出口流量升高，钻井液池体积增大，钻井液出口温度发生变化，钻井液出口密度降低，钻井液出口电导率降低，立管压力有变化等。

2. 单根气监测

接单根抽汲作用使钻井液对井底压力降低，因此在接单根时可能形成压差气进入井筒，出现单根气。单根气有两种，一种是在接单根时空气进入钻井液中，另一种是钻穿油气层后因开停泵的影响井筒内形成压差使地层气进入井筒。前一种单根气的成分是空气特征，返出时间是钻井液循环一周的时间；而第二种单根气的成分是地层气，返出时间为钻井液从钻穿油气层处到井口的上返时间。

3. 气侵预报

钻进气层时，随着气层岩石的破碎，岩石孔隙中含有的气体侵入钻井液。钻到大裂缝或溶洞气藏，有可能出现置换性的大量气体突然侵入钻井液；当钻遇气层处的井底钻井液液柱压力小于气层的地层压力时，气层内的气体就会不断地以气态或溶解气状态大量地流入或侵入井筒。随着气体聚集量的增加和上返深度的减少，气体显示升高的趋势就会更加明显，当返到井口时会出现突然的高峰显示。此时即发生气侵。

当发生气侵时，录井参数的变化特征如下：钻时明显降低，钻速明显加快（大钩高度下行速度变快），全烃含量迅速增加，烃组分含量迅速升高，钻井液出口流量升高，钻井液池体积增加，钻井液出口温度发生变化，钻井液出口密度降低，钻井液出口电导率降低，立管压力和扭矩有变化等。

4. 二氧化碳气体监测

由于二氧化碳在钻井液中的溶解性、石油勘探开发现场环境的复杂性，以及岩屑破碎程度、地层压力等因素的制约，特别是典型二氧化碳气藏的地球物理化学特征，现场钻井过程中准确监测循环钻井液内的二氧化碳很困难。其表现为随钻录井检测到的二氧化碳含量通常很低，有时甚至检测不到；可完井测试时二氧化碳的含量有可能达到几百 mL/m^3 甚至更高。

为了现场更加准确地监测到二氧化碳含量，现场录井就要在以下几个方面做好工作：一是使用精度高、稳定性高且经过严格检验符合各项技术指标的检测分析仪；二是确保脱气器的脱气效率处于较好的状态之下；三是要清楚不同的钻井液性能或体系、现场管线的安装条件对二氧化碳监测的影响，如油基钻井液有利于二氧化碳检测，水基钻井液则由于二氧化碳溶于水的特性而不利于其检测，钻井液出口及气管线的可靠密封有利于其精确检测，钻井液温度低则不利于二氧化碳的脱出，钻井液的 pH 值大于 10 时其易与 OH^- 反应生成 HCO_3^- 和 CO_3^{2-}，或发生其他反应生成其他物质，过平衡钻井地层中的二氧化碳侵入钻井液中少，钻井液的吸附性强不利于二氧化碳的脱出等。

5. 硫化氢气体参数监测

钻井期间，监测空气、钻井液中的硫化氢含量是非常重要的任务。硫化氢检测仪器一般与综合录井仪配套使用，在井场指定位置安装硫化氢传感器。在钻井过程中，如果硫化氢释放，硫化氢最先容易形成集的地方主要有井口附近、钻井液出口、除气器口、钻井液循环池、振动筛附近、井场低洼处等。现场需 24h 连续监测空气、钻井液中的硫化氢含量，正确设置硫化氢高低报警门限（一般低报警浓度为 $15mg/m^3$，高报警浓度为 $30mg/m^3$），密切监视硫化氢含量的检测值。如发现硫化氢异常，要及时汇报给相关部门，防止发生硫化氢中毒事件。

固定式硫化氢传感器通常安装在钻台面、钻井液返出口、仪器房等硫化氢易于聚集的地点或区域；在高含硫的危险场所一般还为现场作业人员配备便携式硫化氢监测仪，用来随身监测工作区域硫化氢含量。

硫化氢从来源上可分为地层硫化氢和非地层硫化氢两种。地层硫化氢在正常钻进中出现，可能有持续的返出量，危害大，或者是钻井液处理剂 H^+ 和 S^{2-} 发生热变反应生成硫化氢，或者钻井液在井内久置而产生硫化氢。所以在作业现场还要认真分析硫化氢产生的原因。

第五章　特色录井技术

特色录井是录井工程技术中的实验分析技术，它是利用各种仪器设备，对地下岩石样品进行分析测试，获取物质的组成、成分含量及结构等地质信息和相关特征参数。特色录井技术解决特定地质问题针对性强，是油气地质综合研究和勘探开发决策的基础。

第一节　地化录井技术

"地化"是地球化学的简称。地球化学是研究地球的化学组成、化学作用和化学演化的学科，是地质学与化学相结合而产生和发展起来的交叉学科。地化录井是在油气地球化学理论和实验室分析测试技术基础上发展起来的一门现场应用技术，包括岩石热解分析技术、热蒸发烃气相色谱分析技术和轻烃气相色谱分析技术等，地化录井技术可以定量描述储层含油气丰度、烃组分分布状态等，了解储层原油性质的细微变化、原油遭受破坏的程度，发现地下地质现象和规律的特殊性，是分析储层产能的重要指标。

一、岩石热解分析技术

岩石热解分析技术能够快速、定量地给出岩石中 S_0、S_1、S_2、S_4、$T_{\max}$ 等石油地质信息和油气评价参数，在发现油气显示、评价油气水层、烃源岩的成熟度、产烃潜量、有机质类型等方面发挥了重要的作用，为油气储量计算、产能估算及油田开发水淹状况评价等方面提供了重要科学依据。

（一）技术原理

1. 分析原理

岩石热解分析原理是在程序控制升温的热解炉中对生储油岩样品进行加热，使岩石中的烃类热蒸发成气体，并使重油或高聚合的有机质（干酪根、沥青质、胶质）热裂解成挥发性的烃类产物，在载气的携带下进入氢火焰检测器（FID）进行检测；热解分析后的样品残余有机质通过氧化环境下加热，生成的二氧化碳和一氧化碳由热导检测器（TCD）或红外检测器（IR）检测，检测后的信号经放大和运算处理，得到样品检测结果。岩石热解分析原理框图见图 5-1-1。

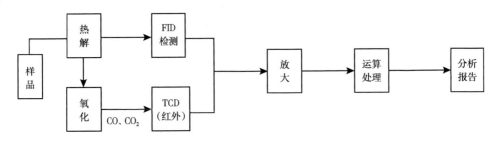

图 5-1-1　岩石热解分析原理框图

2. 温度程序

国内外仪器按照不同的功能配置，温度程序不同。我国岩石热解仪器根据不同的分析目的与要求，一般设有不同的分析方法可供用户选择。不同的分析方法检测的参数与温度程序见表 5-1-1、表 5-1-2 及图 5-1-2、图 5-1-3。

表 5-1-1　"三峰"分析条件

分析参数	分析温度（℃）		恒温时间（min）	升温速率（℃/min）
	起始	终止		
S_0	90	90	2	—
S_1	300	300	3	—
S_2	300	600 或 800	1（600℃ 或 800℃）	25 或 50
S_4	600	600	7~15（可选）	—
T_{max}	300	600 或 800	—	25 或 50

表 5-1-2　"五峰"分析条件

分析参数	分析温度（℃）		恒温时间（min）	升温速率（℃/min）
	起始	终止		
S_0	90	90	2	—
S_{11}	200	200	1	—
S_{21}	200	350	1（350℃）	50
S_{22}	350	450	1（450℃）	50
S_{23}	450	600	1（450℃）	50
S_4	600	600	7~15（可选）	—

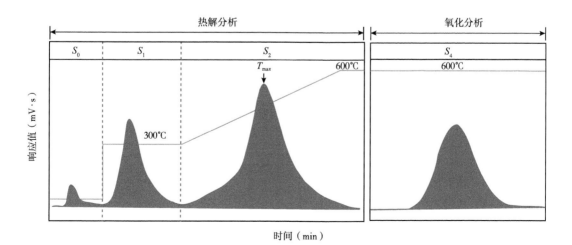

图 5-1-2　"三峰"分析温度程序图

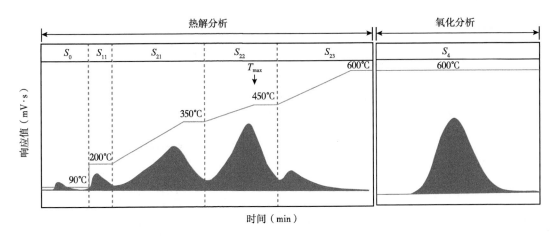

图 5-1-3 "五峰"分析温度程序图

3. 参数与意义

热解分析参数包括采集参数和计算参数。采集参数是通过对特定方法的采集数据曲线进行积分计算而得到（T_{max}通过测温元件测量并计算得到）；计算参数是通过采集参数计算而得到的岩石评价参数。依赖于方法的具体定义，不同的方法会得到不同的计算参数值。

1）采集参数

"三峰"与"五峰"分析方法采集参数见表 5-1-3、表 5-1-4。

表 5-1-3 "三峰"分析参数符号

符号	含义	单位
S_0	90℃ 检测的单位质量岩石中的烃含量	mg/g
S_1	300℃ 检测的单位质量岩石中的烃含量	mg/g
S_2	300℃ 以上至 600℃ 检测的单位质量岩石中的烃含量	mg/g
S_4	单位质量岩石热解后的残余有机碳含量	mg/g
T_{max}	S_2 热解峰的最高点相对应的温度	℃

表 5-1-4 "五峰"分析参数符号

符号	含义	单位
S_0	90℃ 检测的单位质量储集岩中的烃含量	mg/g
S_{11}	200℃ 检测的单位质量储集岩中的烃含量	mg/g
S_{21}	200℃ 以上至 350℃ 检测的单位质量储集岩中的烃含量	mg/g
S_{22}	350℃ 以上至 450℃ 检测的单位质量储集岩中的烃含量	mg/g
S_{23}	450℃ 以上至 600℃ 检测的单位质量储集岩中的烃含量	mg/g
S_4	单位质量储集岩热解后的残余有机碳含量	mg/g

2）计算参数

储集岩评价与烃源岩评价常用计算参数见表 5-1-5、表 5-1-6。

表 5-1-5　储集岩评价计算参数

符号	含义	计算方法	单位
P_g	含油气总量	$P_g = S_0 + S_1 + S_2$	mg/g
PS	原油轻重比	$PS = S_1/S_2$	1
GPI	气产率指数	$GPI = S_0/(S_0 + S_1 + S_2)$	1
OPI	油产率指数	$OPI = S_1/(S_0 + S_1 + S_2)$	1
TPI	油气总产率指数	$TPI = (S_0 + S_1)/(S_0 + S_1 + S_2)$	1
IP_1	凝析油指数	$IP_1 = (S_0 + S_{11})/(S_0 + S_{11} + S_{21} + S_{22})$	1
IP_2	轻质油指数	$IP_2 = (S_{11} + S_{21})/(S_0 + S_{11} + S_{21} + S_{22})$	1
IP_3	中质油指数	$IP_3 = (S_{21} + S_{22})/(S_0 + S_{11} + S_{21} + S_{22})$	1
IP_4	重质油指数	$IP_3 = (S_{22} + S_{23})/(S_0 + S_{11} + S_{21} + S_{22} + S_{23})$	1
LHI	轻重烃比指数	$LHI = (S_0 + S_{11} + S_{21})/(S_{22} + S_{23})$	1
RO	残余油	$RO = 10RC/0.9$	mg/g
S_T	含油气总量	$S_T = S_0 + S_{11} + S_{21} + S_{22} + S_{23} + (10RC/0.9)$	mg/g

表 5-1-6　烃源岩评价计算参数

符号	含义	计算方法	单位
P_g	生烃潜量	$P_g = S_0 + S_1 + S_2$	mg/g
PC	有效碳	$PC = [0.83 \times (S_1 + S_2)]/10$	%
RC	残余碳	$RC = S_4/10$	%
TOC	总有机碳	$TOC = PC + RC$	%
HCI	生烃指数	$HCI = (S_0 + S_1) \times 100/TOC$	mg/g
HI	氢指数	$HI = S_2 \times 100/TOC$	mg/g
PI	产率指数	$PI = S_1/(S_1 + S_2)$	1
D	降解潜率	$D = PC \times 100/TOC$	%

表 5-1-6 中：

（1）P_g 值在储集岩和烃源岩评价中意义不同：在烃源岩评价中代表岩石潜在的产油气量，是烃源岩有机质丰度指标之一；在储集岩评价中表示含油气丰度，用于识别油气层。

（2）PC 表示有效碳，即岩石中热解烃中碳的百分数，表明能生成油气的有机碳，包含已经生成的碳氢化合物的碳含量和剩余可能生成碳氢化合物潜力中的碳含量两部分。式中 0.83 是按原子量计算的碳氢化合物的平均碳含量，对于富含惰质组分的样品，该系数值可能高达 0.89；10 为转换为百分比后的系数，从含烃量单位（mg/g）换算为含碳百分数，如 1.5mg/g=1.5mg/1000mg×100/100=0.15%。

（3）RC 表示残余碳，代表干酪根中存在的碳，即热解后沉积物中残留碳的百分数，10 为转换为百分比后的系数，计算方法同 PC。

（4）TOC 为总有机碳，由两个部分组成，为热解有机碳（PC）和残余有机碳（RC）之和。

（5）HCI 为生烃指数，也称烃指数，是游离烃与总有机碳的比值，反映有机质热演化程度。该比值按不同深度作图，可以划出生油门限深度。

（6）HI 为氢指数，为热解烃的量与岩石总有机碳的比值，即每克有机碳裂解产生的热解烃量（mg），表示单位有机质中可热降解生烃的能力，用于判别有机质来源、有机质类型。

（7）PI 为产率指数，也称生产指数，反映岩石中游离烃的丰度，表示干酪根转化为游离烃或一般意义上的转化率。PI 随着热成熟度的增加而增加。

（8）D 值为有效碳占有机碳的百分数，表示有机碳中能生成油气的百分数。

（二）录井准备

1. 仪器设备要求

1）设备准备

（1）岩石热解分析仪。

（2）残余碳分析仪。

2）辅助设备与材料

（1）氢气发生器：为测量仪器中 FID 检测器提供燃烧气体，要求输出压力 ≥ 0.4MPa，流量 ≥ 300mL/min，纯度 ≥ 99.99%。

（2）空气压缩机：为测量仪器中 FID 检测器提供助燃气体、残余碳分析的氧化气体及设备中气动元件的动力气，要求输出压力 ≥ 0.4MPa，空气供气量 ≥ 1000mL/min，无水、无油 3 级。

（3）氮气发生器：为测量仪器提供热解过程的载气及 FID 检测器的尾吹气，要求输出压力 ≥ 0.4MPa，氮气发生量 ≥ 300mL/min，纯度 ≥ 99.99%（相对含氧量）。

（4）电子天平：定量称量样品质量，要求最大称量 ≤ 100g，实际分度值 $d \leq 0.1mg$。

（5）暗箱式荧光观察仪：用于挑选岩样中含有油气显示的样品，要求含波长为 365nm 的紫外灯，功率为 28W。

（6）恒温冷藏箱：用于临时存储来不及分析的样品，要求温度控制范围 2~20℃，容积 ≥ 50L。

（7）UPS 不间断稳压电源：为设备提供稳定的电源，要求额定功率 ≥ 3000W，断电持续时间 ≥ 30min（额定负载情况下）。

（8）样品存储瓶：用于密闭保存储集岩中有油气显示的样品，为可密封的螺旋口或钳口玻璃瓶，容积 ≥ 20mL。

2. 工作条件检查

1）电源要求

供电电源应满足以下条件：

（1）电压：220V±22V 交流电。

（2）频率：50Hz±5Hz。

（3）采用集中控制的配电箱，具有短路、断路、过载、过压、欠压、漏电等保护功能；各路供电应具有单独的控制开关，分别控制。

2）环境要求

仪器设备工作环境应满足以下条件：

（1）温度：10~30℃。

（2）湿度：RH 不大于 80%。

（3）无影响测量的气体污染、振动和电磁干扰。

3. 设备校准

1）检查并开机

检查确认主机及附属设备正常后开机，在设备初始化就绪后，进行不少于 2 次的空白分析，使设备性能稳定、流路中的气体充分置换。

2）仪器校准

选取同一标准物质或参考物质（S_2 介于 2~10mg/g，S_4 含量大于 3mg/g，T_{max} ＜ 450℃），精确称取（100±0.1）mg，做两次或两次以上平行测定，确定校准物提供的量值与相应检测值之间的关系，重复测定结果应符合以下要求：

（1）S_2 连续两次分析的峰面积相对双差应≤ 5%；

（2）T_{max} 连续两次分析结果的双差≤ 2℃；

（3）S_4 连续两次分析峰面积相对双差应≤ 10%；

（4）若测定结果的双差或相对双差超出限定范围，应重新标定。

双差与相对双差计算方法如下：

$$\sigma = |A - B| \tag{5-1-1}$$

$$\eta = \frac{|A - B|}{(A + B)/2} \times 100\% \tag{5-1-2}$$

式中　σ——双差；

　　　η——相对双差；

　　　A、B——同一校准物质两次平行测定的结果。

3）定量方法

岩石热解分析采用单点校正法（直接比较法）定量，属于外标定量方法，即以一种标准样品作为对照物质，在相同分析条件下，与待测试样品的响应信号相比较进行定量。以"三峰"分析和残余碳分析为例：

（1）S_0 的计算：

$$S_0 = (P_0 \times Q_{标S_2} \times W_{标}) / (P_{标S_2} \times W) \tag{5-1-3}$$

（2）S_1 的计算：

$$S_1 = (P_1 \times Q_{标S_2} \times W_{标}) / (P_{标S_2} \times W) \tag{5-1-4}$$

（3）S_2 的计算：

$$S_2 = (P_2 \times Q_{标S_2} \times W_{标}) / (P_{标S_2} \times W) \tag{5-1-5}$$

（4）S_4 的计算：

$$S_4 = (P_4 \times Q_{标S_4} \times W_{标}) / (P_{标S_4} \times W) \tag{5-1-6}$$

式中 P_0——分析样品 S_0 的峰面积；

      P_1——分析样品 S_1 的峰面积；

      P_2——分析样品 S_2 的峰面积；

      P_4——分析样品 S_4 的峰面积；

      $P_{标 S_2}$——标样 S_2 的峰面积；

      $P_{标 S_4}$——标样 S_4 的峰面积；

      $Q_{标 S_2}$——标样 S_2 含量；

      $Q_{标 S_4}$——标样 S_4 含量；

      $W_{标}$——标样的重量；

      W——分析样品的重量。

4. 分析结果重复性与准确度检验

1）重复性与准确度要求

对比分析目的是检验校准的质量及仪器性能特性，按照重复性与准确度分析要求，选取不同含量的标准物质或参考物质，准确称取（100±10）mg，在"分析"模式下进行检测，测得值 S_2、S_4、T_{max} 的精密度与准确度应符合表 5-1-7、表 5-1-8、表 5-1-9 规定的要求；当对比分析结果未能达到规定要求时，应停止使用并进行重新校准和检查，其性能满足要求后方可投入使用。

表 5-1-7 S_2 值指标

S_2 值范围（mg/g）	相对偏差（%）	相对误差（%）
$20 \geqslant S_2 > 9$	$\leqslant 3$	$\leqslant 6$
$9 \geqslant S_2 > 3$	$\leqslant 5$	$\leqslant 8$
$3 \geqslant S_2 > 1$	$\leqslant 10$	$\leqslant 13$
$1 \geqslant S_2 > 0.5$	$\leqslant 15$	$\leqslant 20$
$0.5 \geqslant S_2 \geqslant 0.1$	$\leqslant 30$	$\leqslant 50$
$S_2 < 0.1$	不规定	不规定

表 5-1-8 S_4 值指标

S_4 值范围（mg/g）	相对偏差（%）	相对误差（%）
$S_4 > 20$	不规定	不规定
$20 \geqslant S_4 > 10$	$\leqslant 8$	$\leqslant 10$
$10 \geqslant S_4 \geqslant 3$	$\leqslant 10$	$\leqslant 15$
$S_4 < 3$	不规定	不规定

表 5-1-9 T_{max} 值指标

T_{max} 值范围（℃）	偏差（℃）	误差（℃）
< 450	$\leqslant 2$	$\leqslant 3$
$\geqslant 450$	$\leqslant 3$	$\leqslant 5$

注：当 $S_2 < 0.5$mg/g 时，不规定 T_{max} 值的偏差与误差范围。

2）重复性与准确度检验与计算方法

重复性是指在重复性条件下，对相同试样获得两次或两次以上独立测试结果的一致程度。S_2 与 S_4 重复测定结果的精密度用相对偏差表示，T_{max} 重复测定结果的精密度用偏差表示。偏差与相对偏差计算方法如下：

$$D = \left| X_i - \bar{X} \right| \tag{5-1-7}$$

$$RD = \frac{\left| X_i - \bar{X} \right|}{\bar{X}} \times 100\% \tag{5-1-8}$$

式中　D——偏差；

　　　RD——相对偏差；

　　　X_i——当前测得值；

　　　$\bar{X}$——两次或两次以上测得结果的平均值。

准确度是指试样测试结果与被测量真值或约定真值间的一致程度。S_2 与 S_4 测定结果的准确度用相对误差表示，T_{max} 测定结果的准确度用误差表示。误差与相对误差计算方法如下：

$$\delta = \left| X_i - Y \right| \tag{5-1-9}$$

$$E_r = \frac{\left| X_i - Y \right|}{Y} \times 100\% \tag{5-1-10}$$

式中　δ——误差；

　　　E_r——相对误差；

　　　Y——校准物质的量值。

3）重复性与准确度检验时机

下列情况下，应使用至少三种不同含量的标准物质进行对比分析并检验仪器性能特性：

（1）正式录井前；

（2）正常连续使用超过 30d；

（3）仪器维修后。

下列情况下，应使用一种标准物质分析并检验仪器性能特性：

（1）每次起下钻；

（2）每次开机；

（3）仪器连续分析超过 6h；

（4）连续分析样品超过 30 个；

（5）发现分析数据有明显偏差时；

（6）仪器停止工作超过 2h。

（三）资料录取

1. 采集项目

（1）"三峰"法录取参数：S_0、S_1、S_2、S_4、T_{max}。

（2）"五峰"法录取参数：S_0、S_{11}、S_{21}、S_{22}、S_{23}、S_4。

2. 样品采集间距

1）储集岩

（1）岩屑：按岩屑录井采样间距分析。

（2）岩心：同一岩性段厚度小于 0.5m 时，分析 1 个；同一岩性段厚度介于 0.5~1.0m 时，等间距分析 2~3 个；同一岩性段厚度大于 1.0m 时，每米等间距分析 3 个。

（3）井壁取心：逐颗分析。

2）烃源岩

（1）岩屑：按岩屑录井采样间距分析。

（2）岩心：每米等间距分析 2~3 个。

（3）井壁取心：逐颗分析。

3）钻井液

每 12h 或钻井液性能重大调整之后，或由于钻井液添加剂影响不能确定真假显示情况下，应取钻井液样品分析。

3. 采样方法

1）岩屑

结合钻时、气测等录井资料及时选取有代表性的试样，清洗掉岩屑表面的钻井液；钻探条件下受到有机质污染的样品可以用有机溶剂进行清洗。

2）岩心和井壁取心

选取未受钻井液污染的中心部位。

3）钻井液

选取代表当前井深的钻井液样品。

4. 样品预处理

1）储集岩

（1）岩屑样品应在白光和紫外灯下选取有代表性的试样，不得研磨，用滤纸吸附表面水分后直接上机分析。

（2）岩心与井壁取心样品破碎至能装入坩埚即可，最小破碎直径不能小于 2mm。

（3）储集岩样品用滤纸吸干表面水分；因钻速较快无法及时分析的样品，应用玻璃瓶密封低温保存，并标识样品信息。

2）烃源岩

应自然风干并研磨后上机分析，研磨后的试样粒径应在 0.07~0.15mm 之间。

3）钻井液

分析钻井液样品时，应在坩埚底部放入经粉碎热解后的样品，防止钻井液堵塞坩埚滤网。

5. 样品分析

（1）按规定要求对仪器校准或校验后方可进行样品分析。

（2）称取（100±10）mg 的待测试样（精确到 0.1mg）进行热解分析。

（3）如地质设计要求烃源岩评价项目，热解后的样品应对 S_4 值进行检测。

（4）进行常规样品分析时，每分析 10~20 个样品插入 1 个标准或参考样品分析核查仪器性能。

（5）保存岩石热解地球化学录井谱图，填写岩石热解地球化学录井分析记录，格式参见表 5-1-10 或表 5-1-11。

表 5-1-10　岩石热解地球化学录井分析记录（三峰法）

序号	井深（m）	岩性定名	样品类型	S_0（mg/g）	S_1（mg/g）	S_2（mg/g）	S_4（mg/g）	T_{max}（℃）

表 5-1-11　岩石热解地球化学录井分析记录（五峰法）

序号	井深（m）	岩性定名	样品类型	S_0（mg/g）	S_{11}（mg/g）	S_{21}（mg/g）	S_{22}（mg/g）	S_{23}（mg/g）	S_4（mg/g）

（四）应用解释

1. 烃源岩评价

依据 SY/T 5735—2019《烃源岩地球化学评价方法》，录井烃源岩评价主要围绕有机质丰度、有机质类型、有机质成熟度和生排烃情况四个方面进行评价。

1）有机质丰度

有机质评价指标包括岩石中总有机碳含量（TOC，%）、生烃潜量（S_1+S_2，mg/g）、氢指数（HI，mg/g）。不同类型的烃源岩分级标准如下：

（1）根据 SY/T 5735—2019 中的 5.2.1 内容，海相和湖相泥岩、碳酸盐岩可分为四个等级，详见表 5-1-12。

表 5-1-12　泥岩和碳酸盐岩有机质丰度评价标准

烃源岩等级	TOC（%）	S_1+S_2（mg/g）
非烃源岩	＜0.5	＜2
一般烃源岩	0.5~1	2~6
好烃源岩	1~2	6~20
优质烃源岩	＞2	＞20

（2）煤系烃源岩是含煤地层中具备生成油气的煤、碳质泥岩和煤系泥岩的总称，主要形成于海陆过渡或沼泽环境。根据 SY/T 5735—2019 中的 5.2.2.1 内容，煤系泥岩有机质丰度划分四个等级，详见表 5-1-13；碳质泥岩是指 TOC 介于 6%~40% 的煤系黑色泥岩，是好的气源岩，作为油源岩，根据 SY/T 5735—2019 中的 5.2.2.2 内容，划分等级见表 5-1-14；煤是指 TOC 均大于 40% 的煤系黑色泥岩，是好的气源岩，作为油源岩，根据 SY/T 5735—2019 中的 5.2.2.2 内容，划分等级见表 5-1-15。

表 5-1-13　煤系泥岩有机质丰度评价标准

烃源岩等级	TOC（%）	S_1+S_2（mg/g）
非烃源岩	< 0.75	< 2
一般烃源岩	0.75~3	2~20
好烃源岩	3~6	20~70
优质烃源岩	3~6	≥ 70

表 5-1-14　碳质泥岩生油的有机质丰度评价标准

烃源岩等级	TOC（%）	HI（mg/g）	S_1+S_2（mg/g）
非烃源岩	6~10	< 150	< 10
一般烃源岩	6~10	150~400	10~40
好烃源岩	10~20	400~600	40~70
优质烃源岩	> 20	≥ 600	≥ 70

表 5-1-15　煤生油的有机质丰度评价标准

烃源岩等级	HI（mg/g）	S_1+S_2（mg/g）
非油源岩	< 150	< 70
一般油源岩	150~400	70~150
好油源岩	> 400	≥ 150

2）有机质类型

有机质类型划分方案包括腐泥型（Ⅰ型）、腐殖腐泥型（Ⅱ$_1$型）、腐泥腐殖型（Ⅱ$_2$型）、腐殖型（Ⅲ型）。可利用岩石热解氢指数（HI）、氧指数（OI）和类型指数（S_2/S_3）划分有机质类型。如仪器不含 S_3 参数，可用氢指数结合降解潜率 D（PC /TOC×100%）判别，根据 SY/T 5735—2019 中的 6.3.3 内容进行稍作修改，具体划分标准见表 5-1-16。

表 5-1-16　烃源岩有机质类型划分标准

有机质类型	HI（mg/g）	OI（mg/g）	S_2/S_3	D（%）
Ⅰ 型	≥ 600	< 50	≥ 20	> 50
Ⅱ$_1$ 型	600~400	50~100	5~20	20~50
Ⅱ$_2$ 型	400~150	100~150	3~5	10~20
Ⅲ 型	< 150	> 150	< 3	< 10

氢指数为每克有机碳热解所产生的烃量。烃源岩成熟度越高，其氢指数越小，可用氢指数 HI 与 T_{max} 值图板划分有机质类型（图 5-1-4）。

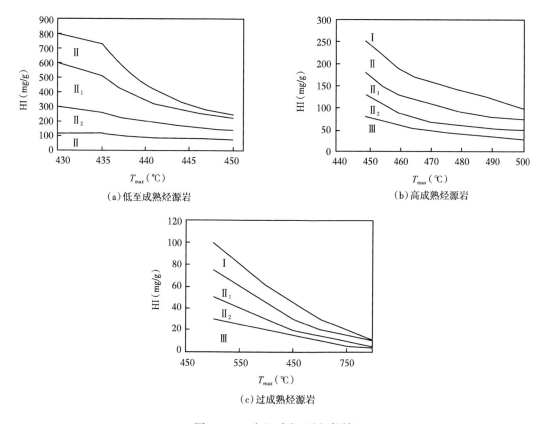

图 5-1-4　有机质类型判别图板

3）有机质成熟度

烃源岩成熟演化划分为未成熟、低成熟、成熟、高成熟、过成熟五个阶段。利用岩石热解 T_{max} 值可以判断烃源岩成熟度，这是由于烃源岩中的干酪根热解生成油气时，首先是稳定性最差的部分热解，余下部分热解就需要更高的热解温度，这样就使热解生烃量最大时的温度 T_{max} 值随成熟度增大而不断升高。根据 SY/T 5735—2019 中的 7.2.2 内容，岩石热解参数 T_{max} 与镜质体反射率和成熟度的对应关系见表 5-1-17。

表 5-1-17　烃源岩成熟度评价标准

演化阶段	R_o（%）	T_{max}（℃）
未成熟阶段	< 0.5	< 435
低成熟阶段	0.5~0.7	435~440
成熟阶段	0.7~1.3	440~455
高成熟阶段	1.3~2.0	455~490
过成熟阶段	≥ 2.0	≥ 490

烃源岩中的有机质在埋藏过程中随温度、压力的升高而逐渐成熟。由于埋藏深度的增大，地层温度逐渐升高，当温度达到一定数值时，干酪根开始大量生烃，这个温度界限称为干酪根的成熟温度或生油门限。生油门限的深度受多方面地质因素的影响，如温度、构

造作用、有机质类型等。在成果总结中，需绘制 T_{max} 随井深增加的趋势图，当 T_{max} 随深度增加而有规律性的增大时，一般认为是生油门限深度。

4）生排烃情况

（1）生烃量及排烃量的推算。成熟烃源岩的生油量为各井段烃源岩生油量之和，其每个井段生油量可按下式计算：

$$Q_{生}=K \times S_2 \times h \times d \times A/10 \qquad (5-1-11)$$

成熟烃源岩的排烃量为各井段烃源岩排烃量之和，其每个井段排烃量可按下式计算：

$$Q_{排}=(S_2 \times K-S_1) \times h \times d \times A/10 \qquad (5-1-12)$$

式中　K——烃源岩热演化系数；

　　　A——含油面积；

　　　h——油层有效厚度；

　　　d——烃源岩密度。

（2）排烃门限。岩石热解（S_1+S_2）代表了某一阶段下烃源岩的总生烃潜力。对于某一类烃源岩来说，当没有发生排烃作用时，S_1+S_2 即可视为其原始生烃潜力；当烃源岩演化到一定程度并有油气排出后，S_1+S_2 将逐渐减小，此时它只代表着烃源岩的剩余生烃潜力。

烃源岩演化到不同阶段时的生烃潜力可用不同埋深下烃源岩的生烃潜力表示，采用烃源岩生烃潜力指数 $[(S_1+S_2)/TOC]$ 这样一个综合热解参数，代表单位质量有机质的生烃潜力，生烃潜力指数在地质演化过程中开始由大变小的转折点所对应的埋深即可视为烃源岩的排烃门限。

2. 储集岩评价

1）热解参数校正

地化录井技术与其他依托岩样分析的技术一样，广泛地受到钻井液、工程、现场录井状态、地质条件等诸多方面主观和客观的因素影响，从而造成岩石样品从地下到地表的烃类损失，不能很好地反映储层真实的含油气信息。因此，需要对烃损失进行校正。

根据岩屑与壁心、岩心的热解参数散点关系，采用回归分析方法建立岩屑与壁心对应热解参数的烃损恢复函数关系式，将岩屑的热解参数值恢复到壁心及岩心的热解参数值，实现烃损失校正。若因变量与自变量散点图呈线性关系，采用多元线性回归表达式作为烃损恢复函数关系式；若因变量与自变量散点图呈非线性关系，选取多个非线性函数模型并计算每个非线性函数模型的相关系数及残差平方和，选择相关系数最大及残差平方和最小的函数模型作为烃损恢复函数关系式。

（1）若因变量与自变量散点图呈线性关系，使用多元线性回归分析，以热解烃参数 S_2 为例，多元线性回归表达式为：

$$S_{2(壁心)}=aS_{1(岩屑)}+bS_{2(岩屑)}+cP_{g(岩屑)}+d\mathrm{OPI}_{(岩屑)}+e\mathrm{TPI}_{(岩屑)}+f \qquad (5-1-13)$$

式中　$S_{2(壁心)}$——壁心热解烃含量；

　　　$S_{1(岩屑)}$——岩屑可溶烃含量；

　　　$S_{2(岩屑)}$——岩屑热解烃含量；

　　　$P_{g(岩屑)}$——岩屑产油潜量；

OPI$_{(岩屑)}$——岩屑油产率指数；

TPI$_{(岩屑)}$——岩屑油气产率指数；

a、b、c、d、e、f——利用样本集求解的未知系数。

（2）鄂尔多斯盆地各层位烃损失校正关系式见表5-1-18。

表5-1-18 鄂尔多斯盆地各层位烃损失校正关系式

层位	校正关系式	相关系数 R^2
侏罗系	$P_g=-4.3509S_1-3.3107S_2+5.2344P_g+16.1776\text{OPI}-16.5036\text{TPI}+3.3104$	0.9127
长2—长3	$P_g=0.8259S_1-0.1298S_2+0.5976P_g+12.6406\text{OPI}-15.5297\text{TPI}+4.9677$	0.8177
长4+5	$P_g=-6.9165S_1-6.1867S_2+8.4763P_g+6.3256\text{OPI}-16.6628\text{TPI}+5.9552$	0.9053
长6	$P_g=-2.5486S_1-0.9751S_2+3.2139P_g+8.9614\text{OPI}-9.4222\text{TPI}+2.6287$	0.8225
长7	$P_g=0.8211S_1+2.1382S_2-0.2221P_g-5.5843\text{OPI}+10.6272\text{TPI}+0.0763$	0.8614
长8	$P_g=-8.1964S_1-6.4868S_2+8.8076P_g+12.6193\text{OPI}-10.7447\text{TPI}+0.8482$	0.9000
长9—长10	$P_g=-17.1875S_1-16.5537S_2+17.8328P_g+24.6231\text{OPI}-24.3897\text{TPI}+2.4384$	0.9135

2）原油性质判断和原油密度估算

在温度20℃条件下，原油密度0.830~0.870g/cm³的原油定为轻质原油，密度0.870~0.920g/cm³的原油定为中质原油，密度0.920~1.000g/cm³的原油定为重质原油，密度≥1.000g/cm³为超重原油或稠油；凝析油是指有露点的油，原油密度一般在0.750~0.800g/cm³之间。若无油品分析资料，可利用地化参数划分原油性质和估算原油密度。

（1）热解参数法。不同类型的原油其热解各参数判别法见表5-1-19。

表5-1-19 岩石热解参数划分原油性质表

原油性质	地化录井参数				
	GPI	OPI	TPI	$(S_0+S_1)/S_2$	T_{max}（℃）
天然气	>0.8	0.01~0.2	0.98~1.0	>2	—
凝析油	0.15~0.4	0.60~0.85	0.95~1.0	1.5~2	<400
轻质原油	0.05~0.2	0.7~0.8	0.8~0.9	1~1.5	360~410
中质原油	0.03~0.1	0.55~0.7	0.6~0.9	0.5~1	400~440
重质原油	0.01~0.05	0.4~0.55	0.45~0.6	0.3~0.8	420~450
稠油	0.00~0.03	0.35~0.4	<0.5	<0.3	>440

（2）热解参数拟合法。统计油气总产率指数TPI、油产率指数OPI、残余烃指数HPI以及原油轻重比PS与原油密度相关性，通过热解分析参数与不同原油密度关系，建立热解参数与原油密度回归关系式（图5-1-5）：

$$原油密度 =0.8892-0.3296TPI+0.2671OPI+0.0008PS-0.015HPI \qquad （5-1-14）$$

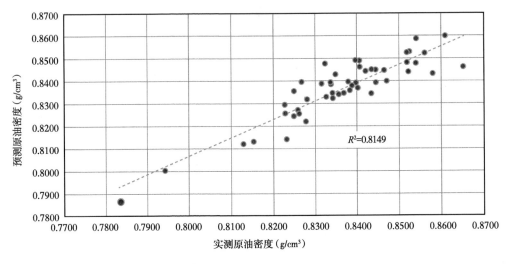

图 5-1-5　储层原油密度预测与实测值相关性

3）流体类型判别

流体类型包括油（气）层、含水油（气）层、油（气）水同层、含油（气）水层、干层、水层。通常划分依据可分为数据分析法、含油饱和度分析法、图板法等。

（1）数据分析法：可直接用岩心、井壁取心测定数据判别储层流体类型。井壁取心比岩屑样品代表性强，而且每口井基本都有井壁取心样品，可以根据井壁取心分析数值建立油气划分标准（表 5-1-20）。

表 5-1-20　应用井壁取心分析数据判别储层流体性质

储层（壁心）	原油性质	油层	油水同层	含油水层	干层	水层
P_g（mg/g）	重质	＞ 20	15~20	10~15	＜ 10	＜ 10
	中质	＞ 10	5~10	3~5	＜ 3	＜ 3

（2）含油饱和度分析法。用岩石热解分析的含油气总量 P_g（mg/g）值及原油密度（g/cm³）值，通过岩石孔隙度值（%）及岩石密度（g/cm³）值来计算单位体积储油岩孔隙中油所占据的体积百分数。含油饱和度估算公式为：

$$S_o = \frac{P_g \times \rho_岩}{\rho_油 \times \phi_e} \times 10 \qquad （5-1-15）$$

式中　S_o——含油饱和度；

　　　P_g——经过烃类损失补偿后的含油气总量；

　　　$\rho_油$——原油密度；

　　　$\rho_岩$——岩石密度；

　　　ϕ_e——岩石孔隙度值；

　　　10——量值单位换算后的系数值。

岩石热解过程是把岩样中的流体（油、气、水）热蒸发，热解后的岩样质量是除去流体的岩石骨架质量，因而热解前后岩石质量之差即为流体（油、气、水）的质量，流体的体积即为孔隙体积。通常应用的是有效孔隙度 ϕ_e，其定义是相互连通的孔隙。有效孔隙度通常比绝对孔隙度小 20%~25%，砂岩粒度直径越小，有效孔隙度越小。由此导出热解法测定砂岩孔隙度计算方法：

$$\phi_e = \left(1 - \frac{\rho_{岩}}{2.61} \times \frac{W_{后}}{W_{前}}\right) \times 0.8 \times 100\% \tag{5-1-16}$$

式中　2.61——砂岩骨架密度平均值；

　　　$W_{前}$——砂岩热解前质量；

　　　$W_{后}$——砂岩热解和氧化后质量；

　　　0.8——有效孔隙度占绝对孔隙度系数。

流体体积与流体的质量有关，而流体质量取决于流体的性质，即油和水的质量比。由此可通过岩石中的含油量和含水量来计算岩石密度 $\rho_{岩}$：

$$\rho_{岩} = \frac{W_{岩}}{V_{岩}} = \frac{W_{岩}}{V_{骨} + V_{油} + V_{水}} = \frac{W_{岩}}{\dfrac{W_{骨}}{\rho_{骨}} + \dfrac{\dfrac{W_{岩} \times P_g}{1000}}{\rho_{油}} + \dfrac{W_{岩} - W_{水} - \dfrac{W_{岩} \times P_g}{1000}}{\rho_{水}}}$$

$$= \frac{W_{前}}{\dfrac{W_{后}}{2.61} + \dfrac{\dfrac{W_{前} \times P_g}{1000}}{\rho_{油}} + W_{岩} - W_{水} - \dfrac{W_{岩} \times P_g}{1000}} \tag{5-1-17}$$

式中　$W_{岩}$——岩石质量；

　　　$W_{骨}$——岩石骨架质量；

　　　$V_{岩}$——岩石体积；

　　　$V_{骨}$——岩石骨架体积；

　　　$V_{水}$——孔隙中水的体积；

　　　$V_{油}$——孔隙中油的体积；

　　　$\rho_{骨}$——岩石的骨架密度；

　　　$\rho_{油}$——岩石孔隙中油的密度；

　　　$\rho_{水}$——岩石孔隙中水的密度；

　　　$\rho_{岩}$——岩石密度；

　　　P_g——岩石含油气总量，包括残余油；

　　　1000——mg 换算成 g 的系数。

由于砂岩的主要矿物为石英和长石，可取此两种矿物的密度平均值 2.61 作为砂岩岩石骨架的密度值。水的密度可根据水的矿化度而定，如是淡水，其密度取 1.0g/cm³，油的密度按上述相关方法求得。砂岩密度也可利用与孔隙度的关系求得。砂岩中的束缚水平均占孔隙度体积的 30%，可计算出 30% 束缚水的含油砂岩在不同孔隙度下的密度 $\rho_{岩}$，如表 5-1-21 所示，并建立回归关系式。

表 5-1-21　含油饱和度划分储层性质界限

孔隙度 ϕ（%）	$\rho_{岩}$（g/cm³）	孔隙度 ϕ（%）	$\rho_{岩}$（g/cm³）
60	1.61	25	2.25
55	1.71	20	2.34
50	1.80	15	2.43
45	1.88	10	2.52
40	1.98	5	2.61
35	2.07	2	2.66
30	2.16	1	2.68

　　一般划分储层性质是以含油饱和度为基础，油、水储层的界限如表 5-1-22 所示。以上划分没有考虑不同的岩石性质的束缚水含量的高低，如泥质砂岩的束缚水饱和度比纯砂岩高，因而应用时要根据岩性不同而适当变动划分界限。

表 5-1-22　应用井壁取心分析数据判别储层流体性质表

储层性质	油层	油水同层	含油水层	干层	水层
含油饱和度（%）	> 50	40~50	20~40	10~20	< 10

　　（3）图板法。根据储层的渗流理论，储层产油气水的性质取决于其渗透率大小及其各流体的饱和度大小。岩石热解总含烃量直观反映了储层含油饱和度情况，岩石热解总含烃量又与储层孔隙大小直接有关。在相同条件下，储层的含油饱和度和总含烃量随孔隙度增加而增大。因此，可依据孔隙度和含油气总量建立储层流体判别图板。

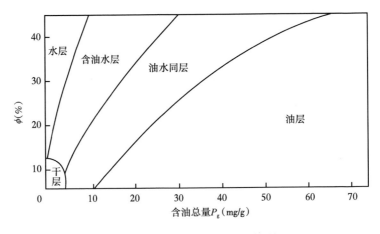

图 5-1-6　P_g—ϕ 储层性质划分图板

　　一般油层 S_1、S_1/S_2、P_g 等参数值都较大，地化亮点 $S_1/S_2 \times P_g$ 增大了变化幅度，储层含水 P_g 与地化亮点同时变小；如为重质油层，S_1/S_2 值相对中质油降低，但重质油 P_g 值较大，二者相乘后的综合值也呈现较大的特征。利用轻重比（S_1/S_2）与地化亮点（$S_1/S_2 \times P_g$）两个参数作图（图 5-1-7），可区分不同油质的流体特征。

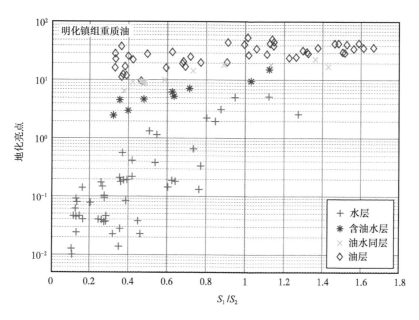

图 5-1-7 轻重比—地化亮点划分图板

二、热蒸发烃气相色谱分析技术

气相色谱分析在 20 世纪四五十年代进入了我国石油地质研究范围,一般是利用"岩石中氯仿沥青的测定"方法,用抽提方式对原油萃取后注入色谱进行分析,具有灵敏度高、稳定性好、样品无须前处理等特点,大大缩短了分析周期,且可与萃取方法相比。

(一)技术原理

"热蒸发"是指通过加热使一种化合物转化为其他相态化合物的变化过程。热蒸发烃气相色谱分析原理是样品经过 300℃ 恒温加热 3min,挥发性烃类组分从岩样中释放出来,在载气的携带下进入毛细管色谱柱,使各单体烃组分分离;经氢火焰离子化检测器检测及信号放大后,由计算机记录各组分的色谱峰,并计算各饱和烃组分的含量(原理示意图见图 5-1-8)。为了避免储层原油中较重烃类热裂解成轻烃或烯烃,导致分析的烃类组分分布失真,热蒸发烃分析的温度必须控制在小于 350℃。

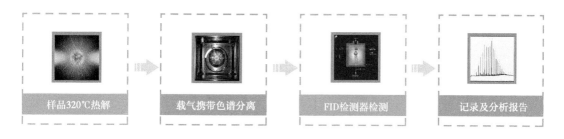

图 5-1-8 热蒸发烃气相色谱技术原理示意图

1. 分析参数

1)检测结果

热蒸发烃气相色谱分析可直接得到储层岩石中 $nC_8 \sim nC_{40}$ 左右的饱和烃组成,包括正构烷烃、姥鲛烷（Pr）、植烷（Ph）各组分的峰高、峰面积、质量分数等，分析谱图见图 5-1-9。

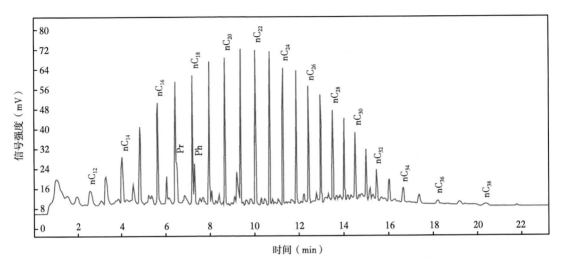

图 5-1-9　油气组分分析谱图

2）组分定性识别方法

由于热蒸发烃分析条件固定，各种物质在一定的色谱条件下均有确定的保留值，碳数少的组分先流出色谱柱。按 SY/T 5779—2008《石油和沉积有机质烃类气相色谱分析方法》要求，根据姥鲛烷（Pr）、植烷（Ph）与 nC_{17}、nC_{18} 伴生形成两对特征双峰的特征，以及正构烷烃由低碳数到高碳数连续近于等间距分布特点，对热蒸发烃组分进行定性分析（热蒸发烃气相色谱图如图 5-1-9 所示）。

3）定量计算方法

由于组分的量与其峰面积成正比，如果样品中所有组分都能产生信号，可通过计算每个单体烃的峰面积或峰高，采用归一法定量分析。归一化法有时候也称为百分法，不需要标准物质帮助来进行定量，也不需要精确控制进样量。它直接通过峰面积或者峰高进行归一化计算从而得到待测组分的含量，即把所有组分含量之和按 100% 计算，计算每个化合物百分比含量，见公式（5-1-18）。

$$C_i = \frac{A_i f_i}{\sum\limits_{i=1}^{n} A_i f_i} \times 100\%$$

（5-1-18）

式中　C_i——正构烷烃某组分、姥鲛烷或植烷的质量分数；

　　　A_i——正构烷烃某组分、姥鲛烷或植烷的峰面积；

　　　f_i——组分 i 的相对定量校正因子。

由于烃类化合物质量校正因子接近于 1，在计算中不加校正因子，见公式（5-1-19）。

$$C_i = \frac{A_i}{\sum\limits_{i=1}^{n} A_i} \times 100\%$$

（5-1-19）

2. 参数计算

（1）主峰碳：一组色谱峰中峰面积或质量分数最大的正构烷烃碳数。

（2）奇偶优势（OEP）：

$$OEP = \left(\frac{C_{K-2} + 6nC_K + nC_{K+2}}{4nC_{K-1} + 4nC_{K+1}} \right)^m \qquad （5-1-20）$$

其中

$$m = （-1）^{K+1}$$

式中　K——主峰碳数；

　　　C_K——主峰碳组分质量分数。

（3）碳奇偶优势指数（CPI）：

$$CPI = \frac{1}{2} \times \left(\frac{nC_{25} + nC_{27} + \cdots + nC_{33}}{nC_{24} + nC_{26} + \cdots + nC_{32}} + \frac{nC_{25} + nC_{27} + \cdots + nC_{33}}{nC_{26} + nC_{28} + \cdots + nC_{34}} \right) \qquad （5-1-21）$$

式中　C_{25}——C_{25} 组分的质量分数。

（4）$\sum nC_{21-}/\sum nC_{22+}$：$nC_{21}$ 之前的组分质量分数总和与 nC_{22} 之后组分质量分数总和的比值。

（5）（$nC_{21}+nC_{22}$）/（$nC_{28}+nC_{29}$）：nC_{21}、nC_{22} 组分质量分数和与 nC_{28}、nC_{29} 组分质量分数和的比值。

（6）Pr/Ph：姥鲛烷峰面积与植烷峰面积比值。

（7）Pr/nC_{17}：姥鲛烷峰面积与正十七烷峰面积的比值。

（8）Ph/nC_{18}：植烷峰面积与正十八烷峰面积的比值。

（二）录井准备

1. 仪器设备要求

1）主要设备

热蒸发烃气相色谱仪具有热解和毛细管柱分流进样系统，包括程序恒温和升温控制系统、弹性石英毛细色谱柱、氢火焰离子化检测器（FID）等装置。

2）附属设备与材料

（1）氢气发生器：为测量仪器提供载气及 FID 检测器提供燃烧气体，要求输出压力 ≥ 0.4MPa，流量 ≥ 300mL/min，纯度 ≥ 99.99%。

（2）空气压缩机：为测量仪器中 FID 检测器提供助燃气体及设备中气动元件的动力气，要求输出压力 ≥ 0.4MPa，空气供气量 ≥ 1000mL/min，无水、无油 3 级。

（3）氮气发生器：为测量仪器提供 FID 检测器的尾吹气，要求输出压力 ≥ 0.4MPa，氮气发生量 ≥ 300mL/min，纯度 ≥ 99.99%（相对含氧量）。

（4）电子天平：定量称量样品质量，要求最大称量 ≤ 100g，实际分度值 d ≤ 0.1mg。

（5）暗箱式荧光观察仪：用于挑选岩样中含有油气显示的样品，要求含波长 365nm 的紫外灯，功率为 28W。

（6）恒温冷藏箱：用于临时存储来不及分析的样品，要求温度控制范围 2~20℃，容积 ≥ 50L。

（7）UPS 不间断稳压电源：为设备提供稳定的电源，要求额定功率 ≥ 3000W，断电持续时间 ≥ 30min（额定负载情况下）。

（8）样品存储瓶：用于密闭保存储集岩中有油气显示的样品，为可密封的螺旋口或钳口玻璃瓶，容积≥20mL。

2. 工作条件检查

1）电源要求

同岩石热解分析技术。

2）环境要求

同岩石热解分析技术。

3）分析条件

（1）热蒸发温度：储集岩300℃，恒温3min。

（2）色谱柱线速：18~30cm/s。

（3）尾吹：35~45mL/min。

（4）色谱柱温度：初温100℃，恒温1~3min，以10~25℃/min升温至310℃，恒温10~15min，恒温至无峰显示为止。

（5）氢气流量：35~45mL/min。

（6）空气流量：350~500mL/min。

3. 仪器校验

1）检查并开机

检查确认主机及附属设备正常后开机，在设备初始化就绪后，进行不少于2次的空白分析，使设备性能稳定、流路中的气体充分置换。

2）校验项目与要求

选取物理或化学特性与常规测试样相同或充分相似的样品作为仪器校验的物质，且研磨均匀（粒径在0.07~0.15mm之间）、正构烷烃组分齐全（nC_{13}~nC_{40}）。按以下要求进行分析，并检验仪器性能特性：

（1）基线稳定性：放入无污染的空坩埚，空白运行1~2个周期，运行至基线平直，基线噪声与漂移不大于30mV/30min。

（2）分离度：又称分辨率，为了判断分离物质对在色谱柱中的分离情况，常用分离度作为柱的总分离效能指标，用 R 表示。R 等于相邻色谱峰保留时间之差与两色谱峰峰宽均值之比，表示相邻两峰的分离程度，R 越大，表明相邻两组分分离越好（示意图见图5-1-10）。

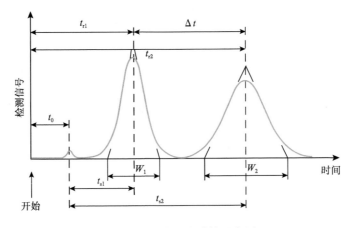

图5-1-10 分离度计算示意图

按式（3-3-2）计算分离度，nC_{17} 与 Pr 的分离度不小于 1.2。

（3）保留时间重现性：被分离样品组分从进样开始到柱后出现该组分浓度极大值时的时间，即从进样开始到出现某组分色谱峰的顶点时为止所经历的时间，称为此组分的保留时间。保留时间重现性也是衡量仪器性能的主要指标之一，一般要求饱和烃组分平行（3次）测定，读取 nC_{17}、nC_{23} 的保留时间，同一组分保留时间绝对偏差应小于 2s。

（4）仪器稳定性：选取质量控制样品作为仪器校验的物质，称取量为 50mg±1mg 进行平行分析，连续测试不少于 3 次，饱和烃烃组分峰形应对称，测试结果符合表 5-1-23 的规定。表中相对偏差按公式（5-1-8）计算。

表 5-1-23　热蒸发烃组分平行分析相对偏差指标

计算参数	相对偏差（%）
OEP	≤ 15
Pr/Ph	≤ 15
Pr/nC_{17}	≤ 15
Ph/nC_{18}	≤ 15
$\Sigma nC_{21-}/\Sigma nC_{22+}$	≤ 10
（$nC_{21}+nC_{22}$）/（$nC_{28}+nC_{29}$）	≤ 10

（5）校验时间：在正式录井前、正常连续使用超过 15d、发现数据出现明显偏差时，应对仪器进行校验。当评定指标任何一项未能达到规定要求时，应停止使用并进行重新校验和检查，符合要求方可继续使用。

（三）资料录取

1. 采集项目

C_8 及以上各组分相对百分含量。

2. 样品采集间距

（1）岩屑油气显示段取样，按地质设计要求取样间距执行。井壁取心储层逐颗选取。岩心按储集岩逐层取样，单层厚度 > 0.5m，每 0.5m 取 1 个样品；若见油气显示，每 0.2m 取 1 个样品。

（2）钻井液：同岩石热解分析技术样品采样间距要求。

3. 采样方法

同岩石热解分析技术。

4. 样品预处理

（1）岩屑样品分析前应在荧光灯下挑选对应深度的储集岩样品，用滤纸吸去水分，在 10min 内上机分析。

（2）井壁取心和岩心样品应去除表面污染物，破碎并选取中心部位，粒径大小以能放入坩埚为宜。

（3）因钻速较快无法及时分析的样品，应用玻璃瓶密封低温保存，并标识样品信息。

5. 样品分析

（1）按规定要求对仪器校验后方可进行样品分析。

（2）称取（50±10）mg 的待测试样（精确到 0.1mg）进行分析，如含油性较高，适当降低进样量。

（3）输入样品相关信息，保存岩石热蒸发烃气相色谱分析谱图，填写岩石热蒸发烃气相色谱录井分析记录，格式参见表 5-1-24。

表 5-1-24　岩石热蒸发烃气相色谱录井分析记录

井深（m）		层位		岩性定名	
样品编号		样品类别		样品质量（mg）	
分析参数					
组分	峰面积（pA·s）	组分	峰面积（pA·s）	组分	峰面积（pA·s）

（四）应用解释

1. 真假油气显示识别

气相色谱对于特殊有机质的输入作用也很敏感。钻井过程中加入的各种有机添加剂，也可以分析出不同的色谱峰，常见钻井添加剂如图 5-1-11 所示，其与正常原油组分具有明显的差异性。当不确定何种添加剂影响的时候，一般选取一些钻井液样品进行色谱分析后确定。

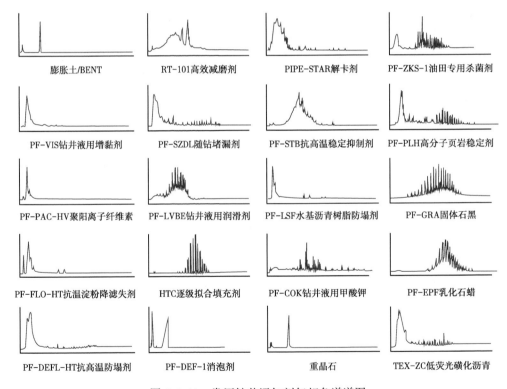

图 5-1-11　常用钻井添加剂气相色谱谱图

2. 储层原油性质识别

天然气和石油均是不同碳数烃类的混合物。所谓干气、湿气、凝析油、轻质油、中质油、重质油之分，主要是所含不同碳数烃类的比例不同。含碳数小的烃类多则油轻，含碳数大的烃类多则油重。因此，根据谱图形态及分析数据，基本可准确识别储层原油性质。

（1）天然气：干气藏是以甲烷为主的气态烃，甲烷含量一般在90%以上，有少量的 C_2 以上的组分；湿气藏含有一定量的 C_2~C_9 组分，由于热蒸发烃分析主要为 C_9 后的组分，一般显示为前部隆起混合峰。

（2）凝析油：是轻质油藏和凝析气藏中产出的油，正构烷烃碳数范围分布窄，主要分布在 nC_1~nC_{20}，主碳峰 nC_8~nC_{10}，$\Sigma C_{21-}/\Sigma C_{22+}$ 值很大，色谱峰表现为前端高峰型，峰坡度极陡（图 5-1-12）。由于分析条件限制，色谱前部基线隆起，可见一个部分分离开的凝析油气混合峰。

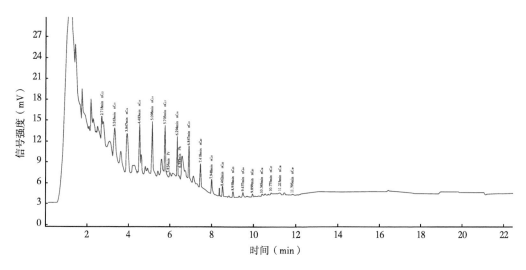

图 5-1-12　凝析油典型色谱

（3）轻质油：轻质烃类丰富，正构烷烃碳数主要分布在 nC_1~nC_{28}，主碳峰 nC_{13}~nC_{15}，$\Sigma C_{21-}/\Sigma C_{22+}$ 值大，前端高峰型，峰坡度极陡（图 5-1-13）。同样受分析条件限制，色谱前部基线隆起，可见一个未分离开的轻质油气混合峰。

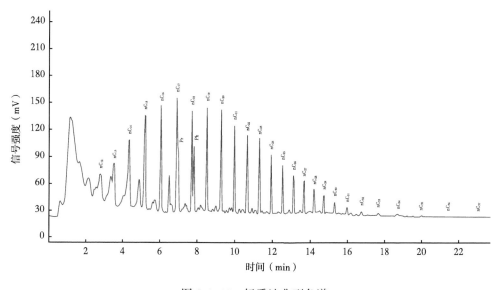

图 5-1-13　轻质油典型色谱

（4）中质油：正构烷烃含量丰富，碳数主要分布在 $nC_{10} \sim nC_{32}$，主碳峰 $nC_{18} \sim nC_{20}$，$\Sigma C_{21-} / \Sigma C_{22+}$ 比轻质原油小，色谱峰表现为中部高峰型，峰形饱满（图 5-1-14）。

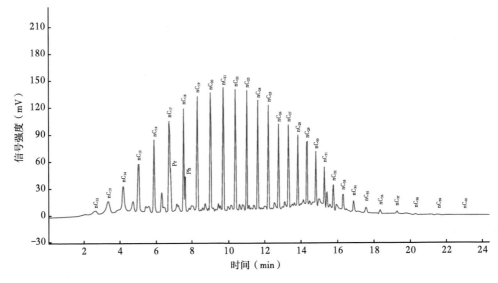

图 5-1-14　中质油典型色谱

（5）重质油：重质油异构烃和环烷烃含量丰富，胶质、沥青质含量较高，链烷烃含量特别少。重质原油组分峰谱图主要特征是正构烷烃碳数主要分布在 $nC_{15} \sim nC_{40}$，主碳峰 $nC_{23} \sim nC_{25}$，主峰碳数高，$\Sigma C_{21-} / \Sigma C_{22+}$ 值小，谱图基线后部隆起，色谱峰表现为后端高峰型（图 5-1-15）。

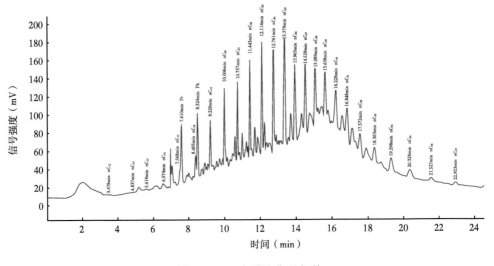

图 5-1-15　中质油典型色谱

（6）稠油或特稠油：这类油主要分布在埋深较浅的储层中，储层原油遭受氧化或生物降解等改造作用产生歧化反应，这些作用的结果改变了烃类化合物的组成，基本检测不到烷烃（蜡）组分，只剩下胶质沥青质和非烃等杂原子化合物，整体基线隆起（图 5-1-16）。

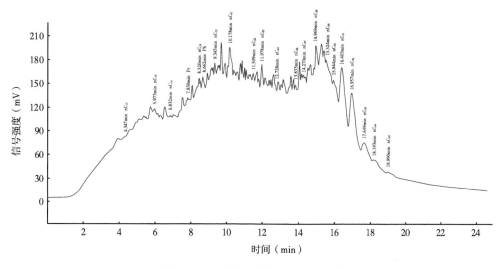

图 5-1-16 稠油或特稠油典型色谱

3. 储层流体性质识别

在烃源岩有机质类型、热演化程度一致的前提下，一般通过饱和烃曲线幅度、形态、组分参数间相互参数比值关系、未分辨化合物含量等的变化趋势进行综合分析，进而识别油、气、水层。

1）谱图直观识别法

（1）含正常原油的储层：正常原油是指烃类组成以正构烷烃为主的原油，不同储层流体性质的热蒸发烃气相色谱谱图见图 5-1-17。

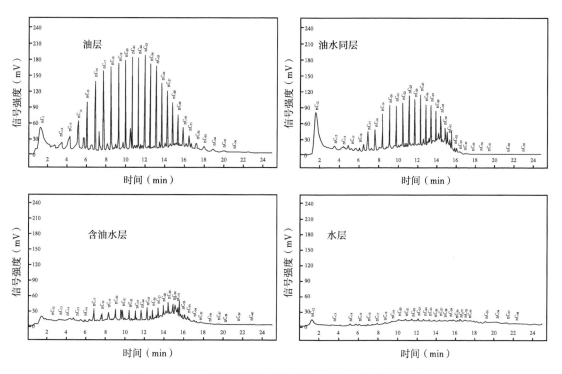

图 5-1-17 正常原油储层不同流体性质气相色谱分析谱图

①油层：正构烷烃含量较高，碳数范围较宽，一般在 $C_8~C_{37}$ 左右，主峰碳不明显，轻质油谱图外形近似正态分布或前峰型，中质油谱图外形近似正态分布或正三角形。基线未分辨化合物含量低，层内上下样品分析差异不大。

②油水同层：主峰碳后移，谱图外形为后峰型，正构烷烃含量较高，碳数范围较油层窄，一般为 $C_{13}~C_{29}$，$\Sigma C_{21-}/\Sigma C_{22+}$ 比油层略低，基线未分辨化合物含量略增加，层内上下样品分析差异较大。

③含油水层：正构烷烃含量降低，碳数范围较油层窄，一般为 $C_{15}~C_{29}$，$\Sigma C_{21-}/\Sigma C_{22+}$ 比油水同层低，基线未分辨化合物含量高，Pr/nC_{17}、Ph/nC_{18} 有增大的趋势。

④水层：不含任何烃类物质的水层，气相色谱的分析谱图为无任何显示的一条直线。含有烃类物质的水层，正构烷烃含量极低，碳数范围窄，基线未分辨化合物含量高。

（2）含稠油的储层。稠油可分为原生型和次生型两种类型。原生型稠油是指有机质在热演化过程中所生成的未—低成熟油，其稠化因素来自母源，与油气的次生变化基本无关，一般具有相对较高的重质组分（非烃和沥青质）；而次生型稠油则是指原油经次生变化而形成的，原油的运移到聚集成藏以及成藏之后的各个阶段均可发生次生变化作用，这些作用包括生物降解、水洗作用、氧化作用、气洗脱沥青、热化学硫酸盐还原、热成熟等。这些次生蚀变作用中，氧化作用、生物降解作用、水洗作用等次生作用常常是原油稠化的重要因素，其密度和黏度升高。

热蒸发烃气相色谱对于氧化或降解作用很敏感，不同储层流体性质的热蒸发烃气相色谱谱图见图 5-1-18。

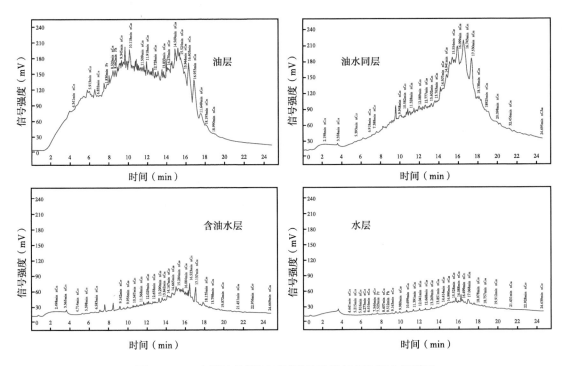

图 5-1-18　含稠油的储层不同流体性质气相色谱分析谱图

①油层特征：正构烷烃有一定程度损失，异构烷烃及一些未分辨化合物含量较大，Pr、Ph 和环状生物标志化合物相对富集，基线中前部开始抬升，隆起明显，重质及胶质

沥青质含量增加，层内上下样品分析差异不大。

②油水同层特征：正构烷烃已全部消失，Pr、Ph 部分或全部消失，C_{30} 前未分辨化合物含量逐渐减少，但环状生物标志化合物基本未受影响；基线中前部抬升隆起比油层低，重质及胶质沥青质含量增加，层内上下样品分析差异较大。

③含油水层特征：正异构烷烃全部消失，基线中前部抬升隆起较低，Pr、Ph 全部消失；C_{30} 前未分辨化合物含量很低，甚至检测不到任何组分；但环状生物标志化合物全部被降解，而且产生了一系列新的降解产物。色谱分析特征与油层、油水同层有较大差异。

④水层的特征：不含任何烃类物质的水层，气相色谱的分析谱图为无任何显示的一条直线。含有烃类物质的水层，烃类含量极低，碳数范围窄，基线未分辨化合物含量高。

2）图板法

（1）含正常原油储层。对于正常原油，通过未分辨峰的细微变化，分别计算正构烷烃和未分辨峰的总峰面积，可以区分油气水层（图 5-1-19）。

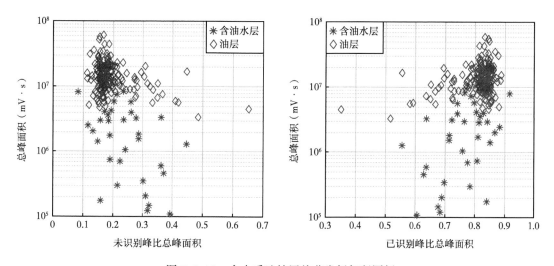

图 5-1-19　含中质油储层热蒸发烃解释图板

（2）含稠油原油储层。由于受生物降解作用影响程度较大，原油中的中正构烷烃逐渐缺失，类异戊二烯烷烃和重排甾烷缺失，烃类中的三环萜烷、甾烷、藿烷在饱和组分分馏中缺失。从严重降解稠油样品的"基线鼓包"（不可分辨的复杂混合物）中计算包络线的面积，根据轻—中—重部分的相对含量可区分出储层含油性及含水情况，分别计算轻—中—重部分的峰面积，然后选择合适参数组合，绘制热蒸发烃解释图板（图 5-1-20）。

三、轻烃气相色谱分析技术

通常，"轻烃"泛指原油中的汽油馏分，即 $C_1 \sim C_{10}$ 烃类。轻烃的组成包含有正构烷烃、异构烷烃、环烷烃和芳香烃，是石油和天然气的重要组成部分，在原油中含量最高，组分最丰富。它的生成、运移、聚集和破坏既相似于石油，但又往往具有许多独特特征，受地层的温度、压力、流水等物理化学作用变化很敏感，因其包含的地化信息不容忽视而日益受到重视。

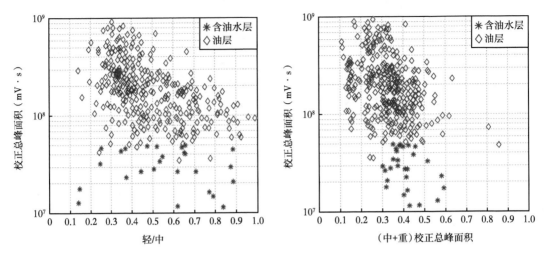

图 5-1-20　含稠油储层热蒸发烃解释图板

（一）技术原理

1. 方法原理

轻烃分析是顶空分析与气相色谱联用技术，是将气相色谱分离分析方法与样品的预处理相结合的一种简便、快速的分析技术。所谓顶空分析，是通过样品基质上方的气体成分来测定这些组分在样品中的含量。轻烃录井是将钻井过程中返出井口的岩屑、岩心或壁心样品经过处理后装瓶密封，样品中的吸附烃经过压力和温度的变化使其脱附和挥发，经过一段时间达到气、液（固）相分配平衡后，通过气相色谱法分析样品顶部空间的轻烃（$C_1 \sim C_9$）气体组成和含量，来反映油气藏的性质和特征（图 5-1-21）。

图 5-1-21　轻烃录井分析原理框图

2. 分析参数

轻烃分析可得到 $nC_1 \sim nC_9$ 中的正构烷烃、异构烷烃、环烷烃、芳香烃类 100 多个化合物（典型的化合物类型见表 5-1-25），并可计算出所测化合物的峰面积、质量分数等原始参数。

表 5-1-25　轻烃分析典型的化合物类型

碳数	脂肪烃			芳香烃
	正构烷烃	异构烷烃	环烷烃	
C_1	甲烷			
C_2	乙烷			
C_3	丙烷			

续表

碳数	脂肪烃			芳香烃
	正构烷烃	异构烷烃	环烷烃	
C_4	正丁烷	2-甲基丙烷		
C_5	正戊烷	2-甲基丁烷 2,2-二甲基丙烷(偕二甲基)	环戊烷	
C_6	正己烷	2-甲基戊烷 3-甲基戊烷 2,2-二甲基丁烷(偕二甲基) 2,3-二甲基丁烷	环己烷 甲基环己烷	苯
C_7	正庚烷	2-甲基己烷 3-甲基己烷 2,4-二甲基戊烷 2,3-二甲基戊烷 3-乙基戊烷 2,2-二甲基戊烷(偕二甲基) 3,3-二甲基戊烷(偕二甲基) 2,2,3-三甲基丁烷(偕二甲基)	甲基环己烷 1反3-二甲基环戊烷 1顺3-二甲基环戊烷 1反2-二甲基环戊烷 1,1-二甲基环戊烷(偕二甲基) 乙基环戊烷	甲苯
C_8	正辛烷	2-甲基庚烷 3-甲基庚烷 4-甲基庚烷 2,5-二甲基己烷 2,4-二甲基己烷 2,3-二甲基己烷 2-甲基3-乙基戊烷 2,2-二甲基己烷(偕二甲基) 3,3-二甲基己烷(偕二甲基) 2,2,4-三甲基己烷(偕二甲基)	1顺3-二甲基环己烷 1反4-二甲基环己烷 1反2-二甲基环己烷 1反3-二甲基环己烷 1顺2-二甲基环己烷 1,1-二甲基环己烷(偕二甲基) 乙基环己烷 1-甲基顺3-乙基环戊烷 1-甲基反3-乙基环戊烷 1-甲基反2-乙基环戊烷 三甲基环己烷(各构型的)	乙基苯 邻二甲苯 对二甲苯 间二甲苯
C_9	正壬烷	略	略	略

3. 轻烃组分定性

轻烃组分定性分析的工作就是鉴别分离出来的色谱峰代表的是什么化合物。轻烃分析结果定性一般采用标准谱图参照法，并保存为模板；在分析其他样品时，按模板的出峰顺序，把物质的保留时间用紧靠它的前后两个正构烷烃作为参考峰来标定，该方法一般称为模拟保留指数法。典型轻烃组分定性分析结果定性图见图 5-1-22，分析结果单体烃组成见表 5-1-26。

表 5-1-26 轻烃组分定性分析表

峰编号	化合物名称	代号	类型	碳数
1	甲烷	CH_4	nP	1
2	乙烷	C_2H_6	nP	2
3	丙烷	C_3H_8	nP	3
4	异丁烷	iC_4H_{10}	iP	4

峰编号	化合物名称	代号	类型	碳数
5	正丁烷	nC_4H_{10}	nP	4
6	2，2-二甲基丙烷	$22DMC_3$	iP	5
7	2-甲基丁烷	iC_5H_{12}	iP	5
8	正戊烷	nC_5H_{12}	nP	5
9	2，2-二甲基丁烷	$22DMC_4$	iP	6
10	环戊烷	CYC_5	N	5
11	2，3-二甲基丁烷	$23DMC_4$	iP	6
12	2-甲基戊烷	$2MC_5$	iP	6
13	3-甲基戊烷	$3MC_5$	iP	6
14	正己烷	nC_6H_{14}	nP	6
15	2，2-二甲基戊烷	$22DMC_5$	iP	7
16	甲基环戊烷	$MCYC_5$	N	6
17	2，4-二甲基戊烷	$24DMC_5$	iP	7
18	2，2，3-三甲基丁烷	$223TMC_4$	iP	7
19	苯	BZ	A	6
20	3，3-二甲基戊烷	$33DMC_5$	iP	7
21	环己烷	CYC_6	N	6
22	2-甲基己烷	$2MC_6$	iP	7
23	2，3-二甲基戊烷	$23DMC_5$	iP	7
24	1，1-二甲基环戊烷	$11DMCYC_5$	N	7
25	3-甲基己烷	$3MC_6$	iP	7
26	1，顺3-二甲基环戊烷	$c13DMCYC_5$	N	7
27	1，反3-二甲基环戊烷	$t13DMCYC_5$	N	7
28	3-乙基戊烷	$3EC_5$	iP	7
29	1，反2-二甲基环戊烷	$t12DMCYC_5$	N	7
30	2，2，4-三甲基戊烷	$224TMC_5$	iP	8
31	正庚烷	nC_7H_{16}	nP	7
32	甲基环己烷	$MCYC_6$	N	7
33	1，顺2-二甲基环戊烷	$c12DMCYC_5$	N	7
34	2，2-二甲基己烷	$22DMC_6$	iP	8
35	乙基环戊烷	$ECYC_5$	N	7

续表

峰编号	化合物名称	代号	类型	碳数
36	2，5-二甲基己烷	$25DMC_6$	iP	8
37	2，4-二甲基己烷	$24DMC_6$	iP	8
38	1，反2，顺4-三甲基环戊烷	$ctc124TMCYC_5$	N	8
39	3，3-二甲基己烷	$33DMC_6$	iP	8
40	1，反2，顺3-三甲基环戊烷	$ctc123TMCYC_5$	N	8
41	2，3，4-三甲基戊烷	$234TMC_5$	iP	8
42	甲苯	TOL	A	7
43	2，3-二甲基己烷	$23DMC_6$	iP	8
44	2-甲基-3-乙基戊烷	$2M3EC_5$	iP	8
45	1，1，2-三甲基环戊烷	$112TMCYC_5$	iP	8
46	2-甲基庚烷	$2MC_7$	iP	8
47	4-甲基庚烷	$4MC_7$	iP	8
48	3，4-二甲基己烷	$34DMC_6$	iP	8
49	1，顺2，反4-三甲基环戊烷	$cct124TMCYC_5$	N	8
50	3-甲基庚烷	$3MC_7$	iP	8
51	1，顺3-二甲基环己烷	$c13DMCYC_6$	iP	8
52	1，反4-二甲基环己烷	$t14DMCYC_6$	N	8
53	1，1-二甲基环己烷	$11DMCYC_6$	N	8
54	2，2，5-三甲基己烷	$225TMC_6$	iP	9
55	1-甲基，反3-乙基环戊烷	$t1E3MCYC_5$	N	8
56	1-甲基，顺3-乙基环戊烷	$c1E3MCYC_5$	N	8
57	1-甲基，反2-乙基环戊烷	$t1E2MCYC_5$	N	8
58	1-甲基，1-乙基环戊烷	$1E1MCYC_5$	N	8
59	1，反2-二甲基环己烷	$t12DMCYC_6$	N	8
60	1，顺2，顺3-三甲基环戊烷	$ccc123TMCYC_5$	N	8
61	1，反3-二甲基环己烷	$t13DMCYC_6$	N	8
62	正辛烷	nC_8H_{18}	nP	8
63	异丙基环戊烷	iC_3CYC_5	N	8
64	九碳环烷	C_9N	N	9
65	2，4，4-三甲基己烷	$244TMC_6$	iP	9
66	九碳环烷	C_9N	N	9

峰编号	化合物名称	代号	类型	碳数
67	2, 3, 5-三甲基己烷	235TMC$_6$	iP	9
68	1-甲基, 顺2-乙基环戊烷	c1E2MCYC$_5$	N	8
69	2, 2-二甲基庚烷	22DMC$_7$	iP	9
70	1, 顺2-二甲基环己烷	C12DMCYC$_6$	N	8
71	2, 2, 3-三甲基己烷	223TMC$_6$	iP	9
72	2, 4-二甲基庚烷	24DMC$_7$	iP	9
73	4, 4-二甲基庚烷	44DMC$_7$	iP	9
74	正丙基环戊烷	nC$_3$CYC$_5$	N	8
75	2-甲基, 4-乙基己烷	2M4EC$_6$	iP	9
76	2, 6-二甲基庚烷	26DMC$_7$	iP	9
77	1, 1, 3-三甲基环己烷	113TMCYC$_6$	N	9
78	九碳环烷	C$_9$N	N	9
79	2, 5-二甲基庚烷	25DMC$_7$	iP	9
80	3, 3-二甲基庚烷	33DMC$_7$	iP	9
81	九碳环烷	C$_9$N	N	9
82	3-甲基, 3-乙基己烷	3M3EC$_6$	iP	9
83	乙苯	ETBZ	A	8
84	九碳环烷	C$_9$N	N	9
85	2, 3, 4-三甲基己烷	234TMC$_6$	iP	9
86	反1, 反2, 反4-三甲基环己烷	ttt124TMCYC$_6$	N	9
87	顺1, 顺3, 反5-三甲基环己烷	cct135TMCYC$_6$	N	9
88	间二甲苯	MXYL	A	8
89	对二甲苯	PXYL	A	8
90	2, 3-二甲基庚烷	23DMC$_7$	iP	9
91	3, 4-二甲基庚烷	34DMC$_7$（D）	iP	9
92	3, 4-二甲基庚烷	34DMC$_7$（L）	iP	9
93	九碳环烷	C$_9$N	N	9
94	4-乙基庚烷	4EC$_7$	iP	9
95	4-甲基辛烷	4MC$_8$	iP	9
96	2-甲基辛烷	2MC$_8$	iP	9
97	2, 3二甲基, 3-乙基己烷	23DM3EC$_6$	iP	10
98	3-乙基庚烷	3EC$_7$	iP	9
99	3-甲基辛烷	3MC$_8$	iP	9
100	邻二甲苯	OXYL	A	8

续表

峰编号	化合物名称	代号	类型	碳数
101	1，1，2-三甲基环己烷	112TMCYC$_6$	N	9
102	顺1，顺2，反4-三甲基环己烷	cct124TMCYC$_6$	N	9
103	1-甲基，2-丙基环戊烷	1M2C$_3$CYC$_5$	N	9
104	1-甲基，顺3-乙基环己烷	c1E3MCYC$_6$	N	9
105	九碳环烷	C$_9$N	N	9
106	1-甲基，反4-乙基环己烷	t1E4MCYC$_6$	N	9
107	九碳环烷	C$_9$N	N	9
108	异丁基环戊烷	iC$_4$CYC$_5$	N	9
109	2，2，6-三甲基庚烷	226TMC$_7$	iP	10
110	九碳环烷	C$_9$N	N	9
111	十碳链烷	C$_{10}$P	P	10
112	正壬烷	nC$_9$H$_{20}$	nP	9

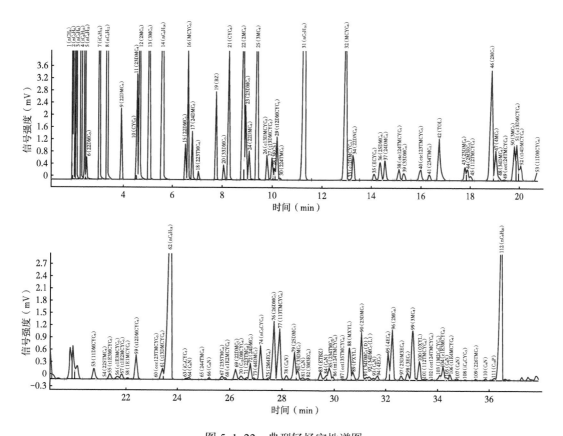

图 5-1-22 典型轻烃定性谱图

4. 定量方法

轻烃分析可通过计算每个单体烃的峰面积或峰高，采用归一法定量分析。由于烃类化合物质量校正因子接近于1，在计算中不加校正因子，见公式（5-1-22）。

$$C_i = \frac{A_i}{\sum\limits_{i=1}^{n} A_i} \times 100\%$$

（5-1-22）

式中　C_i——试样中组分 i 的百分含量；

　　　A_i——组分 i 的峰面积或峰高。

5. 参数计算

1）各碳数范围轻烃组成参数

依据每个单体烃的峰面积，计算不同碳数的组分个数、总峰面积、正构烷烃含量（%）、异构烷烃含量（%）、环烷烃含量（%）、芳香烃含量（%）、总含量（%），并计算所有单体烃组分个数、总峰面积、正构烷烃含量（%）、异构烷烃含量（%）、环烷烃含量（%）、芳香烃含量（%）、总含量（%）。其中：

（1）不同碳数的组分个数：不同碳数范围内检测的单体烃数量（个）。

（2）不同碳数的总峰面积：不同碳数范围内检测的单体烃峰面积之和（mV·s）。

（3）不同碳数的正构烷烃含量：不同碳数范围内检测的正构烷烃峰面积占同碳数单体烃峰面积之和的百分比（%）。

（4）不同碳数的异构烷烃含量：不同碳数范围内检测的异构烷烃峰面积占同碳数单体烃峰面积之和的百分比（%）。

（5）不同碳数的环构烷烃含量：不同碳数范围内检测的环烷烃峰面积占同碳数单体烃峰面积之和的百分比（%）。

（6）不同碳数的芳香烃含量：不同碳数范围内检测的芳香构烷烃峰面积占同碳数单体烃峰面积之和的百分比（%）。

（7）所有单体烃组分个数、总峰面积、正构烷烃含量（%）、异构烷烃含量（%）、环烷烃含量（%）、芳香烃含量（%）、总含量（%）：将以上不同碳数的相同参数累加。

2）其他比值参数

依据单体峰面积计算比值参数，主要参数参见表5-1-27。

（二）录井准备

1. 仪器设备要求

1）主要设备

轻烃组分分析仪：具有顶空进样和毛细管柱分流进样系统，包括程序恒温和升温控制系统、弹性石英毛细色谱柱、氢火焰离子化检测器（FID）等装置。

轻烃分析一般选用PONA聚合物多孔层毛细管色谱柱，柱长50m，内径0.20~0.25mm，膜厚0.25~0.5μm。

2）附属设备与材料

氢气发生器、空气压缩机、氮气发生器、UPS不间断稳压电源、热蒸发烃气相色谱仪、样品瓶用于采集样品，为可密封的钳口玻璃瓶，容积≥20mL。

表 5-1-27　轻烃比值参数

序号	参数	序号	参数
1	$\Sigma(C_1\sim C_5)$	18	$TOL/11DMCYC_5$
2	$\Sigma(C_6\sim C_9)$	19	$\Sigma C_5/\Sigma C_{6-12}$
3	$\Sigma(C_1\sim C_5)/\Sigma(C_1\sim C_9)$	20	$\Sigma(nC_4\sim nC_8)/\Sigma(iC_4\sim iC_8)$
4	$nC_7/(DMCYC_5+11DMCYC_5)$	21	$(2MC_5\sim 3MC_5)/(23DMC_4\sim 22DMC_4)$
5	TOL/nC_7	22	$3MC_5/23DMC_4$
6	$3MC_5/nC_6$	23	iC_5/nC_5
7	$nC_6/(CYC_6+MCYC_6)$	24	$MCYC_6/(2MC_6+3MC_6)$
8	$\Sigma(C_6\sim C_9)/\Sigma(C_1\sim C_9)$	25	$\Sigma C_6/\Sigma C_7$
9	iC_6/CYC_6	26	$TOL/MCYC_6$
10	$2MC_5/22DMC_4$	27	$(nC_6+nC_7+nC_8)/\Sigma(C_6\sim C_8)$
11	Bz/CYC_6	28	$(23DMC_5+24DMC_5)/(2MC_6+3MC_6)$
12	$nC_5/(CYC_5+MCYC_5)$	29	石蜡指数$(2MC_6+3MC_6)/$ $(11DMCYC_5+c13DMCYC_5+$ $t13DMCYC_5+t12DMCYC_5)$
13	苯指数 $Bz/(Bz+2,$ $3DMC_4+2MC_5+3MC_5+nC_6+MCYC_5+CYC_6)$	30	庚烷值 $nC_7H_{16}/(CYC_6+2MC_6+23DMC_5+$ $11DMCYC_5+3MC_6+c13DMCYC_5+t13DMCYC_5$ $+t12DMCYC_5+224TMC_5+nC7H_{16}+MCYC_6)$
14	Mango K1 指数	31	甲基环己烷指数 $MCYC_5(/nC_7H_{14}+11DMCYC_5+c1$ $3DMCYC_5+t12DMCYC_5+ECYC_5+MCYC_6)\times100\%$
15	$\Sigma(CYC_4\sim CYC_8)/\Sigma(iC_4\sim iC_8)$	32	环己烷指数 $CYC6/(nC_6+MCYC_5+CYC_6)$
16	$(Bz+TOL)/\Sigma(CYC_5\sim CYC_6)$	33	环烷指数
17	$\Sigma(CYC_5\sim CYC_6)/\Sigma(nC_5\sim nC_9)$	34	

2. 工作条件检查

1）电源要求

同岩石热解分析技术。

2）环境要求

同岩石热解分析技术。

3）分析条件

（1）气液平衡温度：80℃±5℃，恒温时间不少于 30min。

（2）色谱柱线速：18~30cm/s。

（3）尾吹：35~45mL/min。

（4）色谱柱温度：初温 35~40℃，保持 10min，升温速率 10~20℃/min，一阶温度 150℃，保持 5~10min。

（5）氢气流量：35~45mL/min。

（6）空气流量：350~500mL/min。

3. 仪器校验

1）检查并开机

检查确认主机及附属设备正常后开机，在设备初始化就绪后，进行不少于 2 次的空白分析，使设备性能稳定、流路中的气体充分置换。

2）校验项目与方法

（1）基线稳定性。仪器在 100℃ 恒温状态下，待基线稳定后记录基线 30min，基线中噪声最大峰值与最小峰值之差对应的信号值为仪器的基线噪声；基线偏离起始点最大的响应信号值为仪器的基线漂移。基线噪声与漂移最大不超过 0.03mV/30min。

（2）仪器稳定性。选取含 C_1~C_9 范围内的轻质油或凝析油样品作为仪器校验的物质，重复分析不少于 3 次，并计算甲基环己烷指数、异庚烷值、庚烷值等比值参数，测试结果计算参数相对偏差小于 10%。按公式（5-1-8）计算相对偏差。

（3）分离度。分离度要求如下：

①甲乙烷分离度大于 1.0。

②1，顺 3- 二甲基环戊烷与 1，反 3- 二甲基环戊烷分离度大于 1.2。

③1，反 3- 二甲基环戊烷与 1，反 2- 二甲基环戊烷分离度大于 1.2。

按式（3-3-2）计算分离度。

（4）校验时间。在下列情况下，应对仪器进行校验：

①正式录井前。

②调整仪器的技术参数后。

③仪器修理后。

④中途停止录井 3d 以上，重新开始录井前。

（三）资料录取

1. 采集项目

C_9 及以前各组分相对百分含量。

2. 采样间距

（1）岩屑：按地质设计要求取样间距执行；采样间隔约 2~5m 取 1 个样；当单层厚度不大于 2m 时，确保每层取 1 个样。

（2）岩心：单层厚度不大于 0.5m，每层取 1 个样品；单层厚度大于 0.5m 时，每 0.5m 取 1 个样品；见油气显示时，应加密取样，每 0.2m 取 1 个样品。

（3）井壁取心样品：按需选取。

（4）钻井液：同岩石热解分析技术样品采样间距要求。

3. 采样方法

（1）岩屑：有气体显示异常或含荧光以上显示级别段采样。

（2）岩心和井壁取心：选取未受钻井液污染的中心部位，储集岩逐层采样。

（3）钻井液：选取代表当前井深的钻井液样品。

4. 样品预处理

（1）样品清洗：岩屑样装瓶密封前应进行清洗，清洗方法要因岩性而定，以不漏掉显示、不破坏岩屑为原则。

（2）样品封装：所有类型样品采样后应在 2min 内装瓶密封，岩屑、钻井取心样品装至样品瓶 2/3 位置，井壁取心样品根据实际情况选取样品量。

（3）样品标识：采样后应在样品瓶的标签上标注井号、井深等信息。

5. 样品分析

（1）按规定要求对仪器校验后方可进行样品分析。

（2）密闭后样品分析前应预热 30min 以上，为防止长期保存发生物理化学反应，采样后的样品应确保 7d 内分析。

（3）仪器按设定的条件稳定后启动分析，顶空进样器自动将样品气注入色谱分析系统。

（4）保存轻烃分析谱图，填写轻烃录井分析记录，格式参见表 5-1-28。

表 5-1-28　轻烃录井分析记录

井深（m）		层位		岩性定名	
分析参数					
组分	峰面积（pA·s）	组分	峰面积（pA·s）	组分	峰面积（pA·s）

（四）应用解释

1. 油气源分析

轻烃组成与油气形成的地球化学条件有密切关系，概括起来有两个方面：一是成因内在方面的原始有机质的类型和性质，如海相和陆相有机质，由沉积环境决定；二是有机质的热演化程度，涉及埋藏历史和地温梯度等。同时，识别评价油水层应先确定成因类型和成熟度指标后再分类识别评价。轻烃评价油气源常见参数介绍如下。

1）评价参数

（1）石蜡指数 PI1：

$$PI1 = \frac{2MC_6 + 3MC_6}{11DMCYC_5 + c13DMCYC_5 + t13DMCYC_5 + t12DMCYC_5} \times 100\%$$

PI1 也叫异庚烷值，用来研究母质类型和成熟度。正庚烷主要来自藻类和细菌，对成熟作用十分敏感，是良好的成熟度指标。次生蚀变作用，包括生物降解、水洗、蒸发分馏等，都会影响储层原油的正庚烷值。

（2）庚烷值 PI2：

$$PI2 = nC_7/(CYC_6 + 2MC_6 + 23DMC_5 + 11DMCYC_5 + 3MC_6 + c13DMCYC_5 + t13DMCYC_5 + t12DMCYC_5 + 224TMC_5 + ECYC_5 + nC_7H_{16} + MCYC_6) \times 100\%$$

PI2 用来研究母质类型和成熟度，次生蚀变作用会改变其值大小。

（3）甲基环己烷指数 MCH：

$$MCH = MCYC_6/(nC_7 + 11DMCYC_5 + c13DMCYC_5 + t13DMCYC_5 + t12DMCYC_5 + ECYC_5 + MCYC_6) \times 100\%$$

甲基环己烷主要来自高等植物木质素、纤维素和糖类等，热力学性质相对稳定。该化合物是反映陆源母质类型的良好参数，它的大量出现是煤成油轻烃的一个特点。

（4）环己烷指数 CH：

$$CH = CYC_6/（nC_6 + MCYC_5 + CYC_6）\times 100\%$$

CH 反映烃源岩母质类型。

（5）二甲基环戊烷指数 DMCP：

$$DMCP = \frac{nC_6 + 2MC_5 + 3MC_5}{c13DMCYC_5 + t13DMCYC_5 + t12DMCYC_5} \times 100\%$$

各种结构的二甲基环戊烷主要来自水生生物的类脂化合物，并受成熟度影响。该化合物的大量出现是海相油轻烃的一个特点。DMCP 所表征的地化意义是：随着热力学作用的加强，演化进程加深，不同构型的二甲基环戊烷相应地发生脱甲基和开环作用而成为正己烷和甲基戊烷。

（6）环烷指数 I：

$$I = （\sum DMCYC_5 + ECYC_5）/nC_7$$

各种构型的二甲基环戊烷和乙基环戊烷含量受母质成熟度的影响大，正庚烷对成熟度很敏感，环烷指数 I 反映了轻烃的演化阶段。

（7）环烷指数 II：

$$II = CYC_6/nC_7$$

环己烷含量受母质成熟度的影响大，正庚烷对成熟度很敏感，环烷指数 II、庚烷值的大小，反映了轻烃的演化阶段。

（8）Mango 指数 K1：

$$K1 = （2MC_6 + 23DMC_5）/（3MC_6 + 24DMC_5）$$

K1 用于油源分类与对比。同一个油族中 K1 值是恒定的，而不同烃源岩的油样 K1 值则不同。

轻烃指纹参数不仅可以用于原油的分类和气—油—烃源岩的对比，而且还可以用于同源油气形成后经水洗、生物降解、热蚀变等影响而造成的细微化学差异的判别，反映油气的运移和保存条件。

2）评价标准

轻烃反映生烃母质特征的评价标准见表 5-1-29、表 5-1-30。

表 5-1-29 轻烃分析母质类型判别标准

母质类型	甲基环己烷指数 MCYC$_6$（%）	环己烷指数 CYC$_6$（%）
腐泥型 I 型	<35（±2）	<27（±2）
腐泥型 II 型	35（±2）~50（±2）	
腐殖型 III 型	>50（±2）	>27（±2）

表 5-1-30 轻烃分析成熟度判别标准

成因类型	环烷指数 I	环烷指数 II	庚烷值（%）	异庚烷值（%）	演化阶段
腐泥型 I 型、II 型	＞3.8	＞3.0	0~5	0~1	未成熟
	3.8~0.34	3.0~0.64	5~30	1~2	成熟
	0.34~0.11	0.64~0.38	＞30	＞2	高成熟
	＜0.11	＜0.38			过成熟
腐殖型 III 型	＞14	＞40	0~18	0~1	未成熟
	14~0.50	40~2.2	18~30	1~2	成熟
	0.50~0.13	2.2~0.54	＞30	＞2	高成熟
	＜0.13	＜0.54			过成熟

2. 储层特征判别

要实现对储层的客观评价，首先要实现有效价值目标层的确定，通过对轻烃丰度及重烃比例大小区分可能的产层和非产层；其次是对油气层是否含水进行精细化评价，通过轻烃化合物的浓度和分布、稳定性及在水中的溶解度等物理化学性质差异，找出不同环境、不同储层性质条件下这些轻烃参数的变化规律，利用轻烃参数变化规律进行层内、层间可动流体分析，选择代表性组分的变化特征，实现储层含水的综合评价。

1）油气丰度评价参数

一般来说，轻烃浓度和地层的含油气丰度正相关，储层含油气丰度越高，所溶解的轻烃个数和含量越大。当轻烃组分数量很少时，指示储层不含油。主要评价参数如下：

（1）轻烃组分个数，即轻烃组分检测出的个数，取决于储层原油饱和度和原油中轻烃的含量。轻烃组分个数越多，储层含油可能性越大。

（2）$\sum(C_1~C_5)$，指 $C_1~C_5$ 类烃中所有组分峰面积之和。没有油显示的储层可能含有水溶气和较多的游离气，表现为 $\sum(C_1~C_5)$ 较大。

（3）$\sum(C_6~C_9)$，指 $C_6~C_9$ 类烃中所有组分峰面积之和，表现为油显示储层 $\sum(C_6~C_9)$ 较大。

（4）轻重比，即 $\sum(C_1~C_5)/\sum(C_6~C_9)\times100\%$，该比值越大，含轻质油气可能性越大。

（5）重总比，即 $\sum(C_6~C_9)/\sum(C_1~C_9)\times100\%$，储层中存在具有开采价值的正常原油，必然存在 $C_7~C_9$ 烃类化合物。该值越大，指示储层产油的可能性越大。

（6）直链烷烃（nP），即 $C_1~C_9$ 中所有直链烷烃峰面积之和。I 型干酪根富含正构烷烃。

（7）支链烷烃（iP），即 $C_1~C_9$ 中所有支链烷烃峰面积之和。III 型干酪根富含异构烷烃。

（8）环烷烃（N），即 $C_1~C_9$ 中所有环烷烃峰面积之和。II 干酪根富含环烷烃。

（9）芳香烃（A），即苯、甲苯、间二甲苯、对二甲苯、邻二甲苯峰面积之和。III 型干酪根的母质类富含芳香烃。

2）油气水层评价参数

在成因类型、热演化程度相同的情况下，主要依据生物降解和水洗等次生作用找出轻烃参数的变化的规律，从而识别油水层。常见油气水层评价参数如下：

（1）iC_5/nC_5，异戊烷和正戊烷的比值，在有机质的成熟度和运聚生成环境条件一致的前提下，微生物优先消耗正构烷烃，而异构烷烃相对于同碳数的正构烷烃有较强的抵抗力，导致了较高的比值。该值可反映 C_5 类烃中生物降解程度。

（2）$3MC_5/nC_6$，正己烷对生物降解作用比较敏感，而异构烷烃相对于同碳数的正构烷烃有较强的抵抗力，导致了较高的比值。该值可反映 C_6 类烃中生物降解程度。

（3）庚烷值，C_7 类烃中正庚烷对生物降解作用最为敏感，环烷烃具有较强的抗生物降解能力，并且随着生物降解程度的增加，单取代向多取代转变，形成一系列异己烷浓度系列，生物降解导致其值变小。

（4）$(2MC_5 \sim 3MC_5)/(23DMC_4 \sim 22DMC_4)$，$C_6$ 类烃中，在正常石油中，异构己烷有下列浓度系列：$2MC_5 > 3MC_5 > 23DMC_4 > 22DMC_4$；而当原油遭受生物降解作用的时候，异构己烷抗生物作用的能力正好与正常原油异构的浓度系列相反。

（5）$22DMC_3/CYC_5$，C_5 类烃中，2，2-二甲基丙烷为含季碳原子异构烷烃，化学稳定性较差、易溶于水。该比值减小，含水可能性大。

（6）$(22DMC_5+223TMC_4+33DMC_5)/11DMCYC_5$，$C_7$ 类烃中 $22DMC_5$、$223TMC_4$、$33DMC_5$ 是 C_7 类烃中化学稳定性较差、易溶于水并含季碳原子的异构烷烃，在成熟原油中通常为微量组分；$11DMCYC_5$ 是所有 C_7 类烃中抗微生物降解能力最强的环烷烃，水洗作用可导致该比值减小。

（7）$(2MC_6+3MC_6)/(11DMCYC_5+c13DMCYC_5+t13DMCYC_5+t12DMCYC_5)$，也叫石蜡指数或异庚烷值，$C_7$ 类烃中，甲基己烷类降解快于甲基戊烷和二甲基环戊烷类，单甲基链烷烃比双甲基链烷烃和三甲基链烷烃优先降解，1 顺 3-二甲基环戊烷和 1 反 3-二甲基环戊烷具有中等的抗生物降解能力，1 反 2-二甲基环戊烷是二甲基环戊烷中降解最快的。生物降解作用可导致该比值减小。

（8）$MCYC_6/(2MC_6+3MC_6)$，烷基化程度和烷基取代位置是影响微生物降解的两个主要因素，C_7 类烃中，单甲基链烷烃比双甲基链烷烃和三甲基链烷烃优先降解，2-甲基己烷比 3-甲基己烷优先降解，一个异构体邻近的甲基基团则可增强它的抗生物降解能力。甲基位于末端位置的比位于中间位置的异构体更易于被细菌攻击；$MCYC_6$ 抗微生物降解能力较强。生物降解作用可导致该比值增大。

（9）$(23DMC_5+24DMC_5)/(2MC_6+3MC_6)$，不同烷基化程度抗生物降解程度是不同的，较大的烷基取代有较强的抗生物降解能力，甲基链烷烃类大部分降解掉后，二甲基烷烃类才可能被代谢掉。C_7 烃类中，$23DMC_5$、$24DMC_5$ 是抗生物降解能力最强的两个双甲基取代烃类化合物，抗生物降解能力远高于甲基己烷类。

（10）$11DMCYC_5/ECYC_5$，在生物降解期间，乙基环戊烷比二甲基环戊烷降解快得多，可能由于位阻的原因，同一碳上的双甲基抑制了细菌的攻击。同时，1，1-二甲基环戊烷是二甲基环戊烷中抗生物降解能力最强的。随着生物降解程度增加，该比值有增大趋势。

（11）BZ/CYC_6，苯极易溶于水，该值可反映 C_6 类烃中水洗程度。

（12）$TOL/MCYC_6$，甲苯和甲基环己烷峰面积的比值。甲苯易溶于水，水洗作用导致该值变小。

（13）$TOL/11DMCYC_5$，甲苯和 1，1-二甲基环戊烷峰面积的比值。甲苯易溶于水，$11DMCYC_5$ 是所有 C_7 类烃中抗微生物降解能力最强的环烷烃，水洗作用可导致该比值减小。

（14）TOL/nC$_7$，甲苯和正庚烷峰面积的比值。甲苯易溶于水，但芳香烃有毒，抗生物降解能力较强。正庚烷是所有C$_7$类烃中抗微生物降解能力最敏感的化合物，水洗作用可导致该比值减小，生物降解作用可导致该比值增大。当原油遭受"蒸发分馏作用"时，芳香烃的含量相对于相似分子量的正构烷烃会增加，无支链的链烷烃和环烷烃相对于支链的异构体增加，链烷烃相对环烷烃下降。随气相或轻质油向浅处构造或圈闭运移聚集，TOL/nC$_7$值相对降低。

3）油气水层评价图板

直接利用以上常用敏感参数或组合参数，分区域建立解释评价图板（图5-1-23），实现对油气水层精细解释评价。

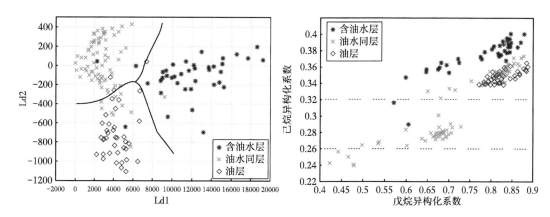

图 5-1-23　轻烃解释评价图板

Ld1、Ld2 为降维新参数

四、地化录井影响因素分析与质量控制

录井方法有很多种，但无论哪一种录井方法，测得结果都不能够完全反映地层原始状态和真实情况。地化录井技术与其他依托岩样分析的技术一样，受储层类型、油气层类型、钻井复杂工况及其他因素的影响，因此，我们需要足够了解影响因素并严格控制，才能使评价结果与地质情况相吻合。

（一）主要影响因素

1. 钻探过程中

1）钻头类型和钻井工艺的影响

不同的钻井工艺直接影响地化分析结果。钻头类型不同、新旧程度不同，破碎岩屑的颗粒大小不同，不同大小的岩屑颗粒油气散失程度不同，影响地化分析结果；随着PDC钻头、螺旋钻铤、定向动力钻具的推广使用，返出至地面的岩屑越来越细小、混杂，也增大了挑选真实样品的难度。

2）钻井液的冲刷的影响

钻井过程中，岩屑从井底被钻井液携带到地面。钻井液在井眼里不断循环，使含油储层中的原油不断被冲刷带走。井眼越深，油质越轻，物性越好，岩屑受钻井液冲刷影响越大，岩样所含油气损失也越大。

岩心表面烃类在钻井液的冲洗作用下也有一定的损失；井壁取心样品由于经历了长时

间钻井液的浸泡，在超过地层压力的钻井液柱的压力作用下，钻井液滤液会在井壁形成不同侵入范围的冲洗带，在这个范围内，储层中的烃类部分被滤液排替挤压，造成井壁取心中烃类的损失。

3）钻井液添加剂及混油污染的影响

钻井过程的有机添加剂以及混入井筒的原油均成为对岩样的污染源，有的难以用水洗完全去除。这些物质在热解时能产生大量的烃类，使地化分析数值不同程度的升高，或造成砂岩含油气的假象，干扰正确的评价分析。

4）钻井液性能及井眼条件的影响

钻井液性能与参数的优劣也会影响地化分析结果。由于钻井液性能的不良，或井眼不规则，破碎的岩屑不能及时携带出井口，造成岩屑的滞留、反复研磨及混杂问题，烃损失较大，且造成无法准确捞取所钻地层的真实样品。

2. 样品返达地面后

1）样品捞取的影响

准确的捞砂时间、捞砂间距、捞样方法是保证地化录井质量的前提。要准确确定岩屑迟到时间定点捞样，根据实物数量从砂样容器中取全部或四等份中的部分试样，并及时清理干净捞砂机台上遗留的岩屑。

2）取样密度的影响

采样密度不够，分析结果代表性就较差，影响解释评价。储层取样间距越密，越能够反映储层的真实含油气性。一般陆相碎屑岩油气层岩性变化大，储油物性、含油饱和度变化也大，油层的非均质性非常突出，一个单油层不仅上、下部含油饱和度有较大差异，在横向上岩性也不均一，因而，随钻井液返出的岩屑，虽然是同一储层的，但代表着不同含油饱和度的岩性。在一包 1m 间距的岩样中，挑出的砂岩岩屑的含油饱和度相差较大（不包含掉块岩屑），将会导致热解参数也不一致；相差仅 0.2m 的两块岩心，其热解参数也会出现极大的差别；甚至深度一样的一块岩心，由于其平面上取样位置的不同，也会出现热解参数的差异。因此，对于一些非均质性储层，应特别关注取样密度。取样密度过低，可能造成决定储层产液性质关键点样品的漏取，那么地化资料判别储层性质就很难得出正确的结论。

3）样品清洗的影响

岩屑表面附着的钻井液对地化录井分析结果影响较大，若清洗不干净，钻井液的添加剂被热解生成烃类，将导致分析数值偏高。因此，捞取后的岩屑应及时进行清洗，去除附着在岩屑表面的钻井液污物及其他杂质，但清洗后的岩屑外部油气信息一般被冲刷殆尽，其内部也仅存原始含量的极少部分，如果砂岩胶结比较好，可以取到呈颗粒状的含油岩屑，其烃类分析值一般只有同层位岩心的 1/3~1/2；当岩屑呈单砂粒状时，不管砂岩的胶结情况如何，其分析值仅有岩心分析值的 1/100~1/10。

岩屑清洗方法要因岩性而定，以不漏掉显示、不破坏岩屑及矿物为原则。洗样用水要保持清洁，严禁油污，严禁高温。正确方法是采取漂洗方法，严禁用水猛烈冲洗，洗至微显岩石的本色即可，防止含油砂岩、疏松砂岩、沥青块、煤屑、石膏、盐岩、造浆泥岩等易水解、易溶岩类被冲散流失。对于轻烃分析的岩样，简单清洗表面钻井液即可。

4）岩样挑选影响

挑选有代表性的样品是确保地化录井质量的关键。碎屑岩岩性变化较大，储层物性变化也较大，因而油层的非均质性异常突出。同是一块岩心，含油饱和度不仅纵向上的均一性差，横向也有很大差异，地化录井数据相差可能几倍。同样，从井下由钻井液携带出来的岩屑，由于受钻井液冲洗井壁及岩石脆裂粉碎掉块、机械震动掉块、钻具摆动致使井壁岩石掉块等因素的影响，真假岩屑混杂，同一包岩屑中挑出的油砂分析结果也有较大的差异。因而，地化录井人员要掌握样品挑选技术，并在实践中积累经验，提高挑样的准确性和代表性。

5）样品存储与放置时间的影响

待分析的岩屑、岩心及井壁取心样品不能长时间放置或在阳光下暴露，放置时间越长，烃损失越严重。油砂在空气中及阳光下晒几分钟，气及凝析油就可能全部挥发掉；对含有中质原油的岩样在室温18℃的空气中放置4d，S_0损失100%，S_1损失31%，含轻质原油样品烃损失更加严重，因此，样品返出到地面后一定要及时取样。当岩样分析跟不上钻井速度时，岩心与井壁取心样品应在返出地面后10min内装瓶密封保存。岩屑样品应在清洗后立即密封于样品瓶中，在条件许可的情况下，最好在低温状态下保存。

3. 样品分析过程中

1）样品制备

当设备性能满足分析要求等待分析时，岩石热解与热蒸发烃气相色谱分析应选取有代表性的样品并按要求称重分析。挑样应在明亮的光线下；有油气显示的，需在荧光灯下挑样并优先上机分析。

（1）岩屑选样前，再次用清水洗掉残余污染物，将样品用镊子挑在滤纸上吸取表面水分，含油样品禁止用滤纸包裹或吸附。样品处理速度要快，尽量减少轻烃的损失。

（2）岩心样品和壁心样品应当挑取中间部位；砂岩样品不能碎成粉末状、不可研磨，颗粒的大小以坩埚能装进即可。

（3）所有类型的砂岩样品称量后应立即上机分析，挑样过程严禁将泥岩碎屑带入。样品含有干酪根、煤屑和沥青等有机物时，热解会产生烃类，增大砂岩的含油气等级，或造成砂岩含油气假象。

（4）泥岩类样品应在自然风干条件下按要求的粒度研磨后进行分析，禁止选取烘干样分析。

（5）轻烃分析前样品应预热，时间不少于30min。

2）样品分析

样品分析过程受操作人员技术素质、熟练程度、设备以及外围附属设备性能等诸多因素影响，因此，对每一个可能影响资料质量的因素都必须考虑到并尽可能予以控制，要确保仪器性能符合要求，附属设备定期维护、定时校验，严格按照仪器分析条件要求操作。

（1）温度控制精度：岩石热解、热蒸发烃气相色谱以及轻烃分析仪器中，温度控制精度是关键性技术指标之一。如温度控制不准确，可能导致岩石热解 T_{max} 指标不符合要求、热蒸发烃和轻烃分析轻重比发生变化、保留时间重现性差等问题。

（2）载气及辅助气体性能：热解分析、热蒸发烃分析和轻烃分析技术，烃类气体都需要通过载气携带进入检测器检测分析。载气流速不稳定、纯度低将导致分析结果严重失真；辅助气体不稳定，将导致氢火焰离子化检测器火焰波动，造成仪器噪声增加。

（3）仪器性能：仪器特性是确保地化录井质量的前提。设备的最小检测量、灵敏度、测量重复性、测量准确度、动态线性范围等特征直接影响到分析结果的准确性。

（4）装样坩埚的影响：坩埚是长时间处在高温环境中使用的，其质量、体积、壁厚、透气性等性能也将影响分析结果，一般要求坩埚使用 100 次以上需更换。

4. 地质条件

1）储层原油性质

原油性质不同，烃损失程度也不同。轻质原油储层样品损失最大，中质原油次之，重质原油损失量最小。轻质油、凝析气和天然气，由于轻组分高，挥发严重，如果样品放置时间过长，可能会导致地化录井显示低或无显示。

2）储层物性

储层物性越好，胶结疏松，烃类损失程度则越大；低孔低渗储层，由于油气向外扩散慢，导致显示偏高。

3）特殊岩性

碳酸盐岩、火山岩、变质岩等油气赋存空间特殊的储集岩，以裂缝、缝洞为油气储集空间，含油气的非均质性较强，油气沿裂缝面和孔洞面发育，给含油气岩样的挑选工作带来较大难度，也会出现分析结果显示偏低的现象。

（二）质量控制

上述几方面因素，有些影响因素是人为因素，是可以避免的，而有些影响因素如地质和工程上的影响很难有效控制，但可以通过校正提高资料应用水平。因此，必须研究解决这些影响因素，把影响降到最低至关重要。

1. 规范样品采集与分析方法

地化录井技术在取样环节受到取样分析及时性、取样密度、选取样品的代表性、样品清洗程度和方法等人为因素的影响较大。操作人员必须有较高的技术素质和责任心，通过规范的操作流程和量化的操作标准，做到不同分析项目的每一个环节的准确无误，可以在很大程度上减少烃类损失，使储层评价更符合实际。

2. 严格对设备进行标定与校验

地化仪器性能也是影响解释评价的关键。仪器不稳定、精度差，就不能反映出地下油气的真实信息，导致解释评价结果出现偏差。因此要定期用标准样品来检验仪器的精密度、测量的准确度、测量的精确度，通过规范调校方法来减少客观存在的影响。仪器性能必须在规定的范围内才能分析样品。

3. 开展不可控影响因素校正方法研究

要针对各种影响因素的原因，在录井手段上的响应特征开展相应的研究，恢复校正钻头钻开油层后由于温度和压力变化造成烃类损失以及在井筒里钻井液冲刷造成的损失。

4. 加强不同影响因素条件下的解释评价方法研究

任何一项录井技术都存在着自身的优势与不足以及影响因素。面对诸多影响因素，除了采取相应对策消除部分影响外，必须加强不同影响因素前提下的应用研究，克服自身影响因素，细化评价标准，建立不同地区与不同层位、储层类型、原油类型、油气性的方法，在细微中察真相、变化中找规律，做到见微知著，从储层解释评价的角度进一步消除这类影响。

总之，只有对地化录井工作各项操作规范予以严格落实，强化操作人员的责任心，控制地化录井每个环节和每个工序质量，才能将可控影响因素降至最低。同时，积极开展不可控影响因素校正方法及解释评价方法研究，保证在现有影响条件下能够获得高质量的资料，为油田勘探开发提供有效的技术手段。

第二节　岩石矿物成分录井技术

地壳中的各种化学元素，在各种地质作用下不断进行化合，形成各种矿物。岩石矿物测定与分析的方法很多，针对不同岩石类型和矿物种类，需要选择不同的分析方法，目前较为常用的有能量色散 X 射线荧光光谱录井、X 射线衍矿物录井、自然伽马能谱录井等。本节介绍前两种，第三种在第三节中介绍。

一、X 射线荧光光谱录井技术

X 射线荧光光谱（X radial fluorescence，简称 XRF）录井技术又称元素录井技术，是通过 X 射线激发岩样，检测岩样中元素种类和相对含量，根据元素信息进行岩性识别和地层评价的一种技术方法。

（一）技术原理

X 射线荧光分析是确定物质中微量元素的种类和含量的一种方法，又称 X 射线次级发射光谱分析，是利用原级 X 射线光子或其他微观粒子激发待测物质中的原子，使之产生次级的特征 X 射线（X 光荧光）而进行物质成分分析和化学态研究。

1. 基本原理

1）X 射线定义

X 射线是波长介于紫外线和 γ 射线间的电磁辐射。它的波长没有一个严格的界限，一般来说是指波长为 0.001~10nm 的电磁辐射。X 射线由德国物理学家 W.K. 伦琴于 1895 年发现，由于不清楚这种射线的本质，于是用"X"这个数学上表示未知数的符号来命名，又称为伦琴射线。

2）特征 X 射线的产生

一个稳定的原子结构由原子核及核外电子组成，每个核外电子都以特定的能量在固定轨道（壳层）上绕原子核旋转。这些壳层分别命名为 K、L、M、N、O、P 和 Q 层，其中 K 层最接近原子核。每个壳层都处于一定的能量状态下，其中处于 K 壳层中的电子能量为最低，L 壳层次之，依次能量递增，构成一系列能级。

任何化学元素在受到合适的激发下，都会发射出具有特征性的辐射。原级 X 射线照射物质时，会撞击处在原子内层（如 K 层）的电子。该层上的电子被撞出后，原子电子层中就会产生空穴，被撞出的电子称为光电子。由于产生了空穴，这时处于高能态外层电子（如 L 层）就会跃迁到低能态来填补电子空位。外围电子所在轨道能量高于内层电子，这个跃迁的过程会释放能量。这部分能量有些可以被转移到另一个电子上，导致这个电子从原子中激发出来，这类电子称为俄歇电子，剩下的能量就会以 X 射线荧光的形式释放，使原子恢复到稳定的低能态，同时辐射出具有该元素特征的二次射线，也就是特征荧光射线（图 5-2-1）。

X 射线谱线可分成 K 系、L 系、M 系和 N 系等几个系列。所有同系的谱线，都是电子由不同能级向同一较低能级跃迁所释放出来的。把 K 层电子击出的过程称为 K 系激发，产生的辐射称为 K 系辐射，就得到 Kα 线，被一个从 L 层来的电子填充就得到 Kβ 线，依次类推。同理这些能量不同的特征谱线可以分为 K、L、M 等。由于元素原子的能级结构差异，不同元素被激发出的特征 X 射线具有的能量不同。X 射线荧光分析仪正是利用了这一原理，通过检测待测样品被激发出的特征 X 射线从而获取其所包含的元素信息。

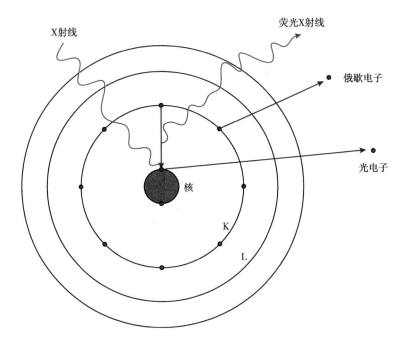

图 5-2-1　特征荧光 X 射线产生的电子能级示意图

2.X 射线荧光分析仪器

用于岩石元素成分分析的 X 射线荧光分析仪器主要有波长色散型和能量色散型两种，二者通常都使用 X 射线源作为试样激发源，所不同的是检测的 X 射线谱不同。波长色散分析仪是用多个衍射晶体分开待测样品中各元素的波长，然后用气体正比计数器或闪烁计数器检测，因此探测器每次只能接受测量一个波长 [图 5-2-2（a）]。能量色散分析仪无须分光，探测器接受了样品中所有元素未经色散的发射线谱线，只要激发样品的射线的能量和强度能满足激发所测样品的条件，对一组分析的元素都能同时测量出来，使用半导体探测器检测，把所吸收的每一个射线光子变成一个幅度和光子能量成比例的电流脉冲输出 [图 5-2-2（b）]。

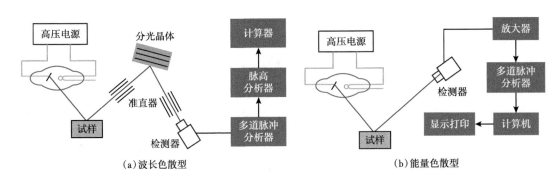

图 5-2-2　X 射线荧光光谱仪工作原理

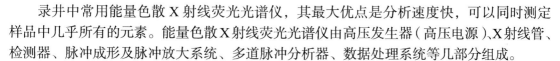

录井中常用能量色散 X 射线荧光光谱仪，其最大优点是分析速度快，可以同时测定样品中几乎所有的元素。能量色散 X 射线荧光光谱仪由高压发生器（高压电源）、X 射线管、检测器、脉冲成形及脉冲放大系统、多道脉冲分析器、数据处理系统等几部分组成。

1）高压发生器（高压电源）

高压发生器是一种比较精密的高压电源，可分为高压电源和灯丝电源两部分。其中灯丝电源用于为 X 光管的灯丝加热，高压电源的高压输出端分别加在阴极灯丝和阳极靶两端，提供一个高压的电场，输出电压 0~50kV，X 射线管流 0~1mA。

灯丝电源用于为 X 射线管的灯丝加热。高压电源的高压输出端分别加在阴极灯丝和阳极靶两端，提供一个高压的电场使灯丝上活跃的电子加速流向阳极靶，形成高速电子流。当高速电子流撞击原子和外围轨道上电子，使之游离且释放出能量，就产生了 X 射线。

2）X 射线管

X 射线管是利用高速电子撞击金属靶面产生 X 射线的真空电子器件，用来产生 X 射线（图 5-2-3）。录井分析仪器选用的 X 射线管是端窗型射线管，额定功率一般不低于 100W，辐射的一次射线（也叫初级射线或原级射线）是强度随波长连续分布的多色射线，即连续光谱。

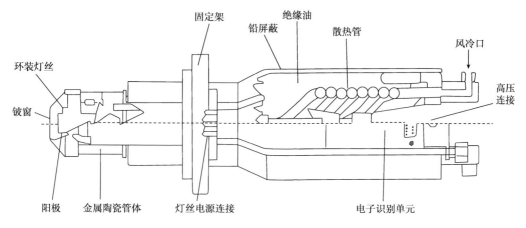

图 5-2-3 X 射线管结构示意图

X 射线管包含有两个电极：一个是用于发射电子的灯丝，作为阴极；另一个是用于接受电子轰击的靶材，作为阳极。两极均被密封在高真空的玻璃或陶瓷外壳内。X 射线管供电部分至少包含有一个使灯丝加热的低压电源和一个给两极施加高电压的高压发生器。工作时灯丝通电加热，阴极受热发射电子。因为阴极和阳极间加有高电压（最高可达 70kV），所以产生的电子就被加速向阳极奔去，最后以高速撞击阳极，阳极就发射初级 X 射线。在实际使用上往往是改变 X 射线管的工作条件，即改变管压管流（使用功率）以改变连续谱和特征谱的能量和强度来改变激发效率。

因为铍是在固体材料中对 X 射线吸收最小的物质，所以 X 射线管射线的出射口通常用铍进行封结，因而也就被称作为铍窗。铍窗厚度对连续谱中的低能量 X 射线（也称软射线）的通过密切有关，铍窗越薄的 X 射线管将更有效地激发轻元素。

3）检测器

检测器是接收入射 X 射线并将其能量转化为可进行评价的电信号的装置。能量色散

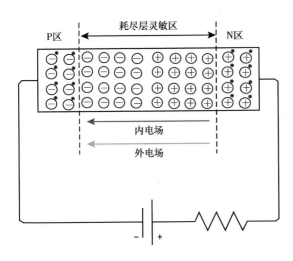

图 5-2-4 半导体探测器工作原理

谱仪一般采用半导体探测器，原理示意图见图 5-2-4。半导体探测器是以半导体材料为探测介质的辐射探测器，最通用的半导体材料是锗和硅，通常利用核辐射在半导体中产生的过剩自由电荷载流子的运动来探测入射辐射。在半导体的 PN 结区载流子很少，当带电粒子射入结区后，在晶体内激发出一定数目的电子空穴对，入射 X 射线光子的能量越高，电子空穴对的数目就越大。半导体探测器有两个电极，在外加电场的作用下，射载流子（电子—空穴对）就向两极作漂移运动，经过前置放大器转换成电流脉冲，脉冲幅度与 X 光子的能量成正比。

4）脉冲成形及脉冲放大系统

脉冲成形及脉冲放大系统对 X 射线探测器的输出的信号进行整形、微分、放大、滤波及基线恢复等一系列的处理，转化为标准的信号发送至多道脉冲幅度分析器。

5）多道脉冲分析器

不同的道址对应不同的元素。道址的计数值统计输入信号的脉冲相应数值出现的次数，按照输入信号的一个或多个特性（幅度、时间等）对信号进行分类计数，最终构成能谱。

6）数据处理系统

数据处理系统负责接收并处理发送过来的能谱数据，记录探测系统信号，绘制出相应的光谱谱线图，并对光谱数据去噪、本底扣除、对特征峰进行提取处理和定量分析等。

3. 测量参数

X 射线荧光光谱典型谱图见图 5-2-5，横坐标对应着相应的道址，反应不同元素的出峰位置；纵坐标为相应电信号幅值累计的计数值，反应元素含量多少。

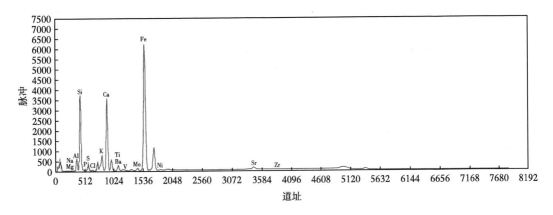

图 5-2-5 岩石元素分析典型谱图

对元素周期表中原子序数 11~92 号中的全部或部分元素进行检测，包括：

（1）基础元素，包括 Na、Mg、Al、Si、P、S、Cl、K、Ca、Ti、V、Cr、Mn、Fe 共

14 种构成三大岩类的主要造岩元素。

（2）微量元素，指岩石中含量较少，但在一些特定岩性中具有独立特征的元素，包括 Co、Ni、Cu、Zn、As、Rb、Sr、Y、Zr、Nb、Ba、Ag、Cd、In、Sn、W、Pb、Th、U 共 19 种。

4. 定性分析与定量分析

1）定性分析

元素的定性分析就是指通过原子序数与特征 X 射线的能量之间的对应关系，先探测获取特征 X 射线的能量，从而判断出相应的元素种类。由于不同元素的荧光 X 射线具有各自的特定波长，因此根据荧光 X 射线的波长可以确定元素的组成。

1913 年，英国物理学家莫塞莱（Moseley）通过对不同元素被 X 射线照射后发出的特征 X 射线的研究，发现特征 X 射线与原子序数 Z 之间存在关联，不同元素的荧光 X 射线具有各自的特定波长，元素的特征谱线波长倒数的平方根与该元素原子序数成正比，这就是有名的莫塞莱定律。当得到元素的特征 X 射线的能量时，便可以分析出待测元素的原子序数 Z，即待测元素的种类，这是对元素进行定性分析的理论基础。

2）定量分析

X 射线荧光的定量分析就是将特征 X 射线光谱的强度转化为样品中待测元素的含量，依据元素的荧光 X 射线强度与试样中该元素的含量成正比，待测元素的浓度与激发出的特征 X 射线的强度的转化关系如下：

$$C_i = K_i I_i M_i S_i \qquad (5\text{-}2\text{-}1)$$

式中　C_i——待测元素 i 的浓度；

　　　K_i——待测元素 i 的仪器校正因子；

　　　I_i——元素发出的特征 X 射线在试验中测得的光强；

　　　M_i——待测元素 i 与其余元素间的吸收增强效应校正因子；

　　　S_i——待测元素 i 所在样品中的物理形态校正因子。

根据式（5-2-1），可以采用标准曲线法、增量法、内标法等进行定量分析。但是这些方法都要使标准样品的组成与试样的组成尽可能相同或相似，否则试样的基体效应或共存元素的影响会给测定结果造成很大的偏差。

（二）录井准备

1. 仪器设备要求

1）主要设备

能量色散 X 射线荧光光谱仪：用检测器测量被激元素发射的特征 X 射线能量与相应强度，进行元素的定性分析与定量分析。

2）附属设备

（1）真空泵：抽气速率≤ 0.5 L/s；最大真空度≤ -0.09 MPa。

（2）研磨机：粉碎粒度≤ 0.1 mm。

（3）压片机：模具应采用耐腐蚀的不锈钢、最大压力≥ 10 kN。

3）标准物质

（1）岩石标准物质：国家一级标准物质岩石样品，种类包含施工区所有岩石大类，标准样品总数量不少于 10 个。

（2）Fe 和 Ag 标样：纯度 99.99%。

2. 工作条件检查

1）电源要求

供电电源应满足以下条件：

（1）电压：交流 220V±22V。

（2）频率：50Hz±1Hz。

（3）采用集中控制的配电箱，具有短路、断路、过载、过压、欠压、漏电等保护功能；各路供电应具有单独的控制开关，分别控制。

2）环境要求

仪器设备工作环境应满足以下条件：

（1）温度：10~30℃。

（2）湿度：RH ≤ 80%。

（3）不宜有水源、热源、强电磁干扰、振动、易燃物和大量积尘，且避免阳光直射。

3）防护要求

符合 GBZ 115《低能射线装置放射防护标准》的规定。

3. 校准样品制备

（1）选择有一定浓度和梯度范围的系列国家一级标准物质作为校准样品，种类包含施工区所有岩石大类，元素的种类包含但不限于 Na、Mg、Al、Si、P、S、Cl、K、Ca、Ba、Ti、Mn、Fe、V、Ni、Sr、Zr 等 17 种元素，各元素特征峰在测量范围内应相对均匀分布。

2）称取已在 105℃ 干燥的标准样品约 4g（精准至 ±0.0001g）置于压片机中，以硼酸镶边垫底，在 30tf 压力下压制 30s，制成适合仪器测量大小的圆片（压制后的样品可重复利用）。

4. 仪器校准

1）检查并开机

检查确认主机及附属设备正常后开机，开机稳定时间不少于 30 min。

2）能量刻度

在定性分析中，可以通过测得谱的峰位（道址），确定所对应入射 X 射线的能量，从而确定每个峰对应的元素。在理想状态下，能量与道址为线性关系，只要测得两个已知元素的峰位，再查得两个元素峰位所对应的能量，用最小二乘法对 Fe K_α 和 Ag K_α 能量与相应能峰道址进行线性拟合，获得能量——道址线性关系式，就可以推出其他的道址所对应的能量。能量刻度的公式为：

$$E = a \times c + b \tag{5-2-2}$$

式中　E——能量；

　　　c——道址；

　　　a、b——系数。

在峰的位置确定后，通过能量刻度，将峰位置的道址转换成能量，参照元素特征 X 射线能量表，就可确定样品中存在何种元素，即定性分析。

用单元素标样 Fe（$K_{\alpha1}$=6.40520keV）或 Ag（$K_{\alpha1}$=22.1630keV）连续分析 5 次进行道址标定，元素的起始道址和结束道址偏离应不大于 2，主峰道址偏离应不大于 1；脉冲计数相对误差应不大于 2%。

求解 Ag K_α 的能量非线性（D_e），实测能量 E_i 与其拟合能量 E_{i0} 的最大相对偏差应 ≤ 2%。

$$D_e = \frac{|E_i - E_{i0}|}{E_{max}} \times 100\% \qquad (5-2-3)$$

式中　D_e——能量非线性偏差；

　　　E_i——实测能量值；

　　　i——测量点序号；

　　　E_{i0}——实测点的拟合能量值；

　　　E_{max}——能量的最大值；

3）定量校准曲线制作

（1）分别对制备后的国家标准岩石样品进行分析，进行能量刻度，建立元素含量与谱线强度的关系式与曲线（图 5-2-6），每种元素分析点数不少于 15 个，涵盖工区岩石所含所有元素。

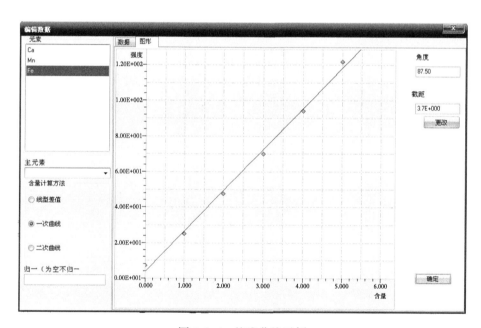

图 5-2-6　校准曲线示例

（2）完成标定曲线后，选取 3 个未参加标定的国家标准物质进行含量测量，检测含量与标准物质实际含量主元素偏差 < 5%；仪器使用 1 年或主元素含量相对标准偏差大于 5% 时，应重新制作定量校准曲线。

注意：校准后填写"仪器校准记录"。

5. 仪器性能检验

1）检验时机

录井前，仪器主要部件更换、参数设置变化或超过一个月时间未使用时，应对仪器性能进行检验。当检验结果未能达到规定要求时，应停止使用并进行重新校准和检查，使其性能满足要求后方可投入使用，检验后填写仪器性能检验记录。

2）检验项目

（1）重复性：同一样品在同一条件下连续重复测量 5 次，测得的主元素（在岩石构成中含量超过 1% 的元素，选取最大值的元素）重复性相对标准偏差 RSD ≤ 5%。

$$RSD = \frac{\sqrt{\dfrac{\sum_{i=1}^{n}(I_i - \overline{I})^2}{n-1}}}{\overline{I}} \times 100\% \tag{5-2-4}$$

式中　I_i——i 次测量的计数率；

$\overline{I}$——n 次测量的计数率的平均值。

（2）准确性：选取 3 个未参加标定的国家标准岩石样品进行测量，测得主要元素含量值与国家标准岩石样品含量值对比，相对误差 δ 不大于 5%。

$$\delta = \frac{|b-a|}{a} \times 100\% \tag{5-2-5}$$

式中　δ——元素含量相对误差，%；

a——样品标准含量值，%；

b——样品实测含量值，%。

（3）稳定性：仪器连续不间断工作，每间隔 30min 测量 1 次同一标准样品，重复测试不少于 20 次，从全部测得的结果中选取相对含量最大的元素判定仪器稳定性，统计最大峰强度 I_{max} 和最小峰强度 I_{min} 及其平均峰强度 $\overline{I}$，相对极差（RR）＜ 5%。

$$RR = \frac{I_{max} - I_{min}}{\overline{I}} \times 100\% \tag{5-2-6}$$

式中　RR——相对极差，%；

I_{max}——实测最大峰强度，s^{-1}；

I_{min}——实测最小峰强度，s^{-1}；

$\overline{I}$——平均峰强度，s^{-1}。

（4）检测限：也称最小检出量，定义为响应值等于三倍背景计数标准偏差目标物的浓度，这样就得到了 95% 可信度。

实际检测中，首先连续 6 次空白分析并计算待测元素特征峰背景强度的标准偏差 S_A，利用定量各元素的校准曲线线性回归的斜率作为仪器灵敏度参数 S，测量值的标准偏差 S_A 与灵敏度之商的三倍表示检出限 D：

$$D = 3\frac{S_A}{S} \tag{5-2-7}$$

式中　S_A——空白样品各元素 6 次连续测量值的标准偏差；

S——标准样品的灵敏度（即待测元素工作曲线的斜率）；

D——各元素的检出限。

基础元素检测限符合表 5-2-1 的规定。

表 5-2-1 基础元素检测限

元素名称	检测限（%）
Na	1
Mg、Al、Si	0.1
P、S、Cl、K、Ca、Ti、V、Cr、Mn、Fe	0.001

也可直接测量满足规定含量的岩石标准物质，可检出符合检测限的要求。

6. 仪器性能期间核查

录井过程应对仪器性能期间核查，若发现仪器工作不正常或评定指标未能达到规定要求，应及时查找原因，经检查或检修达到技术性能要求后方能投入使用。

1）核查时机

（1）每次开机后应进行准确性校验。

（2）仪器在每个工作班交接时应进行一次准确性校验，校验的周期不应超过 24 h。

2）校验方法

选择 Al、Fe 元素含量大于 5% 且位于标定点的标准物质为校验样，校验样 Al、Fe 元素的检测值与标准值相对误差的绝对值应不大于 10%。

每次核查后应填写"仪器校验分析数据表"。

（三）资料录取

1. 采集项目

元素周期表中原子序数为 11~92 的全部元素相对百分含量。

2. 样品采集

选取具有代表性岩样，样品质量不少于 10 g；样品采集间距按地质设计要求，如无特殊规定，按常规地质录井采样间距采集。

3. 样品前处理

1）样品干燥

样品以自然晾晒法干燥为主，当采用烘箱干燥时，烘箱温度应控制在 85 ℃ 以下，采集后用磁铁将岩屑里的铁屑吸净。

2）粉碎样品

按录井间距选取具有代表性的岩屑样品，并对选取的岩屑样品进行粉碎，将试样研磨成粒度 ≤ 0.1mm 的样品，粉碎器具每次使用前后都要清理干净。

3）粉末压片

对粉末样品进行压片处理，压力应大于 5 kN，压片表面平整，无裂纹或破损；对不易压制成片的样品可适当添加少量黏结剂，黏结剂成分中应不含原子序数大于 11 的元素（宜使用纤维素），并注明黏结剂名称及样品号。

4. 样品分析

分析前使用洗耳球将压好的样品正反面灰尘吹净；仪器检测腔体先抽真空，真空度应不大于 -0.09 MPa；样品分析时间不低于 60s。样品检测完毕，检测腔体与外界气压平衡后，方可打开检测腔更换样品。

5. 数据处理

元素分析数据处理为通用数据格式，保存 X 射线衍射矿物录井分析谱图，填写 X 射线荧光元素录井分析记录，格式参见表 5-2-2。

表 5-2-2 X 射线荧光元素录井分析记录

井深 (m)	元素含量（%）														
	Na	Mg	Al	Si	P	S	Cl	K	Ca	Ti	V	Cr	Ma	Fe	…

（四）应用解释

在进入新的工区录井前，应收集该工区各层位及不同岩性种类的岩心样进行元素分析，了解矿物与元素关系（表 5-2-3），建立不同岩性标准图谱特征库，形成判别标准，用以进行岩性判断对比分析。没有岩心样的可用壁心或岩屑样代替。

表 5-2-3 沉积岩主要矿物所含特征元素

特征元素	分子式	沉积岩主要矿物	矿物含量（%）
Si	SiO_2	石英	34..80
K、Al、Si	$KAl_2(AlSi_3O_{10})(OH)_2$	白云母	20.40
K、Mg、Al、Fe、Si	$K(MgFe)[AlSi_3O_{10}](OH)_2$	黑云母	
Mg、Al、Fe、Si	$(Mg, Fe)_5Al(AlSi_3O_{10})(OH)_8$	绿泥石	
K、Al、Si	$K[AlSiO_3O_8]$	钾长石	15.57
Na、Al、Si	$Na[AlSiO_3O_8]$	钠长石	
Ca、Al、Si	$Ca[AlSiO_3O_8]$	钙长石	
Ca	$CaCO_3$	方解石	13.63
Ca、Mg	$CaMg(CO_3)_2$	白云石	
Fe	$FeCO_3$	菱铁矿	
Mg	$MgCO_3$	菱镁矿	
Al、Si	$Al_4[Si_4O_{10}](OH)_8$	高岭石	9.22
K、Al、Si	$K_{0.75}Al_2[(Al, Si)Si_3O_{10}](OH)_2$	伊利石	
Al、Mg、Si	$(Al_2Mg_3)[Si_4O_{10}](OH)_2$	蒙脱石	
—	—	其他	6.38

1. 岩性识别

根据元素谱图数据、曲线趋势组合特征及图板等方法对每个分析样品进行岩性定名。

1）数据及曲线组合特征法

选择与物质呈正相关的特征元素含量计算该物质含量，即用 Si 元素含量计算砂质含量，用 Fe、Ti、Al 等元素含量计算泥质含量，用 Ca 元素计算灰质含量，用 Mg 含量计算云质含量等，根据矿物主量元素含量的相对含量大小及组合变化情况，达到定量解释沉积岩的效果。例如，用泥岩中的 Si 含量作为 Si 元素曲线的起始值，用纯砂岩的 Si 元素的含量作为 Si 元素曲线的结束值，这样在 Si 元素曲线上凸出部分就可以代表砂岩，凹陷部分就可以代表泥岩，依据其程度也可划分出砂泥过渡岩性（图 5-2-7）。

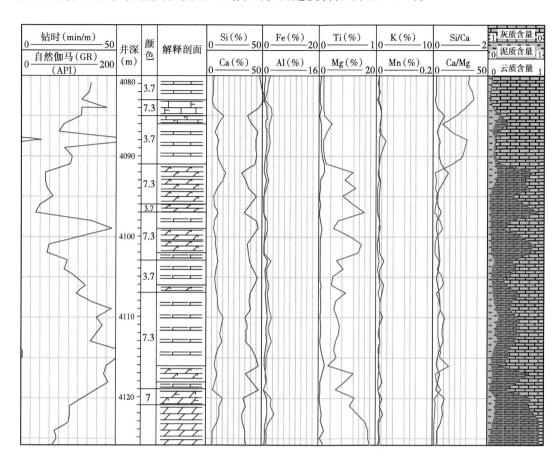

图 5-2-7　定量解释沉积岩示例

如在砂泥岩中，S 元素与反映泥质含量的 Fe、Mn 等元素具有很强的正相关性；当钻遇煤层时（图 5-2-8），Fe、Mn 元素含量大幅度下降，而 S 元素含量急剧升高，因此表现出 S 元素曲线的反转现象。

利用元素变化曲线进行岩性解释，划分岩层顶、底界的方法是：对于薄层岩层，当元素含量值开始发生变化时为顶界，元素含量变化最大值为底界；对于厚层岩层，当元素含量值开始发生变化时为顶界，元素含量变化趋势明显发生反向时为底界。

2）碳酸盐含量计算法

碳酸盐岩的解释应计算出云质 [$CaMg(CO_3)_2$]、灰质（$CaCO_3$）的百分含量，根据碳酸盐岩云质、灰质含量确定其准确定名。计算方法见式（5-2-8）、式（5-2-9）：

$$云质含量 = \frac{M_{MgCO_3} + M_{CaCO_3}}{M_{Mg}}n = \frac{84+100}{24}n \approx 7.7n \qquad (5-2-8)$$

$$灰质含量 = \left(\frac{m}{M_{Ca}} - \frac{n}{M_{Mg}}\right)M_{CaCO_3} = \left(\frac{m}{40} - \frac{n}{24}\right) \times 100 = 2.5m - 4.2n \qquad (5-2-9)$$

式中　*m* ——测得的样本中 Ca 元素的百分含量；

　　　n ——测得的样本中 Mg 元素的百分含量；

　　　M_{MgCO_3} ——MgCO₃ 的分子量；

　　　M_{CaCO_3} ——CaCO₃ 的分子量；

　　　M_{Ca} ——Ca 元素的原子量；

　　　M_{Mg} ——Mg 元素的原子量。

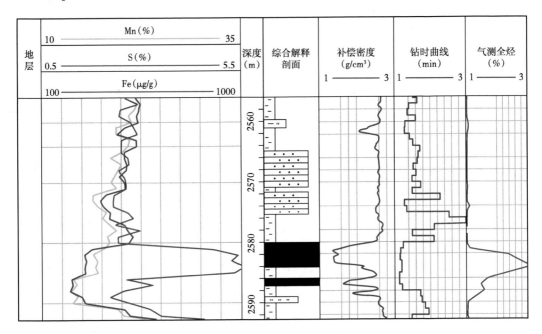

图 5-2-8　煤层识别示例图

3）图板法

（1）碎屑岩岩性定名三角图板见图 5-2-9。

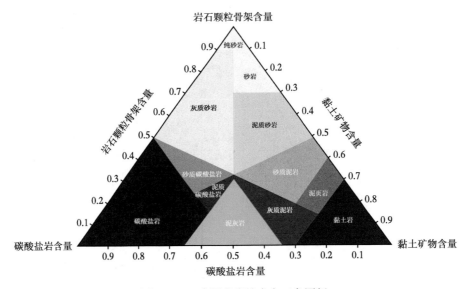

图 5-2-9　碎屑岩岩性定名三角图板

①计算岩石样品中黏土矿物相对含量：

$$黏土含量 = a_1 + a_2(100 - SiO_2 - CaCO_3 - MgCO_3 - 1.99Fe)$$

②计算岩石样品中碳酸盐矿物相对含量：

$$碳酸盐含量 = -7.5 + 2.69(Ca + 1.455Mg)$$

③估算硅质矿物含量：

$$Q\text{--}F\text{--}M = 100 - 黏土含量 - 碳酸盐含量$$

④依据碎屑岩岩性定名图板（图5-2-9）进行岩性定名。

（2）碳酸盐岩岩性定名三角图板见图5-2-10。

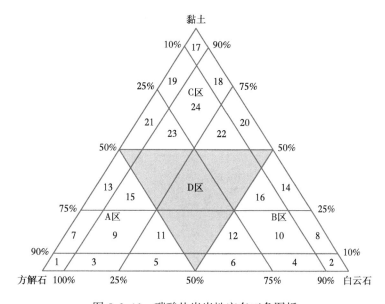

图5-2-10　碳酸盐岩岩性定名三角图板

①白云石含量 =（样品检测Mg含量当前值 -Mg含量背景值）/（21.8-Mg含量背景值）。

②方解石含量 =（样品检测Ca含量当前值 -Ca含量背景值 -K_1× 样品检测Mg含量当前值）/（56-Ca含量背景值）。

③黏土含量 =（样品检测Al含量当前值 -Al含量背景值）/（纯泥岩中Al含量最大值 -Al含量背景值）。

④X物质相对含量 =X物质含量 /（云质含量 + 灰质含量 + 黏土含量）。

2. 地层划分与对比

不同的地层形成时具有不同的沉积期次及沉积环境，组成岩石的元素也不同，可通过选取特征元素对地层界面进行准确卡取；在同一层位内，岩类同样具有非均质性，根据元素变化可实现层位内部的小层精细划分。

如图5-2-11所示：M井阴影区域地层Ca元素含量达到30%左右，N井该地层Ca元素含量均值也达到30%，为一套含灰细砂岩。在A区块，该地层均出现这一元素特征，因此，可选取Ca元素作为地层卡取依据，并为下一步地质预告提供支持。

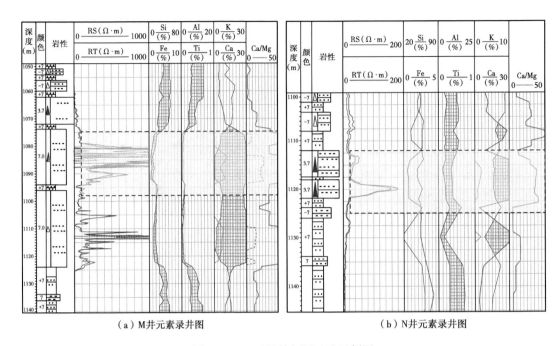

（a）M井元素录井图　　　　　　　（b）N井元素录井图

图 5-2-11　地层特征层选取示例图

3. 脆性评价

页岩主要的无机矿物是黏土、石英、长石及方解石。石英含量的增加提高岩石脆性，而碳酸盐含量的增加有利于后期页岩改造，富含石英或碳酸盐等脆性物质的储层有利于产生复杂缝网。据国外经验，石英、长石、方解石等脆性矿物含量大于 40%，黏土矿物含量小于 30% 时，才能获得较好的压裂效果。

（1）解释模型：泥质 + 砂质 + 灰质 =100%，特殊岩性（煤、石膏、火成岩）等井段挑出。计算公式：

$$BI = (C_{Si^{4+}} + C_{CO_3^{2-}}) / (C_{Si^{4+}} + C_{CO_3^{2-}} + C_{th})$$

式中　BI——储层脆性指数；

　　　C_{th}——储层泥质含量，%。

（2）评价标准见表 5-2-4。

表 5-2-4　脆性评价标准

级别	脆性指数
I	好（≥ 0.60）
II	中等（0.40~0.60）
III	差（< 0.40）

二、X 射线衍射矿物录井技术

X 射线衍射矿物录井技术是利用 X 射线衍射（X-ray diffraction，简称 XRD）分析方法检测岩样中晶体矿物含量，通过对矿物组合特征分析进行岩性识别、层位判断及储层评价的一种技术方法，又称为矿物录井。

（一）技术原理

X 线被晶体衍射的样式可以揭示晶体的结构，用于检测物质精细结构，在石油化工领域可进行未知物物相鉴定、催化研究、结晶性聚合物研究等，在石油地质行业则可鉴定矿物和矿物的品相。

1. 基本原理

1）X 射线衍射

衍射是指波遇到障碍物时偏离原来直线传播的物理现象。光的衍射现象是指波在传播时，如果被一个大小接近于或小于波长的物体阻挡，就绕过这个物体，继续前行；如果通过一个大小近于或小于波长的孔，则以孔为中心，形成环形波向前传播。衍射的结果是产生明暗相间的衍射花纹，代表着衍射方向（角度）和强度（图 5-2-12）。

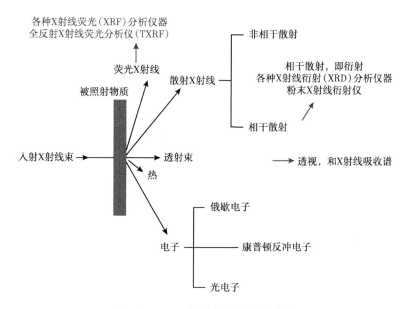

图 5-2-12　X 射线衍射效应示意图

2）晶体的 X 射线衍射效应

晶体的周期性结构使晶体能对 X 射线、中子流、电子流等产生衍射效应。当一束 X 射线照射到晶体上时，首先被电子所散射，每个电子都是一个新的辐射波源，向空间辐射出与入射波同频率的电磁波。可以把晶体中每个原子都看作一个新的散射波源，同样各自向空间辐射与入射波同频率的电磁波。这些散射波之间彼此干涉，使得空间某些方向上波相互叠加，在这个方向上可以观测到衍射线，而另一些方向上波相互抵消，没有衍射线产生（图 5-2-13）。

X 射线在晶体中的衍射实质上是晶体中各原子散射波之间的干涉结果，只是由于衍射线的方向恰好相当于原子面对入射线的反射。布拉格父子借用镜面反射规律来描述衍射几何，将衍射看成反射，并导出了一个比较直观的 X 射线衍射方程式即布拉格方程，从而为 X 射线衍射理论和技术的发展奠定了坚实的基础。

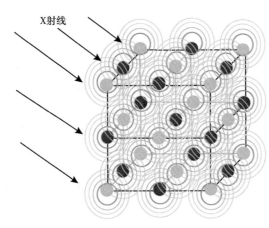

图 5-2-13　晶体 X 射线衍射产生原理图

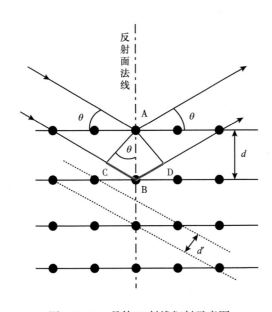

图 5-2-14　晶体 X 射线衍射示意图

布拉格方程：

$$2d\sin\theta = n\lambda$$

式中　d——晶面间距（图 5-2-14）；

　　　n——整数，称为反射级数；

　　　λ——X 射线波长；

　　　θ——入射线或反射线与反射面的夹角，称为掠射角，由于它等于入射线与衍射线夹角的一半，故又称为半衍射角，把 2θ 称为衍射角。

当一束单色平行的 X 射线照射到晶体时，同一晶面上的原子的散射线在晶面反射方向上可以相互加强；不同晶面的反射线若要加强，必要的条件是相邻晶面反射线的光程差为波长的整数倍。

布拉格方程是 X 射线对晶体产生衍射的必要条件而非充分条件。有些情况下，晶体虽然满足布拉格方程，但不一定出现衍射线，即所谓系统消光。

一束可见光以任意角度投射到镜面上都可以产生反射，而原子面对 X 射线的反射并不是任意的，只有当 θ、λ、d 三者之间满足布拉格方程时才能发生反射，所以把 X 射线这种反射称为选择反射，即衍射方向具有选择性。

2. X 射线衍射仪

X 射线衍射仪工作原理利用衍射原理，精确测定物质的晶体结构、织构及应力，对物质进行物相分析、定性分析、定量分析（图 5-2-15）。

当一束单色 X 射线入射到晶体时，由于晶体是由原子规则排列成的晶胞组成，这些规则排列的原子间距离与入射 X 射线波长有相同数量级，故由不同原子散射的 X 射线相互干涉，在某些特殊方向上产生强 X 射线衍射。晶体的 X 射线衍射图像实质上是晶体微观结构的一种精细复杂的变换，每种晶体的结构与其 X 射线衍射图之间都有着一一对应的关系，其特征 X 射线衍射图谱不会因为其他物质混聚在一起而产生变化。

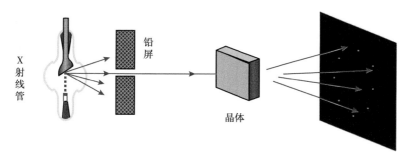

图 5-2-15　XRD 全岩矿物分析原理图

X 射线衍射仪基本构成很相似，主要部件包括 X 射线发生器（X 射线管、高压发生器、管压管流稳定电路、各种保护电路等）、衍射测角仪、辐射探测器、测量电路、控制操作与数据处理计算机系统。

3. 测量参数

可分析的矿物种类包括但不限于石英、钾长石、斜长石、方解石、铁方解石、白云石、铁白云石、石盐、硬石膏、石膏、刚玉、菱铁矿、钛铁矿、磁铁矿、黄铁矿、赤铁矿、针铁矿、菱铁矿、无水芒硝、钙芒硝、重晶石、方沸石、浊沸石、萤石、金红石、天青石、滑石、透辉石、绿辉石、铁钙辉石、黄玉、叶蜡石。XRD 矿物分析图谱见图 5-2-16。

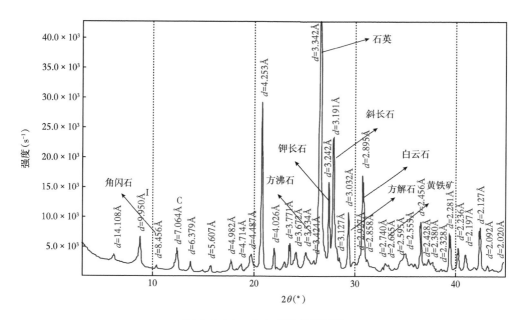

图 5-2-16　XRD 矿物分析图谱

4. 定性分析与定量分析

1）定性分析

通过将得到衍射图谱（图 5-2-16）与"粉末衍射标准联合会（JCPDS）"负责编辑出版

的"粉末衍射卡片（PDF 卡片）"（表 5-2-5）对照，从而确定样品的晶体矿物组成，是 X 射线衍射全岩矿物定性分析的基本方法。

表 5-2-5　常见非黏土矿物特征峰参数表

矿物名称	特征峰 d（Å）	矿物名称	特征峰 d（Å）
石英	4.026，3.34	浊沸石	9.45
钾长石	3.25，6.50，2.16（Na，K 长石）	方沸石	3.43
斜长石	3.20，4.04，6.40（Na，Ca 长石）	片沸石	9.0（斜发沸石）
方解石	3.03~3.04（高 Mg 方解石）	重晶石	3.44，3.58
白云石	2.88~2.91（白云石类）	角闪石	8.45
文石	3.4	普通辉石	2.99
菱铁矿	2.79~2.80（含 Mg，含 Mn 问题）	石膏	7.61
菱镁矿	2.74（含 Fe 问题）	硬石膏	3.5
碳钠铝石	5.69	锐钛矿	3.52
石盐	2.82	方英石	4.05
黄铁矿	2.71，3.13	鳞石英	4.11
针铁矿	4.18	勃母石	6.11
赤铁矿	2.69	三水铝石	4.85
磁铁矿	2.53	硬水铝石	3.99

2）定量分析

鉴定出各个晶体后，利用各晶体谱线的强度正比于该晶体的含量的特点，通过与内标晶体矿物（一般为刚玉）比对就可进行定量分析，确定各种晶体矿物的含量。不同的物质具有不同的 XRD 特征峰值（点阵类型、晶胞大小、晶胞中原子或分子的数目与位置等），结构参数不同则 X 射线衍射花样（衍射线位置与强度）也就各不相同，是晶体的"指纹"。每一种矿物衍射中晶胞参数 d 值是唯一的，对样品进行 X 射线衍射全岩分析可以获得样品的晶体矿物组成，根据矿物组合从而获得测试样品的岩石名称。

（二）录井准备

1. 仪器设备要求

衍射仪是进行 X 射线分析的重要设备，仪器应包括长寿命 X 射线光管、高精度测角仪、能量色散探测器以及相关外围设备。

2. 工作条件检查

1）工作条件

（1）工作电源：电压 220V±22V，频率 50Hz±5Hz。

（2）环境温度：10.0~40.0℃。

（3）相对湿度：15.0%~75.0%。

2）仪器性能要求

X射线衍射仪器性能指标见表5-2-6。

表5-2-6 主要技术指标

项目	指标
衍射角分辨率	≥0.25°
衍射角度范围（2θ）	5°~55°
能量分辨率	230eV
能量范围	2.5~25keV
X射线管电压	30kV
X射线管功率	≥20W

3）仪器检验

（1）仪器开机稳定时间不少于45min。分析纯度不低于98%、粒径不大于150mm的石英样品，出峰位置与内置石英标线重合，峰强度不低于3500s^{-1}。

（2）平行样分析结果的相对误差应符合表5-2-7要求。

表5-2-7 平行样分析结果的相对误差

矿物含量（%）	相对偏差（%）
>40	<10
20~40	<20
5~20	<30
<5	<40

（三）资料录取

1.样品选取

选取清洗干净、具备代表性的岩样，样品质量不小于3g。

1）岩屑样品

录井井段及间距按钻井地质设计要求执行，选取具有代表性的岩样。若岩屑样品代表性差，可选用筛选混合样。

2）取心样品

选取岩心中心部位，分析密度不小于0.20m；当钻井地质设计有特殊要求时，执行钻井地质设计。井壁取心应逐颗选样分析，在井壁取心中心位置取样（未被污染的壁心样品）。

2.样品制备

1）干燥处理

将潮湿的样品置于电热干燥箱中或电热板上，在低于90℃的温度下烘干，冷却至室温后备用。

2）样品研磨

将烘干后的样品置于研钵中研磨至全部粒径小于150μm，过标准筛备用。制样后的样品按照响应的编码规则编号保存，等待检测分析。

3. 样品分析

（1）将制备样品通过仪器振荡系统放入样品池中，填装样品量应不大于样品池的2/3，不少于样品池的1/2。

（2）样品分析在X射线衍射图谱无干扰峰后终止。

（3）解析图谱，得到样品矿物组成，形成X射线衍射矿物录井分析数据表，格式参见表5-2-8。

表5-2-8　X射线衍射矿物录井分析记录

序号	井深（m）	岩性定名	矿物含量（%）						
			非晶质	黏土矿物	矿物1	矿物2	矿物3	矿物4	…	矿物n

（四）应用解释

X射线衍射全岩矿物分析（XRD）是近年发展起来的一项新型录井技术。该项技术能够很好地解决使用PDC钻头钻探、使用扭冲等加速钻具、井深及井斜较大等复杂钻井条件下返出岩屑细碎难辨识的问题，在砂泥岩剖面划分、复杂岩性识别、潜山界面判断等方面发挥了重要的作用。

1. 岩性识别

通过对比各类岩石中石英含量可知，碎屑岩最高（20%~90%），其次为变质岩（9%~29%）和火成岩（5%~40%），碳酸盐岩最低（5%~12%）；对比长石含量可知，火成岩（25%~55%）和变质岩（25%~60%）最高，其次为碎屑岩（10%~45%），碳酸盐岩最低（4%~15%）；对比方解石和白云石含量可知，碳酸盐岩最高（50%~100%），其余各类岩石含量较少（<20%）；对比暗色矿物（辉石+角闪石+黑云母）含量可知，玄武岩最高（15%~30%），其次为流纹岩（6%~20%），其余各类岩石含量较低（<10%）；对比副矿物（榍石+磁铁矿+黄铁矿+钛铁矿）含量可知，花岗片麻岩最高（6%~25%），变质花岗岩（7%~20%）、闪长玢岩（0%~15%）和砂砾岩（0%~10%）次之，砂泥岩（0%~5%）和碳酸盐岩（<3%）含量最低；榍石主要出现在火成侵入岩内，闪长玢岩最高（12%~20%），花岗片麻岩（5%~25%）和变质花岗岩（7%~19%）次之。通过主要矿物含量可辅助判断岩石大类。通过对大量XRD矿物录井数据的系统分析，主要建立了以下几种岩性识别方法，便于更好地指导岩性识别。

1）图板法

（1）砂泥岩识别图板：从矿物成分上来看，泥岩和砂岩主要矿物为石英和长石，砂岩的石英含量明显高于泥岩，而长石含量要低于泥岩。根据石英和长石矿物含量交会图板（图5-2-17），泥岩（Ⅰ区）的石英含量小于40%，长石含量小于30%；砂岩（Ⅱ区）的石英含量一般大于40%，长石含量大于25%。

（2）碳酸盐岩识别图板：从矿物成分上来看，碳酸盐岩按照方解石和白云石含量的相对高低可以进一步分为石灰岩、含云灰岩、云质灰岩、含灰云岩、灰质云岩和白云岩6

种。利用方解石和白云石含量交会结合分类标准建立了碳酸盐岩精准定名图板（图 5-2-18）。图板划分为6个区域，分别对应于白云岩、含灰云岩、灰质云岩、云质灰岩、含云灰岩以及石灰岩。

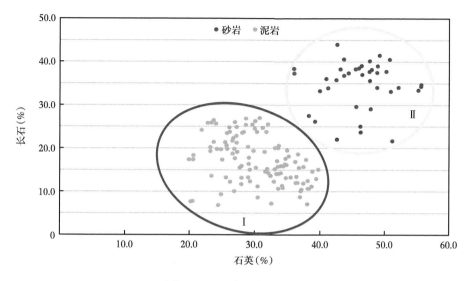

图 5-2-17　砂泥岩识别图板

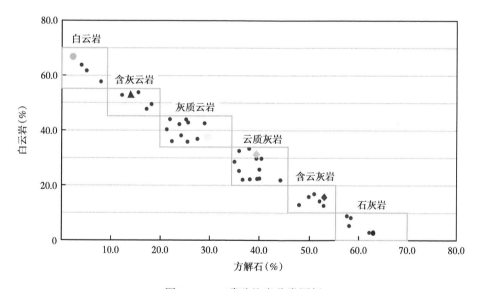

图 5-2-18　碳酸盐岩分类图板

（3）特殊岩性（花岗岩）识别图板：对比砂岩石英含量为主、长石次之的特征，花岗岩的特征正好相反，在砂岩向花岗岩过渡的过程中，石英含量明显降低，而长石类矿物的含量明显升高。高长石含量、低黏土矿物、辉石出现，是火成岩的一个重要特征。

火成岩矿物成分和含量复杂多变，从超基性到酸性岩石矿物含量基本上是连续变化的，没有明显的界限。但总体上从酸性岩类到基性岩类，石英及长石的含量逐渐减少，暗色矿物（辉石＋角闪石等）的含量逐渐增加。利用由基性到酸性潜山石英和暗色矿物（角闪石＋辉石＋黑云母），石英和长石矿物含量建立交会图板，通过交会图板结合岩石定名，得到火成岩识别图板（图5-2-19）。

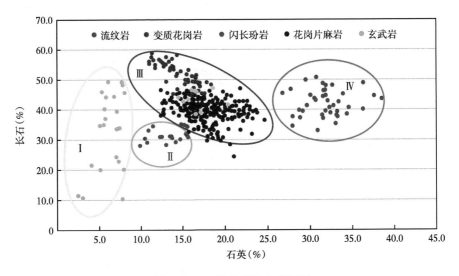

图5-2-19　特殊岩性分类图板

（4）三端元图板识别法：三端元图板识别法是一种数学统计的方法。通过对典型砂泥岩、碳酸盐岩样品的精细分析，可以确定不同种类岩石的矿物组合特征，明确与岩性相关性强的敏感矿物，制订岩石分类图板（图5-2-20）。

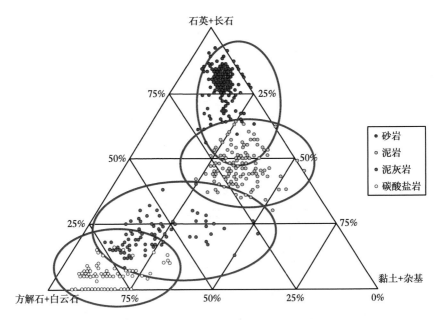

图5-2-20　XRD矿物录井岩石分类识别图板

2）曲线交会识别法

应用矿物含量趋势特征法可准确划分沉积岩与火成岩界面，其关键是利用纵向分析获得表征砂泥岩与碳酸盐岩具体岩性的矿物含量曲线的趋势特征来进行划分。沉积岩中砂泥岩的主要矿物包括石英、长石、方解石和黏土矿物等，在同一沉积环境下，砂岩中石英和长石含量高，黏土类矿物含量低；泥岩中石英和长石含量低，黏土类矿物含量高，并且砂岩石英含量高于泥岩石英含量。因此，选取浅色矿物（石英＋长石）和黏土矿物的曲线交会，能够准确划分出砂泥岩，为剖面的建立提供根据（图5-2-21）。

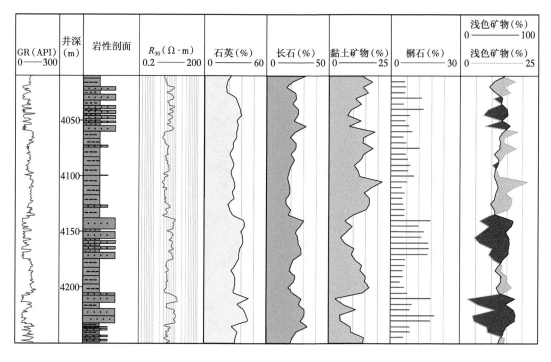

图 5-2-21　矿物含量录井图

2. 地层对比

在现场地质作业过程中，不仅面临着岩性识别的难题，还需要能够准确划分地层岩性剖面，如潜山界面的识别、特殊岩性界面划分和砂泥岩剖面划分等。利用矿物含量纵向变化和各类特征矿物曲线的组合交会法，能够准确判断地层及岩性界面深度，结合不同岩性区分图板，能够为砂泥岩剖面划分、潜山界面卡取、侵入岩等特殊岩性识别提供重要依据。

矿物对比法主要根据下列特征进行对比：

（1）矿物成分的变化：用不同矿物组合作为对比标志。

（2）矿物含量的变化：用各种矿物含量的百分数作为对比特征。

（3）特殊的标准矿物：将沉积岩中具有特殊颜色、形状的矿物作为对比标志。

采用这种方法对比时，先把矿物分析的结果绘制在带岩性的柱状图上，以曲线来表示，将标志矿物的百分含量绘成矿物含量变化曲线。其目的就是把矿物分析结果用剖面表示出来，便于分层对比。

以 M1 井为例，该井从井深 4570m 开始钻遇大套砂砾岩，岩屑中能看到花岗片麻岩砾石和部分火成岩砾石，通过衍射矿物成分投点，判断与邻井相似，为砂砾岩。现场钻井至井深 4932m，矿物成分含量发生明显变化，长石含量由 23.5% 升高至 38.8%，石英含量由 31% 下降至 21%，榍石含量由 10.1% 升高至 18.4%。利用石英和长石交会曲线，判断井深 4932m 是一个地层岩性界面（图 5-2-22）。

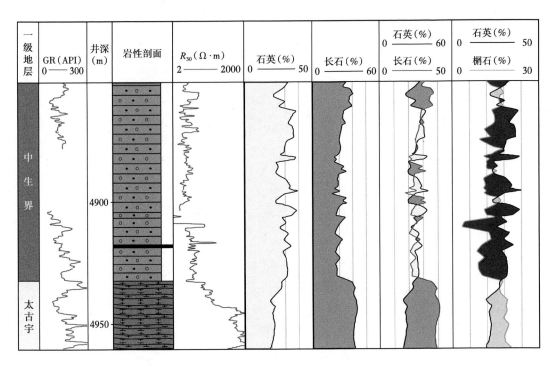

图 5-2-22　M1 井矿物含量录井图（潜山界面）

3. 储层脆性评价

岩石的脆性是泥页岩储层体积压裂改造要考虑的重要岩石力学特征参数之一。岩石的脆性特征在纵向上存在较大的差异，而这种脆性特征的差异决定了纵向上各小层段形成网状裂缝的完善程度，脆性越大，储层越容易被改造。

通过对 XRD 矿物分析资料的系统分析总结，结合对泥页岩储层组成矿物的物理化学特性，引用了"脆性指数"这一页岩油气勘探开发重要参数，结合岩石脆性特征，划分优、中、差三种。

$$脆性指数 = 方解石 + 白云石 / 矿物总量 \times 100\%$$

优：气显示厚度大且集中分布，脆性指数高。

中：脆性指数较高。

差：气测值较高，显示分散不集中，脆性指数较低。

（五）岩石矿物成分录井的影响因素

影响岩石物理性质的因素很多，且各种因素之间的关系复杂，相互影响，因此给岩石物理学的理论研究带来了很大的困难。一般来讲，影响岩石物理性质的因素有两大类：内部因素、外部因素。内部因素是指岩石的矿物成分、结构构造以及孔隙充填物的物理性质。外部因素主要是指岩石所处环境的温度、压力、埋深等。

第三节　自然伽马能谱录井技术

自然伽马能谱录井是根据铀（U）、钍（Th）、钾（K）的自然伽马能谱特征，用能谱分

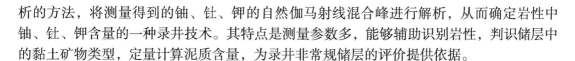

析的方法，将测量得到的铀、钍、钾的自然伽马射线混合峰进行解析，从而确定岩性中铀、钍、钾含量的一种录井技术。其特点是测量参数多，能够辅助识别岩性，判识储层中的黏土矿物类型，定量计算泥质含量，为录井非常规储层的评价提供依据。

一、技术原理

（一）测量原理

地层中存在的放射性核素，主要是天然放射性核素，这些核素又分为放射系和非放射系的天然放射性核素。放射系为钍系、铀系和锕铀系，但锕铀系的头一个核素 ^{235}U 在自然界中的丰度很低，其放射性贡献甚微，不予考虑。所以，岩样中的自然伽马能谱主要是 ^{238}U、^{232}Th 放射系和 ^{40}K 放射的伽马射线能谱。

由于地层岩石的自然伽马射线主要是由铀系和钍系中的放射性核素及 ^{40}K 产生的，而铀系和钍系所发射的伽马射线是由许多种核素共同发射的伽马射线的总和，但每种核素所发射的伽马射线的能量和强度不同，因而伽马射线的能量分布是复杂的。根据实验室对 U、Th、K 放射伽马射线能量的测定，发现 ^{40}K 放射的单色伽马射线能量为 1.46MeV。而 U 系、Th 系及其衰变物放射的是多能谱伽马射线，在放射性平衡状态下系内核素原子核数的比例关系是确定的，因此不同能量伽马的相对强度也是确定的，可以分别在这两个系中选出某种核素的特征核素伽马射线的能量来分别识别铀和钍。这种被选定的核素称为特征核素，它发射的伽马射线的能量称为特征能量。在自然伽马能谱录井中，通常选用铀系中的 ^{214}Bi 发射的 1.76MeV 伽马射线来识别铀，选用钍系中 ^{208}Tl 发射的 2.62MeV 伽马射线来识别钍，用 1.46MeV 的伽马射线来识别钾。当我们把伽马射线按我们所选定的特征能量分别计数，那么这就叫测谱。要使用自然伽马能谱录井，必须满足两个条件：（1）地层岩石中必须存在具有核辐射的放射性核素，或者说，岩石中的放射性核素必须具有核辐射；（2）放射性核素在地层岩石中的分布必须具有特异性。

把横坐标表示为伽马射线的能量，纵坐标表示为相应的该能量的伽马射线的强度。把这些粒子发射的伽马射线的能量画在坐标系中，那么就得到了伽马射线的能量和强度的关系图，这个图称为自然伽马的能谱图（图 5-3-1）。

（二）工作原理

自然伽马能谱探测伽马射线的基本过程是：在伽马射线的激发下，闪烁体发光，所发的光被光电倍增管接受，经光电转换及电子倍增过程，最后从光电倍增管的阳极输出电脉冲，记录分析这些脉冲就能测定伽马射线的强度和能量。

仪器主机由探头（包括闪烁体、光电倍增管）、高压电源、线性放大器、多道脉冲幅度分析器几部分组成（图 5-3-2）。射线通过闪烁体时，闪烁体的发光强度与射线在闪烁体上损失的能量成正比。带电粒子通过闪烁体时，将引起大量分子或原子的激发和电离，这些受激发的分子或原子由激发态回到基态时就放出光子；不带电的伽马射线先在闪烁体内产生光电子、康普顿电子及正负电子对，然后这些电子使闪烁体内的分子或原子激发和电离而发光。闪烁体发出的光子被闪烁体外的光反射层反射，会聚到光电倍增管的光电阴极上，打出光电子。光阴极上打出的光电子在光电倍增管中倍增出大量电子，最后为阳极吸收行程形成电压脉冲。每产生一个电压脉冲，就表示有一个粒子进入探测器。由于电压脉冲幅度与粒子在闪烁体内消耗的能量成正比，所以根据脉冲幅度的大小可以确定入射粒子的能量，利用脉冲幅度分析器可以测定入射射线能谱。

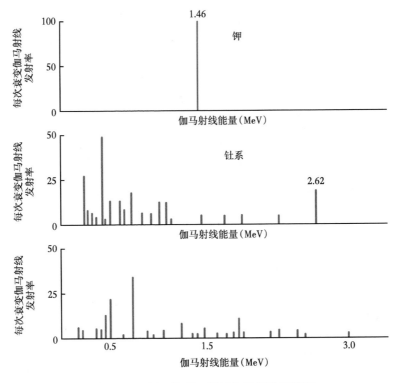

图 5-3-1　钾、钍系、铀系伽马射线能谱图

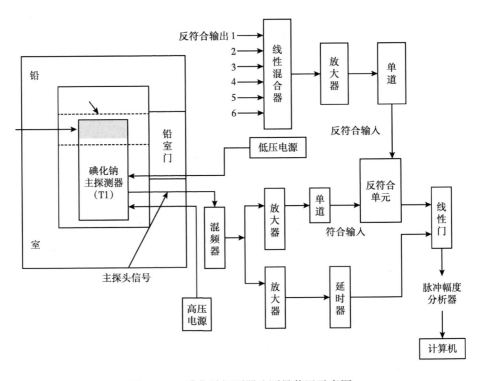

图 5-3-2　碘化钠探测器法测量装置示意图

（三）参数与意义

自然伽马能谱录井仪包括 U、Th、K、自然伽马总剂量率。分析主要参数见表 5-3-1。

表 5-3-1　自然伽马能谱录井仪主要分析参数表

参数名称	符号	含义	单位
铀	U	岩石中铀系核素的活度	g/t
钍	Th	岩石中钍系核素的活度	g/t
钾	K	岩石中 ^{40}K 的活度	%
伽马总剂量率	LGR	岩石中总伽马射线的强度	Gy/h

二、录井准备

（一）仪器设备及材料

1. 设备

（1）IED-3000B 型数字化伽马能谱仪；

（2）智能手机；

（3）铅筒。

2. 工作条件检查

（1）供电电源输入满足：电压 220V±10%，频率 50Hz±10%；

（2）UPS 供电电源线可靠连接；

（3）接地线必须接触可靠；

（4）与电脑主机散热部位距离墙体大于 10cm；

（5）铅室固定牢靠；

（6）外壳无磨损；

（7）探头核心部件主要由光电倍增管及 NaI 晶体组成，应注意防震、防摔、防潮、防水。

（二）仪器校准与性能检验

1. 仪器校准

仪器在进行测量前需对仪器进行校正，用 ^{40}K、^{232}Th、^{226}Ra 三个单核素源对仪器进行标定，使仪器达到正确的稳定状态。

（1）峰位标定：将校准样放入屏蔽室，测量 15min 后完成峰位校准。

（2）空白标定：屏蔽室不放任何样品测量 1h 后保存本低谱线。

（3）标准样标定：在屏蔽室中分别放入铀（U）、钍（Th）、钾（K）标样进行测量，测量 1h 后保存标准样谱线。

2. 性能检验

1）伽马能谱仪性能要求

探测器：能量分辨率不低于 7%（^{137}Cs）。

屏蔽室：屏蔽室厚度不低于等效铅当量厚度 100mm，内壁距晶体表面距离大于 130mm。

脉冲幅度分析器：伽马谱的道数不少于 2048 道。

重复性（相对误差）：铀（U）小于 10.0%，钍（Th）小于 10.0%，钾（K）小于 5.0%。

稳定性（相对误差）：铀（U）小于7.0%，钍（Th）小于7.0%，钾（K）小于2.0%。

峰位漂移：24h不低于0.5%。

2）重复性

在相同环境条件下，按相同校验方法，选取铀（U）、钍（Th）、钾（K）各一个标准样，测量时间5min，对仪器各检测5次，按照公式（5-3-1）计算测量相对误差，应满足自然伽马能谱仪性能要求。

$$\Delta\delta = \frac{|a_{is} - b_{ib}|}{b_{ib}} \times 100\% \qquad (5-3-1)$$

式中　$\Delta\delta$——相对误差；

　　　a_{is}——第i个标样实测值；

　　　b_{ib}——第i个标样标准值。

3）稳定性

选取铀（U）、钍（Th）、钾（K）各一个标准样，每间隔30min测量一次，测量时间1h，各测量5次，按公式（5-3-1）计算测量相对误差，应满足自然伽马能谱仪性能要求。

3. 校准与检验条件

（1）要求每口井测量前标定一次；

（2）仪器的技术参数被重新调整后进行标定；

（3）仪器正常运行时，每10d进行一次重复性、稳定性测试；

（4）每天应进行2次峰位校准。

三、资料录取

（一）采集项目

铀（U）、钍（Th）、钾（K）、总计数率（LGR）、总伽马（GR）、总有机碳含量（TOC）。

（二）采样方法与要求

样品采集按设计要求或根据实际录井需要，进行岩屑、岩心样品采集。岩屑尽量选取新鲜样品，选取具有代表性的干样样品500g左右（精确至上下0.5g）。如果样品不足500g，应对计算的三种核素铀（U）、钍（Th）、钾（K）进行质量校正，确保数据的准确性。

（三）样品分析

将备好的样品装入样品盒密封、压实，放入屏蔽室后开始分析，样品分析时间不少于5min。测量结束后，仪器自动保存，将直接弹出测量结果，或者关闭自动保存，弹出谱线存盘对话框。测量完成后，更换样品继续测量，并填写自然伽马能谱录井分析记录，格式参见表5-3-2。

表5-3-2　自然伽马能谱录井分析记录

序号	层位	井深（m）	样品质量（g）	U（μg/g）	Th（μg/g）	K（%）	总计数率（cps）	总伽马（API）	TOC（%）

四、资料解释

地层中含放射性元素的种类及含量与地层的沉积环境、沉积以来的地质变化等因素有关。自然伽马能谱录井能确定地层中铀（U）、钍（Th）、钾（K）含量，是地质研究的一项重要资料，可用于测量值资料可研究地层变化情况、及时进行地层对比与划分、计算泥质含量、识别高放射性页岩气储层、评价烃源岩等，在油气勘探阶段为正确地进行探井解释提供可靠的信息。

（一）地层岩性识别

通过自然伽马能谱录井分析，首先获得了样品的伽马能谱录井谱图，不同的峰位置代表了不同的元素，自然伽马能谱录井识别岩性是基于不同岩石和矿物中的铀、钍、钾的含量不同，根据地层中泥质含量的变化引起自然伽马能谱曲线幅度变化来区分不同的岩性。在钻井过程中，按一定录井间距对岩性的放射性强度进行测量，得到实时的随深度变化的铀、钍、钾含量3条曲线和1条总自然伽马计数率曲线。自然伽马能谱录井资料包含4个参数：岩性自然伽马（LGR）和铀（U）、钍（Th）、钾（K）的含量。纯碳酸盐岩（石灰岩、白云岩）的特征是铀、钍、钾的含量非常低，砂砾岩的放射性含量较高，铀、钍、钾的含量一般较高，生油岩（暗色泥岩）的铀含油较高（图5-3-3）。

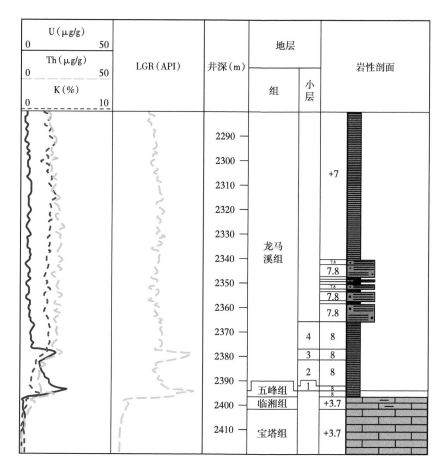

图5-3-3　自然伽马录井综合图

砂泥岩剖面：纯砂岩显示出自然伽马能谱为最低值，黏土（泥、页岩）为最高值，而粉砂岩、泥质砂岩介于中间，并随着岩层中泥质含量的增加，曲线幅度增大。

碳酸盐岩剖面：自然伽马曲线值是黏土（泥、页岩）最高，纯的石灰岩、白云岩的自然伽马值低，而泥质白云岩、泥质石灰岩、泥灰岩的伽马值介于泥岩和石灰岩、白云岩之间，且随泥质含量增加，幅度值增大。

膏盐岩剖面：石膏、盐岩伽马值最低，黏土（泥、页岩）最高，砂岩介于两者之间，数值靠近泥岩高数值的砂岩泥质含量较多，是储集性较差的砂岩；而数值靠近石膏低数值的砂岩层，则是较好的储层。

（二）研究沉积环境

Th/U 主要反映沉积环境，即氧化环境下 Th/U 值高，还原环境下 Th/U 值低。全国多地泥页岩研究表明，当 Th/U 值大于 7 时，主要为陆相沉积的泥岩和铝土矿，属于风化完全、具有氧化和淋滤作用的陆相沉积；当 Th/U 值在 2~7 之间时，为氧化—还原过渡沉积环境；当 Th/U 值小于 2 时，为强还原环境下的海相沉积。如川南地区龙一$_2$亚段页岩 Th/U 值介于 2~7 之间，属于海相弱还原沉积，龙一$_1$亚段页岩 Th/U 值基本小于 2，属于海相强还原沉积（图 5-3-4）。

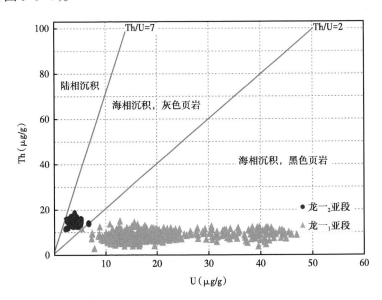

图 5-3-4　页岩 Th 与 U 交会图

（三）计算泥质含量

泥质对各种地球物理参数有着重要的影响，因此，弄清岩石中泥质含量对正确解决相应的地质问题至关重要。地层的泥质含量与钍或钾的含量有较好的线性关系，而与地层的铀含量关系较小。因为铀除了伴随碎屑沉积存在外，还与地层的有机质含量以及一些含铀重矿物的含量等因素有关，所以一般不用铀含量求泥质含量，用钍含量和钾含量的测量值计算泥质含量。

1. 总计数率求泥质含量

定量计算公式：

$$I_{LGR} = （LGR - LGR_{min}）/（LGR_{max} - LGR_{min}）\qquad（5-3-2）$$

$$V_{\mathrm{LGR}}=(2G\cdot I_{\mathrm{LGR}}-1)/(2^{G}-1) \tag{5-3-3}$$

式中　I_{LGR}——用总计数率求出的泥质含量指数，变化范围为 0~1；

　　　LGR——目的层总计数率；

　　　$\mathrm{LGR}_{\max}$——纯泥岩层计数率；

　　　$\mathrm{LGR}_{\min}$——纯砂岩层计数率；

　　　V_{LGR}——用总计数率求得的泥质体积含量；

　　　G——Hilchie 指数，是与地质年代有关的经验系数，根据实验室取心资料确定，老地层值取 2.0，新地层值取 3.7~4.0。

2. 由钍含量求泥质含量

$$I_{\mathrm{Th}}=(\mathrm{Th}-\mathrm{Th}_{\min})/(\mathrm{Th}_{\max}-\mathrm{Th}_{\min}) \tag{5-3-4}$$

$$V_{\mathrm{Th}}=(2^{G\cdot I_{\mathrm{Th}}}-1)/(2^{G}-1) \tag{5-3-5}$$

3. 由钾含量求泥质含量

$$I_{\mathrm{K}}=(\mathrm{K}-\mathrm{K}_{\min})/(\mathrm{K}_{\max}-\mathrm{K}_{\min}) \tag{5-3-6}$$

$$V_{\mathrm{K}}=(2^{G\cdot I_{\mathrm{K}}}-1)/(2^{G}-1) \tag{5-3-7}$$

式中　I_{Th} 和 I_{K}——用钍含量和钾含量求得的泥质含量指数；

　　　Th 和 K——钍和 ^{40}K 的含量，其角码 min 和 max 分别表示纯地层和泥岩的最小值与最大值；

　　　V_{Th} 和 V_{K}——用钍含量和钾含量求得的泥质体积含量。

在地层含有云母和长石的情况下，最好用钍曲线来确定地层的泥质含量，因为云母和长石中都含有钾，此时的钾含量不仅仅是由泥质造成的。

（四）评价烃源岩

TOC 虽然可以通过现有的岩石地球化学热解分析来获取数据，但在实际录井过程中，尤其是 PDC 钻头和油基钻井液条件下泥页岩的岩屑成糊状，选样和清洗难度较大，分析周期长。而利用自然伽马能谱录井计算 TOC 的原理是：在还原环境条件下，尤其当泥页岩中含有有机碳时，黏土颗粒对铀离子的吸附能力增强，黏土的铀含量明显增加，采用 U 元素与 TOC 关系回归计算泥页岩层的总有机碳含量，较岩石地球化学热解法，其计算过程更快捷、结果更准确。

$$\mathrm{TOC}=a\mathrm{U}+b \tag{5-3-8}$$

式中　TOC——有机碳含量；

　　　U——岩样中铀元素含量；

　　　a、b——地区常数。

a、b 系数取值是利用岩心分析总有机碳含量（TOC）与录井 U 值进行交会分析，a 常数取值 0.3888，b 常数取值 0.21，其相关系数为 0.8981（图 5-3-5）。从有机碳含量与泥岩中铀的含量关系可看出，有机碳含量与铀含量存在线性关系，铀含量越高，泥岩中有机碳含量越多，则泥岩为生油岩且生油能力越强。

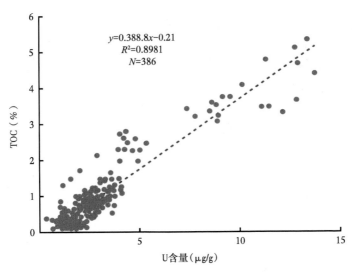

图 5-3-5　U 含量与 TOC 关系图

五、自然伽马能谱录井影响因素分析

（一）岩样的采集与挑选

自然伽马能谱录井分析对象均为从井下返出的地层岩石样品，分析精度高，用样量较多，对样品真实性要求非常高。因此，样品的采集和挑选是保证质量的关键因素。采集样品时，必须做到迟到时间计算准确，定点及时捞样，清洗干净；样品挑选时，必须挑选代表该井段的真实岩样。要做好这项关键性的工作，要求操作人员必须有较高的技术素质和责任心。

（二）岩样的预处理

岩样经钻头的破碎、钻井液携带、人工捞取等流程，特别是岩屑中混有钻井液材料，直接对岩样产生污染，尽可能排除外源物对样品的影响。因此，对样品的预处理非常重要，具体包括岩石样品的正确挑选、去除污染、称重等工序，做到不同分析项目的每一个环节的准确无误。

（三）样品分析过程中的影响

样品在分析过程中，受操作人员技术素质、熟练程度、工作环境、设备稳定性、重复性等诸多因素的影响，对每一环节可能影响资料质量的因素必须周密考虑或尽可能避免，才能保证资料的统一和解释可靠性。

（四）测量时间对分析结果的影响

自然伽马能谱录井是将样品装入铅室后测定岩样的放射性，因此分析结果与设定时间紧密相关，要求仪器时间尽可能保证在 5min 以上，确保分析的精度。

（五）屏蔽铅室对分析结果的影响

屏蔽室是伽马能谱分析中装探测器装置和样品的容器，置于等效铅当量不小于 100mm 的金属屏蔽室中，屏蔽室内壁距晶体表面距离大于 130mm，在铅室的内表面有原子序数逐渐递减的多层内屏蔽材料，如果不能做到很好的屏蔽效果，将会对分析结果产生较大的影响。

（六）样品不同产生的差异影响

目前分析的样品包括岩心、岩屑等不同的样品，由于样品采集和物性形态的不同，测量的结果有所差异，因此，需对不同的分析样品采用不同的应用分析。

（七）放射性涨落误差的影响

在放射源强度和测量强度条件不变的情况下，在相同的时间间隔内，对放射性射线的强度进行反复测量，每次记录的数值不相同，而且总是在某一数值附近变化。这种现象叫放射性涨落。它和测量条件无关，是微观世界的一种客观现象，并且有一定的规律。这是由于放射性元素的各个原子核的衰变彼此独立，衰变的次序是偶然原因造成的。这种现象的存在，使得自然伽马曲线不光滑，有许多起伏的变化。放射性曲线数值的变化，一是由地层性质变化引起的，用它可以划分地层剖面；另一方面是由放射性涨落引起的，要对放射性录井曲线进行正确地质解释，必须正确区分这两种原因造成的曲线变化。

（八）钻井液添加剂影响

钻井液中加入 3%~5% 的氯化钾，对泥岩的冲蚀作用可明显降低。但是，钾的放射性可使自然伽马录井受到干扰，表现为：

（1）总计数率增高。

（2）钾特征峰道区计数率明显增高。

（3）能量低于 1.46MeV 的道区计数率增高。

（4）解谱结果钾含量异常高，铀含量偏低，钍含量偏高，各种比值不正常。而重晶石钻井液能使低能道区计数率明显降低。氯化钾和重晶石钻井液对测量结果的影响均需进行校正。

第四节　核磁共振录井技术

低磁场核磁共振弛豫谱技术利用地层流体（油、气、水）中富含的氢原子核（^1H）。核磁共振录井技术主要是利用氢核在已知磁场中的核磁共振现象，来探测地层孔渗与流体特征的一种方法。通过分析检测岩石孔隙内的流体性质、流体量，以及流体与岩石多孔介质固体表面之间的相互作用，来获取孔隙度、渗透率、流体饱和度、流体性质以及可动流体、束缚流体等物性参数，能在钻井现场快速、准确评价储层岩石孔隙中的流体特性，在油气田勘探开发的研究与生产中发挥了重要作用。

一、技术原理

（一）物理基础

核磁共振的基础是原子核的磁性及其与外加磁场的相互作用。当特定频率的射频脉冲激发磁场中原子核（比如磁矩不为零的氢核），核自旋系统将发生共振吸收现象，即处于低能态的核磁矩将吸收交变电磁场提供的能量，跃迁到高能态，这种现象称为核磁共振。

1. 核自旋

核磁共振中的"核"指的是原子核。原子核是由核内质子和中子及核外电子组成的，是带电的微观粒子。质子带正电荷，中子不带电，统称为核子。自旋是核自旋角动量的简称，是原子核最重要的特性之一。不同的原子核，自旋运动的情况不同，除了一些质子数和中子数为偶数的核以外，其他核都具有自旋特性，即原子核中的质子和中子沿着其中心轴自身做旋转运动。核自旋是量子化的，用自旋量子数（I）表示。

不同原子核的自旋量子数取决于其质量数和原子序数，见表 5-4-1。

表 5-4-1　质量数、原子序数与自旋量子数（I）的关系

原子序数（电荷数）	质量数	自旋量子数（I）	举例
奇数或偶数	奇数	1/2，3/2，5/2，…	$_1^1H$，$_6^{13}C$，$_7^{15}N$
偶数	偶数	0	$_6^{12}C$，$_8^{16}O$，$_{16}^{32}S$
奇数	偶数	1，2，3，…	$_1^2D$，$_7^{14}N$，$_5^{10}B$

原子核是带正电荷的粒子，不能自旋的核没有磁矩，所有含奇数个核子以及含偶数个核子但原子序数为奇数的原子核，都具有"自旋角动量"。原子核球体的旋转会在核心旋转方向产生环形电流，进而产生磁场，形成磁矩（μ）。这一磁矩的方向与原子核的自旋方向相同，大小与原子核的自旋角动量成正比。在没有任何外场的情况下，核磁矩是无规律地排列取向的，这些杂乱无章的磁场相互抵消，因此对外并不表现磁性。

$$\mu = \gamma \times P \tag{5-4-1}$$

式中　P——角动量矩；

　　　γ——磁旋比，是自旋核的磁矩和角动量矩之间的比值，因此是各种核的特征常数。

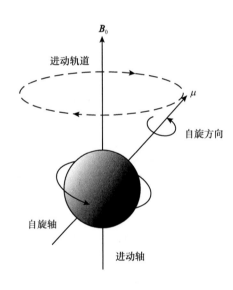

图 5-4-1　原子核在磁场中的进动

2. 进动

核磁共振中的"磁"指的是两个，即静磁场 B_0 和射频磁场 B_1，用特斯拉（T）来表示。当自旋核（spin nuclear）处于磁感应强度为 B_0 的外磁场中时，除自旋外，还会绕 B_0 的方向以角速度 ω_0 进动（图 5-4-1）。这种运动情况与陀螺的运动情况十分相像，称为拉莫尔进动（Larmor process）。进动具有能量也具有一定的频率，进动的频率由外加磁场的强度和原子核本身的性质决定，自旋核进动的角速度 ω_0 与外磁场感应强度 B_0 成正比，也就是说，对于某一特定原子，在已知强度的外加磁场中，其原子核自旋进动的频率是固定不变的。

$$\omega_0 = 2\pi\nu_0 = \gamma B_0 \tag{5-4-2}$$

式中　ω_0——进动角频率，又称拉莫频率（Larmor frequency），也就是常说的共振频率；

　　　ν_0——进动频率；

　　　γ——旋磁比，是一个基本的核常量（如氢原子核的 γ=42.58MHz/T）；

　　　B_0——外加磁场的强度。

3. 能级分裂

根据量子力学原理，核磁矩在置于外加磁场 B_0 中时，磁场中只能取某些固定的方向，这是由原子核的自旋量子数决定的。核磁共振主要研究的是氢核 ^1H，氢核的自旋量子数

I=1/2，如图 5-4-2 所示，因此，氢核在外磁场作用下定向排列，只存在（$2I$+1）两种能级，即低势能级和高势能级，不存在中间状态。

（1）与外磁场平行，能量低，磁量子数 m=+1/2；

（2）与外磁场相反，能量高，磁量子数 m=-1/2。

这种现象叫能级分裂，也叫塞曼（Zeeman）能级分裂。在外磁场的作用下，有较多氢核倾向于与外磁场取顺向的排列，即处于低能态的核数目比处于高能态的核数目多，总体的磁化矢量 M_0 仍与主磁场方向一致。每个氢核磁矩的合成，表现为对外具有宏观磁化矢量，将产生一个磁矩和，称为宏观磁化矢量 M，方向与磁场 B_0 同方向平行。

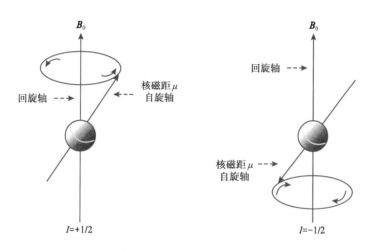

图 5-4-2　氢原子核在外磁场出现两种自旋状态

4. 核磁共振

若在与 B_0 垂直的方向上加一个交变场（也称射频脉冲），其频率为 ω_1，变化的电场可以产生磁场，同样变化的磁场也可以产生电场，如图 5-4-3 所示，这样其传播的过程就在空间上形成了电磁场，这个磁场叫射频场，用 B_1 表示。当外加射频场的频率与原子核自旋进动频率相同的时候，即当 $\omega_1=\omega_0$ 且辐射的能量恰好等于自旋核两种不同取向的能量差时，自旋核会吸收射频的能量，由低能态跃迁到高能态（核自旋发生倒转），这种现象称为核磁共振吸收。射频频率 = 进动频率，这是发生核磁共振现象的必要条件之一。

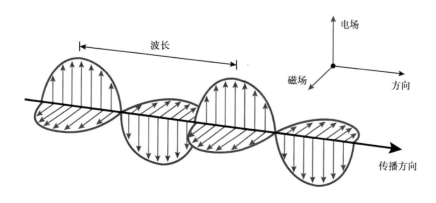

图 5-4-3　电场和磁场方向相互垂直

不同的原子核产生共振条件不同，发生共振所必需的磁场强度（B_0）和射频频率（ν）不同。对氢核，γ=42.57708MHz/T，共振频率 =42.57708MHz×B_0。其中 B_0 为磁场强度，单位为 T（特斯拉），1T=104Gs（高斯）。例如，当磁场强度为 4.7T 时，共振频率就是200MHz。外磁场强度越强，共振频率越高。

5. 弛豫

在物理学上，某种平衡状态被破坏后又恢复到平衡的过程称为弛豫。我们知道，施加的射频能量是有一定角度和时间的。当射频撤去，对于原子核而言，此时跃迁到高能级的处于不平衡态的原子核就要回到低能级，即平衡态，恢复的过程即称为弛豫过程，类似把弹簧拉长后松手弹簧回到原来状态的过程；而恢复到原来平衡状态所需的时间则称为弛豫时间。

以沿旋转坐标系下 x 轴方向的射频为例，未施加脉冲共振之前，总宏观磁化矢量 M_0 顺着 B_0 方向整齐排列，与主磁场方向一致，即 z 轴方向［图 5-4-4（a）］，不存在横向分量 M_{xy}；当施加一个 90° 的射频脉冲时，那么原子核群吸收能量，部分质子从低能级跃迁到高能级，此时宏观磁化矢量就会逐渐向垂直于 z 方向的 x 方向偏转，宏观表现为磁化强度矢量 M 的与静磁场方向的夹角发生改变，即宏观磁化矢量 M_0 由 M_z 偏转成 M_x［图 5-4-4（b）］，此时 M_0 的纵向分量为 0，M_{xy} 达到最大；当撤去射频脉冲后，微观上跃迁到高能级的质子要回到低能级，通过自由进动向 B_0 方向原来的状态恢复，在 $x'y'$ 平面上转动回到 M_z［图 5-4-4（c）］，使原子核从高能态的非平衡状态向低能态的平衡状态恢复。

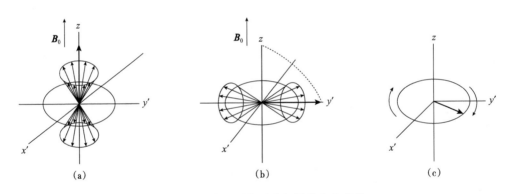

图 5-4-4　宏观磁化强度矢量的方向变化

在核磁共振中，弛豫过程分两类，一类是纵向弛豫，另一类是横向弛豫。从能量看，T_2 弛豫是 H 核与 H 核等其他原子核能量交换过程，自旋系统的总能量没有变化，因此叫自旋—自旋弛豫；T_1 弛豫是 H 核与周围环境能量交换过程，其能量转移到周围粒子中去，因此叫自旋—晶格弛豫。

横向弛豫：设 B_0 的方向为 z 方向，射频脉冲作用后，宏观磁化量 M_0 被分解成 x-y 平面的分量 M_{xy}（横向分量）和 z 方向的分量（纵向分量）M_z。x-y 平面的横向磁化分量 M_{xy} 由大变小，反映磁化矢量"相散"的过程，质子磁化强度在 xy 平面的投影同时向零方向恢复，称为横向弛豫过程，弛豫速率用 $1/T_2$ 来表示，T_2 叫横向弛豫时间。

纵向弛豫：z 方向的纵向分量 M_z 往始宏观磁化强度 M_0 的数值恢复，其纵向磁化矢量由小变大，称为纵向弛豫过程，弛豫速率用 $1/T_1$ 来表示，T_1 叫横向弛豫时间。在纵向弛豫过程中，磁能级上的粒子将发生变化，自旋与晶格或环境之间交换能量，把共振时吸收的能量释放出来，因此，从微观机制上，又把它称为自旋—晶格弛豫。

6. 自旋回波的探测及 T_2 弛豫时间测量（CPMG 脉冲法）

在实际的测量过程中，利用 CPMG 脉冲序列激励（90° 脉冲和 180° 脉冲是核磁共振最常用的两种脉冲）产生核磁共振。当撤去射频脉冲后，这个在弛豫过程中由于自由进动而逐渐衰减的感应信号产生感应电动势，从而在线圈中可以接收到核磁共振信号，称为自由感应衰减信号（free indueed decay，简称 FID），见图 5-4-5。

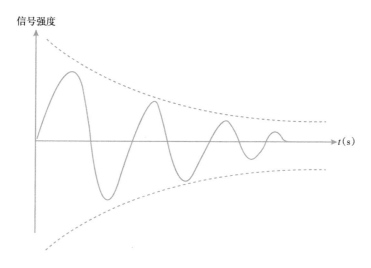

图 5-4-5　FID 信号的波形图

测量得到原始的混合回波串其实是一个不断衰减的自由感应衰减信号（图 5-4-6），再通过数学反演算法（最小二乘法、奇异值分解法等），反演得到测试样品 T_2 弛豫时间谱（图 5-4-7）所有信号。

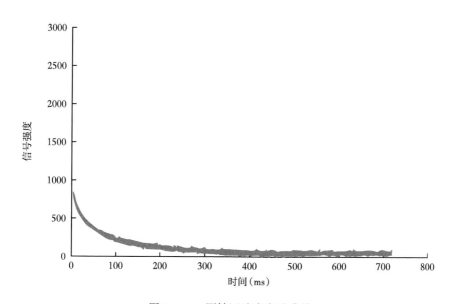

图 5-4-6　原始回波串衰减曲线

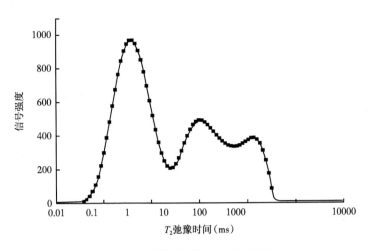

图 5-4-7　测试样品 T_2 弛豫时间谱

（二）仪器原理

根据静磁场的强弱，可以将核磁共振谱谱仪分为三类：低场谱仪、中场谱仪、高场谱仪。根据用途，可以将谱仪分为两类：用于测量液体样品的高分辨率谱仪和可以直接测量固体样品的宽谱线谱仪。核磁共振录井及测井一般都采用低场核磁共振分析仪，主要由磁体、射频振荡器、射频信号接收器、记录系统等部分组成，原理示意图见图 5-4-8。

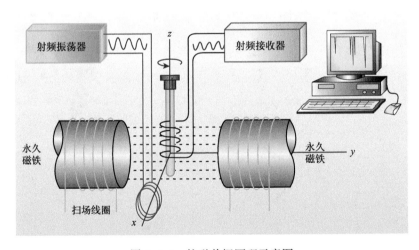

图 5-4-8　核磁共振原理示意图

1. 磁体

磁体为核磁共振设备提供所需的静磁场，试样管和线圈置于磁场中。核磁共振仪器，磁场强度不同，应用功能也会不同。对于低场的小型核磁共振设备，一般采用永磁材料的磁体。录井核磁共振分析仪磁场强度为 940~1175Gs（即 0.094~0.1175T），对应共振频率 4~5MHz，孔隙度的测量下限 3% 左右；实验室使用的核磁共振分析仪最佳磁场强度为 1645~2350Gs（即 0.1645~0.235T，对应共振频率 7~10MHz）；磁场强度为 940Gs（对应共振频率 4MHz）时，孔隙度的测量下限可达到 0.1% 左右。

为了使有效磁场强度可变，可在一对磁极上绕制的一组磁场扫描线圈，用以产生一个附加的可变磁场，叠加在固定磁场上，以实现磁场强度扫描。

2. 射频振荡器

射频振荡器的线圈垂直于外磁场，产生频率、幅度、相位以及作用时间均可调的电磁辐射信号，实现脉冲序列发射。

3. 射频接收器

当质子的进动频率与辐射频率相匹配时，发生能级跃迁，吸收能量，在感应线圈中产生毫伏级信号。一般通过门控开关切换线圈的收发状态，从而实现用于回波信号的接收。接收到的回波信号进行滤波、变频和放大等处理，从而将回波信号转换成输出信号。

4. 试样管

试样管是直径为数毫米的石英玻璃管，样品装在其中，固定在磁场中的某一确定位置。有的整个试样探头是旋转的，以减少磁场不均匀的影响。

5. 记录系统

记录系统对数字回波信号进行记录、波谱处理及运算处理。

（三）参数与意义

核磁共振谱中包含有丰富的油层物理信息，如图 5-4-9 所示，可分析计算得到岩样（岩心、岩屑和井壁取心）的 T_2 截止值、孔隙度、渗透率、黏土束缚流体、毛管束缚流体饱和度、可动流体饱和度、含油气饱和度、含水饱和度、原油黏度、孔径分布等物性参数。

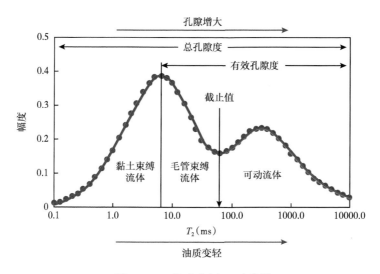

图 5-4-9　核磁共振 T_2 弛豫谱

二、录井准备

（一）仪器设备及材料

1. 设备

（1）核磁共振分析仪：磁场强度 0.08~0.12T，磁场均匀度不低于 0.025%，回波时间最小可调至 1.5×10^{-4}s，仪器运行稳定后的磁体温度误差不超过 0.1℃。

（2）样品饱和仪（含真空泵）：用于饱和模拟地层水，真空室饱和压力 -0.10MPa。

（3）电子天平：用于称量样品，称量精度不低于 0.01g。

（4）UPS 不间断稳压电源：为设备提供稳定的电源，要求额定功率 ≥ 3000W，断电持续时间≥30min（额定负载情况下）。

（5）小型冰箱：存放样品，减少分析前的流体挥发。

（6）取样桶：应使用密封、耐压、耐高温、耐腐蚀材质，内容积大于5mL。

2．试剂材料

（1）试剂：蒸馏水、氯化钾、氯化钠、氯化锰等，均为分析纯以上。

（2）标准样品：孔隙度定标样品一套，孔隙度分别为1%、3%、6%、9%、12%、15%、18%、21%、24%、27%。

（3）材料：试管、烧杯、细玻璃棒、滤纸、镊子、聚乙烯保鲜膜等。

3．工作条件检查

1）电源要求

供电电源应满足以下条件：

（1）电压：AC220V±22V。

（2）频率：50Hz±5Hz。

（3）采用集中控制的配电箱，具有短路、断路、过载、过压、欠压、漏电等保护功能；各路供电应具有单独的控制开关，分别控制。

2）环境要求

仪器设备工作环境应满足以下条件：

（1）温度：16~29℃。

（2）湿度：RH不大于85%。

（3）仪器应远离热源安装，做到牢固、无振动，且与墙面的距离大于0.1m，与铁磁性物质的距离大于1m，无影响测量的振动和电磁干扰。

（二）参数设置

1．系统参数调整

仪器磁体温度设定30~35℃，预热时间不少于3h后进行系统参数调整：

（1）核磁共振频率的偏移值不应超过其额定频率的2%。

（2）90℃和180℃脉冲宽度的测量信号幅度均应达到最大。

（3）在信号不失真的条件下，仪器接收增益应设到最大。

（4）其他特定参数保持仪器出厂设置。

2．采集参数设置

采集参数应能最大限度地获取岩样信息，满足录井解释和地质研究的需要，包括但不限于回波间隔、等待时间、采集回波个数、采集扫描次数等。

3．溶液配制

1）配制模拟地层水

如已知地层水的矿化度，则按地层水的矿化度配制；如不知地层水的矿化度，则每升蒸馏水中分别加入10g氯化钾和氯化钠，搅拌均匀溶解备用。

2）配制去离子水

每升蒸馏水中加入不少于10g氯化锰，搅拌均匀溶解备用。

（三）仪器校准与性能检验

1．仪器校准

工作曲线法也称外标法、标准曲线法，是仪器分析经常使用的一种定量分析方法。核

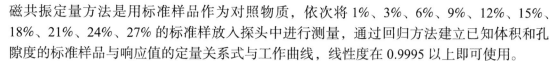

磁共振定量方法是用标准样品作为对照物质，依次将 1%、3%、6%、9%、12%、15%、18%、21%、24%、27% 的标准样放入探头中进行测量，通过回归方法建立已知体积和孔隙度的标准样品与响应值的定量关系式与工作曲线，线性度在 0.9995 以上即可使用。

2. 性能检验

1）准确性测试

将孔隙度不小于 10% 的至少两个不同标样依次置于仪器探头内稳定 5s 后测量，并按式（5-4-3）计算其孔隙度相对误差，该值不应大于 5%。

$$\Delta\delta = \left(\left| \phi_{i测} - \phi_{i标} \right| / \phi_{i标} \right) \times 100\% \qquad (5\text{-}4\text{-}3)$$

式中 $\Delta\delta$——孔隙度相对误差，用百分数表示；

$\phi_{i测}$——第 i 个标样的实测孔隙度；

$\phi_{i标}$——第 i 个标样的标定孔隙度。

将孔隙度不小于 10% 的至少两个不同标样依次置于仪器探头内稳定 5s 后测量，并按式（5-4-4）计算其孔隙度绝对误差，该值不应大于 0.5%。

$$\delta = \left| \phi_{i测} - \phi_{i标} \right| \qquad (5\text{-}4\text{-}4)$$

式中 δ——孔隙度绝对误差；

$\phi_{i测}$——第 i 个标样的实测孔隙度；

$\phi_{i标}$——第 i 个标样的标定孔隙度。

2）线性度测试

将不少于 5 个不同孔隙度的标样分别置于仪器探头内稳定 5s 后测量，所刻度的孔隙度线性度不应小于 0.9996。

3）稳定性测试

将孔隙度不小于 10% 的至少两个不同标样依次置于仪器探头内稳定 5s 后测量，间隔 24 小时后再次进行测量，并按式（5-4-3）计算其孔隙度相对误差，该值不应大于 5%。

3. 校准与检验条件

在下列情况下，应对仪器进行校验：

（1）仪器在现场投入使用前；

（2）调整仪器的技术参数后；

（3）仪器修理后；

（4）对检测结果有疑问或争议时；

（5）仪器连续运行 24h 应进行重复性测试。

三、资料录取

（一）采集项目

孔隙度、渗透率、含油（气）饱和度、可动流体饱和度、束缚流体饱和度和可动水饱和度。

（二）采样密度

按设计要求采样，如设计没有规定，按以下要求选样：

（1）岩屑：如真实岩屑具有储层原始孔隙结构、颗粒直径大于 3mm 可采样。目的层储层应逐包取样；非目的层的储层，单层厚度不大于 5m 的层在 5m 间隔内取 1 个样，大于 5m 时每 5m 取 1 个样，有油气显示逐包取样。

（2）岩心：不含油气显示的储层岩心每米取 2~3 块样品，含油气显示储层岩心每米等间距取 8~10 块样品。

（3）井壁取心：储集岩的井壁取心旋转式井壁取心应逐颗取样。核磁共振录井分析记录见表 5-4-2。

表 5-4-2　核磁共振录井分析记录

序号	井深 (m)	层位	岩性定名	孔隙度 (%)	渗透率 ($10^{-3}\mu m^2$)	含油（气）饱和度 (%)	可动流体 (%)	束缚流体 (%)	可动水饱和度 (%)

（三）采样方法与要求

（1）岩屑：岩屑清洗后 20min 内装入取样桶，选取具有储层原始孔隙结构、直径大于 3mm 的真岩屑，总体积以 10mm×10mm×30mm 为宜，标识清楚，在 48h 内分析。

（2）岩心：在岩心的中心部位取样，减少因钻井液滤液侵入、密闭液侵入以及轻烃的挥发等对含油饱和度的影响；岩心整理后 20min 内用取样工具取样，大小以 25mm×25mm×30mm 左右为宜，用保鲜膜密封、标识清楚。现场来不及做干样分析时，应用保鲜膜将岩样缠紧缠实（多缠几圈，然后用透明胶带扎紧）低温保存或蜡封保存，尽量减少因风干引起的油水损失。

（3）井壁取心：在井壁取心整理后 10min 内取样，大小以 25mm×25mm×30mm 左右为宜，用保鲜膜密封、标识清楚。现场来不及做干样分析时，同岩心处理方法低温保存或蜡封保存。

（四）样品预处理

（1）干样扫描初始谱分析前，除去录井现场取到的岩心样或井壁取心样表面水分，保持密封状态，现场待分析。

（2）物性分析前，应使用混合盐水对样品进行真空饱和，岩屑样品饱和时间不少于 0.5h，岩心和井壁取心样品在盐水浸泡状态下抽真空 2~8h（据样品质密程度不同）。若样品超过抽真空饱和时间仍有气泡产生时，则应继续对样品进行抽真空饱和直至肉眼不见气泡为止，抽真空完毕后再浸泡 2~24h，再除去表面水分待分析。

（3）进行含油分析前，应使用锰试剂不小于 15000mg/L 的水溶液对岩样进行浸泡。浸泡时间应考虑地区及岩性，不小于 2h，再除去表面水分待分析。

（五）样品分析

1. 初始谱扫描

样品出筒后及时采取新鲜样品，按要求进行前处理并尽快进行初始谱扫描。岩心样品根据试管口径处理成适宜分析的岩块。提供初始状态孔隙度、渗透率、束缚水饱和度及可动水饱和度等参数。不具备分析条件时，样品严格按要求保存。

2. 饱和盐水物性分析

初始谱扫描后的样品，用纱布包起来，做好标注，放入饱和仪中按要求饱和盐水，使

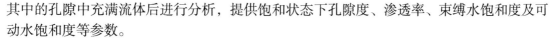

其中的孔隙中充满流体后进行分析，提供饱和状态下孔隙度、渗透率、束缚水饱和度及可动水饱和度等参数。

3. 含油性分析

分析完样品的孔隙度后，含油的样品需浸泡在 $MnCl_2$ 溶液中，使孔隙中的水相弛豫加强，而油相弛豫时间保持不变，进而实现了油、水信号的分辨。

二价锰离子（Mn^{2+}）具有顺磁性，对磁场响应很弱。实验结果表明：当锰离子达到 15000mg/L 以上时（图 5-4-10），能够将水相的弛豫时间缩短到仪器的探测极限以下，此时水相的核磁共振信号接近为 0，而油的信号基本不变（图 5-4-11）。

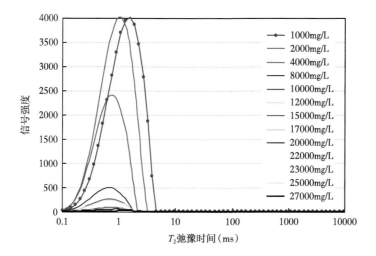

图 5-4-10　锰离子浓度对水信号的影响

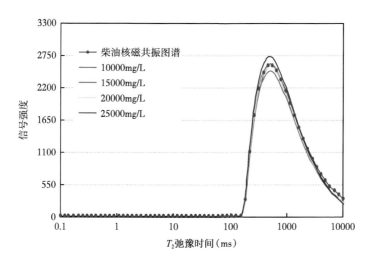

图 5-4-11　锰离子浓度对油信号的影响

（六）样品分析要求

（1）确认仪器当前参数准确无误后，开始进行样品分析。

（2）将待测样品装入不含氢的非磁性容器（如玻璃试管）后，置于仪器探头内（样品高度不应超过）磁体均匀区。

（3）保存核磁共振 T_2 弛豫谱图，填写核磁共振取样分析记录。

（4）核磁共振分析需要确定被测物体积，常用方法有尺寸测量法、岩石密度法、骨架密度法、浮力法等。

①尺寸测量法：仅适用于标准圆柱形岩心，用卡尺测量长度和直径三次以上，求取平均值进行体积计算。

②岩石密度法：一个物体质量为 m，密度为 ρ，体积为 $V=m/\rho$。岩石密度法操作简单，效率较高但精度很低，仅适用于砂岩储层。此方法至少需经一次样品测量后才能算出正确的体积值。

岩石密度法中孔隙度和湿样岩石密度的关系见表 5-4-3。岩样外观体积确定时可参考使用。

表 5-4-3　不同孔隙度岩石样品密度估算

孔隙度（%）	湿样岩石密度（g/cm³）
＜8	2.5
8~12	2.4
12~16	2.3
16~20	2.2
20~24	2.1
＞24	2.0

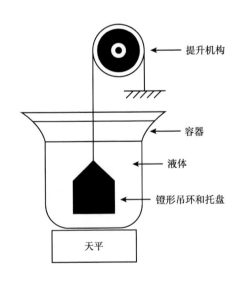

图 5-4-12　浮力法测量样品体积原理示意图

③骨架密度法：去除了体积的影响，精度比岩石密度法高。用天平称量饱和前后的样品质量，因岩石的体积等于骨架体积加上流体体积，即等于骨架质量与密度比值加上流体质量与密度的比值。骨架密度取砂岩石英与长石密度的平均值 $2.61g/cm^3$，流体密度取值为 $1g/cm^3$。这种方法必须至少进行一次饱和样品测量之后，骨架密度才能使用并算出正确的体积。

④浮力法。

浮力法适用于各类样品，精度较高。浮力法也称液体置换法，利用的是阿基米德浮力原理，放在液体里的物体受到的浮力，等于排开液体的重量，见图 5-4-12。首先称出饱和后样品在空气中的质量，再将样品浸没在水中（密度取值 1g/mL），称出该样品在水中的质量，浮力为两次称量质量之差。

四、资料解释

T_2 分布与被测岩石的微观结构和流体特征密切相关，包含着丰富的岩石物性和流体信息，能在钻井现场快速、准确评价储层岩石孔隙中的流体特性，获取储层有效孔隙度、渗透率、可动流体和束缚流体体积等与储层物性和产能有关的地质信息。

（一）判断储层物性

核磁共振 T_2 测量值的幅度和地层的孔隙度成正比（一般情况下该孔隙度不受岩性的影响），T_2 分布曲线围成的面积等于自旋回波串的初始幅度。核磁共振提供了多种孔隙度信息：总孔隙度、黏土束缚水体积、毛管束缚水体积、可动流体体积。从图 5-4-13 可以看出，大、中孔隙越多，储集性能越好，反之越差，所以储层性能好坏可以用 T_2 谱的形态及检测结果判别。如果 T_2 谱表现为图谱偏左，意味着岩石微小孔隙发育，流体基本都在束缚状态，可动流体少；相反，如果 T_2 谱表现为图谱偏右，意味着岩石大、中孔隙发育较好，甚至有裂缝、溶洞等，可动流体较多。

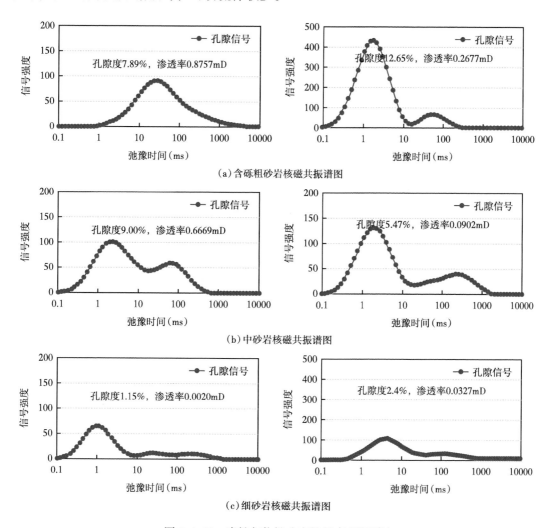

图 5-4-13　岩性与物性响应特征直观识别法

岩石是由大小不同孔道组成的多孔介质，T_2 衰减速率反映了岩石的弛豫性质，不同孔隙大小的流体中的氢核有不同的弛豫速率。弛豫速率与质子碰撞表面的频率有关，也就是说与面积与体积之比（比表面）有关。

核磁共振测量可以识别缝、洞的存在，并可定量计算其空间大小。由于裂缝孔隙、溶洞孔隙比岩样内的其他孔隙要大得多，弛豫时间值较长，一般为1000.0ms左右。与岩样内其他孔隙之间的孔径分布连续性较差，因此在 T_2 弛豫谱上其孔隙峰与其他峰之间的连续性也较差（图5-4-14）。

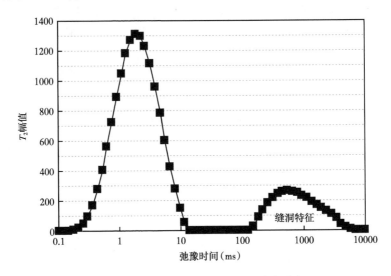

图5-4-14　具有缝洞特征的 T_2 弛豫形态

（二）判断岩石渗透率

对于岩石而言，其渗透率仅与岩石性质有关，与流体性质无关。从油层物理学分析，岩石中束缚水饱和度与岩石本身性质有关，岩石孔隙中无论充填什么流体，其束缚水饱和度是不变的。T_2 谱代表了地层孔径分布，而地层岩石渗透率又与孔径（孔喉）有一定的关系，因此可以从弛豫时间谱中计算出地层渗透率，这种计算一般采用一些经验公式来进行。因此，在下列五种核磁共振渗透率的计算模型中，通用模型更具有普遍性，也更适用于现场。

1. SDR 模型

利用饱和水岩样的核磁共振孔隙度和 T_2 几何平均值，按式（5-4-5）计算核磁共振渗透率：

$$K=C(\phi/100)T^2 \qquad (5-4-5)$$

式中　K——SDR 模型核磁共振渗透率；

　　　C——由相应地区的岩样实验测量数据统计分析所得的模型参数；

　　　ϕ——核磁共振孔隙度；

　　　T——T_2 几何平均值。

2. SDR−reg 模型

利用饱和水岩样的核磁共振孔隙度和 T_2 几何平均值，按式（5-4-6）计算核磁共振渗透率，其模型参数为 C、m、n。

$$K=C^m(\phi/100)T^n \qquad (5-4-6)$$

式中　K——SDR-reg 模型核磁共振渗透率；

　　　m、n——由相应地区的岩样实验测量数据统计分析所得的模型参数。

3. Coates 模型

利用饱和水岩样的核磁共振孔隙度以及由 T_2 截止值法（或 SBVI 法）求得的束缚水体积和可动水体积，按式（5-4-7）计算核磁共振渗透率，其模型参数为 C。

$$K=(\phi/C)^4\times(\phi_{流动}/\phi_{束缚})^2 \qquad (5\text{-}4\text{-}7)$$

式中 K——Coates 模型核磁共振渗透率；

$\phi_{可动}$——核磁共振可动流体孔隙度；

$\phi_{束缚}$——核磁共振束缚孔隙度。

4. Coates 扩展模型

利用饱和水岩样的核磁共振孔隙度以及求得的束缚水体积和可动水体积，按式（5-4-8）计算核磁共振渗透率，其模型参数为 C、m、n。

$$K=(\phi/C)^m(\phi_{可动}/\phi_{束缚})^n \qquad (5\text{-}4\text{-}8)$$

式中 K——Coates 扩展模型核磁共振渗透率。

5. 通用模型

利用饱和水岩样（或录井湿岩样）的核磁共振孔隙度和求得的束缚水饱和度按式（5-4-9）计算核磁共振渗透率。

$$K=(\phi/C)^4[(100\%-S)/S]^2 \qquad (5\text{-}4\text{-}9)$$

式中 K——通用模型核磁共振渗透率；

S——束缚水饱和度。

（三）区分自由流体和束缚流体

T_2 弛豫时间代表了岩石孔径分布情况。当孔径小到某一程度后，孔隙中的流体将被毛细管压力所束缚无法流动。因此，在弛豫谱上存在一个界限，当孔隙流体的弛豫时间大于某一弛豫时间时，流体为可动流体，反之为束缚流体。这个弛豫时间界限称为可动流体 T_2 截止值。通过 T_2 截止值可区分自由流体孔隙度和束缚流体孔隙度。在适当条件下，能够按体积把孔隙流体分为几个部分（黏土束缚水、毛管束缚水、可动流体和油气）。确定可动流体 T_2 截止值方法主要有两种。

1. 离心标定法

通常对一个区块有代表性的一定数目的样品进行室内离心标定，然后取其平均值作为该地区的可动流体 T_2 截止值标准。

（1）延安组核磁共振 T_2 谱形态主要为可动主峰型；核磁共振 T_2 截止值受岩性影响，分布区间较大，介于 17.3~50.0ms 之间，平均值为 29.6ms，采用 30ms（图 5-4-15）。

（2）长 4+5—长 8 核磁共振 T_2 谱形态主要为束缚主峰及双峰型；核磁共振 T_2 截止值在 5.0~16.8ms 之间，平均值为 9.9ms（图 5-4-16）。

（3）长 9—长 10 核磁共振 T_2 谱主要为束缚主峰及双峰型；核磁共振 T_2 截止值在 6.2ms~17.5ms 间，平均值为 10.2ms。所以延长组核磁共振 T_2 截止值采用 10ms（图 5-4-17）。

2. 经验判断法

核磁共振 T_2 谱形态主要为束缚主峰型、双峰型、可动主峰型 3 种形态（图 5-4-18）。束缚主峰型核磁共振 T_2 截止值位于主峰右侧半幅点处；可动主峰型核磁共振 T_2 截止值位于主峰左侧半幅点处；双峰核磁共振 T_2 截止值位于双峰凹点处。

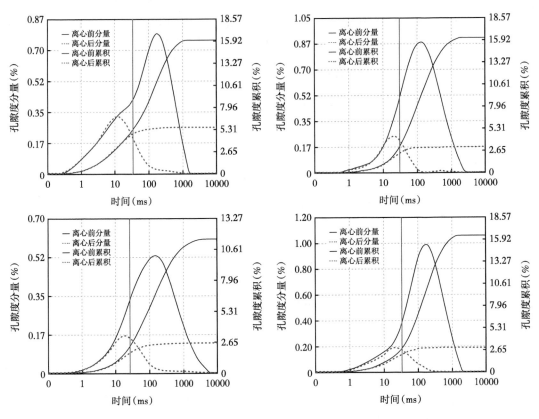

图 5-4-15 延安组核磁共振 T_2 谱离心标定

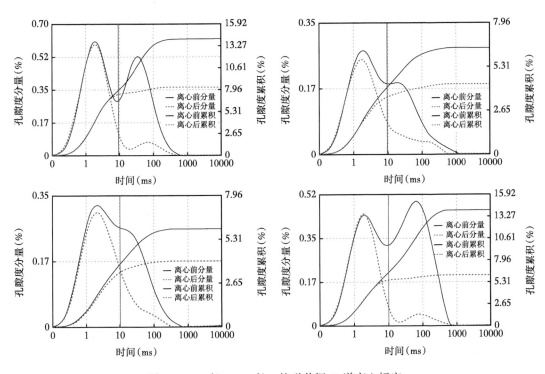

图 5-4-16 长 4+5—长 8 核磁共振 T_2 谱离心标定

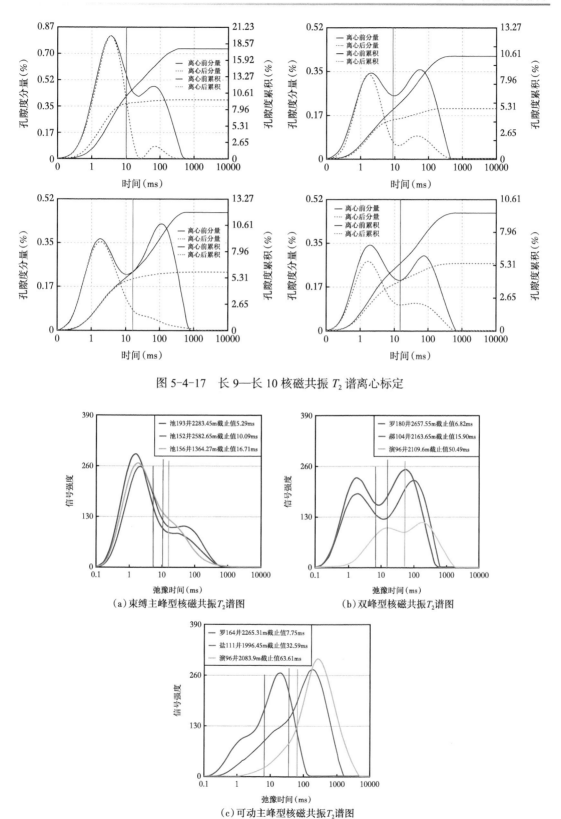

图 5-4-17　长 9—长 10 核磁共振 T_2 谱离心标定

（a）束缚主峰型核磁共振 T_2 谱图

（b）双峰型核磁共振 T_2 谱图

（c）可动主峰型核磁共振 T_2 谱图

图 5-4-18　不同形态核磁共振 T_2 截止值确定

（四）判断储层流体性质

核磁共振信号还与岩石润湿性、油水气特性和流体黏度等有关，可以得到丰富的流体特性信息。核磁共振录井评价产层性质的方法主要有谱图直观识别法与图板法两种。

1. 谱图直观识别法

1）油层的 T_2 弛豫谱特征

油层表现为"三高一低"特点：高孔隙度、高渗透率、高含油饱和度、低可动水饱和度。油层的 T_2 弛豫谱中，原油对应的核磁共振信号高，可动水对应的核磁共振信号弱或无，表明储层含油饱和度高（图 5-4-19）。

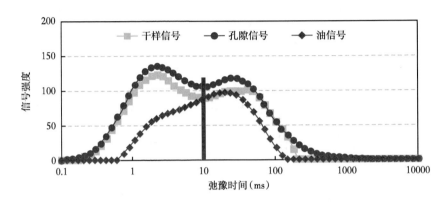

图 5-4-19　油层核磁共振标准图谱

2）差油层的 T_2 弛豫谱特征

差油层表现为"四低"特点：低孔隙度、低渗透率、低含油饱和度、低可动水饱和度。差油层的 T_2 弛豫谱中，原油对应的核磁共振信号相对较弱，可动水对应的核磁共振信号弱或无（图 5-4-20）。

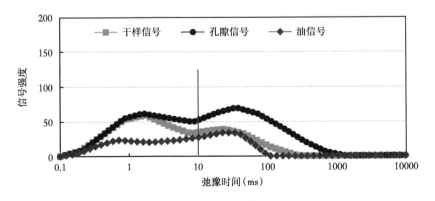

图 5-4-20　差油层核磁共振标准图谱

3）含油水层的 T_2 弛豫谱特征

含水层表现为"三高一低"特点：高孔隙度、高渗透率、高可动水饱和度、低含油饱和度。含水层的 T_2 弛豫谱中，原油对应的核磁共振信号相对较弱，可动水对应的核磁共振信号较强，表明储层含油饱和度低、可动水饱和度高。对于水淹层，可动水饱和度越高，则水淹程度越强（图 5-4-21）。

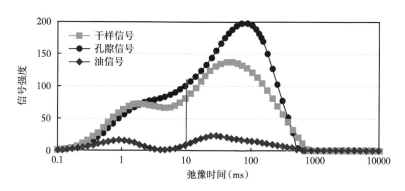

图 5-4-21　含油水层核磁共振标准图谱

4）气层的 T_2 弛豫谱特征

气层表现为高孔隙度、高渗透率、高含气饱和度、低可动水饱和度（初始状态可动水），见图 5-4-22。

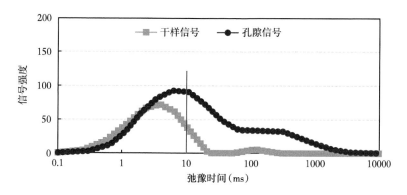

图 5-4-22　气层核磁共振标准图谱

5）气水同层或含气水层 T_2 弛豫谱特征

气探井核磁共振谱图含水特征表现为高孔隙度、高渗透率、高含气饱和度、低可动水饱和度（初始状态可动水）。根据可动水饱和度（初始状态可动水）含水量的多少，可以分为微含可动水、高含束缚水、高含可动水三种状态（图 5-4-23 至图 5-4-25）。

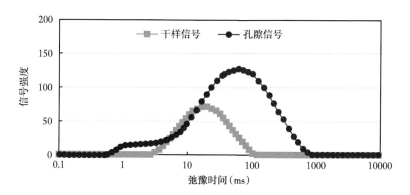

图 5-4-23　高含可动水储层核磁共振标准图谱

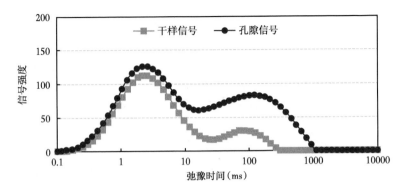

图 5-4-24 微含可动水储层核磁共振标准图谱

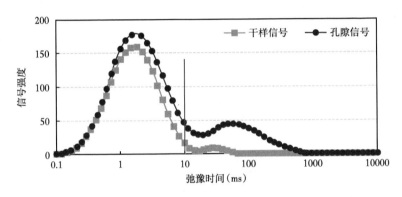

图 5-4-25 高含束缚水储层核磁共振标准图谱

2. 图板法

油井横坐标一般采用含油饱和度进行储层含油性好坏的判识。纵坐标用孔隙度×含油饱和度进行流体性质判识，孔隙度×含油饱和度越大，显示储层含油性越好；横纵坐标同时变大，显示储层产油的可能性越大（图 5-4-26）。

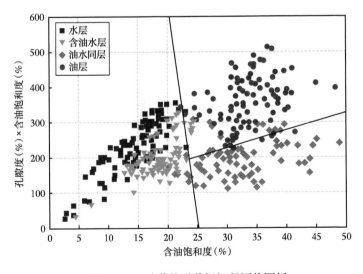

图 5-4-26 油井核磁共振解释评价图板

气探井横坐标利用可动水饱和度判断储层含水性识别，界线一般在 5%；纵坐标以核磁共振孔隙度为主，判断储层物性（图 5-4-27）。

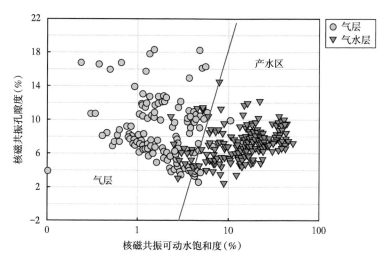

图 5-4-27　气井核磁共振解释评价图板

（五）核磁共振录井的影响因素

1. 成岩的影响

由于钻头的冲击、钻井液的浸泡冲刷，岩屑从井底返到井口，胶结疏松的岩样以及砂砾岩已经不成颗粒，孔隙结构也发生了变化，含砾不等粒砂岩基本都变成了单个的石英颗粒，挑不出成块的岩屑，即使挑出小岩屑，分析出的孔隙度也不能代表地层的真实情况，无法呈现地层的真实情况，对于胶结比较疏松的岩样以及不成颗粒的岩屑，无法进行核磁共振录井分析。如果是岩心样品，则影响不大。

2. 原油性质的影响

不同地区、不同层位的原油，其性质不同，必然对测量结果有影响。因此，需要把不同地区的原油和标样进行对比，根据实验数据给出不同地区原油的修正系数（表 5-4-4）。

表 5-4-4　×× 油田不同地区原油的修正系数表

样品名称	单位体积信号	原油修正系数
标样	70531	1.21
×区 1 层位原油	58268	
标样	72589	1.41
×区 2 层位原油	51347	
标样	24569	1.24
3 层位原油	19866	
标样	22290	1.12
×区 4 层位原油	23533	
标样	76980	1.09
×区 5 层位原油	70914	

根据不同的谱图（图 5-4-28 至图 5-4-31）可以看出：不同地区、不同层位的原油 T_2 弛豫谱图不同，因此每口井录井前，要用邻井原油进行修正。

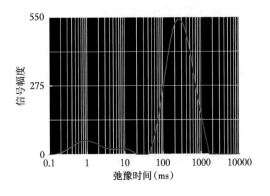

图 5-4-28 ×区 1 层位原油谱图

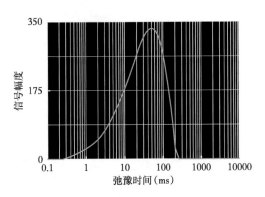

图 5-4-29 ×区 2 层位原油谱图

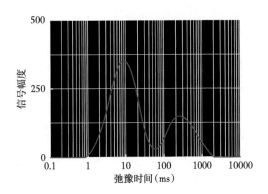

图 5-4-30 ×区 3 层位原油谱图

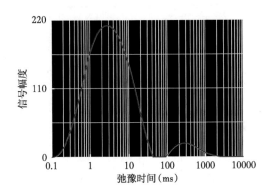

图 5-4-31 ×区 4 层位原油谱图

3. 温度的影响

磁体工作温度为 35℃，仪器工作时最好保持周围温度恒定。温度变化较大时，磁体受影响较大，影响到仪器的稳定性。同时，随着温度上升，砂岩的弛豫时间 T_2 减小，敏感体积前移（图 5-4-32），但温度对岩心中水的弛豫时间 T_2 分布影响较小（碳酸盐岩和纯流体随着温度上升，弛豫时间 T_2 增加）。因此环境温度要求在 10~30℃ 效果最好。这可以通过配备空调等设施达到要求。

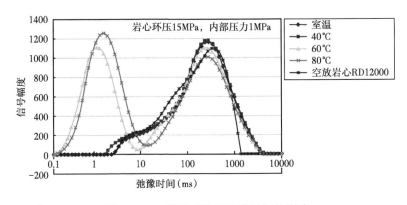

图 5-4-32 温度对砂岩弛豫时间的影响

4. 操作条件的影响

（1）采样不及时可能导致初始状态核磁共振信息不准确，如油质较轻，还会导致测量含油饱和度降低。

（2）岩心尽量取中心部位，不得用水清洗，外来水污染导致含水饱和度计算不准确。

（3）岩心选样时要注意不能破坏样品孔隙结构。

（4）体积测量准确，否则影响孔隙度计算结果；饱和盐水与泡锰过程确保溶液浓度和处理时间符合要求。

（5）初始样品必须及时分析，来不及分析的样品要密闭低温保存。

第五节　离子色谱录井技术

地层水作为含油气盆地的三大流体（石油、天然气、地层水）之一，是油气生成、运移、聚集的动力和载体。从有机质的热演化到油气生成、运移和聚集成藏乃至油气藏后期破坏，地层水在其中都起到重要作用。离子色谱法是高效液相色谱法的一种，主要是利用离子交换基团之间的交换，即利用离子之间对离子交换树脂的亲和力差异性，实现阴、阳离子的分离及定量检测。离子色谱录井技术具有检测精度高、分析速度快速、选择性好、可同时分析多种离子等优势。近年来国内外地质学家和录井工作者利用离子色谱录井技术对油田地层水进行研究，其理论内涵也得到了极大丰富。

一、技术原理

（一）离子色谱的分离方式

离子交换分离基于流动相与固定相上的离子交换基团之间发生的离子交换过程。对高极化度和疏水性较强的离子，分离机理中还包括非离子交换的吸附过程。离子交换色谱主要用于无机和有机阴离子和阳离子的分离。离子交换功能基为季铵基的树脂用作阴离子分离，磺酸基和羧酸基的树脂用作阳离子分离。

高效液相色谱的分离机理主要是离子交换，基于离子交换树脂上可离解的离子与流动相中具有相同电荷的溶质离子之间进行的可逆交换，依据这些离子对交换剂有不同的亲和力而被分离。这种分离方式，主要用于亲水性阴、阳离子的分离。典型的离子交换模式是样品溶液中的离子与固定相上的离子交换位置上的反离子（或称平衡离子）之间直接的离子交换。如用 NaOH 作淋洗液分析水中的 F^-、Cl^- 和 SO_4^{2-}，首先用淋洗液平衡阴离子交换分离柱，再将进样阀切换到进样位置，高压泵传递淋洗液，将样品带入分离柱。待测离子从阴离子交换树脂上置换 OH^-，并暂时而选择地保留在固定相上。同时，被保留的样品离子又被淋洗液中的 OH^- 置换并从柱上被洗脱。对树脂亲和力较弱的阴离子（如 Cl^-）较对阴离子交换位置亲和力强的离子（如 SO_4^{2-}）通过柱子快。这个过程决定了样品中阴离子之间的分离。经过分离柱之后，洗脱液先后通过抑制器和电导池、电导检测。非抑制型离子色谱中，洗脱液直接进入电导池。

离子交换色谱的固定相具有固定电荷的功能基，阴离子交换色谱中，其固定相的功能基一般是季铵基；阳离子交换色谱的固定相一般为羧酸基和膦酸基。在离子交换进行的过程中，流动相连续提供与固定相离子交换位置的平衡离子相同电荷的离子，这种平衡离子

（淋洗液中的淋洗离子）与固定相离子交换位置的相反电荷以库仑力结合，并保持电荷平衡。进样之后，样品离子与淋洗离子竞争固定相上的电荷位置。当固定相上的离子交换位置被样品离子置换时，由于样品离子与固定相电荷之间的库仑力，样品离子将暂时被固定相保留。同时，被保留的样品离子又被淋洗液中的淋洗离子置换，并从柱子上洗脱。样品中不同离子与固定相电荷之间的库仑力不同，被固定相保留的程度不同。待测离子与离子交换树脂固定相上的带电荷基团发生可逆交换反应。

例如，当 NaOH 淋洗液通过阴离子交换分离柱时，树脂（Resin）上带正电荷的季铵基全部与 OH⁻ 结合。当含有 Cl⁻ 和 SO_4^{2-} 等阴离子的样品进入分离柱后，则在树脂功能基（季铵基）位置发生淋洗液阴离子 OH⁻ 与样品阴离子之间的离子交换平衡，这种平衡是可逆的，如式（5-5-1）、式（5-5-2）所示。

$$Resin-NR_3^+OH^- + Cl^- \rightleftharpoons Resin-NR_3^+Cl^- + OH^- \qquad (5\text{-}5\text{-}1)$$

$$2Resin-NR_3^+OH^- + SO_4^{2-} \rightleftharpoons (Resin-NR_3^+)_2SO_4^{2-} + 2OH^- \qquad (5\text{-}5\text{-}2)$$

Cl⁻ 和 SO_4^{2-} 离子与季铵功能基之间的作用力不同，即在固定相上的保留不同，于是，不同阴离子能相互分离。

（二）抑制器的工作原理

分离阴离子时，使淋洗液通过置于分离柱和检测器之间的一个氢（H⁺）型强酸性阳离子交换树脂填充柱；分析阳离子时，则通过 OH⁻ 型强碱性阴离子交换树脂柱。这样，阴离子淋洗液中的弱酸盐被质子化生成弱酸；阳离子淋洗液中的强酸被中和生成水，从而使淋洗液本身的电导大大降低，这种柱子称为抑制柱。抑制器主要起三种作用：一是降低淋洗液的背景电导；二是增加被测离子的电导值，改善信噪比；三是消除反离子峰对弱保留离子的影响。

图中 5-5-1（a）的样品为阴离子 F⁻、Cl⁻、SO_4^{2-} 的混合溶液，淋洗液为 NaOH。若样品经分离柱之后的洗脱液直接进入电导池，则得到如图 5-5-1（b）所示的色谱图。图中非常高的背景电导来自淋洗液 NaOH，被测离子的峰很小，即信噪比不好，而且还有一个大峰（与样品中阴离子相对应的阳离子，不被阴离子交换固定相保留，在死体积洗脱）在 F⁻峰的前面。而当洗脱液通过化学抑制器之后再进入电导池，则得到如图 5-5-1（c）所示的色谱图。在抑制器中，淋洗液中的 OH⁻ 与 H⁺ 结合生成水。样品离子在低背景的水溶液中进入电导池，而不是高背景的 NaOH 溶液，被测离子的反离子（阳离子）与淋洗液中的 Na⁺ 一同进入废液，因而消除了大的反离子峰（或称系统峰）。溶液中与样品阴离子对应的阳离子转变成了 H⁺，由于电导检测器是检测溶液中阴离子和阳离子的电导总和，而在阳离子中，H⁺ 的摩尔电导最高，因此样品阴离子 A⁻ 与 H⁺ 摩尔电导总和也被大大提高。

（三）仪器原理

离子液相色谱采用柱色谱技术，样品中各组分的展开方式采用洗脱色谱法。其分离原理是通过流动相和固定相的相互作用，在淋洗过程中的不同组分在两相中重新分配，引起组分在色谱柱中的滞留时间有所不同，以达到分离的目的（图 5-5-2）。将样品加在色谱柱的一端，用淋洗液洗脱，由于样品中各组分的分配系数的差异，它们以先后次序随淋洗液从柱中洗脱（图 5-5-3），从而测得钻井液滤液中各离子组分的含量。

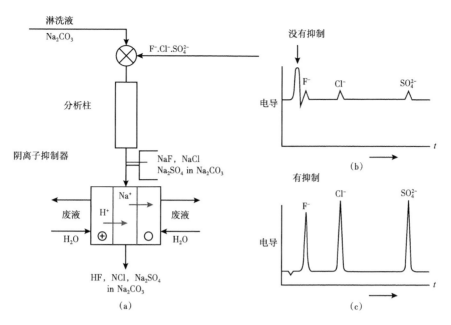

图 5-5-1　化学抑制器的作用

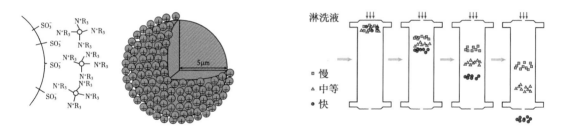

图 5-5-2　离子液相色谱分离原理图

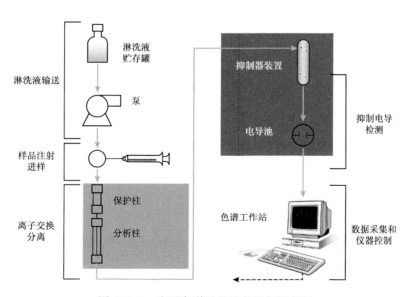

图 5-5-3　离子色谱录井设备采集原理图

（四）参数与意义

离子色谱录井采集检测项目为常用的 7 种离子（表 5-5-1），阳离子系列包括钠离子（Na⁺）、钾离子（K⁺）、镁离子（Mg²⁺）、钙离子（Ca²⁺），阴离子系列包括氯离子（Cl⁻），硝酸根离子（HNO₃⁻）、硫酸根离子（SO₄²⁻），具体采集谱图如图 5-5-4 所示。

表 5-5-1　离子色谱分析参数

符号	定义	单 位
K⁺	钻井液滤液中的钾离子含量	mg/L
Na⁺	钻井液滤液中的钠离子含量	mg/L
Ca²⁺	钻井液滤液中的钙离子含量	mg/L
Mg²⁺	钻井液滤液中的镁离子含量	mg/L
Cl⁻	钻井液滤液中的氯离子含量	mg/L
SO₄²⁻	钻井液滤液中的硫酸根离子含量	mg/L
NO₃⁻	钻井液滤液中的硝酸根离子含量	mg/L

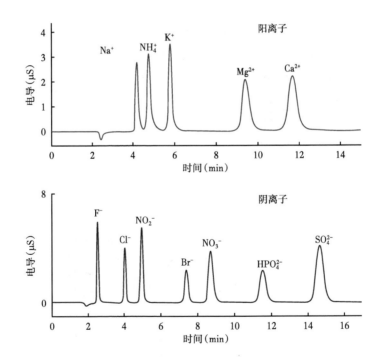

图 5-5-4　典型阴、阳离子色谱分析谱图

二、录井准备

（一）仪器设备及材料

1. 设备

主要设备包括：

（1）离子色谱仪；

（2）计算机（Win 7 系统）；

（3）自动进样器；

（4）打印机。

2. 试剂材料

辅助设备与材料包括：

（1）中压滤失仪。

（2）超声波振荡器。

（3）超纯水器：出水电导率控制在 0.05μS/cm 以下。

（4）电子天平（精确到 0.001g）。

（5）真空脱气泵一台。

（6）1000mL 抽滤瓶 1 个，G4 250mL 砂芯漏斗 1 个，橡胶塞 1 个（三者应能组装在一起）。

（7）容量瓶、量筒、酸式滴定管、移液管、烧杯、铁架台、蝴蝶夹、脱脂棉、玻璃棒、洗液瓶、塑料瓶、注射器等。

（8）试剂（均为分析纯以上，近三年生产）：氯化钠、硝酸钾、硫酸钠、氯化镁、氯化钙、溴化钠、氟化钠、磷酸二氢钾、碳酸钠、碳酸氢钠、甲烷磺酸、无水乙醇、甲醇、高铬酸钾、硫酸、盐酸、硝酸等。

3. 工作条件检查

1）电源要求

供电电源满足以下要求：

电源：电压 220×（1±10%）V，频率 50×（1±10%）Hz。

2）环境要求

仪器工作环境满足以下要求：

（1）环境温度：10~30℃。

（2）相对湿度：≤ 85%。

（3）工作环境内无腐蚀性气体和强烈振动。

（二）溶液的配制

1. 淋洗液的配制

将过滤装置组装好，把纯净水倒入砂芯漏斗内，开启真空泵，完成去离子水脱气处理（阴离子、阳离子配液前均需要抽真空处理）。

1）阴离子淋洗液的配置

取 0.3816g 无水碳酸钠加水溶解定容到 1000mL 容量瓶中。

注：阴离子淋洗液的储备液需要在温度 4℃ 的干燥环境中储存。

2）阳离子淋洗液的配置

储备液：取 4.9mL 甲烷磺酸原液到 500mL 容量瓶中。

注：甲烷磺酸在稀释过程中会放出大量的热，一定要使用脱气的去离子水配制甲烷磺酸溶液。

2. 标准溶液的配制

1）阴离子标准储备液（1.000mg/mL）的制备）（优级纯）

Cl^-：称取已在干燥器中干燥 2h 并冷却至室温的氯化钠（NaCl）0.1651g±0.0005g，溶于去离子水，移入 100mL 容量瓶中，稀释至刻度混匀。

NO_3^-：称取已在105℃中干燥2h，放入干燥器冷却至室温的硝酸钠（$NaNO_3$）0.1371g±0.0005g，溶于去离子水，移入100mL容量瓶中，稀释至刻度混匀。

SO_4^{2-}：称取已在105℃中干燥2h，放入干燥器冷却至室温的无水硫酸钠（Na_2SO_4）0.1480g±0.0005g，溶于去离子水，移入100mL容量瓶中，稀释至刻度混匀。

2）阴离子标准工作溶液配置

用移液管吸取标准溶液储备液Cl^- 2mL、NO_3^- 2mL、SO_4^{2-} 5mL若干毫升于一个100mL容量瓶中（配备2瓶，一瓶既为储备液，另一瓶为最高浓度点），用水稀释到刻度，摇匀后得到一定刻度的混合溶液A：

分别取溶液A 4mL、20mL、50mL到三个100mL容量瓶中，用去离子水稀释到刻度，混匀后即为通常的工作溶液（也是储备液），四个浓度分别为：

Cl^-：0.8mg/L，NO_3^-：0.8mg/L，SO_4^{2-}：2mg/L；

Cl^-：4mg/L，NO_3^-：4mg/L，SO_4^{2-}：10mg/L；

Cl^-：10mg/L，NO_3^-：10mg/L，SO_4^{2-}：25mg/L；

Cl^-：20mg/L，NO_3^-：20mg/L，SO_4^{2-}：50mg/L。

3. 阳离子标准储备液（1.000mg/mL）的制备（优级纯）

（1）Na^+：称取已在105℃中干燥2h，放入干燥器冷却至室温的氯化钠（NaCl）0.2541g±0.0005g，溶于去离子水，移入100mL容量瓶中，稀释至刻度混匀。

（2）K^+：称取已在105℃中干燥2h，放入干燥器冷却至室温的氯化钾（KCl）0.1907g±0.0005g，溶于去离子水，移入100mL容量瓶中，稀释至刻度混匀。

（3）Mg^{2+}：称取已在105℃中干燥2h，放入干燥器冷却至室温的氯化镁（$MgCl_2$）0.3958g±0.0005g，溶于去离子水，移入100mL容量瓶中，稀释至刻度混匀。

（4）Ca^{2+}：称取已在105℃中干燥2h，放入干燥器冷却至室温的氯化钙（$CaCl_2$）0.2775g±0.0005g，溶于去离子水，移入100mL容量瓶中，稀释至刻度混匀。

4. 阳离子标准工作溶液配置

用移液管吸取标准溶液储备液Na^+ 2mL、K^+ 2mL、Mg^{2+} 2mL、Ca^{2+} 2mL若干毫升于一个100mL容量瓶中，用去离子水稀释到刻度，摇匀后得到一定刻度的混合溶液B（配置2瓶一个储备液、一个高浓度）。

分别取溶液B 20mL、50mL于100mL容量瓶中，用去离子水稀释到刻度，混匀后即为通常的工作溶液，四个浓度分别为：

（1）Na^+：2mg/L，K^+：2mg/L，Mg^{2+}：2mg/L，Ca^{2+}：2mg/L（从混合标样10mg/L中取20ml定容到100ml容量瓶中）。

（2）Na^+：4mg/L，K^+：4mg/L，Mg^{2+}：4mg/L，Ca^{2+}：4mg/L（储备液中取20mL于100mL容量瓶中）。

（3）Na^+：10mg/L，K^+：10mg/L，Mg^{2+}：10mg/L，Ca^{2+}：10mg/L（储备液中取50mL于100mL中）。

（4）Na^+：20mg/L，K^+：20mg/L，Mg^{2+}：20mg/L，Ca^{2+}：20mg/L（储备液配置）。

注：无水氯化镁和无水氯化钙极易吸水潮解，称取时应尽量快速。

（三）仪器校准与性能检验

1. 仪器校准

在"谱图参数"中点击满屏时间和满屏量程的"满屏"按钮。

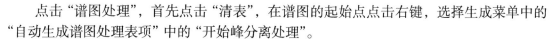

点击"谱图处理"，首先点击"清表"，在谱图的起始点点击右键，选择生成菜单中的"自动生成谱图处理表项"中的"开始峰分离处理"。

点击"定量组分"，首先点击"清表"，再逐个在已知峰的下面点击右键，选择"自动填写定量组分表中的时间"，选择"套峰时间"，在定量组分表中输入每个峰的组分名称和浓度。

点击"定量方法"，选择"计算校正因子"。

点击"定量结果"，点击工具栏中的"计算"，确保每种离子的校正因子都已经计算出来后，回到定量组分页签，选择从定量结果取校正因子，并且选择定量结果中的当前表存档，选择定量方法页签里面的用档计算，点击显示标准曲线。

选择"文件"中的"存为模板"。

打开待测未知样品的谱图，点击"文件"中的"引进模板"，选择"定量方法"中的"多点校正（基于工作曲线）"，点击工具栏中的"计算"，样品中的各离子的浓度将显示在"定量结果"中。

在"操作"中选择"打印报告"。

2. 技术要求

（1）阴、阳离子标准溶液严格按照操作规范方法配置；

（2）阴、阳离子由低、中、高浓度逐一进行测试，并进行谱图处理及工作曲线的建立；

（3）用档计算并显示标准曲线，要求单个离子线性相关系数 R 达到 0.999 之上，视为合格；

（4）每班分析一个标准溶液，分析值数据与标准值数据允许误差在 5% 之内。

3. 校准与检验条件

在下列情况下，应对仪器进行校验：

（1）仪器在现场投入使用前；

（2）调整仪器的技术参数后；

（3）仪器修理后；

（4）中途停止录井 3d 以上、重新开始录井前；

（5）对检测结果有疑问或争议时。

三、资料录取

（一）采集项目

离子色谱录井采集检测项目为常用的 7 种离子，阳离子系列包括钠离子（Na^+）、钾离子（K^+）、镁离子（Mg^{2+}）、钙离子（Ca^{2+}），阴离子系列包括氯离子（Cl^-）、硝酸根离子（NO_3^-）、硫酸根离子（SO_4^{2-}）。

（二）采样密度

按地质设计、合同及甲方要求采样间距执行，否则按下述规定执行。

1. 储集岩试样：

（1）岩屑：不含油气储层在未知探区表层可稀疏取样，5~10m 取 1 个样；预测的可能含油气井段应当加密取样，2~3m 取 1 个样；预测的重要井段要 1m 取一个样；钻探过程中发现油气显示井段，必须及时取样，保证 1m 取 1 个样。

（2）岩心：单层厚度不大于 0.5m 时，每层取 1 个样品；单层厚度大于 0.5m 时，每 0.5m 取 1 个样品；见油气显示时，应加密取样，每 0.2m 取 1 个样品。

（3）井壁取心：逐颗采样。

离子色谱录井取样分析记录见表 5-5-2。

表 5-5-2　离子色谱录井取样分析记录

序号	井深（m）	层位	样品类别	岩性定名	Na^+（mg/L）	K^+（mg/L）	Mg^{2+}（mg/L）	Ca^{2+}（mg/L）	Cl^-（mg/L）	NO_3^-（mg/L）	SO_4^{2-}（mg/L）	总矿化度（mg/L）	钠氯系数

2. 钻井液试样

（1）钻遇盐膏层、油水层界面附近和异常高压地层时，0.5~2m 取样一个；否则，每 5m 取样一个。钻遇油气显示段要 1m 取一个样。

（2）钻井液性能重大调整后需标注。

（三）稀释测试样品并定容

稀释测试样品并定容，具体操作步骤如下：

（1）岩心：取一个烧杯，用去离子水清洗干净并烘干，放在电子天平上称重去皮，取样品 1g 左右，放入电子天平，记录样品重量。取下盛有样品的烧杯，倒入少量去离子水，将样品充分混匀后，倒入 500mL 容量瓶，并用少量去离子水反复冲洗烧杯中的剩余样品，倒入容量瓶中，最后用去离子水定容到 500mL，充分振荡。

（2）岩屑、钻井液：取 100mL 样品倒入滤失杯中，开启中压滤失仪，滤失量足够分析用量即可，关闭中压滤失仪，并及时清洗滤杯等相关器件，以备下一次使用。用移液管取 1mL 样品滤出液至 500mL 容量瓶中，并用移液管反复吸取两次去离子水倒入容量瓶中，最后用去离子水定容到 500mL，充分振荡。

（四）样品前处理

样品阴、阳离子处理方法不同，具体如下：

（1）测样品中的阴离子含量时，需先将样品放入已经活化的阳离子交换树脂中进行过滤，以去除样品中的 Ca^{2+}、Mg^{2+} 等离子，避免对仪器元件造成损害。将已经活化的两个串联的固相萃取柱前端串联一个滤膜，用已经润洗过的针管抽取样品适量，通过固相萃取柱和滤膜注射到样品管中，放入自动进样器即可。做下一个样品前用甲醇冲洗，再用去离子水冲洗，二次使用，直到固相萃取柱变色，停止使用并废弃。

（2）测样品中的阳离子含量时，将已经活化的两个串联的固相萃取柱前端串联一个滤膜，用已经润洗过的针管抽取样品适量，通过固相萃取柱和滤膜注射到样品管中，放入自动进样器即可。做下一个样品前用甲醇冲洗，再用去离子水冲洗，二次使用，直到固相萃取柱变色，停止使用并废弃。

注：由于钻井液浓度未知，将钻井液的稀释倍数尽可能放大，以保护色谱柱柱效，具体稀释倍数视现场检测结果而定，调整所取样品量即可。

（五）样品分析

将滤头放入淋洗液中，打开主机跟泵的电源，在主机屏幕上选择泵操作界面。

开阴离子与阳离子的高压平流泵，开启泵排气阀点击"启动"按钮，然后观察两个排气口是否有液体流出，流出如正常，待滤头与管路无气泡后，打开温控开关。停泵关闭排气阀。

打开电脑，启动 HW-2000 色谱软件，打开仪器控制面板电源开关，点击"控制面板"，点击"连接"按钮。

打开自动进样器电源，点击初始位置，放置样品，点击启动。

分析完毕后，停泵，滤头放入纯水中，打开排气阀，启动泵，冲洗 10~15min，停泵，关闭排气阀，再断开电脑软件连接。

关闭主机、泵电源与自动进样器电源。

四、资料解释

离子色谱录井技术可实现在钻井过程中及时评价钻遇地层的可溶性矿物质、发现并评价地层水、识别油气水界面、评价含水性储层、判别地层水类型等方面具有明显的优势。

（一）总矿化度数值法

离子色谱总矿化度数值法是直接利用离子色谱仪测得的离子含量总和，直接判别储层是否钻遇水层。当储层钻遇水层时，离子色谱总矿化度值呈变大趋势（图 5-5-5），实现了对储层定性判别。

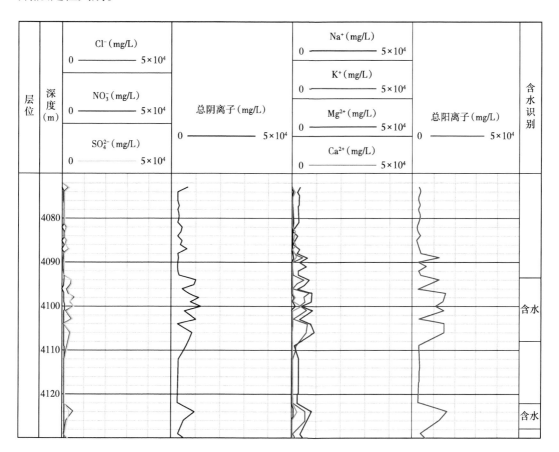

图 5-5-5　离子色谱总矿化度数值法识别储层流体性质

(二)定量图板法

钠氯系数(Na^+/Cl^-)是反应地层封闭性好坏、油田水变质程度、地层水活动性的重要参数，比值越小反映保存条件越好。结合离子色谱总矿化度钻遇水层变大趋势，建立了气探井离子色谱定量解释评价图板(图5-5-6)，并根据图板的变化趋势，建立了长庆区域气探井离子色谱录井储层流体性质定性解释标准(表5-5-2)。

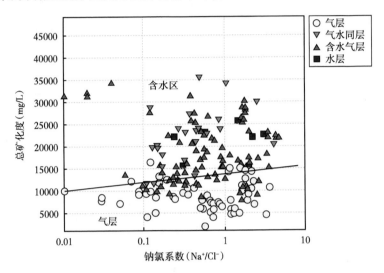

图 5-5-6　钠氯系数与总矿化度定量解释图板

表 5-5-2　长庆区域气探井离子色谱录井储层流体性质定性解释标准

归类	解释结论	总矿化度(mg/L)	钠氯系数
不含水区	气层	<15000	比值低，保存条件好
微含水区	气水同层	15000~20000	比值低，保存条件好
含水区	含气水层/水层	>20000	比值高，保存条件相对差

五、离子色谱录井影响因素分析

离子色谱是分析阴离子和阳离子的有效方法，比其他方法更简单快速，灵敏度更高，选择性也更好。这些特点让离子色谱近年来得到了快速发展。运用离子色谱法进行分析时，结果的准确性受到很多因素的影响，了解这些因素对分析结果的影响才能提高分析的准确性。

(一)环境因素

温度发生变化时，离子色谱往往会产生一种柱压变化。温度变化1℃，压力将会发生680~1100kPa的变化。在压力变化时，仪器会自动调整流速，使出峰保留时间发生一定的变化。在实际的温度升高过程中，其保留时间将会不断减少，而柱效则会显著增加。在离子电导函数中，温度作为一种主要影响因素，一旦升高1℃，电导响应值就会在某种程度上增加2%左右。一旦温度较低，系统的压力较大，就会影响系统的实际使用寿命。

(二)实验用水

水的纯度分析是工作的一个关键环节，因为在离子色谱分析的过程中，要结合试验用水的纯度分析合理配置淋洗液。在配制标准溶液的过程中，要尽可能地使用新制备的超纯水。

（三）标准溶液的配制和保存

标准溶液的浓度直接关系着样品分析结果的准确性。在配置工作标准溶液的过程中，要保证保存期低于一周，而混合工作标准溶液要在当天试验过程中配制。

（四）淋洗液

在离子色谱分析的过程中，淋洗液的浓度和流速往往是改变峰面积和峰高的重要因素。

（五）样品前处理

在实际的分析过程中，往往需要稀释样品浓度。在稀释100倍之后进行分析，然后结合实际的稀释结果合理选择稀释倍数。样品前处理还需尽可能地减少超柱容量，以免强行保留时间对柱子造成污染，并全面增加分离度，减少基体离子的干扰。

第六节　岩屑图像识别录井技术

岩屑图像识别录井一般是利用工业相机进行图像采集，从岩屑图像中提取颜色、粒度、荧光显示等信息，并可通过深度学习算法，实现岩性智能识别与分类，提升地质信息的原始性、重复性、无损性、永久性应用价值。

一、技术原理

（一）基本原理

岩屑成像系统包括光源、镜头、工业相机、图像采集处理单元及分析软件、监视器、通信/输入输出单元等。主要原理见图5-6-1。岩屑样品放置在样品台上，通过白光和紫外光源切换后工业相机拍照，实现岩屑在不同光照条件下成像，采集后的图像通过计算机软件进行处理。

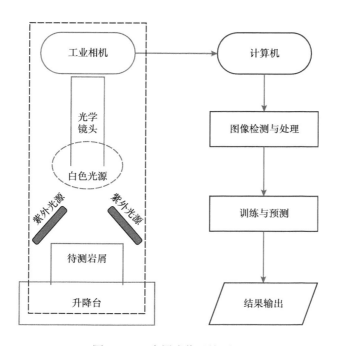

图 5-6-1　岩屑成像系统原理

1. 工业相机

工业相机是岩屑图像识别系统中的一个关键组件，其本质的功能就是将光信号转变成为有序的电信号，将这个信号进行 A/D 转换，并送到计算机内存当中，经图像处理软件后就可以处理、分析和识别。

工业相机俗称摄像机，相比于传统的民用相机（摄像机）而言，它具有高的图像稳定性、高传输能力和高抗干扰能力等特点。一般机器视觉系统选用工业相机进行图像采集。选择相机将从以下几个因素分析：

（1）图像传感器：CCD 传感器与 CMOS 传感器是现今应用最广泛的两种图像传感器，其主要的不同点是数据传送的方式。使用 CCD 传感器的相机图像像素很大，能够获得百万级的图片，这使得图像的质量较好，在图像检测和定位上能够得到较高的精度，但是较高的特性也就意味着使用 CCD 传感器的相机需要更高的制作工艺、更高的制造成本，同时使用 CCD 传感器的相机需要较大的耗能才能得到高质量的图像；而 CMOS 图像传感器功耗较低，相对于使用 CCD 传感器的相机更加便于制造，并且耗费的成本更低，广泛应用于机器视觉的研究和应用当中。

（2）相机成像方式：根据成像方式的差异，可以将工业相机分为面阵相机与线阵相机（图 5-6-2）。面阵相机的感光区域能够对整个画面进行一次性成像，成像效率高。而线阵相机的感光元件是逐行进行曝光的，每次只获取一维的图像，最后将所有的一维图像拼接成图，适用于运动的物体。

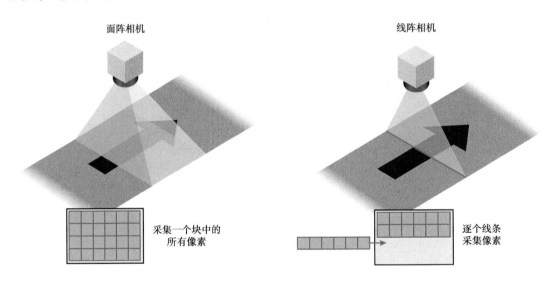

图 5-6-2　不同成像方式示意图

（3）相机分辨率：指一个像素表示实际物体的大小，用 μm×μm 表示。数值越小，分辨率越高。在图像中，表现图像细节不是由像素多少决定的，而是由分辨率决定的。

（4）帧率：相机帧率为相机一秒内能够采集图像的数量，相机的帧率越大，越能适应于移动物体的拍摄，上文指出相机帧率需要大于相机的移动速度，这是本课题选择相机的硬性指标。

当然相机选择当中还需要考虑图像处理计算机和相机接口是否一致、相机的曝光时间等因素。

2. 镜头

相机系统中，镜头起到了重要的作用。镜头的好坏关乎着输出照片的景深、对比度及各种像差等。因此，在相机系统当中选择的镜头是否合适直接影响到相机采集图像的质量，选择合适的镜头对提高图像拍摄质量有着很大的作用。镜头的光学成像原理图如图 5-6-3 所示。

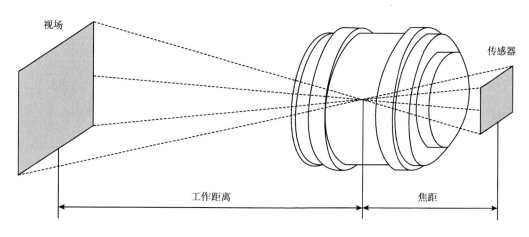

图 5-6-3　光学原理图

工业相机的镜头按照光学特性分为定焦镜头、变焦镜头、显微放大镜头、远心镜头等。通常选取光学镜头需要考虑各种各样的因素：

（1）焦距（Focal Length）：镜面中心到焦点的距离。焦距的大小直接影响着成像的大小，同时会影响着镜头的景深，大焦距对应小的景深，小焦距对应大景深，而景深直接影响成像清晰的距离反而，越大的景深对应越大的成像清晰范围。

（2）视场（Field of View，FOV）：也称视野范围，一般是指相机镜头能够拍到物体的实际尺寸，即充满相机传感器的物体部分。视场是指相机实际拍摄的面积，以 mm×mm 表示。FOV 是由像素多少和分辨率决定的。相同的相机，分辨率越大，它的 FOV 就越小。例如 1k×1k 的相机，分辨率为 20μm，则它的 FOV=（1k×20）×（1k×20）=20mm×20mm；如果用 30μm 的分辨率，则 FOV=（1k×30）×（1k×30）=30mm×30mm。

（3）景深（DOV）：指镜头架设好后，能拍摄到清晰的物体时物距可以变动的范围。

（4）工作距离（Working distance，WD）：指镜头前部到物体表面的距离，在此距离下能清晰成像。

（5）分辨率（Resolution）：指镜头可以清晰分辨被拍摄物体细节的能力。分辨率是由选择的镜头焦距决定的，同一种相机，选用不同焦距的镜头，分辨率就不同。如果采用 20μm 分辨率，对于 1mm×0.5mm 的零件，它总共占用像素 1/0.02×0.5/0.02=50×25 个像素；如果采用 30μm 的分辨率，表示同一个元件，则有 1/0.03×0.5/0.03=33×17 个像素，显然 20μm 的分辨率表现图像细节方面好过 30μm 的分辨率。

（6）放大倍数（PMAG）：指传感器尺寸与视场尺寸之比。

（7）视角：代表着光线能够进入镜头的角度，即镜头视线的角度。光线能够进入镜头的角度越大则代表镜头能够看得越宽。

除此之外，还有一个重要的因素会影响相机的成像质量，这个因素是镜头的畸变，因此选择镜头时也应考虑镜头的畸变指数。

3. 光源

光源直接影响图像采集的质量。在机器视觉系统中，光源能够照亮目标，提高亮度，形成有利于图像处理的成像效果，同时降低系统的复杂性，保证了图像的稳定性与系统的效率。按照波长划分，光源可分为白光（复合光）、红色、蓝色、绿色、红外光等。常用的光源照明类型如图 5-6-4 所示。

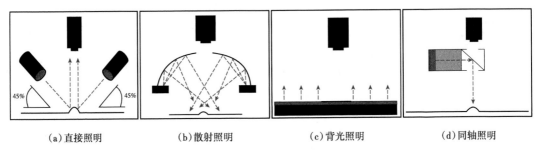

| (a)直接照明 | (b)散射照明 | (c)背光照明 | (d)同轴照明 |

图 5-6-4 常见光源照明类型

（1）直接照明：直接照射到被检测物体上，照射区域集中且不散射，安装方便，但是容易反光。

（2）散射照明：利用漫反射原理，产生无方向的柔和光，投射到被检测物体上，不产生反光。

（3）背光照明：光源从被检测物体的背面照射，光线垂直进入相机，从而获得高清晰度的轮廓。

（4）同轴照明：通过半透镜对 LED 光线进行反射，使得光线与镜头同轴，可减少反光和消除重影。

（二）设备要求

设备应支持相机以同一视域不同的放大倍率成像，可生成不同放大倍率的图像，获取大视场整体及小视场细小特征的高清晰度彩色图像，且要保证相同物距的同类图像放大倍率一致，无近大远小的视差。

1. 岩心、井壁取心

图像分辨率不小于 150 DPI；颜色质量不小于 24 位真彩色；圆周成像直径 20~180mm，长度 0~1200mm；平面成像宽度 20~300mm，长度 0~1200mm。

2. 岩屑

图像分辨率不小于 300 万像素；放大倍数不小于 7 倍；有效视域不小于 5000 mm^2。

二、录井准备

（一）工作条件

1. 电源

电压 220V±22V，频率 50Hz±5Hz。

2. 环境

（1）环境温度：10.0~40.0℃；

（2）相对湿度：15.0%~75.0%；

（3）防尘，避免阳光直射。

（二）样品要求

1. 岩心

岩心表面应清洁，无倒乱、错位与丢失；岩心按断面拼接，缺失部位应进行标识，破碎部分按描述长度堆放在相应位置。

2. 岩屑

取清洗后具代表性湿岩屑，质量应不小于70g。

3. 井壁取心

岩心表面应清洁，岩心直径应不小于20mm，长度不小于25mm。

三、图像采集

开机预热至仪器稳定，并按照仪器说明书进行操作；同一样品在同等状态下分别进行岩屑白光、荧光图像采集，文件名按样品深度＋采集方式命名。

四、资料整理

（一）成果表

1. 图像分析统计表

收集并导入样品原始资料，按相应标准格式编辑处理。岩屑白光与荧光图像分析统计表参见表5-6-1、表5-6-2；岩心图像裂缝参数分析评价表及孔洞分析统计结果表参见表5-6-3、表5-6-4。

表5-6-1 某井岩屑白光图像分析统计表

井号：

序号	井深（m）	层位	岩性	岩石主色	主色含量（%）	操作员	备注

表5-6-2 某井岩屑荧光图像分析统计表

井号：

序号	井深（m）	层位	岩性	荧光颜色	荧光面积（%）	操作员	备注

表 5-6-3 岩心图像裂缝参数分析评价表

井号（或剖面）：　　　　　　　　　层位：　　　　　　　　　类别：
岩心编号：　　　　　　　　　　　起始深度（m）：　　　　　终止深度（m）：

序号	裂缝宽度（mm）	裂缝频率（%）	序号	裂缝宽度（mm）	裂缝频率（%）

裂缝分布直方图　　　　　　　　　　　　岩心分析图像

序号	裂缝类型		裂缝长度（mm）	裂缝宽度（mm）	裂缝倾角（°）	填充情况（%）	填充物	有效性评价

裂缝总条数：　　　　　　　　　裂缝总长度（mm）：
裂缝宽度范围（mm）：

平均缝宽（mm）：　　　　裂缝长面比（m/m×m）：
裂缝面密度（条/m×m）：

裂缝间距（mm）：　　　　裂缝面缝率（%）：
裂缝面积（m×m）：

分析人：　　　　　审核人：　　　　　　　　分析日期：

表 5-6-4 孔洞分析统计结果表

井号: 层位: 类别:

序号	孔洞径长（mm）	孔洞数目	频率（%）	面积频率（%）	序号	孔洞径长（mm）	孔洞数目	频率（%）	面积频率（%）

岩石编号: 起始深度（m）: 终止深度（m）:

孔洞分布状态统计图

岩心孔洞分析图像

孔洞详细信息列表

序号	直径（mm）	周长（mm）	面积（mm×mm）	填充物	填充情况	孔洞成因
1						
2						
3						
4						

孔洞个数（个）: 孔洞径长范围（mm）:

评价孔径（mm）: 孔洞面积（mm×mm）: 孔洞面孔率（%）:

分析人: 审核人: 分析日期:

（二）成果图

1. 绘制岩心图像综合柱状图

岩心录井综合图参见图 5-6-5。

_____井岩心图像综合图

比例：1:100

钻时曲线(min/m)	自然伽马(API) 自然电位(mV)	层位	井深(m)	取心次数心长(m) 进尺(m) 收获率(%)	岩样位置 岩心位置	颜色	岩心剖面	纵切面图像	外表面图像	外壁取心	浅侧向(Ω·m) 深侧向(Ω·m)	岩性油气水及缝洞综述
0 1	0 1 0 1										0 1 0 1	
30	40	5	10	20	10	10	30	15	20	10	20	40

图 5-6-5　岩心图像综合图格式

2. 含油丰度曲线图

含油丰度曲线图参见图 5-6-6。

_____井含油丰度曲线图

比例：

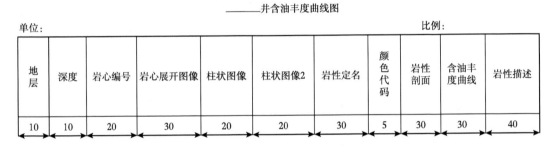

地层	深度	岩心编号	岩心展开图像	柱状图像	柱状图像2	岩性定名	颜色代码	岩性剖面	含油丰度曲线	岩性描述
10	10	20	30	20	20	30	5	30	30	40

图 5-6-6　含油丰度曲线图格式

第六章　特殊钻井条件下录井

特殊钻井条件下录井包括水平井录井、欠平衡井录井、PDC 钻头钻井录井、高压井和高含硫井录井、气体钻井录井、油基钻井液录井等。

第一节　水平井录井

水平井是进入目的层时井斜角在 85°~95°，并在目的层中维持一定长度的水平井段的定向井，水平段不小于50m。水平井目的在于最大限度增大油气层的裸露面积，有利于提高油井产量和储层采收率。

一、水平井基本概念

测深：转盘面至测点处的井眼实际深度，用 L 表示，m。

测点的井斜角（α）：测点处井眼方向线与重力线间的夹角，（°），参见图 6-1-1。

测点的方位角（φ）：测点处正北方向至井眼方向线在水平面投影线间夹角，（°），参见图 6-1-1。

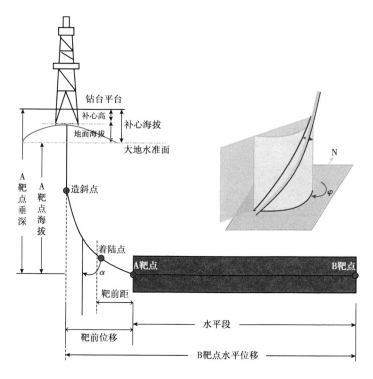

图 6-1-1　水平井结构示意图

井斜变化率：井斜角对井深的变化率，(°)/30m。

方位变化率：方位角对井深的变化率，(°)/30m。

狗腿严重度（DLS）：又称"全角变化率""狗腿度""井眼曲率"，指的是在单位井段内三维空间的角度变化。它既包含了井斜角的变化，又包含着方位角的变化，其常用单位为(°)/30m。

水平位移：即井眼轴线某点在水平面上的投影至井口的距离，也称闭合距。其测量单位为m，参见图6-1-1。

造斜点（Kick off point）：在定向井中开始定向造斜的位置，通常以开始定向造斜的井深来表示，其测量单位为m，参见图6-1-2。

造斜率：表示造斜工具的造斜能力，其值等于用该造斜工具所钻出的井段的井眼曲率。

增（降）斜率：指的是增（降）斜井段的井斜变化率，其井斜变化为正值时为增斜率，负值为降斜率。

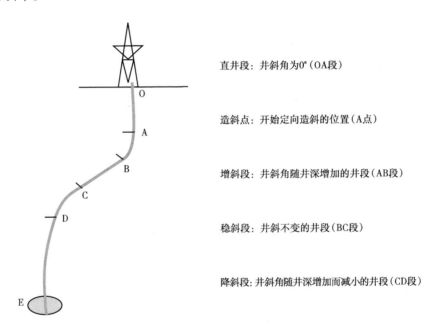

直井段：井斜角为0°（OA段）

造斜点：开始定向造斜的位置（A点）

增斜段：井斜角随井深增加的井段（AB段）

稳斜段：井斜不变的井段（BC段）

降斜段：井斜角随井深增加而减小的井段（CD段）

图6-1-2　造斜段结构示意图

目标点（Target）：设计规定的必须钻达的地层位置，也就是靶点，通常是以地面井口为坐标原点的空间坐标系的坐标值来表示，参见图6-1-3。

靶区半径：允许实钻井眼轨迹偏离设计目标点的水平距离，参见图6-1-3。

靶心距：在靶区平面上，实钻井眼轴线与目标点之间的距离，参见图6-1-3。

二、资料准备

（一）区域资料

开钻前，要收集掌握区域地层特征、构造特征、储层特征、流体性质、地层压力等资料。通过对该区构造和收集的各种资料进心进行整理归纳和综合分析，掌握地层变化特征及砂体分布和油层变化规律等。

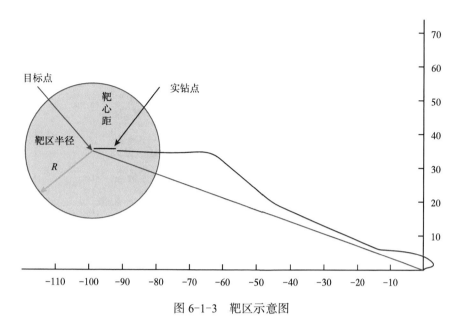

图 6-1-3　靶区示意图

（二）邻井资料

邻井资料主要包括以下几大类：

（1）录井资料：地层、岩性、物性、含油性、录井综合图、录井数据等。

（2）测井资料：测井曲线、测井数据等。

（3）工程资料：井身轨迹、防碰数据等。

（4）试采数据及注采动态等。

（三）本井资料

地质人员要认真学习地质设计，包括：

（1）图件资料：目的层顶界构造图、油藏剖面图、地震过井剖面图、地震反演等。

（2）工程资料：设计斜深、设计垂深、复测井口坐标、磁偏角，地面海拔、补心高、设计井身轨迹、靶点、靶窗、靶前距、水平段长度等。

（四）录井响应特征资料

地层、岩性、油气水信息的录井响应特征资料。

三、水平井录井项目要求

水平井录井项目包括但不限于地质录井、气体录井、工程录井、岩石热解录井、元素录井、矿物录井等。

四、水平井录井综合地质导向

水平井录井综合导向是水平井钻井过程中，在建立地质导向模型的基础上，应用随钻资料，跟踪并调整井眼轨迹，修正地质模型，确保井眼轨迹在目标储层穿行的技术。

（一）建立模型

建立地质模型后形成以下地质图件：靶点轨迹控制图、多井油藏对比图、录井导向图（设计轨迹），以指导以后的钻井工作。格式参见图 6-1-4、图 6-1-5、图 6-1-6。

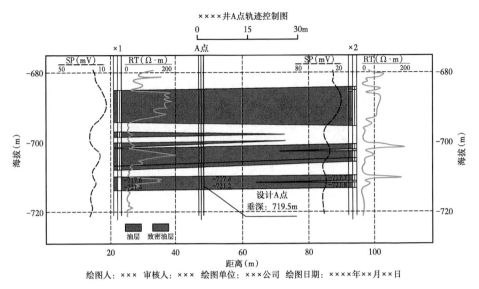

图 6-1-4　靶点轨迹控制图格式

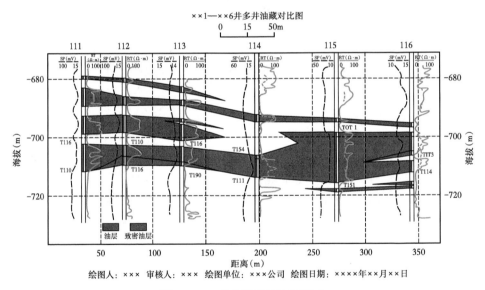

图 6-1-5　多井油藏对比图格式

（二）水平井着陆

从水平井着陆前的造斜定向段开始，根据实钻录井、工程、随钻测井等资料，与邻井实时进行地层对比，预测目的层的垂深，结合目的层地层倾角、目的层厚度、井斜角及方位角等，确定着陆点。垂深实时对比图见 6-1-7，录井导向图（着陆）见图 6-1-8。

（三）水平段导向

在水平井导向过程中，需要落实岩性及油气显示，实时进行储层含油气性评价；跟踪目标储层及井深轨迹变化情况，判断和预测钻头位于地质体位置，指导调控井深轨迹；建立水平井录井导向图，水平井录井导向图包括构造形态、目的层特征、设计及实际井深轨迹、特征曲线等。

录井综合导向图（实钻轨迹）见图 6-1-9。

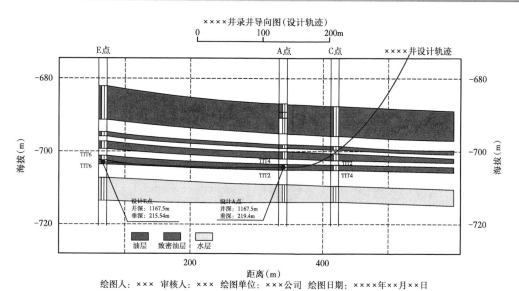

图 6-1-6　录井导向图（设计轨迹）格式

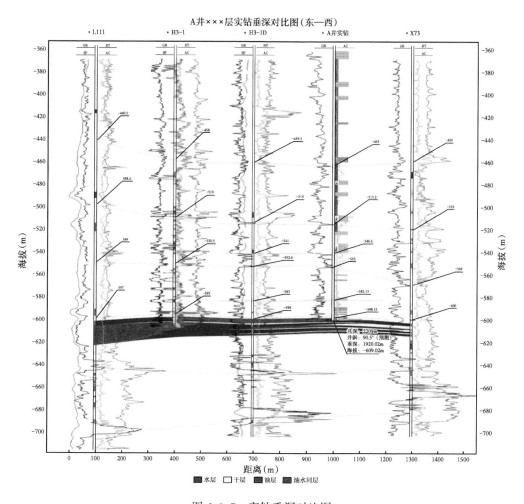

图 6-1-7　实钻垂深对比图

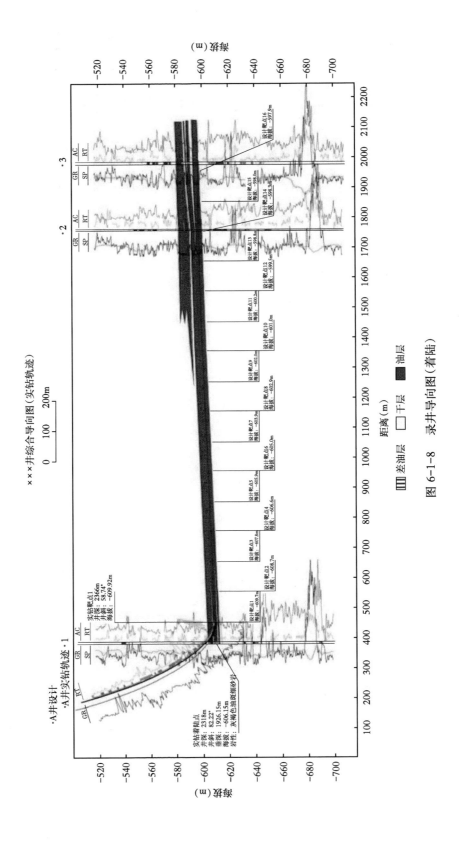

图 6-1-8　录井导向图（着陆）

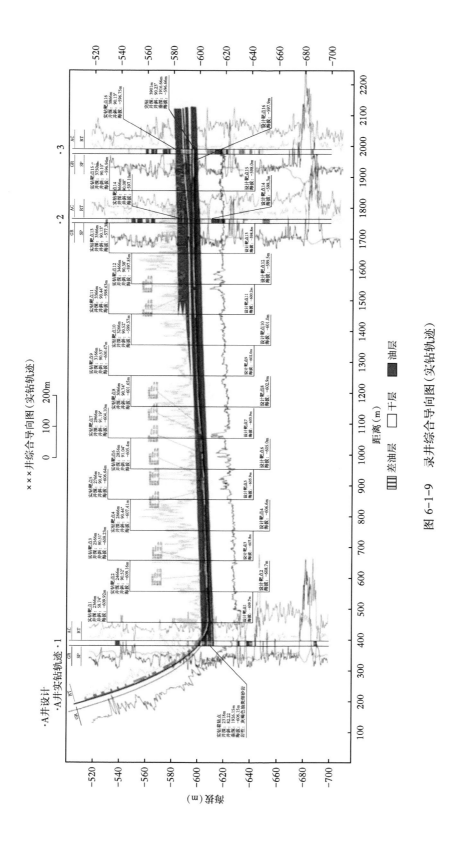

图 6-1-9 录井综合导向图（实钻轨迹）

（1）卡好着陆点（入口点、A点）是水平井录井的关键。多井、多方法对比，即在对地层及砂层组进行大段对比的基础上，要坚持小层对比，挑选出资料最可靠、最有对比性的几口井作为对比井，并对这些井进行深度校正，尽量消除深度误差。在造斜段、增斜段进行对比分析，比较复杂且至关重要。地层对比正确无误、及时掌握地层变化是卡好入口点的保证。

（2）及时绘制"地质轨迹跟踪图"。根据地层对比结果，结合实际轨迹，及时绘制轨迹运行图，与设计轨迹进行对比。

（3）混油岩屑采用洗涤剂清洗，在岩性描述及挑样上做到去伪存真，提高所描述岩屑的代表性、正确性。

（4）结合与邻井中目的层的岩性、物性、含油性及化验资料的分析和对比，判断着陆点（A点）的位置。

（5）在水平井钻井中，地质人员必须熟悉当前目标层合理的地质构造解释，必须了解构造解释的三维特征，同时应善于通过分析井身的几何结构来指导下步的井身轨迹，通过对构造的分析并结合井身轨迹，随时了解钻头所处的断块、地层，分析与设计是否一致。

（6）利用邻井资料，结合气测、定量荧光分析技术解决油气层的归属问题，为地层对比提供依据。

第二节　欠平衡井录井

一、技术要求

严格执行 Q/SY 02227《气体钻井录井技术规范》要求。

二、录井设备配套

在实际钻井过程中，根据地层压力和油气显示情况，可能在设计井段需要一直进行密闭钻井，也可能需要进行常规钻井和密闭钻井的切换。因此，为了满足现场录井工作要求，需要改进、完善或增加录井装置和设备，保证钻井施工安全、正常进行。

三、安全防护设备的改进完善

录井系统应配备增压防爆装置、声光报警系统、硫化氢防护设备以及消防器材，此外，仪器房、地质房中的各种电器、电路、电源等需要按防爆要求进行改进完善。除常规录井需要配置的传感器外，还应在附加的欠平衡钻井液罐上增加一套出口钻井液性能传感器，在欠平衡振动筛上增加一只硫化氢传感器。套管压力传感器的测量范围要求在70MPa以上。根据设计钻井液密度范围，对低密度的钻井液体系选择使用适合量程的传感器，或对传感器性能进行改进。

四、气体检测装置的配套

配置双套脱气器，一套用于常规录井的气体检测（安装于常规振动筛），另一套用于欠平衡钻井的气体检测（安装于欠平衡振动筛）。采用双套脱气器，可以在钻井进行体内循环和体外循环的转换时保证地层气体连续、实时监测。在进行欠平衡钻井时，还应在液

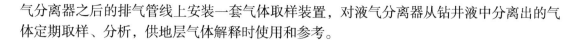

气分离器之后的排气管线上安装一套气体取样装置，对液气分离器从钻井液中分离出的气体定期取样、分析，供地层气体解释时使用和参考。

第三节　PDC钻头钻井录井

一、技术要求

严格执行Q/SY 02225《PDC钻头钻井录井技术规范》要求。

二、岩屑采集方法

细小岩屑的接样、采集捞取、洗样，应严格按岩屑录井操作规程进行，接样盆放置位置应合适，以能连续接到从振动筛上滤出的新鲜细小真岩屑为宜。如果振动筛返砂太少，筛布筛眼较粗，少于80目，应尽快与钻井队协调，使用80目以上的筛布，尽量减少细小真岩屑从振动筛上的流失数量。岩屑应严格采用二分法或四分法均匀采集、取样，确保岩屑样品的代表性。如果接到的岩屑样品呈稀泥糨糊状，应尽量将整盆岩屑取出清洗，洗样时应尽量采用小水流、缓冲、缓倒、轻搅拌、稍微沉淀后倒去浑水再换清水的办法，防止细小的真岩屑在洗样过程中流失。

三、岩性识别方法

在PDC钻头钻井过程的岩屑描述及岩性识别中利用放大镜和显微镜观察。细粒岩屑利用5~10倍的放大镜，粉状岩屑采用双目显微镜观察，确保岩性描述正确、岩性定名准确。采用微钻时和钻时扩大法辅助识别岩性，将原始钻时扩大适当的倍数（2、5、10倍）绘制成钻时曲线，扩大后的钻时曲线起伏较大，可放大砂泥岩钻时的细微变化。

四、油气显示识别评价方法

对于PDC钻头钻井条件下形成的大颗粒假岩屑加细粒、粉末状岩屑，在置于荧光灯下前要去掉覆盖在细粒、粉末状岩屑之上的大颗粒假岩屑，再用氯仿喷洒后进行荧光照射，先湿照后干照，重在湿照；对于挑样特别困难的情况，采用逐包粉末状混合样浸泡、荧光照射比对分析的方法，提高油气显示发现率。利用好轻烃、地化等特色技术，及时采样分析，确保油气发现和评价的准确率。

第四节　高压井和高含硫井录井

高压井是指地层压力大于或等于70MPa的油气井；高含硫井是指地层天然气中硫化氢含量大于或等于$1500mg/m^3$的井。

一、录井准备

（一）安全与警报设施

（1）高压井和高含硫井录井应配备综合录井仪，安装符合SY/T 5225《石油天然气钻井、开发、储运防火防爆安全生产技术规程》的安全规定。

（2）综合录井仪应配备声光报警器1套，报警功率不小于20W，频率50~60Hz，报警声压 100~120dB，警示灯光强不小于 2500mcd。

（二）人员

录井人员作业前应进行井控、硫化氢防护知识培训，持有硫化氢防护培训合格证，关键岗位应持有井控培训合格证。

二、仪器设备

（一）高压井

（1）立管压力传感器、套管压力传感器的量程应以设计井口关井最高压力值为基准，另附加 20%~50%，精度应满足 Q/SY 1759.5《工程技术业务计量器具配备规范 第 5 部分：录井》的要求。

（2）钻井液循环罐应配备超声波液位传感器，测量范围 0~5m，精度应满足 Q/SY 02295《录井队设备配备及工作环境规范》的要求。

（3）仪器房、值班房内禁止烟火。仪器房应配备二氧化碳灭火器、可燃气体监测仪和烟雾检测器，值班房应配备干粉灭火器和烟雾检测器，灭火器放置在便于取用的醒目之处。

（二）高含硫井

在钻台、圆井、钻井液出口和仪器房内应安装硫化氢检测器。钻井液出口处硫化氢传感器安装位置应在距离缓冲罐上方不高于 0.30m 或两振动筛之间距工作面 1.0~1.2m 处，传感器测量端加装透气防护罩。硫化氢传感器精度应满足 Q/SY 02295《录井队设备配备及工作环境规范》的要求。

录井队应配备正压式空气呼吸器 2 只，逃生空气呼吸器不少于 2 只，便携式硫化氢监测仪不少于 1 只，测量范围 0~150mg/m³，精度应满足 ±5%FS，连续工作大于或等于1000h。硫化氢传感器 7d 注样检查一次，一年校准一次。

三、录井监测

（一）高压井

（1）应进行区域和邻井地层对比，实时预告高压地层。

（2）录井过程中应进行地层压力监测，与设计地层压力对比分析，及时监测压力变化。

（3）钻进中遇到钻时突变、放空、蹩钻、跳钻、油气水显示、井漏、溢流、井涌等情况，应及时记录钻井液池体积及钻井液性能变化，发现异常立即报告。

（4）起下钻作业时监测钻井液池体积变化，观察钻井液出口返出情况，并做好记录，发现异常立即报告。

（5）遇油气水后效显示时，监测钻井液性能变化，计算油气上窜速度，分析原因，做好记录。

（6）关井时实时监测立管压力、套管压力变化，发现异常情况及时报告。

（7）测井、下套管、固井等作业时，应观察出口是否有钻井液外溢或液面是否在井口，发现异常情况及时报告，并分析原因，做好记录。

（二）高含硫井

（1）依据硫化氢具有典型的臭鸡蛋味等理化特性，可定性判断地层是否含硫化氢。

（2）钻遇高含硫地层时，应连续监测硫化氢浓度，采用四级报告程序：

①一级报告：监测发现硫化氢时，应立即向监督、钻井队报告。

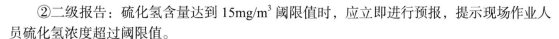

②二级报告：硫化氢含量达到 15mg/m³ 阈限值时，应立即进行预报，提示现场作业人员硫化氢浓度超过阈限值。

③三级报告：硫化氢含量达到 30mg/m³ 安全临界浓度时，应立即声光报警，现场作业人员应佩戴正压式空气呼吸器。

④四级报告：硫化氢含量达到 150mg/m³ 危险临界浓度时，应及时关闭仪器，切断电源，立即撤离现场。

（3）当在空气中硫化氢含量达到或超过安全临界浓度时，应按 SY/T 5087《硫化氢环境钻井场所作业安全规范》中的相应要求做好人员的安全防护工作。

（4）高含硫地层取心出心时，录井作业人员应佩戴便携式硫化氢监测仪，检测作业面的硫化氢浓度。

（5）进入高含硫层段，进行岩屑采集、液面观察等录井作业时，应佩戴便携式硫化氢监测仪。

第五节　气体钻井录井

气体钻井是用气体（空气、氮气等）作为钻井流体所进行的一项钻井工艺。气体钻井与传统钻井工艺相比，在提高钻速、保护和发现储层等方面具有明显优势，同时也给录井工作带来了工程异常预报难、岩屑鉴定困难、油气水层判断符合率不高等难题。

一、资料采集

（一）岩屑录井

（1）岩屑采样装置应安装在排砂管线降尘水入口前面，靠近井场边缘便于取样的地方；岩屑采样装置由岩屑收集、岩屑存储和自动控制 3 部分组成。在气体出口管线的上方或侧面安装取样管，取样管的插入端为"斜口"，其作用是有助于岩屑进入取样管。岩屑经上阀门到岩屑收集筒，岩屑收集筒下端连接下阀门，阀门之下为岩屑存储筒（图 6-5-1）。上阀门和下阀门的开启与关闭由阀门控制器和电脑根据迟到井深信号进行自动控制。

（2）岩屑应采用显微放大观察，放大倍数不低于 40 倍。

（3）特殊层、目的层应增加 X 射线衍射分析、元素录井等项目；实测迟到时间，应在钻井参数稳定、井眼规则、井筒干净的情况下进行。

（4）岩屑样品的质量、整理、标识及描述，按 Q/SY 01128《录井资料处理解释规范》的有关规定执行。

（二）气体录井

（1）在排砂管线的降尘水入口前面，安装气体样品净化装置及取样装置，进行气体检测；根据井口高压气体自行向前运动，一般气体经过"三重净化"后（图 6-5-2），进入综合录井气体分析系统，达到了连续、干燥、无尘的目的，提高气体分析的准确度。

在进样管线上安装一个粉尘过滤器，对样气进行第一次净化；经第一次净化后的样气通过水罐对残留的粉尘进行第二次净化，水罐用有机玻璃制造，便于观察内部情况；水罐底部做成漏斗形状，便于取样和排污；利用井口高压气体自行向前运动，样气在气体分析系统的抽汲作用下通过干燥筒进行第三次净化，最终达到气体分析系统所需要的样气标准。

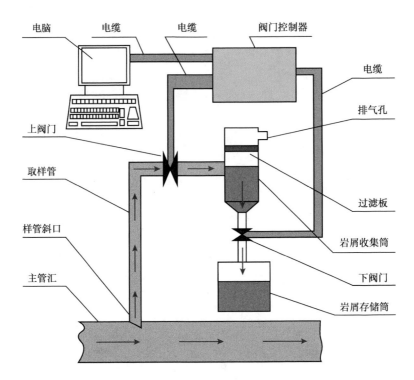

图 6-5-1　岩屑取样装置原理图

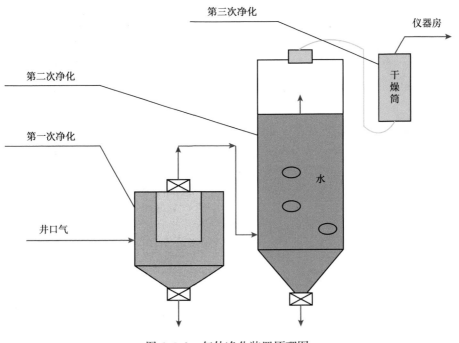

图 6-5-2　气体净化装置原理图

（2）根据需要，在出口管线的岩屑采样口安装硫化氢、可燃气体、一氧化碳、二氧化碳、氧气等传感器；非烃气体检测，不应采用过水净化。

（3）收集出口气体点火时间、钻井井深、火焰颜色、火焰高度、持续时间、烟雾颜色等资料，记录在录井综合记录中；发现下列情况（但不限于下列情况），应立即报告，并提供异常参数的数据资料：

①有全烃或组分异常显示；

②有硫化氢、一氧化碳、二氧化碳等有毒有害气体显示。

（4）其他要求按有关标准执行。

（三）工程录井

（1）根据需要，在入口管线上安装气体压力、气体流量等传感器，在出口管线上安装气体温度、气体湿度等传感器，实现对气体钻井出口参数的实时监测和地质、工程异常的及时预警。

（2）发现工程参数异常变化时，应立即报告，并提供异常参数的数据资料。

（3）工程参数出现下列情况（但不限于下列情况），视为参数异常：

①气体钻井时发现岩屑返出量减少或返出岩屑湿润；

②气体温度、气体湿度异常变化；

③其他录井参数异常，按 SY/T 6243《油气探井工程录井规范》中的规定执行。

二、资料解释

（1）根据气测值、组分、气体流量、气体出口火焰颜色、高度、持续时间、烟雾颜色等变化，结合邻井、邻区产层情况，对流体性质进行判别。

（2）根据上返钻岩屑量、岩屑湿润程度、立压、钻具扭矩、摩阻等变化判别地层含水情况。

（3）气体钻井中，一旦地层出水，会导致裸眼井段的泥页岩水化膨胀，造成井壁坍塌或在井壁上形成"滤饼环"。

第六节　油基钻井液录井

油基钻井液是指以油作为连续相的钻井液，基本组成是油、水、有机黏土和油溶性化学处理剂，具有抗高温、抗盐钙侵蚀，有利于井壁稳定、润滑性好、对油气层伤害小等特点，广泛运用在各类钻井平台。油基钻井液对传统录井影响很大，特别是对岩屑中荧光显示识别和气体录井油气显示判断具有较大困难。

一、录井准备

（一）荧光特性试验

对油基钻井液、同区块原油样品进行荧光试验，观察其荧光特征，并保存图像，用于对比。

（二）清洗方法试验

（1）对柴油、白油、纯碱、洗洁精、酒精、洗衣粉等清洗剂进行测试，选用清洗效果较好的清洗剂。

（2）配合使用超声波、温水等方法进行测试，选用合适的辅助方法，提高清洗效果。

二、样品处理

（一）岩屑

（1）使用清洗剂清洗岩屑。

（2）若岩屑表面存在油膜，影响岩屑定名和样品分析时，先使用酒精等漂洗，然后用水清洗。

（3）岩屑可自然晾干、风干或烘干，烘干时严禁岩屑与热源直接接触。

（二）岩心、井壁取心

（1）出筒观察后，应采用棉纱、锯末等清洁岩心表面。

（2）应在新鲜断面中部选取样品。

（三）样品气

（1）样品气管线架设不少于 2 根，加密反吹频次。

（2）样品气分析前，应进行除湿和过滤处理，每班检查并及时更换干燥剂和过滤装置。

三、资料应用

（一）岩性识别

（1）岩屑描述时，挑选代表性强、受污染程度低的样品。

（2）描述岩心、井壁取心时，应描述油基钻井液浸染特征及油环浸染深度。

（3）常规方法不能准确识别岩性时，采用以下项目：

①X 射线荧光元素录井；

②X 射线衍射矿物录井；

③自然伽马能谱录井。

（4）其他内容按 Q/SY 01128 中的规定执行。

（二）流体识别

（1）流体识别应采用以下项目：

①综合录井；

②定量荧光录井；

③岩石热解地球化学录井；

④岩石热蒸发烃气相色谱录井。

（2）岩屑逐包进行荧光检测，观察岩屑新鲜断面荧光特征，并与区块原油样品及油基钻井液荧光特征进行对比。

（3）收集钻井液破乳电压、油水比及氯离子含量资料，填写油基钻井液参数记录表，格式参见表 6-6-1。

表 6-6-1　油基钻井液参数记录表

序号	井深 （m）	钻井液类型	密度 （g/cm³）	黏度 （s）	破乳电压 （V）	油水比	氯离子 （mg/L）

（4）流体评价时，应排除油基钻井液对荧光、气测等资料的影响，并参考破乳电压、油水比及氯离子含量等参数。

（5）其他内容按 Q/SY 01128 中的规定执行。

四、HSE 要求

（1）录井过程中应穿戴好手套、护目镜、口罩等个人安全防护设备。

（2）预防因静电、岩屑烘干引起燃爆。

（3）严禁废液、废渣污染环境。

第七章 与录井有关的其他工作

与录井有关的其他工作包括测井、固井、下套管等。录井工作的主要内容为收集整理套管、固井和测井数据。套管数据包括套管钢级、壁厚、内径、外径、产地、各单根长度及入井顺序、套管下深及联入、套管鞋位置、阻流环位置、磁定位短节位置等；固井数据包括水泥浆注入量、水泥浆平均密度、隔离液注入量、替浆量、试压、实际压降值等；测井包括测井井段、测井系列等。

第一节 测井作业

测井是利用岩层的物理性质，如电化学特性、导电性、导热性、声学特性、弹性、放射性等，还有其他的物理特性，如孔隙度、渗透率、饱和度等，测量地球物理参数的方法。其工作原理就是利用不同的下井仪器沿井身连续测量地质剖面上各种岩石的地球物理参数，以电信号、钻井液脉冲等形式传送到地面仪器并按照相应的深度进行记录。

一、分类与作用

测井方法众多，电、声波、放射性测井是三类基本方法，特殊测井方法有电缆地层测试、地层倾角测井、成像测井、核磁共振测井等。按时间划分，测井分为完井、中途、随钻测井。各种测井方法基本上是间接地、有条件地反映岩层地质特性的某一侧面。要全面认识地下地质面貌，发现和评价油气层，需要综合使用多种测井方法，并重视钻井、录井第一性资料。

（一）按照研究的物理性质分类

按照研究的物理性质，可将测井分为电法测井、声波测井、放射性测井、井温测井、井径测井等。

（二）按照技术服务项目分类

测井技术服务一般根据地质或工程需要选择几种测井方法，构成一套综合测井方法，称为测井系列。目前常见的测井技术主要分为四大测井系列。

（1）裸眼井地层评价测井系列：在未下套管的裸眼井中进行测量，获得测井资料；在探井、评价井、开发井完井前进行。

（2）套管井地层评价测井系列：在已下套管的井中进行测量，获得测井数据；在探井、评价井开发井完井后期以及生产井测量过套管声波、电阻率等时进行。

（3）生产动态测井系列：在生产井或注入井的套管内，在地层产出或吸入流体情况下，用测井资料确定生产井的产出剖面或注水井的注水剖面。

（4）工程测井系列：在裸眼井或套管井内，用测井资料确定井斜状态、固井质量、酸

化或压裂效果、射孔质量等。

二、测井资料解释

采集测井数据的过程是将地质信息变成测井信息的过程。处理与解释测井数据的过程则是将测井信息转换成地质信息的过程，是利用测井资料所反应的物理特征，通过测井资料的处理与解释，分析地层的岩性，判断油层、气层、水层，并计算孔隙度、饱和度、渗透率等地质参数。

测井技术是用测量的物理参数来间接推断地层的地质特征和计算相应的地质参数，因此具有多解性，特别是单条测井曲线的多解性十分突出。

不同岩性测井响应特征参见表 7-1-1。

表 7-1-1　不同岩性测井响应特征

分类	声波时差 （μs/m）	体积密度 （g/cm³）	中子孔隙度 （%）	中子 伽马	自然伽马	自然电位	微电极	电阻率	井径
泥岩	大于 300	2.2~2.65	高值	低值	高值	基值	低平直	低平直	大于钻头 直径
煤	350~450	1.3~2.65	$\phi_{SMP}>40$ $\phi_{CHL}>70$	低值	低值	异常不明 显—很大 异常		高	接近钻头 直径
砂岩	250~380	2.1~2.5	中等	中等	低值	明显异常	中等明显 正差异	低到中	略小于钻 头直径
生物 灰岩	200~300	比砂岩 略高	较低	较高	比砂岩低	明显异常	较高明显 正差异	较高	略小于钻 头直径
石灰岩	165~250	2.4~2.7	低值	高值	比砂岩低	大片异常	高值齿状 差异	高	小于等于 钻头直径
白云岩	155~250	2.5~2.85	低值	高值	比砂岩低	大片异常	高值齿状 差异	高	小于等于 钻头直径
硬石膏	约 164	约 3.0	≈0	高值	最低	基值		高	接近钻头 直径
石膏	约 171	约 2.3	约 50	低值	最低	基值		高	接近钻头 直径
岩盐	约 220	约 2.1	≈0	高值	最低	基值	极低	高	大于钻头 直径

（一）测井工艺

1. 电缆测井

电缆测井是通过电缆连接地面控制系统和井下仪器的一种测井工艺。

采集测井数据的各种仪器，统称为测井仪器，由三个部分组成：（1）各种下井仪器；（2）绞车、电缆及井口装置；（3）地面测量、记录和控制系统。

2. 钻具输送（湿接头）测井

在用钻具输送测井中，当仪器到达目的层顶部后，电缆通过一个湿接头锁紧装置与仪器串相连。由于这个连接一直是在钻井液中完成的，因而通常称为"湿连接"。

3. 泵出式存储测井

采用泵出式存储测井时，仪器在保护钻柱中随钻具下井，由电池供电（没有电缆）。当随钻具下至接近井底时，仪器被泵入裸眼井中。当钻具上提时测井，仪器在地面被收回时可下载测井数据。这种测井工艺是解决恶劣井眼状况、复杂井身结构及无电缆测井井场条件，进行安全、高效、经济地采集地层地球物理参数的一种新型测井技术。该技术可以完全替代传统湿接头式钻具输送测井，是对随钻测井（LWD）的一种经济有效的补充。

4. 随钻测井

随钻测井（Logging While Drilling，LWD）在钻井的过程中测量地层岩石物理参数，并用数据遥测系统将测量结果实时送到地面进行处理。

LWD 一般除包括 MWD 的测量参数外，还必须全部或部分采集地质参数（如随钻电阻率、随钻伽马、随钻密度、随钻孔隙度等）和钻井工程参数（如随钻钻具扭矩、随钻振动、随钻钻压等），可以说 LWD 是 MWD 的升级产品。

（二）油气层评价

油气层评价以储层解释模型、参数计算结果为基础，以定性、定量解释标准为依据，对储层岩性、物性、含油性进行逐项评价，综合分析储层岩性、物性、含油性和测井电性特征"四性"关系，依据研究出的解释标准和储层评价结果，确定储层的含油级别。

1. 储层物性评价

（1）以地层孔隙度、渗透率等物性参数和孔隙结构解释结果为依据，结合物性评价标准，逐层评价储层物性特征、储层类型，确定储层物性在层间、层内的变化情况。

（2）综合测井曲线特征分析评价储层岩性与物性之间关系，评价储层储集、产液能力。

（3）有核磁共振测井资料时，要以其解释结果为依据，分析评价储层孔隙度、渗透率及孔隙结构特征，确定孔隙类型和储集性能。

2. 储层含油性评价

（1）以含水饱和度等参数及测井响应特征为依据，结合钻井地质油气显示情况，进行储层含油性评价，逐层确定储层含油气特征和变化规律。

（2）综合储层参数、测井响应特征、各项地质资料，进行储层"四性"关系分析，确定影响储层含油性主要因素，评价储层的含油气性。

（3）要加强纵、横向多井对比，评价结果应符合地区规律，无论是纵向，还是横向出现明显异常时，要确定造成异常的原因，根据异常原因进行重新评价。

3. 解释结论确定

（1）在储层岩性、物性和含油气性评价的基础上，进行纵横向综合对比分析，依据本区解释标准，确定解释结论。

（2）纵向对比分析要按地质分层和水性变化，分层段与确定的水层进行"四性"特征对比分析。对于岩性、物性特征相同或接近的储层，依据解释标准确定解释结论；对于岩性或物性变化大的储层，分析岩性、物性变化对储层电性和含油性的影响程度，参照解释标准，确定解释结论。

（3）对于孔隙型储层，测井解释结论按油（气）层、油（气）水层、差油（气）层、含油（气）水层、水层、干层、弱水淹层、中水淹层和强水淹层解释。对于裂缝型储层解释

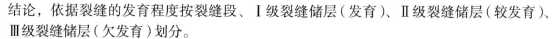

结论，依据裂缝的发育程度按裂缝段、Ⅰ级裂缝储层（发育）、Ⅱ级裂缝储层（较发育）、Ⅲ级裂缝储层（欠发育）划分。

（4）区域预探井及扩边井，对于岩性、物性复杂，地质规律不清，或者测井资料不齐全等原因难以准确定级的储层，可以解释可疑油（气）层，但可能油（气）层的层数不能超过总解释层数的5%。

第二节　套管及下套管作业

套管是用来封隔井筒与地层的具有一定厚度和抗拉、抗挤压强度的无缝钢管。常用套管的钢级分为J55、N80、P110等，根据需要设计成不同的外径、壁厚和扣型，以满足不同油气井的需求。下套管作为钻井工程中一项常规作业，是指把大直径管子（套管）按照设计下放到裸眼井的预定深度的作业，是防止孔壁坍塌和冲洗液漏失等孔内事故的措施。

一、概念

（一）导管

导管是第一次开钻前下入的一段钢管。其作用是第一次开钻时保护井壁稳定，将钻井液引到固控设备上，深度一般为10m左右或更深，根据实际需要调整深度。

（二）表层套管

第一次开钻后，为防止井眼上部疏松地层的坍塌和污染饮用水源，并为安装井口防喷装置而下的套管。表层套管是油气井套管程序里最外层的套管。

钻井开孔后钻到表土层以下的岩层或钻达一定深度，下入表层套管，一般在100~200m，根据需要也可下到500m左右。表层套管与井壁之间的间隙全部用水泥封堵，即固井注水泥时，水泥浆需返出井口。

表层套管的作用有：（1）封隔易塌、易漏地层，保护井壁和表层地下水层；（2）保护井口，封固表土层井段的井壁；（3）继续钻进时会遇到高压油气层，在表层套管上安装井控装置、预防井喷。

（三）技术套管

技术套管又称中间套管，处在表层套管与油层（生产）套管之间，用于隔离不稳定地层、保证钻井安全而下的套管，是套管程序中间一层或两层的套管。

在井深较大时，对井眼中间井段的易塌、易漏、高压、含盐等地层，技术套管起到隔离特殊地层和保护井身的作用。

中间套管是因为钻井的技术需要而下入，所以也称技术套管。技术套管与井壁间隙水泥封堵的高度，一般在被隔离的地层以上至少200m。下入技术套管可以保证对下部地层顺利地钻进，也能保证钻进油气层的安全；技术套管通过套管悬挂器悬挂在套管头上，套管头上部可连接四通防喷器，可以控制井口、防止井喷。

（四）油层套管

油层套管也叫生产套管，是为油气层开发建立一条牢固通道、保护井壁、满足分层开采、测试及改造作业而下入的套管。

油层套管把不同压力和不同性质的油、气、水层分割开，建立一条油、气流至地面的通道，保证能长期生产，满足合理开采油、气和增产措施的要求。油层套管是油气井套管程序里的最后一层套管，从井口一直下到穿过的油气层以下。油层套管下入的深度，一般接近钻井的深度。油层套管是地层油气到地面的通道，把油气层与其他地层隔绝，保证油气压力不泄漏。油层套管在油气井转入生产之后，其质量要保证能够维持一定的开采年限。油层套管与井壁之间间隙的水泥封堵高度，一般在油气层以上至少150m。油层套管的固井质量，直接关系到探井油气测试和生产井的寿命。

（五）尾管

尾管又称为钻井衬管，是悬挂在技术套管下部、顶端不延伸至井口的油层套管。尾管根据下入井内目的不同，分为采油尾管、技术尾管、保护尾管和回接尾管。采油尾管作为完井套管，代替生产套管用；技术尾管用来加深技术套管；保护尾管用于修复损坏或断落的套管；回接尾管是把下部尾管回接到技术套管内，覆盖已损坏的套管。

（六）套管附件

套管附件包括引鞋、套管鞋、旋流短节、套管回压阀、承托环（阻流环）、套管扶正器、短套管、联顶节、悬挂器、分级箍等。

二、丈量套管

（一）丈量

（1）套管丈量应使用经过检定合格的钢卷尺。钢卷尺的长度不小于15m，分度值为1mm。

（2）丈量时钢卷尺应保持平直，钢卷尺的尺身应与套管的轴线保持一致。钢卷尺的零位应与套管外螺纹根部台阶端面对齐。

（3）测量套管内螺纹端面到外螺纹根部台阶面的长度，单位m，保留2位小数。

（4）套管丈量后应在本体上用白漆标注单根号和长度。

（5）套管丈量完成后应复查一次。

（二）记录

套管丈量后及时填写套管记录，见表7-2-1，下套管时填写录井班报。

表7-2-1　井套管丈量记录

日期	序号	产地	钢级	外径（mm）	壁厚（mm）	单根长（m）	丈量人	复查人	备注

三、下套管作业

（一）下套管准备

（1）到井套管应符合长度及强度设计要求，并附有出厂质量检验记录。

（2）井场套管要整齐平放在管架上，检查外观、螺纹完好无变形。

（3）严格按套管柱设计排列下井顺序并编号，编写下井套管记录。备用套管和不合格套管做出明显标记，与下井套管分开摆放。

（4）到井固井工具和套管附件必须符合设计要求，并有质量检验清单；与套管柱连接的螺纹要进行合扣检查。记录下井固井工具和套管附件的尺寸和钢级，并将其长度和下井次序编入套管记录。

（5）下套管工具应配备齐全，易损部件应有备用件。对所有工具的规格、尺寸、承载能力，工作表面磨损程度，液压大钳扭矩表的准确性，以及大钳使用灵活、安全可靠性进行质量检查。检查地面设备，确保完好。

（二）下套管作业

（1）下套管前用原钻具下钻通井，调整钻井液性能符合下套管要求，以不小于钻进时的最大排量至少循环两周。通过循环确定正常循环压力，达到井下正常，井壁稳定、无坍塌，无漏失，无油气侵，井眼畅通无阻。

（2）下套管前必须清除钻台上多余的工具等物件，远离井口容易引起套管内落物的工作，防止套管内落物。套管上钻台时应戴好护丝，防止损坏套管螺纹。对扣前，螺纹应擦洗干净并保持清洁。

（3）套管螺纹表面均匀涂抹套管螺纹密封脂，套管柱下部3~5根套管螺纹应涂抹套管螺纹锁紧密封脂或专用套管螺纹黏结剂。

（4）对扣时，套管应扶正，开始旋合转动要慢，按规定旋紧。如发现错扣，应卸开处理。

（5）按规定安放套管扶正器。上提下放活动套管时要平稳，上提高度以刚好打开吊卡为宜，下放座吊卡时应减少冲击载荷。

（6）控制下放套管速度以减小压力激动，一般每根套管下放时间应为30~40s。按规定向套管内灌满钻井液并开泵循环。

（7）下套管过程中，应缩短静止时间，套管活动距离应不小于套管柱自由伸长的增量；应有专人观察井口钻井液返出情况，并记录每根套管旋紧程度及灌钻井液后悬重变化情况，发现异常情况及时采取相应措施。

（8）下完套管应复查下井套管和不下井套管数是否与到井套管总数相符。

（9）固井工具与套管附件、套管柱连接时，按规定旋合、拧紧。

（10）下完套管灌满钻井液后方可开泵循环，排量由小到大，确认泵压无异常。将排量逐渐提高到固井设计要求。

（三）套管记录

套管记录格式见表7-2-2。按照录井班报填写要求填写下套管录井班报。

表7-2-2 套管数据表

序号	产地	钢级	壁厚	长度	累计长度	下入深度	备注

第三节 固井作业

对所钻的油气井通过下套管注水泥以封隔油气水层、加固井壁的作业称为固井。固井的主要目的是保护和支撑油气井内的套管，封隔油、气和水等地层，是钻井过程中的重要作业，具有系统性、一次性和时间短的特点。

一、概念

（1）固井：在井眼内按设计要求下入套管柱，并从套管内向管外环形空间的预定井段注水泥浆、封固套管与井壁环形空间的施工作业。

（2）注水泥：按照一定的工艺将水泥浆注入套管与井眼之间环形空间的指定井段的作业。

（3）尾管回接固井：从悬挂器位置回接套管到预定深度的固井工艺。

（4）隔离液：用于分隔井下两种不能相混的流体的工作液。

（5）固井胶塞：注水泥浆时用于隔离水泥浆与钻井液、隔离液的橡胶塞。

（6）碰压：在顶替水泥浆结束时，胶塞与套管承托环相撞而泵压突然增加后的压力值。

（7）顶替效率：封固段水泥浆体积占该封固段总体积的百分数。

（8）替空：顶替量超过套管内容积，使套管内无水泥的现象。

（9）候凝：从注水泥浆结束到水泥浆完全凝固的过程。

（10）水泥返高（深）：环空内水泥环顶面的深度。

（11）人工井底：钻井固井或井下作业注水泥结束后，留在套管内的水泥塞的顶面深度。

（12）水泥环：水泥浆在环形空间形成的水泥石。

（13）窜槽：水泥浆顶替钻井液不完善，或地层流体侵入，造成水泥环的不完整性。

（14）自由套管：在井下未被水泥环固结的套管段。

（15）第一界面：套管与水泥环之间的胶结面。

（16）第二界面：水泥环与地层（或外层套管）之间的胶结面。

（17）套管试压：在固井后对井中套管柱进行试压的作业。

二、施工工序

（一）注水泥准备

（1）注水泥开始前，录井队参加固井协作会，确认施工准备情况。

（2）核实下井套管数据、钻井液性能、循环排量、泵压、各种作业装备、水泥浆性能试验结果等能否满足施工需要。

（3）连接好各种管线并试压达到固井设计要求。

（二）注水泥作业

（1）所有作业指令均由施工指挥发出，注水泥操作顺序按设计执行。

（2）严密监控水泥浆密度，严格控制施工排量，并保证施工的连续性。

（3）固井过程中，要求活动套管，但遇阻卡应立即停止活动套管，将套管坐于井口；密切注意泵压变化、井口返出钻井液情况，发现异常及时报告施工指挥，采取应急措施。

（4）注水泥达到设计量后停注，并按设计步骤，倒阀门、压胶塞。如使用压胶塞液，其量应与 100~150m 套管内容积相近。

（5）开始替浆操作后，严密监控替浆排量和准确计量替浆数量。替浆结束前，用水泥车低排量碰压。

（6）碰压后，观察井口回水情况，确认回压阀正常后，采用井口敞压方式候凝，否则应憋压候凝。

（7）碰压后，各单位核对固井过程中的数据记录，统一数据，并按固井设计要求整理资料。

三、固井后续工作

（一）固井完成后应收集的资料

固井完成后应收集的资料有固井时间、水泥产地、水泥型号、水泥用量、水泥浆密度（最大、最小、平均）、替压、碰压、水泥面是否下降、水泥浆返出情况等。

（二）固井后应收集的测井资料

候凝结束后，按设计要求检查固井质量，包括套管内试压和声幅、放射性测井。

固井完成后应收集的测井资料有测井时间、测井项目、测井井段、水泥塞（人工井底）深度、水泥返高、固井质量等。

（三）填写录井班报

按照录井班报要求填写。

第四节　中途测试

中途测试是在钻井过程中对已被钻开的油气层进行裸眼测试，又叫钻杆测试。中途测试在探井中应用较广泛，其优点是能迅速见到油、气流，并可初步确定油、气层压力和生产能力，从而采取合适的完井方法，以节约钻井成本。由于这种方法是在钻穿油气层之后立即测试，因而避免了钻井液对油、气层的长期污染，有助于取得可靠的油、气、水资料，有助于提高探井的成功率，加快油、气田的勘探速度。

一、中途测试工具及原理

（一）MFE 测试管柱的组成

测试管柱的组成及连接顺序为：管鞋 + 压力计 + 筛管 + 封隔器 + 安全密封 + 安全接头 + 震击器 + 旁通阀 + 多流测试器 + 钻杆（1柱）+ 反循环接头 + 钻杆至井口。MFE 测试管柱的组成及形式见图 7-4-1。

（二）MFE 测试管柱主要部件及作用

1. 多流测试器

多流测试器（测试阀）是 MFE 测试管柱的核心部件，它由换位机构、液压延时机构和取样机构组成。多流测试器（测试阀）见图 7-4-2。

在起下管柱时阀是关闭的，只有施加压缩负荷时，经过延时阀才打开，通过管柱上提下放，可以实现多次开井和关井，而且在延时开井时，地面有自由下坠的开井显示，这样可以正确判断测试阀是处在什么位置上。取样机构可以在测试结束时取出地层流体的样品。

2. 裸眼旁通阀

作用：当测试管柱下井时，主旁通阀有可能关闭，但阻力一旦消失，主旁通阀即可打开，不致造成下井困难。

原理：管柱下到预定位置，封隔器坐封后，在打开测试阀的过程中，主旁通阀因受压缩负荷而首先关闭，测试阀的芯轴推动滑套剪断螺旋销，关闭副旁通阀同时打开测试阀。测试结束后，对旁通阀施加一定的拉力，延时机构延时 1~2min，打开主旁通阀，使封隔器上、下的压力平衡，便于封隔器解封。

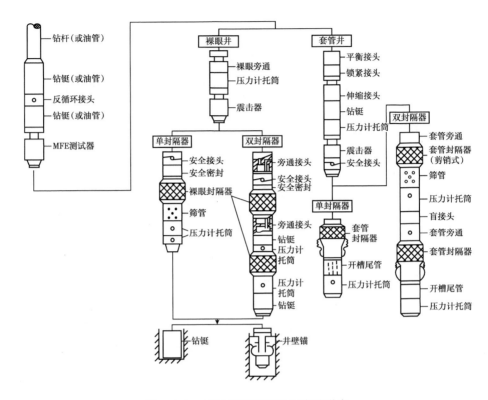

图 7-4-1　MFE 测试管柱的组成及形式

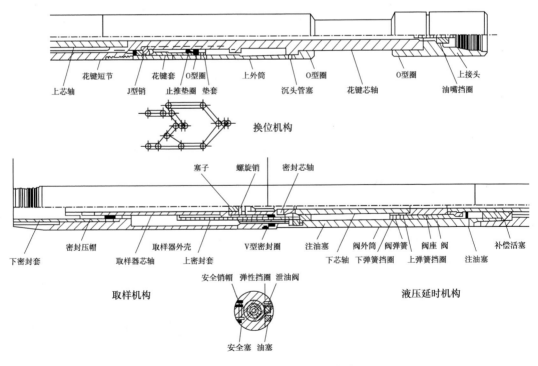

图 7-4-2　多流测试器（测试阀）

组成：它由主旁通阀、副旁通阀和延时机构组成，副旁通阀用螺旋销固定在打开位置，见图7-4-3。

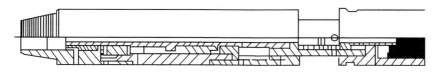

图 7-4-3 裸眼旁通阀

3. 安全密封

组成：安全密封主要由上油室、下油室、滑阀和止回阀组成，它与裸眼封隔器配合使用。安全密封工作原理见图7-4-4。

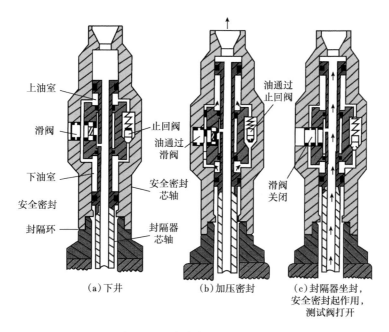

（a）下井　　（b）加压密封　　（c）封隔器坐封，安全密封起作用，测试阀打开

图 7-4-4 安全密封工作原理图

作用：封隔器坐封后，它卸除钻压仍使封隔器保持坐封状态，不致因上提下放操作MFE而提松。

4. 锁紧接头

锁紧接头与套管封隔器配合使用，其作用与裸眼测试的安全密封相同。

5. 封隔器

1）作用

（1）当工具下到设计深度后，下接头和芯轴由支柱或井壁锚支撑，通过上部管柱施加压力，使滑动头向下移动，对橡胶筒加压。

（2）橡胶筒的压力先使它下面的金属盘展平，橡胶筒继续压胀，封住全部间隙，使测试层段与上部井筒隔开。

2）工作原理

（1）测试过程中，封隔器一直由安全密封销定在封隔状态。

（2）测试完毕，提升管柱，打开旁通，使安全密封解销，由滑动头、扣环把橡胶管拉伸缩回，解封地层，起出工具。

图 7-4-5 为封隔器示意图。

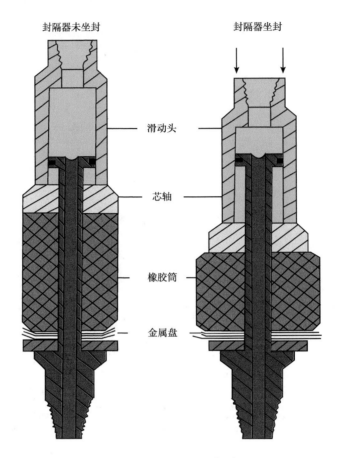

图 7-4-5　封隔器示意图

6. 压力计和压力计托筒

压力计是记录井下压力资料的装置，安装在压力计托筒上，可测量管柱内压和外压。

7. 重型筛管和开槽尾管

结构：重型筛管和开槽尾管是钻有很多孔和槽的管子，接在封隔器下面。

作用：重型筛管用来支撑封隔器和全部测试管柱，在测试中构成地层流体与钻杆的通道，起过滤网和间隙管的作用。

开槽尾管一般用于套管测试。

8. 反循环阀

反循环阀用于测试完毕后反循环出钻杆内的流体。图 7-4-6 为断销式反循环阀图。

9. 震击器

震击器是一种测试管串的解卡工具。图 7-4-7 为震击器示意图。

10. 安全接头

在测试管柱中，安全接头通常接在封隔器的上边、震击器的下边。

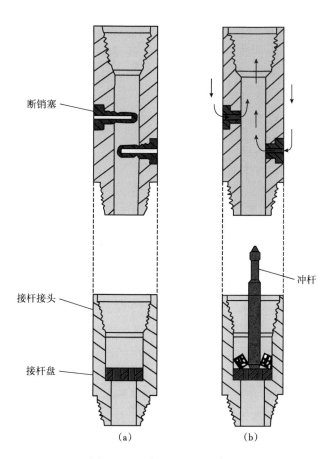

图 7-4-6　断销式反循环阀图

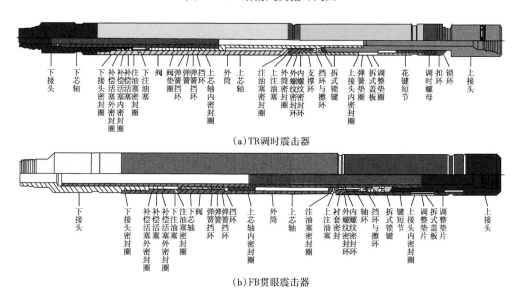

（a）TR调时震击器

（b）FB贯眼震击器

图 7-4-7　震击器示意图

当下部工具被卡住，无法解卡时，可以从安全接头卸开，把下部工具丢在井里取出上部工具。图 7-4-8 为安全接头。

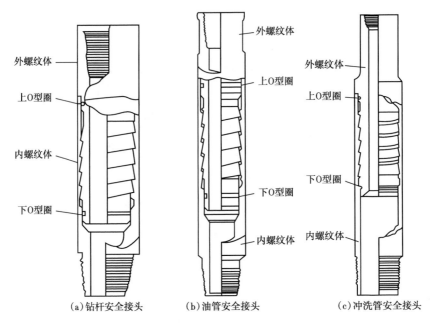

（a）钻杆安全接头　　　（b）油管安全接头　　　（c）冲洗管安全接头

图 7-4-8　安全接头

（三）中途测试及原理

（1）用钻杆或油管将测试管柱下入测试层段。在下入过程中，由于测试阀（多流测试器）关闭，钻柱内被掏空。下至测试层段后，利用封隔器将测试段以上的环形空间隔离。

（2）通过地面控制，打开测试阀。这时测试层中的流体在地层与管内压差作用下，通过筛管流入测试管柱，便可以从地面采集地层流体样品，进行分析，从而获得测试层的有关资料。

（3）需要关井测压力恢复时，仍由地面控制，关闭测试阀即可关井。

图 7-4-9 为地层测试器工作原理示意图。

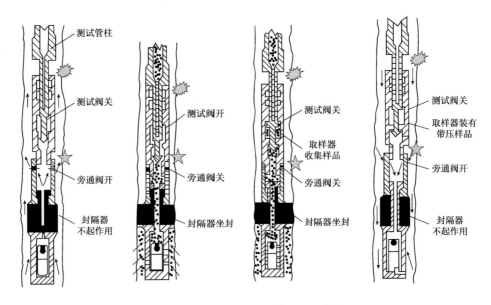

图 7-4-9　地层测试器工作原理示意图

二、中途测试过程

（一）准备工作

1. 设备准备工作

（1）仔细检查钻杆，保证钻杆长度准确并满足强度要求。

（2）在下测试器以前，要检查好防喷器和节流压井管汇等地面设备，保证其试压合格、灵活好用。

（3）对提升系统、循环系统、指重表、泵压表进行一次全面检查，保证处于良好状态。

（4）封隔器应坐在井径规则、坚实致密、离测试层不远的层段上。

（5）测试前应进行电测，掌握测试层的准确厚度、深度和井径，坐封隔器前必须核对钻具长度，保证坐封位置符合设计要求。

（6）地面测试设备和测试工具要按施工设计要求准备好，并画出草图。

2. 裸眼井准备

（1）最大井斜、井斜变化率、方位变化率符合井身质量要求，无键槽、狗腿井段。

（2）全井井径基本规则，无明显台肩、大肚子、缩径等阻卡井段。

（3）钻井液性能必须保证钻具在静止不动的测试时间内不卡，井底无沉砂，起下钻畅通无阻。

3. 套管井准备

（1）通井规外径小于套管内径 6~8mm，射孔试油井要求通至人工井底。

（2）裸眼筛管完成井通至套管鞋以上 10~15m，然后用油管通至井底。

（3）使用弹性刮管器对全井筒进行清刮。

（二）下钻

测试下钻操作除按下钻操作规程外，还应重点注意以下各点：

（1）防管柱漏失。

（2）防中途坐封。

（3）防顿。

（4）必须按设计加够液垫。

（三）测试

1. 坐封前的准备

（1）观察环空液面升降速度，为封隔器坐封后环空出现异常情况提供一个参考基数。

（2）地面防喷器控制系统按要求试压合格。

2. 封隔器坐封和初开井

1）裸眼压缩式封隔器的使用

（1）先下放管柱试探井底并记下有摩擦阻力的下放悬重。

（2）上提管柱并记下有摩擦阻力的上提悬重，再下放管柱到底，按不同尺寸的封隔器橡胶筒要求，逐渐均匀地加压。

（3）橡胶筒受压膨胀而紧贴井壁（即坐封），同时旁通阀关闭，多流测试器经延时一定时间后整个管柱自由下落 25.4mm（重量指示仪指针闪动），指示井底测试阀已打开。

（4）观察环空液面稳定不降，表示情况正常。此时，地层中的流体通过筛管进入多流测试器取样器，最后进入钻柱内，即可进入正式测试程序。

（5）如果环空液面急剧下降，说明封隔器（或测试阀以下的工具）漏失，应立即采取措施消除，否则应起钻查明原因。

2）套管封隔器的使用（卡瓦封隔器）

（1）管柱下到预计坐封隔器的方余处，上提管柱一定距离（依井下工具的情况而定），右旋管柱一定圈数（依井深而定），并保持住扭矩下放管柱。

（2）如果悬重明显下降，说明卡瓦张开，可继续加压至要求的负荷为止。

（3）稍等片刻，如果观察到重量指示仪指针闪动，环空液面不降，表示封隔器坐封正常，测试阀已打开，即可进行正式测试。

3. 初关井

初开井一定时间后，按设计程序进行初关井。对 MFE 的操作是上提管柱，并观察重量指示仪出现"自由点"后，继续上提一定的力，然后重新下放管柱至原来加压的重量即关井。自由点指换位机构不承受拉力时的长度。

4. 二开井

MFE 的操作仍是上提管柱通过"自由点"（换位机构不承受拉力时的长度），再压回到原来加的重量，管柱出现自由下落现象，表示再次开井。

5. 终关井

同初关井。

（四）封隔器解封

测试结束，解封封隔器的操作方式，都是上提管柱超过原悬重一定值，等待一定时间后旁通阀打开，封隔器橡胶筒收缩而解封。压缩封隔器和套管封隔器相同。

（五）反循环起钻

反循环的作用是把测试期间流入管柱内的流体循环出来。测试管柱起钻之前，必须要进行反循环。对于裸眼井的反循环，要特别小心，为防止意外情况出现，必须要控制反循环速度，最好是产出物被顶出管柱后即改小排量正循环。

三、施工注意事项

（一）下钻

测试下钻操作除按下钻操作规程外，还应注意以下各点：

（1）防管柱漏失。螺纹涂高温密封脂，上紧螺纹。观察环空液面变化和测试管柱在井口的排气反应，以便及时地发现管柱漏失，采取措施加以排除，避免下到底后因漏失而被迫起钻。

（2）防中途坐封。套管测试使用的封隔器是自带卡瓦依靠顺时针旋转一定扭矩而坐封的，虽然它带有"J"形槽控制装置，但如果操作不当也会中途坐封。因此，下钻过程中务必使井下管柱不能旋转。

（3）防顿。下钻要平稳，控制在 15 柱/h。遇阻下压不得超过 50kN，并要求迅速上提钻具，绝对不要重负荷长时间压着等待措施，时间过长会把测试阀打开，管柱内进入过量钻井液而被迫起钻。

（4）必须按设计加够液垫。下钻过程中最好逐根立柱加满液垫，切忌下入立柱过多、加速太猛，使大量空气难以排尽，造成加满假象。

（二）起钻

在起钻时应注意以下几点：

（1）起钻速度不宜太快，及时灌满钻井液。

（2）为防止出现复杂情况，起钻要求旋绳卸扣或液压大钳卸扣。

（3）如果出现只能上提不能下放管柱的情况，下放负荷不能太大，下压时间不能过长，要防止测试阀在起钻中途被打开使样品跑掉。

（4）起钻完毕，取出压力记录卡片、温度计、取样器。取样器中的流体样品是有压力的，要用专用装置处理。

（三）测试过程注意事项

测试过程中要防井喷、防着火和防人身伤亡事故。

1. 防止井喷

（1）应保证井控装置好用，管线畅通，试压合格。储备足够的重钻井液量。

（2）测试工具的井口控制头能承受可能出现的最高压力。在高压高产天然气井使用常规测试管柱测试时，最好在管柱中增装安全阀，以防止流动期间上部管柱意外断落造成管柱内井喷失控而难以处理。

（3）测试工具下钻和起钻中，应有人观察记录井筒内和地面钻井液总量，特别注意总量剧增的异常情况。

（4）起钻防止抽汲井喷，遇小井径井段时要放慢上起速度，起钻中保持环空钻井液灌满。如果遇到"灌不进"时，应耐心等待上部环空钻井液通过测试器旁通阀流到封隔器以下的井段。

2. 防着火

（1）开井流动和反循环管柱内的油气工作应放在白天进行，遇雷雨、大风等恶劣气候尽量不要进行测试工作。

（2）柴油机的排气管必须装灭火装置。所有的电路开关必须是防爆的。

（3）禁止在钻台上及周围吸烟、用明火。

（4）测试期间，应准备消防、可燃气体报警器；在钻台上下安装起消防作用的水枪和喷水装置。

（5）及时清除钻台上下的原油等可燃物质。

3. 防人身伤亡事故

（1）在井口接工具、紧扣、坐封转动时，密切注视转盘以上的管柱各处螺纹倒扣的情况。防止因螺纹倒扣造成管柱落井或落物伤人。

（2）如果需要松掉活动管汇来转动测试管柱，必须把活动管汇松掉的自由端用棕绳捆牢在管柱上，以避免转动时伤人。

（3）用卡瓦转动管柱后，在有扭矩的状态下，上提管柱时当心管柱反转甩出卡瓦伤人。

（4）管线内留有压力时，不要捶击活接头；打开或关闭阀门时也应缓慢。

（5）现场应配有硫化氢监测仪。

（6）如果使用氮气做气垫，其含氧量必须低于2%。

第五节　录井班报

录井班报记录是录井工作必不可少的重要工作内容，是质量控制的一个主要环节，是当班重要的书面记录资料之一，是向下一班提示的工作重点，是全面了解当前录井总体情况最便捷的途径，也是预防事故发生的重要环节之一，在录井管理中起着重要作用。

一、总体要求

综合录井每日应填写录井班报，格式见表 7-5-1、表 7-5-2。

二、填写要求

（一）基本信息

1. 日期

按 ××××年 ××月 ××日填写。

2. 班次

格式为 ××：××—××：××（例如，08：00—20：00）。

表 7-5-1　录井班报

日期			班次		值班人	
交班井深（m）		层位			进尺（m）	
钻井工况	时间			施工简况		
钻头	序号	尺寸（mm）	型号	厂家	累计进尺（m）	累计纯钻时间（h）
钻具结构						
钻井参数	钻压（kN）		转盘转速（r/min）		排量（L/min）	
	泵压（MPa）		扭矩（kN·m）		悬重（kN）	
钻井液性能	类型	密度（g/cm³）	黏度（s）	失水（mL）	泥饼厚度（mm）	初切（Pa）
	终切（Pa）	含砂（%）	摩阻系数	300转读数	600转读数	HTHP失水（mL）
	pH值	膨润土含量（%）	固相含量（%）	氯离子（mg/L）	总矿化度（mg/L）	影响录井处理剂
迟到时间	测量井深（m）		迟到时间（min）		管路延迟（min）	
岩性及油气水显示						
评价录井	录井项目	井段（m）		分析样品个数	备注	
仪器运行及校验						

表 7-5-2　录井班报（续）

工程异常报告	时间	井深（m）	异常类型		采纳情况		
测斜	测斜井深（m）		井斜角（°）		方位角（°）		
钻井取心	筒次	层位	取心井段（m）	进尺（m）	岩心长度（m）		收获率（%）
井壁取心	取心时间	取心方式	设计颗数	实取颗数	收获率（%）		
后效气检测	时间	钻头位置（m）	全烃峰值（%）	上窜速度（m/h）	密度（g/cm³）	黏度（s）	槽面显示
复杂及处理过程	井深（m）	开始时间	地层	复杂类型	处理过程	解除时间	备注
测井	测井项目		比例	井段（m）	备注		
下套管	套管类型	外径（mm）	钢级	壁厚（mm）	产地		下深（m）
	阻流环位置（m）	短套管位置（m）		悬挂器位置（m）	分级箍位置（m）		联入（m）
固井	水泥品牌	水泥类型	水泥浆注入量（m³）	水泥浆平均密度（g/cm³）	水泥返高（m）		试压（MPa）
	替浆量（m³）	碰压时间	碰压值（MPa）	隔离液注入量（m³）	固井质量		
中途测试	井段（m）	层位	工具结构				
	地层压力（MPa）	工作液类型	测试工艺	坐封位置（m）	坐封时间		解封时间
	开/关井时间	开井时显示情况	回收流体量（m³）	初步折算流体日产量（m³）	流体性质		结论
录井队长			地质监督				

3. 值班人

值班人可填多人。

4. 交班井深

交班时候钻达井深，单位为 m，保留 2 位小数。

5. 层位

交班深度所对应最小地层单元。

6. 进尺

交班井深—接班井深，单位为 m，保留 2 位小数。

（二）钻井工况

1. 时间

格式为 ××：××—××：××（例如，08：00—09：10）。

2. 施工简况

按实际工况填写。

3. 钻头

（1）序号：钻头入井编号。

（2）尺寸：单位为 mm，保留 2 位小数。

（3）类型：钻头的类型（例如，PDC）。

（4）累计进尺：当前钻头累计钻进米数，单位为 m，保留 2 位小数。

（5）累计纯钻时间：当前钻头累计钻进时间，单位为 h，保留 1 位小数。

（6）钻具结构：当班入井钻具结构，格式为：钻头×长度＋接头×长度＋钻铤×长度＋钻杆×长度＋……。

4. 钻井参数

钻井参数数据从钻井班报中收集。

5. 钻井液性能

（1）氯离子：填写实测值，单位为 mg/L，保留整数。

（2）影响录井处理剂：对录井油气显示有影响的钻井液材料、加入井深、时间以及加入量。

（3）其他数据从钻井液班报中收集。

（三）录井工况

1. 迟到时间

（1）测量井深：填写实测井深，单位为 m，保留 2 位小数。

（2）迟到时间：单位为 min，保留整数。

2. 岩性及油气水显示

显示井段（顶、底深度，单位为 m，保留整数）、岩性定名、槽面显示及气测异常显示情况。

3. 评价录井

（1）录井项目：分类填写评价录井项目。

（2）井段：分析样品起止井段，单位为 m，保留整数。

（3）分析样品个数：本班次分析样品个数。

（4）备注：填写需要说明的事项。

4. 仪器运行及校验

本班仪器运行情况及仪器校验与标定对比情况。

5. 工程异常报告

按工程异常报告单（表 7-5-3）相关内容填写。

表 7-5-3　工程异常报告单

井号		日期	
录井队		钻井队	
钻达井深		异常层位	
异常开始时间		报告时间	
异常井段			
异常参数变化情况：			
分析结果报告			
建议处理措施：			
采纳情况：			
实际结果			
报告符合情况			
录井报告人		录井队长签字	
钻井队（或监督）签字		地质监督签字	

6. 测斜

填写交班前最后一次测斜数据。

7. 钻井取心

（1）筒次：按取心筒次顺序填写，起始值为 1，保留整数。

（2）层位：取心井段所对应地层，用地层代码表示。

（3）取心井段：取心起止井深，单位为 m，保留 2 位小数。

（4）进尺：取心起止井深差值，单位为 m，保留 2 位小数。

（5）岩心长度：岩心出筒后实际丈量长度，单位为 m，保留 2 位小数。

（6）收获率：单位为 %，保留 1 位小数。

8. 井壁取心

（1）取心时间：井壁取心施工结束时间，按 ×××× 年 ×× 月 ×× 日填写。

（2）取心方式：分钻进式、撞击式。

（3）收获率：保留 1 位小数。

9. 后效气检测

（1）时间：按 ×××× 年 ×× 月 ×× 日填写。

（2）钻头位置：测量后效时钻头下深，单位为 m，保留 2 位小数。

（3）全烃峰值：测量后效过程中仪器检测到最高值，单位为 %，保留 2 位小数。

（4）上窜速度：单位为 m/h，保留 1 位小数。

（5）密度：密度变化情况，单位为 g/cm^3，保留 2 位小数。

（6）黏度：黏度变化情况，单位为 s，保留整数。

（7）槽面显示：油花和气泡产状、油气味及所占百分比。

10. 复杂情况及处理

（1）井漏：收集并记录井漏发生时间、井深、层位、岩性、漏失量、漏速、漏失钻井液的性能及漏失前后的泵压、排量，初步判断漏失井段、层位；油气显示情况和放空现象；井漏处理情况，堵漏时间，堵漏的材料类型、用量、堵漏时钻井液的性能，井漏的原因分析，堵漏浆配方，堵漏方式，堵漏效果，解除时间，累计损失时间。

（2）溢流：收集并记录溢流发生时间、井深、层位、钻头位置、岩性、钻时变化、溢流量、关井时间、关井立压、关井套压、处理经过、压井方式、解除时间、累计损失时间。

（3）油、气、水侵：记录起止时间、类型（油、气、水侵）、钻头位置、井深、层位、迟到时间、侵出物形状及占槽池面百分比、槽池面变化情况、最高峰时间或时间段、全烃及组分的最大值和变化情况、钻井液性能（密度、黏度）变化情况、归位井段、层位。气侵点火还应收集火焰高度、火焰颜色、火焰持续时间等数据。

（4）划眼：记录发生时间、井段、层位、处理经过、出口岩屑返出情况、解除时间、累计损失时间。

（5）起钻遇卡、下钻遇阻：记录发生时间、井深、层位、大钩载荷变化、处理经过、解除时间、累计损失时间。

（6）测井遇卡遇阻：记录发生时间、井深、层位、测井仪器组合、张力变化、处理经过、累计损失时间。

（7）下套管遇阻：记录发生时间、井深、遇阻层位、套管串结构、扶正器数量、扶正器位置、大钩载荷变化、处理经过、解除时间、累计损失时间。

（8）钻具刺漏：记录发生时间、井深、层位、泵压变化情况、处理经过、解除时间、累计损失时间。

（9）钻头复杂工况：记录井深、发生时间、层位、处理经过、处理工具、解除时间、累计损失时间。

（10）卡钻：记录井深、发生时间、层位、岩性、推测卡点深度、主要工程参数变化情况、卡钻原因（工程主要参数变化情况）、处理经过、解除时间、累计损失时间。

（11）落物：记录落物名称、掉落时间、井深、层位、数量（或长度）及处理过程。

（12）断钻具：记录断（掉）钻具时间、井深、层位；断（掉）钻具的结构、长度、鱼顶位置及处理过程。

（13）固井异常：记录井深、发生时间、层位、岩性、套管结构组合、处理经过、解除时间、累计损失时间。

（14）测井异常：记录井深、发生时间、层位、岩性、处理经过、解除时间、累计损失时间。

（15）井涌、井喷：收集并记录发生时间、井深、层位、钻头位置、岩性、涌（喷）势、涌（喷）出物性质，条件具备时要取样；井涌（喷）过程中的涌（喷）高或射程、含油气水变化情况，泵压和钻井液性能的变化情况；压井时间、过程、钻具位置、压井液数量和性能、关井时间、关井方式、井涌（喷）的原因分析，如异常压力的出现、起钻抽汲、放空井涌等、处理经过、解除时间、累计损失时间。

（四）测井

按实际测井项目填写。

（五）下套管

1. 套管类型

填写下入套管类型，例如表层套管、技术套管、油层套管等。

2. 外径、壁厚

单位为 mm，保留 2 位小数。

3. 钢级

按套管外壁标识填写。

4. 产地

按套管外壁标识填写。

5. 下深

填写套管实际下入深度，单位为 m，保留 2 位小数。

6. 阻流环位置

填写阻流环顶面深度，单位为 m，保留 2 位小数。

7. 短套管位置

填写短套管下入井段，单位为 m，保留 2 位小数。

8. 悬挂器位置

填写悬挂器下入井段，单位为 m，保留 2 位小数。

9. 分级箍位置

填写分级箍下入井段，单位为 m，保留 2 位小数。

10. 联入

单位为 m，保留 2 位小数。

（六）固井

1. 水泥浆注入量

单位为 m^3，保留 1 位小数。

2. 水泥浆平均密度

单位为 g/cm^3，保留 2 位小数。

3. 隔离液注入量、替浆量

单位为 m^3，保留 1 位小数。

4. 碰压时间

填写碰压结束时间。

5. 碰压值

填写碰压时的压力值，单位为 MPa，保留 1 位小数。

6. 水泥返高

单位为 m，保留 2 位小数。

7. 试压

填写实际压降值。

8. 固井质量

按测井结论填写。

（七）中途测试

按实际测试数据填写。

第八章　录井油气层综合解释评价

录井油气层综合解释是以井眼为中心的钻探成果评价，利用现场录取的各项录井资料，结合测井、区域地质、构造及试油等资料，找出录井信息与储层岩性、物性、含油性之间的相关关系，对钻井过程中发现的油气显示层及异常层进行的综合分析和评价，对地下地层的油气水层进行综合解释。录井油气层综合解释是油气勘探测试选层设计、储量计算的重要依据，也是油田开发调整井投产射孔方案设计的重要依据和有效的技术支撑。

第一节　油气水层综合解释流程与方法

油气水层综合解释工作是一项复杂的工程，总体研究思路是以石油地质理论为指导、以储层"四性"关系研究为基础，从大量的井筒采集资料信息中，发现地下地质异常现象，揭示地质现象与井筒资料信息间的内在关系和规律。

一、解释流程与方法

录井综合解释评价流程通常如图 8-1-1 所示。

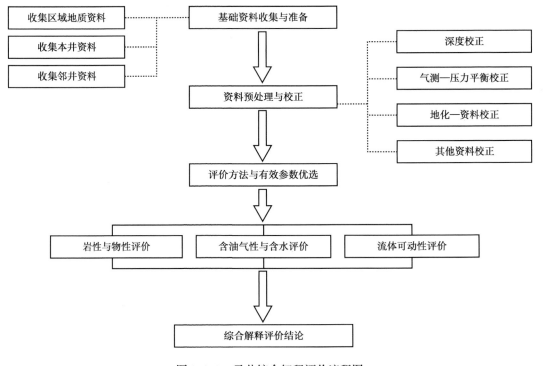

图 8-1-1　录井综合解释评价流程图

（一）基础资料的收集与准备

1. 基础资料收集

1）区域地质资料

区域地质是指某一范围较大的地区（例如某一地质单元、构造带或图幅内）的岩石、地层、构造、岩性、油气藏类型等。综合解释评价工作中，应对井区及区域地质有充分的了解，从宏观上掌握区域地质特征，这是准确解释评价的基础。

2）邻井资料

综合解释评价前收集邻井的地层、岩性、物性、油气水分布情况、录井特征、解释成果等资料，用于综合解释对比分析。

3）本井资料

应收集齐全本井钻井、录井和测井的所有资料，包括地质设计、各项录井和测井资料、分析化验资料、反映油气情况的第一性资料，以及钻井工况、钻头、钻具结构、测斜、钻井液性能与调整情况等资料，并要保证综合解释工作所用资料的准确性。

2. 资料整理检查

应对所获得的各种资料进行整理、归纳、分类，并对收集的资料进行检查、分析、判断与推理，对所占有的资料性质、来源、可靠性进行核对，去粗存精、去伪存真地筛选，剔除不真实的数据。

（二）资料预处理与校正

1. 图表编绘

根据解释评价需要，绘制相应的综合图、邻井对比图等，对录井显示层依据测井曲线进行深度归位；对与邻井显示相差较大的层进行重点分析，判识显示的真伪，分析显示异常的原因。

2. 参数校正

为了达到对录取资料的统一和有效利用，必须对各项录井技术影响因素与适用性进行分析，对井筒资料进行标准化校正，如气测资料地层压力与钻井液柱压力之间的关系校正、钻井取心段校正、岩石热解烃损失校正等。

3. 谱图重构

根据解释评价的需要，可对特色录井技术采集的原始图谱再处理，重新计算寻找油气水层特征。如对热蒸发烃气相色谱正构烷烃、类异物二烯烃（Pr 和 Ph）、未分辨化合物（异构烷烃、环烷烃及杂原子化合物）进行分离，计算出未分辨化合物含量，显示未分辨化合物组成特征等（图 8-1-2）。

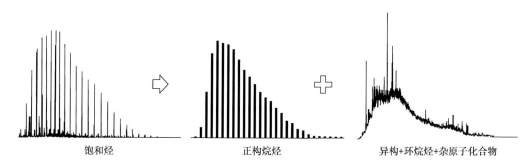

饱和烃　　　　　　正构烷烃　　　　　异构+环烷烃+杂原子化合物

图 8-1-2　热蒸发烃谱图重构示例

如图 8-1-3 所示，对核磁共振谱按弛豫时间划分为几段（0.1~1ms、1~10ms、10~100ms、100~1000ms 或更多段），把重构的信号重新求取与计算，求取不同尺寸范围的孔隙组分在总孔隙中的百分含量相对大小，可以更好地反映出哪段对储层流体性质影响大，克服 T_2 截止值对可动流体与束缚流体划分不精细的问题。图 8-1-4 中，两个样品总孔隙度和油信号差异不大，但在弛豫时间 10~100ms 信号有明显的差异，经试油验证为不同的产液。

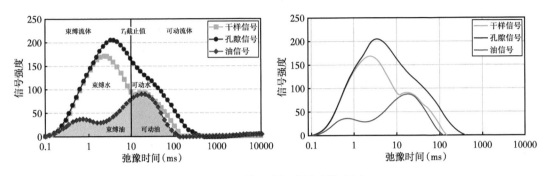

图 8-1-3　核磁共振谱图重构示例

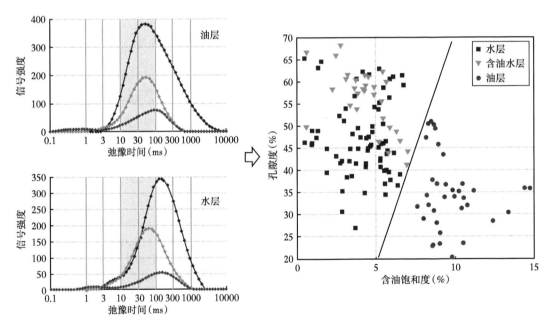

图 8-1-4　核磁共振谱图重构效果示例

（三）评价方法与有效参数优选

1. 评价参数获取

1）岩性

岩性是描述地质特性的重要参数。录井识别方法主要应用实物资料观察判识、碳酸盐分析、X 射线衍射矿物、X 射线荧光、偏光薄片资料判识。

2）物性

物性决定了储层性能。物性评价主要应用实物资料、综合录井功指数、机械比能指数

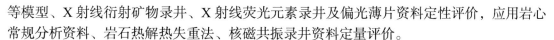

等模型、X射线衍射矿物录井、X射线荧光元素录井及偏光薄片资料定性评价，应用岩心常规分析资料、岩石热解热失重法、核磁共振录井资料定量评价。

3）含油气性

含油气性指油气在储层内部的物理分布与饱和状态、油气性质等有关参数，如油（气）饱和度、原油（天然气）密度、原油黏度等。含油气性识别手段比较多，除了常规地质录井和气测录井外，结合岩石热解、热蒸发烃色谱、轻烃及核磁共振等技术，可有效解决含油气丰度、原油性质评价的问题。

4）含水性

任何油气层总有一定的含水饱和度，含水性识别尤为重要。录井识别含水性的手段及方法很多，包括地质观察、岩心滴水密闭实验、钻井液出入口温度/密度/电导率等定性识别方法外，还可通过特色录井资料如离子色谱、核磁共振、轻烃等技术定性定量识别。

5）流体可动性

判断产层的流体可动性、储集和渗流的动态规律特性对于综合解释尤为重要，可实现对地层产液性质、层间与层内油水分布的定量描述。通过核磁共振录井可实现流体可动性性定量识别，也可通过岩石热解轻重比参数、热蒸发烃谱图形态、轻烃组成间接判断。

2. 敏感参数优选

对工区测试井的不同产液性质录井响应特征、规律及敏感参数分析，利用权重分析算法，提取各项技术反映储层特征与油气水层特征的敏感参数优选有效评价参数，分析影响储层产能的主要因素，建立有效、适用的单项技术识别模型及多技术敏感参数组合模型。如图8-1-5所示，通过气测参数权重分析算法提取与油气水层相关性较强的几项参数，也可通过参数图形化表示方法直观地得出反映油气水层特征的敏感参数（图8-1-6）。

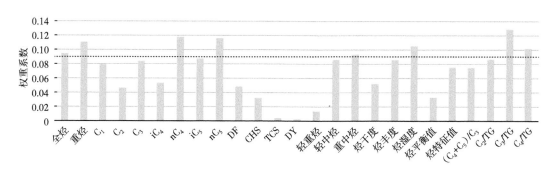

图 8-1-5 气测敏感参数权重分析法示例

DF—气测幅度指数；CHS—重烃指数；TCS—含油丰度指数；DY—油性指数

3. 解释评价方法

解释评价方法可分为定性识别方法、定量识别方法和数据挖掘方法等。各种解释方法有机结合，是提高录井综合解释水平的有效途径。

（1）定性识别方法主要是以直觉、视觉知识和推理判断过程为基础，分析录井资料直观特征及其技术系列关系，依据经验及分析参数变化规律分析，形成的直观分析方法。定性解释一般利用实物直观判别法、录井参数趋势变化分析法、谱图特征分析法等，随着录井井数据处理技术的发展，定性识别方法在油气层的地质解释和油气评价中具有重要意义和实用价值。

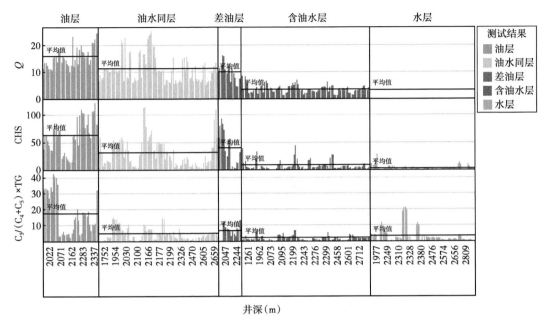

图 8-1-6　气测敏感参数图形化分析法示例

（2）定量解释方法是将问题与现象用数量来表示，由量而定性，使定性更加科学、准确。定量解释方法的核心要素是数字和统计，通过统计分析的形式实现储层地质特性定量的表征方法，用数字或数学模型反映出地下实际情况的各项指标变化。定量解释方法一般包括数值界限法和图板法。地化及核磁共振技术的应用，促使定量解释技术在更高层次上体现了定量化的价值，在分析储层物性、评价含油气性与可动性以及求解地质参数等方面起着重要的作用。

（3）数据挖掘方法是从大量的、不完全的、有噪声的、随机的实际应用数据中，提取隐含在其中、人们事先不知道但又是潜在有用的信息和知识的过程，通常与计算机科学有关，通过机器学习、专家系统（依靠过去的经验法则）、信息科学和模式识别等建立的综合分析方法。传统方法效果完全取决于人的水平，人认识到的规律可以找到，人没有认识到的规律无法找到。数据挖掘方法的效果主要取决于数据和挖掘方法，人为辅；隐含在数据中的规律，人认识到的可以挖掘出来，人没有认识到的规律也会被挖掘出来。数据挖掘常用方法有序列模式、聚类分析、关联规则、分类分析、回归分析、异常发现等，常用算法有主成分分析、聚类分析、神经网络、K近邻分类、支持向量机、随机森林、梯度提升等。

（四）综合解释评价

录井综合解释重点研究的是录井资料响应特征与储层岩性与物性、含油气性、含水性、流体可动性的关系，基本思路是"寻找产层、排除干层、分析水层、确定油层"，通过研究表征储层有效厚度、饱和度、孔隙度以及渗透率等影响产能的主要因素，充分利用地质信息和测井信息，实现油气水层综合解释评价。

二、综合解释基本原则与要点

录井油气层综合解释是地质勘探工作的最终目的，是将录井信息还原为地质信息的过程，也是一项综合性很强而十分重要的工作。把各种录井信息综合还原为反映地层特性的地质参数之后，应从地层的哪些特性入手，以哪些概念和原理为地质依据，利用什么思路识别、描述乃至确定地层所产流体的性质，达到有效划分油、气、水层的目的。这一问题，无论从理论或实践的角度来看，对于录井综合解释都有十分重要的意义。

（一）综合解释的基本原则

录井技术与其他勘探相方法相比，是井场最直观发现油气显示的资料，但又受到地质和工程条件影响，又具有条件性、多解性等特点。任何一种录井资料在进行地质解释时，往往无法求得唯一解，即存在着多解性。解决的办法就是利用多种方法、多种参数进行综合解释，缩小解释的不确定性范围，得出最接近地下客观实际的地质结论。因此，解释人员在进行地质解释时必须遵循一些原则。

1. 综合原则

综合解释必须以岩屑、岩心、井壁取心、钻时、气测、槽面油花、气显示、特色技术等第一性资料为基础，同时参考测井、分析化验、钻井液性能等项资料，经认真研究、分析后得出合理的解释，防止主观片面性。

2. 相关原则

在每个流体流动单元内部，流体分布都服从重力分异作用，油气总是聚集到所在流体流动单元的高部位。在油气藏破坏之前，高渗透带内的含油气丰度总是大于低渗透带内的含油气丰度；在油气藏破坏阶段，连通性好的、高渗透带内的可动油饱和度的下降速率大于连通性差的、低渗透带内的可动油饱和度的下降速率，此阶段各渗透带的物性与含油气丰度逐渐变成反相关。

3. 假相关可能性原则

油气异常幅度与产能之间并不是所想象的正相关关系，如钻井工程条件引起的假异常、油气运移过程的过路油、油质较稠使残余油饱和度增大，油相渗透率减少等，都可能引起油气异常幅度明显。要重视录井时所定的含油级别的高低，但不能简单地把含油级别高的统统定为油层，把含油级别低的一律视为非油层。事实上，含油级别高的不一定是油层，而含油级别低的也不一定就不是油层。

4. 发现原则

现场是发现油气显示的第一手资料，槽面及岩屑清洗表面油花、岩心出筒气泡、岩样油气味等都是重要的油气显示信息，首先应利用现场实时性、及时性的观察优势，利用多种资料对肯定性的解释进一步肯定。

5. 最大符合原则

录井技术受到的影响因素总体可以分为两大类：一类是只对某些单项具有影响，另一类是对所有录井流体检测技术都有影响。影响的原因主要是油气性质、储层性质、油气产能和钻井施工条件，它们决定了岩样实物和钻井液中油气的丰度和组分分布特征。选择那些最充分反映地质特征的技术，缩小解释的不确定性范围，得出最接近地下客观实际的地质结论。

（二）提升解释符合率应把握的要点

把各种录井信息综合还原为反映地层特性的地质参数之后，应从地层的哪些特性入手，以哪些概念和原理为地质依据，利用什么思路识别、描述乃至确定地层所产流体的性质，达到有效划分油、气、水层的目的。这一问题，无论从理论还是实践的角度来看，对于录井综合解释都有十分重要的意义。

1. 充分了解各项录井技术的油气水响应特征

每项录井技术检测的信息不相同，解释评价应充分考虑不同技术的响应特征，根据单项技术各参数所表征的地质意义，求解描述地层地质特性的各种储集参数，研究各项参数区别与联系以及与油、气、水层的关系，确定解释评价权重。如油气显示快速发现侧重利用气测录井技术，含油气定量识别侧重利用岩石热解分析技术，储层原油性质识别侧重利用热蒸发烃气相色谱技术等。

2. 熟悉在不同条件下的显示特点、适用性及影响因素

应注意各种环境因素的影响而导致技术信息的失真，充分了解地质特征和工程条件，明确显示异常的原因，从不同侧面分析论证，优选解释参数。譬如，气层与轻质油层的岩心、岩屑和井壁取心实物资料以及岩石热解等资料，一般难以见到比较明显的油气显示，如果不注意对气测和轻烃信息进行认真分析，就容易漏掉这部分很有意义的产层。反之，在含稠油的地区，一些含油水层的岩心、岩屑和井壁取心，常常给人以含油情况颇好的假象，这时也应侧重于热解、热蒸发烃、轻烃与气测信息的分析，否则容易把它们解释为油层或油水同层。

3. 正确判断储集空间油气的储集和渗流的动态规律

油气水各相的饱和度和相对渗透率是储层产液性质识别的基本模式。

（1）油层—低产油层—干层的变化过程：由于岩石颗粒变细或泥质含量增加而造成孔隙半径普遍变小以及微孔隙所占的比例增加，因而使产层束缚水含量增大，含油饱和度降低，渗透率变小。这是物性变化导致束缚水含量增加孔隙空间的水处在一种不能流动的状态，相对地降低油（气）层的产量或趋于干层。

（2）油层—油水同层—水层的变化过程：产层含油饱和度的降低与自由水含量增加直接相关，自由水占据有效的流动通道，水的流动能力增大。反映在录井资料上也是产层含油性降低。不是受自身的孔隙结构和渗透率变化的直接控制，而是与所处的构造位置及油水系统的变化直接有关。因此，产层的含水率必然随着含油饱和度的降低而增大。

4. 综合现场各项录井资料，对地层做出尽量逼近于实际的解释

解释工作的成败，首先取决于占有的信息量。由于录井信息的多解性与模糊性，有时单纯依赖某项信息很难对地层的产液性质做出比较确切的评价。因此，必须对各种录井信息综合分析，辨析各项信息之间的相关关系，把反映储层内部的微观结构以及流体性质的地质参数联系起来，对地层做出尽量逼近于实际的解释，排除多解性。

5. 注重储层微观信息的精细对比分析，在变化中找规律

录井解释评价很多是依据测试结果建立图板，解释符合率的高低取决于图板区域划分的准确性，资料越多，图板越准确。图板完善之时，也就是勘探结束之期。利用层内、层间、井间多参数综合对比分析技术，细微中察真相，变化中找规律，努力做到见微知著，判断流体是否会有变化。

（1）同一渗透层岩性和储层物性变化不大的层内参数对比；

（2）单井中与解释层相邻、不同的渗透带且储集类型和物性相似的层间参数对比；

（3）相距不远、埋深相近、层位相当、储集类型和物性相似、油气水性质接近的邻井间参数对比。

6. 成藏角度的宏观分析原则

就本质而言，油气层综合解释应该是地质综合分析的过程，决不应理解为从数据推导

出解释结论的简单过程。油气层的形成和保存状态受到生、储、盖、运、圈、保等多种因素的控制和影响，可谓缺一不可。这就要求综合解释人员不但要重视油气层在录井资料上的显示特征，而且要将油气层放到特定的地质历史时间和空间中，在对构造、地层、沉积相等区域地质特征进行充分分析的基础上，从生、储、盖、运、圈、保各方面逐一分析，该目标层有无成藏可能，形成的是哪一类型的油气藏，对于新探区此项工作更应加强。当然，油气地质理论也在不断发展，这也要求综合解释人员充分吸收、利用石油地质的新理论、新技术，如深盆气理论、低渗透成藏理论、低熟油理论、煤成烃理论、复式油气聚集理论、隐蔽油气藏勘探理论及多样性潜山成藏理论等。只有如此，才能做到理论和实际的紧密结合，提高综合解释符合率。

第二节 产液标准与评价结论界定

一、工业油气流标准

工业油气流标准以单井日产量为标准，产液下限通过成本核算来确定，受技术条件、油田所处地理位置和生产成本等多方面影响。工业油（气）流应是试油（气）或增产措施（压裂或酸化等）后，油（气）稳定产量达到表 8-2-1 规定的下限值，评定为干层是监测 2 天后产液量低于表 8-2-2 规定的下限值。

表 8-2-1 工业油（气）流标准

油气层埋藏深度 （m）	工业油流下限 （m³/d）		工业气流下限 （m³/d）	
≤ 500	陆地	0.3	陆地	500
	海域	/	海域	/
500~1000	陆地	0.5	陆地	1000
	海域	10	海域	10000
1000~2000	陆地	1.0	陆地	3000
	海域	20	海域	30000
2000~3000	陆地	3.0	陆地	5000
	海域	30	海域	50000
3000~4000	陆地	5.0	陆地	10000
	海域	50	海域	100000
> 4000	陆地	10	陆地	20000
	海域	50	海域	100000

表 8-2-2 干层产液量标准

油层深度 （m）	液面深度 （m）	产量			观察天数 （d）
		油 （kg/d）	气 （m³/d）	水 （L/d）	
＜ 2000	距射孔井段 500	≤ 100	≤ 200	≤ 250	2
2000~3000	1800	≤ 200	≤ 400	≤ 400	2
3000~4000	2000	≤ 300	≤ 600	≤ 500	2
＞ 4000	套管允许掏空深度	≤ 400	≤ 800	≤ 600	2

二、解释结论分类与图示

（一）解释评价结论分类

解释结论包括油层、气层、油气同层、差油层、差气层、油水同层、气水同层、含油水层、含气水层、水层和干层。

（1）油层：地层流体以原油为主，原油产量达到工业油（气）流标准，含水率小于20%。

（2）气层：地层流体以天然气为主，天然气产量达到工业油（气）流标准，含水率小于20%。

（3）油气同层：地层流体以天然气和原油为主，气油当量产量比大于30%且不超过70%，油气当量产量达到工业油（气）流标准，含水率小于20%。

（4）差油层：地层流体以原油为主，原油产量低于工业油（气）流标准但高于干层标准，含水率小于50%。

（5）差气层：地层流体以天然气为主，天然气产量低于工业油（气）流标准但高于干层标准，含水率小于50%。

（6）油水同层：地层流体以原油、水为主，原油产量高于工业油（气）流标准，含水率大于或等于20%且小于80%。

（7）气水同层：地层流体以天然气、水为主，天然气产量高于工业油（气）流标准，含水率大于或等于20%且小于80%。

（8）含油水层：地层流体以水为主，原油产量高于干层标准，且含水率大于或等于80%，或原油产量低于工业油（气）流标准，且含水率大于或等于50%。

（9）含气水层：地层流体以水为主，天然气产量高于干层标准，且含水率大于或等于80%，或天然气产量低于工业油（气）流标准，且含水率大于或等于50%。

（10）水层：地层流体以水为主，水产量高于干层标准，且油气产量低于干层标准。

（11）干层：地层流体产量符合干层标准。

（二）结论图示

录井资料解释结论图示符号见图 8-2-1。

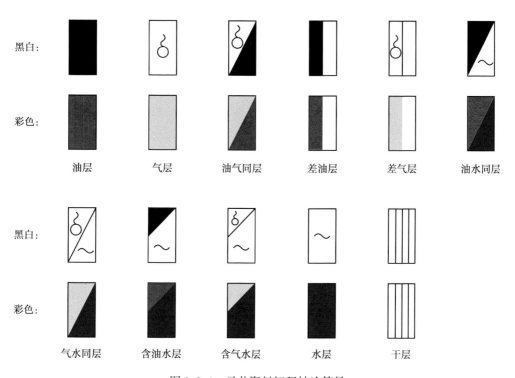

图 8-2-1 录井资料解释结论符号

第九章 资料整理、归档与质量评价

资料整理是根据地质设计的目的，运用严谨的方法，对录井所获得的资料进行复查、检验、分类、汇总等初步加工，使之系统化和条理化，并以集中、简明的方式反映录井工程总体情况的过程。录井资料是录井工作的直接反映，是评定录井工程质量、竣工交付的依据，其质量的好坏，可能直接影响到油田勘探与开发工作的部署，甚至影响油田生产和经济效益。

第一节 资料整理

一、图件整理

（一）随钻地质录井图绘制要求

（1）纵向比例为 1∶500，根据需要可调整比例。

（2）随钻地质录井图应包括所有录井项目（核磁共振、轻烃、图像扫描除外）。

（3）钻时、钻压、扭矩为实时数据。

（4）钻井工况（图标样式见表 9-1-1）以右边框为零点绘制；同一井深发生多种工况时，每种工况按照顺序从左向右平铺排列，重复出现的工况只标注一次，起下钻、接单根不标注；符号重叠时，从左向右错位排列。

表 9-1-1 钻井工况图标样式

序号	符号	名称	RGB 值
01		n 开钻进	52，117，205
02		侧钻	52，117，205
03		接单根	52，117，205
04		起下钻	52，117，205
05		换钻头	52，117，205
06		地质循环	52，117，205

续表

序号	符号	名称	RGB 值
07		加含荧光添加剂	52, 117, 205 255, 0, 0
08		油侵	255, 0, 0
09		气侵	255, 153, 0
10		水侵	52, 117, 205
11		油水侵	52, 117, 205 255, 0, 0
12		油气侵	255, 0, 0 255, 155, 0
13		气水侵	53, 117, 205 255, 153, 0
14		H_2S 气侵	255, 153, 0
15		CO_2 气侵	255, 153, 0
16		放空	52, 117, 205
17		井漏	52, 117, 205
18		溢流	52, 117, 205
19		井喷	255, 0, 0
20		节流循环	52, 117, 205
21		完钻	52, 117, 205
22		测试	52, 117, 205

（5）逢 100m 写全井深并标注相应垂深，刻度线长 5mm；逢 10m 标明十位数井深，刻度线长 3mm；逢 5m 绘制刻度线，线长 2mm；逢 1m 绘制刻度线，线长 1mm；垂深保留 2 位小数，字号为六号，颜色 RGB 值为（255，0，0）。

（6）测井曲线应采用测井数据。

（7）气测曲线为实时数据，宜采用对数坐标系。

（8）碳酸盐岩宜采用面积图。

（9）评价录井项目颜色按曲线颜色设置表（Q/SY 01044—2023《油气井录井图编制规范》表 9）设置；热解参数宜采用堆积条形图，总有机碳（TOC）宜采用面积图。

（10）出口流量、出口密度、出口电导为实时数据。

（11）测井解释层号、录井解释层号字体为六号。

（12）测井解释、录井解释为现场数据。

（二）随钻工程录井图绘制要求

（1）以时间为纵坐标轴，每 10min 标注 1 次刻度；纵向比例为 3mm/min，根据需要可调整比例。

（2）时间、钻头位置、钻达井深、迟到井深字体为六号，钻头位置颜色 RGB 值为（255，0，0），钻达井深颜色 RGB 值为（0，0，255），迟到井深颜色 RGB 值为（0，128，0）。

（3）钻井参数、工程参数、气测参数采用实时数据。

（三）钻井取心录井图绘制要求

（1）纵向比例为 1∶100，根据需要可调整比例。

（2）录井单位填写施工单位＋录井队号，如 ×× 公司 ×× 队。

（3）每口井绘制 1 张钻井取心录井图；取心段顶底留白 5m 绘制。

（4）测井曲线属性按 Q/SY 01044—2023 表 10 设置，刻度取值范围根据实际情况调整。

（5）层位用汉字填全最小单元名称，在本段岩心绘制段内（包括留白）居中分布。

（6）井深逢 10m 写全井深，刻度线长 5mm；逢 1m 标明个位深度，刻度线长 3mm；每 0.5m 绘制刻度线，线长 1mm。

（7）取心筒次、心长、进尺、收获率，字号为六号。

（8）破碎程度用符号绘制，符号应符合 Q/SY 01044—2023 表 7 的规定。

（9）孔隙度、渗透率采用实验室物性分析数据，曲线形态为棒图，线型为实线，线宽 0.5pt；刻度取值范围根据实际情况调整。

（四）录井综合图绘制要求

（1）纵向比例为 1∶500。

（2）录井综合图应包括所有录井项目（核磁共振、轻烃、图像扫描除外）。

（3）陆上钻井填写井位坐标，海上钻井填写经纬度和水深。

（4）录井单位填写施工单位全称。

（5）录井队填写录井队号，如 ×× 队。

（6）钻压、钻时为实时数据。

（7）钻井工况应按随钻地质录井图要求绘制。

（8）测井曲线应采用测井成果数据。

（9）井深应按随钻地质录井图绘制要求绘制。

（10）气测曲线为气测整米数据，宜采用对数坐标系。

（11）探井、评价井评价录井曲线颜色应按 Q/SY 01044—2023 中的表 9 设置，热解参数宜采用堆积条形图，总有机碳（TOC）宜采用面积图，开发井评价录井项目根据实际设置。

（12）测井解释层号、录井解释层号的字号为六号。

（13）测井解释、录井解释为解释成果。

二、录井报告编写

录井的报告纸张采用 A4 幅面，除特殊要求外，采用宋体。

（一）封面

1. 纸张颜色

区探井（参数井）为浅蓝色，预探井为浅黄色，评价井为浅棕色，开发井为白色。

2. 页面设置

页边距设置为上 2.8cm，下 2.3cm，左 2.8cm，右 2.8cm；装订线 0cm；版式设置为页眉 2.8cm，页脚 2.3 cm。

3. 格式

中石油宝石花图标直径为 2.0cm；上边缘与上页边距对齐，左边缘与左页边距对齐。其他公司参照设置。

报告名称由（一、二、三级）构造＋××井录井报告组成。构造可分为上下多行编排。

段落设置为常规，对齐方式为居中；大纲级别为正文文本；缩进为左侧 0 字符、右侧 0 字符、特殊无；间距为段前 0 行、段后 0 行；行距为固定值 22 磅。

（二）扉页

1. 页面设置

页边距为上 2.8cm，下 2.3cm，左 2.8cm，右 2.8cm；装订线 0cm；页眉 2.8cm，页脚 2.3cm。

2. 格式

段落设置为常规（对齐方式为居中；大纲级别为正文文本）；缩进方式左侧 0 字符、右侧 0 字符、特殊无；间距为段前 0 行、段后 0 行；行距为固定值 22 磅。

录井单位、地质监督、编写人、审核人按实际填写，对齐方式为左对齐，缩进为左侧 6 个字符。

（三）验收意见书

1. 页面设置

页边距为上 2.5cm、下 2.0cm、左 2.5cm、右 2.5cm，装订线 0cm；版式为页眉 2.0cm、页脚 1.5cm。

2. 格式

资料验收意见书标题采用黑体三号字，1.5 倍行距；正文采用小四号字，单倍行距；表中采用五号字，单倍行距。

（四）目录

1. 页面设置

页边距为上 2.5cm、下 2.0cm、左 2.5cm、右 2.5cm；装订线 0cm；页眉为 2.0cm，页脚为 1.5cm。

2. 内容顺序

目录页码自动链接，所列的内容顺序为一级标题、二级标题、附表、附表标题、附图、附图标题、附件、附件标题。

3. 格式

目录两字为黑体，三号字，1.5 倍行距；目录内容为宋体，五号字，单倍行距；目录中所列的一级标题、附表、附图、附件顶格起排，二级标题、附表标题、附图标题、附件标题空两个汉字起排；各级标题、附表标题、附图标题与页码之间用"……"连接，字体为 Times New Roman。

（五）正文

1. 页面设置

页边距为上 2.5cm，下 2.0cm，左 2.5cm，右 2.5cm；装订线 0cm；页眉 2.0cm，页脚 1.5cm。

2. 格式

（1）页眉："中国石油 ×× 井录井报告"，宋体，小五号字，居中。其他公司参照设置。

（2）页脚："中国石油天然气股份有限公司 ×× 油气田分（子）公司""第 × 页"，宋体，小五号字；页码从 1 开始顺序编号，逢奇数页在右下底部，逢偶数页在左下底部，对齐方式：两端对齐；行距：单倍行距。其他公司参照设置。

（3）一级标题：字体为宋体，小三号字，加粗；段落对齐方式为居中；大纲级别为 1 级；间距为段前 1 行，段后 1 行；缩进，0；行距，固定值，22 磅。

（4）二级标题：字体为宋体，四号字，加粗；段落对齐方式为两端对齐；大纲级别为 2 级；间距为段前 0.5 行，段后 0 行；缩进为 0；行距为固定值，22 磅。

（5）正文：字体为宋体，小四号字；段落对齐方式为两端对齐；大纲级别为正文文本；间距为段前 0 行，段后 0 行；首行缩进 2 个字符；行距为固定值，22 磅。

（6）正文中的表：标题为宋体，五号字，单倍行距；对齐方式为居中；位置为表上部；表内容为宋体，小五号字，单倍行距；正文中的图标题为宋体，五号字，单倍行距；对齐方式为居中。

3. 内容

1）概况

（1）基本数据：井名、井别、地理位置、构造位置、井位坐标、钻探目的、设计井深、完钻井深、完钻层位；设计单位、设计日期、设计人、批准人；录井承包单位、录井队号、设备型号及录井施工作业主要人员；地质监督及其所属单位。

（2）钻井简史：简述钻井施工过程、井身质量（包括靶点数据）、复杂情况及处理、完井方法等。

2）录井工作量及质量控制

此部分内容简述所有录井项目完成情况及质量控制情况。

3）工程录井

此部分内容包括但不限于：钻井参数监测，异常报告及处理过程、结果；钻井液参数监测（出入口密度、温度、电导率，实际与设计对比以及影响录井的钻井液添加剂使用情况等）；气体参数监测（烃类、非烃类气体以及后效气体检测等）。

4）地层描述、储层及油气水评价

（1）综述：内容包括地层、油气水显示等。

（2）详述：自上而下分组段详述，包括层位、井段、厚度、与下伏地层接触关系；岩性组合特征；邻井对比；生油岩；目的层集层发育情况、类型、物性特征等，碳酸盐岩地层要叙述地层的缝、洞发育情况，井喷、井涌、放空、漏失等显示；综合利用各项录井资料，结合测井、测试等资料，对油气水显示层特征进行描述评价。

5）结论与建议

此部分内容包括实钻与地质设计对比分析；录井系列适用性分析及建议；下步钻探及试油建议。

6）附表

附表项目包括基本数据表、地层分层数据表、录井资料统计表、油气显示统计表、钻井液性能分段统计表、测井项目统计表、钻井取心统计表、分析化验样品统计表。

7）附件

附件项目包括录井综合图（1∶500）、钻井取心录井图（1∶100）。

（六）报告附表

1. 报告附表设置要求

附表标题采用黑体小四号字，加粗；表内容字体为宋体，小五号字；表边框设置为外边框与内边框粗细一致；电子表格类型采用 Word；附表附在报告正文后，与正文统一编页码。

2. 报告附表填写要求

1）基本数据表

基本数据表如图 9-1-2 所示。"井号"填写本井全称；"井别"按实际填写；井型是指直井或定向井；"地理位置"填写省（自治区）、市（自治州）、县（自治旗）、乡、自然村、自然屯的方位及距离；"构造位置"填写一级构造、二级构造、三级构造的具体部位或四级构造；"实际坐标"按复测后井位公报填写；"偏离设计坐标"填写实际井位偏离设计井位的方位、距离；井斜数据按测井提供正式数据填写；"补心高"填写补心顶面距地面的距离（实际丈量）；"补心海拔"按井位复测后井位公报填写，单位为 m，保留 2 位小数；"水深"仅钻井船、钻井平台记录此项，陆上钻井方式此项不记录；"设计层位""完钻层位""目的层"用地层符号填写；"完钻井深"按实际完钻井深填写；"完井方法"按实际填写（如套管完井、尾管完井、筛管完井、裸眼完井等）；"开钻日期"填写年、月、日；"完钻日期"是指最后一次完钻日期，填写年、月、日；"完井日期"是最后一次套后测井结束日期，特殊情况以通知完井日期为准，填写年、月、日；"钻头程序"填写钻头直径及对应实钻井段；"套管程序"填写套管直径及对应实际下深。

表 9-1-2　××井基本数据表

井号		井别		井型	
井位设计	地理位置				
	构造位置				
	测线位置				
	井间相对位置				

井号			井别				井型		
井位坐标	坐标	经度	纬度	x（m）	y（m）	斜深（m）	垂深（m）	靶心距（m）	
	设计坐标								
	实际坐标								
	设计A靶								
	实际A靶								
	设计B靶								
	实际B靶								
	偏离设计坐标	方位（°）			距离（m）				
	总水平位移（m）		闭合方位（°）			水平段长度（m）			
	全井最大井斜（°）		方位（°）			位于井深（m）			
补心高（m）			补心海拔（m）			水深（m）			
设计井深（m）			设计层位			目的层			
完钻井深（m）			完钻层位			完井方法			
开钻日期			完钻日期			完井日期			
钻头程序（mm×m）			套管程序（mm×m）			备注			

2）地层分层数据表

地质分层数据表（表9-1-3）以正式测井曲线进行的地质分层数据为准。

表9-1-3　××井地层分层数据表

层位					底深（m）	厚度（m）
界	系	统	组	段		

3）录井工作量统计表

按实际填全录井工作量统计表（表9-1-4）中所有录井项目及数量。

表9-1-4　××井录井工作量统计表

项目	井段（m）	间隔	数量

4）油气显示统计表

油气显示统计表见表9-1-5。"井段"填写有油气显示的测井解释井段及测井解释为油气层的井段，录井有油气显示、测井解释厚度不足或未解释的可以扩层或增加补层；"全烃""非烃"填写对应于本层气测归位数据;"油花""气泡"分别填写油花、气泡占钻井液槽池面的面积百分比;"含油气岩心长度"为对应井段的原始数据。

表 9-1-5　××井油气显示统计表

序号	层位	井段(m)	厚度(m)	岩性	全烃(%)		非烃(%)		钻井液						含油气岩心长度(m)	壁心(颗)	录井解释
					基值	峰值	CO₂	H₂S	密度(g/cm³)	黏度(s)	氯离子含量(mg/L)	油花(%)	气泡(%)				

5)钻井液性能分段统计表

钻井液性能分段统计表见表 9-1-6。"层位"按实际填写;"钻井液体系"仅当钻井液性能参数变化明显时填写;"钻井液性能"填写对应井段内的性能参数的范围值;"钻井液处理情况"填写对录井有影响的钻井液添加剂名称、数量及加入时的井深。

表 9-1-6　××井钻井液性能分段统计表

层位	井段(m)	钻井液体系	钻井液性能			钻井液处理情况
			密度(g/cm³)	黏度(s)	氯离子含量(mg/L)	

6)测井项目统计表

测井项目统计表见表 9-1-7。"日期"按测井时间先后顺序填写,如表层测井、对比测井、中途测井、完钻测井、套后测井;"测井项目"填写实际测井的具体项目,比例、井段相同的项目可记录在一行;"测井情况"详细填写测井期间正常作业以外的其他情况(如通井、钻井液处理、遇卡、遇阻等)。

表 9-1-7　××井测井项目统计表

日期	井段(m)	测井项目	比例	测井情况

7)钻井取心统计表

钻井取心统计表(表 9-1-8)按筒次填写。

表 9-1-8　××井钻井取心统计表

取心筒次	层位	井段(m)	进尺(m)	心长(m)	收获率(%)	含油气岩心长度(m)							不含油气岩心长度(m)	
						饱含油	富含油	油浸	油斑	油迹	荧光	含气	储层	非储层

8）分析化验样品统计表

分析化验样品统计表见表9-1-9。"序号"按单井统一编号，按送样顺序填写；"取样日期"记录取样日期；"井段"填写对应样品所在井段；"样品类型"填写岩屑、岩心或井壁取心；"分析项目"列举实际分析化验项目。

表 9-1-9   ×× 井分析化验样品统计表

序号	取样日期	层位	井段（m）	取样单位	取样人	样品类型	样品数量	分析项目	接收单位

（七）报告附件

报告附件包括录井综合图、钻井取心录井图，格式见"图件整理"。

第二节   完井资料归档与质量评价

一、归档项目及类型

（一）过程记录

归档项目包括录井班报、随钻地质录井图（1∶500）、随钻工程录井图。

归档类型为电子版。

（二）原始记录

归档项目包括岩屑描述记录、钻井取心描述记录、井壁取心描述记录、缝洞统计表、后效气体检测记录、工程异常报告单、泥（页）岩密度分析记录、碳酸盐含量分析记录、定量荧光录井分析记录、岩石热解地球化学录井分析记录（三峰或五峰）、岩石热蒸发烃气相色谱录井分析记录、轻烃录井分析记录、核磁共振录井分析记录、X射线衍射矿物录井分析记录、X射线荧光元素录井分析记录、自然伽马能谱录井分析记录、套管记录等。

归档类型为电子版和纸质材料。

（三）原始图幅

归档项目包括定量荧光分析谱图、岩石热解地球化学录井谱图、岩石热蒸发烃气相色谱谱图、轻烃分析谱图、核磁共振 T_2 弛豫谱图、X射线衍射矿物分析谱图、X射线荧光元素分析谱图、岩心扫描图像、钻进式井壁取心扫描图像、岩屑白光图像、岩屑荧光图像。

归档类型为电子版。

（四）处理解释成果

归档项目包括录井解释成果表、录井解释成果图。

归档类型为电子版。

（五）录井报告

归档项目包括报告及附表、报告附件。

归档类型为电子版和纸质。

（六）实物资料

实物资料包括岩屑、岩心及壁心实物。

二、质量评价

自完井之日起，30 个工作日内完成资料验收和评级。

（一）岩性剖面符合率

1. 统计范围

（1）单层厚度大于或等于 2 个录井间距的储层；

（2）单层厚度大于或等于 1 个录井间距的油气显示层；

（3）单层厚度大于或等于 1 个录井间距的特殊岩层。

2. 统计原则及方法

（1）消除测井与录井资料的深度误差、原始录井图与录井综合图岩性剖面的厚度误差后，显示层段大于 2 个录井间距的层、非显示层段大于 3 个录井间距的层为不符合层。

（2）原始录井图与录井综合图对比，岩性剖面多层或少层为不符合层；一层对应多层或多层对应一层，统计为一层符合。

3. 计算公式

$$F_{P} = \frac{T_{Z} - T_{BF}}{T_{Z}} \times 100\%$$

式中　F_{P}——岩性剖面符合率；

　　　T_{BF}——原始录井图与录井综合图对比不符合的层数；

　　　T_{Z}——原始录井图中参加统计的总层数。

（二）油气显示发现率

1. 统计原则及方法

（1）录井无油气显示，试油产油气的层，按未发现油气显示统计；

（2）一个显示层可对应多个解释层，多个显示层也可对应一个解释层，均按一个显示层统计。

2. 计算公式

$$F_{Y} = \frac{X_{C}}{Z_{C}} \times 100\%$$

式中　F_{Y}——油气显示发现率；

　　　X_{C}——录井现场发现油气显示的层数；

　　　Z_{C}——油气显示的总层数。

（三）层位卡准率

1. 统计原则及方法

层位卡准率按单井统计，包括取心、完钻、岩性等层位的卡取。

2. 计算公式

$$F_{K} = \frac{S_{K}}{Y_{K}} \times 100\%$$

式中　F_{K}——层位卡准率；

S_K——实际卡准层数；

Y_K——要求卡取层数。

（四）异常报告准确率

1. 统计原则及方法

（1）异常报告类型包括气测异常、井漏、溢流、钻具刺、钻头磨损、钻井泵刺、硫化氢异常、断钻具和遇阻卡等；

（2）异常报告总次数为录井仪监测参数异常的次数；

（3）报告的异常与实际发生的异常一致为准确。

2. 计算公式

$$F_B = \frac{B_Z}{B_S} \times 100\%$$

式中　F_B——异常报告准确率；

B_Z——准确报告次数；

B_S——实际发生异常总次数。

（五）数据差错率

1. 统计原则及方法

（1）错、漏数据个数以验收结果为准；

（2）油气显示数据逐项审查；

（3）成果资料逐项审查；

（4）原始资料抽查不少于30%；

（5）数据库和电子文档逐项审查。

2. 计算公式

$$F_S = \frac{S_{CL}}{S_Z} \times 1000‰$$

式中　F_S——数据差错率；

S_{CL}——录井资料中错、漏数据个数；

S_Z——审查的录井资料数据总数。

（六）油气层解释符合率

1. 统计原则及方法

（1）以试油（投产）成果为准进行统计；

（2）录井解释符合层是指试油（投产）后流体类型（油、气、水）、产量及其比例与录井解释结论界定标准一致的层；

（3）多次试油的解释层只统计一次。

2. 计算公式

$$F_L = \frac{L_F}{L_T} \times 100\%$$

式中　F_L——油气层解释符合率；

L_F——已试油的解释符合层数；

L_T——已试油的解释总层数。

3. 录井解释符合情况界定

1）单层试油解释符合情况界定

（1）试油（投产）结果与解释结论一致的层为符合层；

（2）试油（投产）结果为干层、水层的未解释层为符合层。

2）多层合试（投产）解释符合情况界定

（1）试油（投产）结果符合油层或差油层标准，录井解释的油层、油气同层和差油层为符合层，差气层、干层为不统计层；

（2）试油（投产）结果符合气层或差气层标准，录井解释的气层、油气同层和差气层为符合层，差油层、干层为不统计层；

（3）试油（投产）结果符合油气同层标准，录井解释的油层、气层、油气同层、差油层和差气层为符合层，干层为不统计层；

（4）试油（投产）结果符合油水同层标准，录井解释的油水同层为符合层，其他解释结论的层为不统计层；

（5）试油（投产）结果符合气水同层标准，录井解释的气水同层为符合层，其他解释结论的层为不统计层；

（6）试油（投产）结果符合含油水层标准，录井解释的含油水层为符合层，油层、油气同层、气层和差气层为不符合层，其他解释结论的层为不统计层；

（7）试油（投产）结果符合含气水层标准，录井解释的含气水层为符合层，油层、油气同层和气层为不符合层，其他解释结论的层为不统计层；

（8）试油（投产）结果符合水层标准，录井解释的水层为符合层，含油水层、含气水层和干层为不统计层；

（9）试油（投产）结果符合干层标准，录井解释的干层为符合层。

三、资料评级

（一）优秀资料

（1）按设计要求取全取准各项录井资料；

（2）各项原始资料和成果资料格式符合 Q/SY 01128—2020《录井资料采集处理解释规范》的要求；

（3）岩性剖面符合率不低于 95%；

（4）油气显示发现率 100%；

（5）层位卡准率 100%；

（6）异常报告准确率 100%；

（7）数据差错率小于 0.5‰。

（二）良好资料

（1）按设计要求取全取准各项录井资料；

（2）各项原始资料和成果资料格式符合 Q/SY 01128—2020 的要求；

（3）岩性剖面符合率不低于 85%；

（4）油气显示发现率 100%；

（5）层位卡准率 100%；

（6）异常报告准确率不低于 90%；

（7）数据差错率小于 2‰。

（三）合格资料

（1）按设计要求取全取准各项录井资料；

（2）各项原始资料和成果资料格式符合 Q/SY 01128 的要求；

（3）岩性剖面符合率不低于 75%；

（4）油气显示发现率 100%；

（5）层位卡准率不低于 65%；

（6）异常报告准确率不低于 80%；

（7）数据差错率小于 3‰。

（四）不合格资料

符合下列任一种情况的，为不合格资料：

（1）经整改后未达到合格资料要求；

（2）漏取、漏测录井资料；

（3）伪造原始资料。

参 考 文 献

[1] 陈林.鄂尔多斯盆地西南部延长组长8砂岩储层沉积相及致密化机理研究 [D].武汉:中国地质大学, 2015.

[2] 王甜.鄂尔多斯盆地白河油区侏罗系、三叠系储量参数的确定 [D].西安:西安石油大学,2014.

[3] 康立明.鄂尔多斯盆地韩渠—张天渠油区延安组—延长组油藏精细描述 [D].西安:西北大学,2008.

[4] 陈全红.鄂尔多斯盆地南部三叠系延长组沉积体系与层序地层学研究 [D].西安:西北大学,2004.

[5] 李峤.鄂尔多斯盆地南缘长7沉积期湖盆边缘相沉积特征及成因 [D].西安:西安石油大学,2016.

[6] 梁积伟.鄂尔多斯盆地侏罗系沉积体系和层序地层学研究 [D].西安:西北大学,2007.

[7] 白嵩.陇东地区侏罗系沉积体系及成藏潜力研究 [D].西安:西北大学,2012.

[8] 马玉龙.鄂尔多斯盆地上古生界构造演化、岩性与裂缝形成关系浅析 [D].西安:西北大学,2015.

[9] 董桂玉.苏里格气田上古生界气藏主力含气层段有效储集砂体展布规律研究 [D].成都:成都理工大学,2009.

[10] 刘曦翔.鄂尔多斯盆地南部三叠系延长组长7—长6段深水砂体成因与储层主控因素研究 [D].成都:西南石油大学,2017.

[11] 杜海峰.鄂尔多斯盆地桥镇地区三叠系延长组和侏罗系延安组沉积相与储层特征研究 [D].西安:西北大学,2005.

[12] 杨华.鄂尔多斯盆地三叠系延长组沉积体系及含油性研究 [D].成都:成都理工大学,2004.

[13] 李元昊.鄂尔多斯盆地西部中区延长组下部石油成藏机理及主控因素 [D].西安:西北大学,2008.

[14] 王国民.海拉尔盆地复杂油水层地化录井综合评价研究 [D].大庆:大庆石油学院,2010.

[15] 周金堂,周生友,吴义平,等.地化录井烃类恢复系数模拟实验研究 [J].录井技术,2002（3）:17-22.

[16] 吴欣松,韩德馨,张祥忠.确定烃类恢复系数的临界点分析法 [J].新疆石油地质.2004（3）:264-266.

[17] 李进步,卢双舫,陈国辉,等.热解参数 S1 的轻烃与重烃校正及其意义:以渤海湾盆地大民屯凹陷 E2s4（2）段为例 [J].石油与天然气地质,2016（4）:538-545.

[18] 刘严.多元线性回归的数学模型 [J].沈阳工程学院学报（自然科学版）.2005,1（z1）:128-129.

[19] 贝茨.非线性回归分析及其应用 [M].北京:中国统计出版社,1997:52-53.

[20] 李仕芳,贾浩,盖文臣,等.离子色谱录井技术在气探井储层含水性识别中的应用 [J].录井工程, 2023,34（2）:45-50.

[21] 王海涛,阎荣辉,黄子舰,等.基于岩石热解法的原油密度、粘度预测模型研究与应用 [J].录井工程, 2022,33（2）:18-23.

[22] 黄亚璇,杨永强,李涛涛,等.轻烃分析技术在储层评价中的应用研究 [J].录井工程,2021,32（3）: 76-79.

[23] 姜百宁.机器学习中的特征选择算法研究 [D].青岛:中国海洋大学,2009.

[24] 肖艳,姜琦刚,王斌,等.基于 Relief F 和 PSO 混合特征选择的面向对象土地利用分类 [J].农业工程学报,2016（4）:211-216.

[25] 赵宇,黄思明,陈锐.数据分类中的特征选择算法研究 [J].中国管理科学,2013,21（6）:38-46.

[26] 荆文明,方铁园,田青青,等.热解气相色谱录井技术在储集层流体性质识别中的应用 [J].录井工程, 2020,31（3）:94-98.

[27] 阎荣辉,黄子舰,方铁园,等.录井技术在页岩油井地质导向中的应用 [J].录井工程,2020,31（3）: 70-74.

[28] 荆文峰, 阎荣辉, 陈中普, 等. 红外光谱录井技术在长庆油田的创新应用 [J]. 录井工程, 2019, 30 (3): 124-130.

[29] 李玉榕, 项国波. 一种基于马氏距离的线性判别分析分类算法 [J]. 计算机仿真, 2006 (8): 86-88.

[30] 吴卫银. 元素录井技术在石油地质上的运用策略 [J]. 石化技术, 2023, 30 (8): 251-253.

[31] 张文雅, 刘治恒, 郝晋美, 等. 元素录井技术在鄂尔多斯盆地长 7 页岩油岩性识别中的应用 [J]. 录井工程, 2023, 34 (4): 35-41.

[32] 林思达, 关平, 牛小兵, 等. 长庆油田长 7 段黏土矿物 X 衍射分析 K 因子的求取及应用 [J]. 沉积学报, 2017, 35 (4): 781-788.

[33] 马树明, 李秀彬, 李怀军, 等. X 射线衍射矿物分析技术在准噶尔盆地火成岩识别中的应用 [J]. 录井工程, 2020, 31 (4): 16-21.

[34] 何劲松. 图象识别中的归纳学习方法研究 [D]. 安徽: 中国科学技术大学, 2001.

[35] 杨静, 张楠男, 李建, 等. 决策树算法的研究与应用 [J]. 计算机技术与发展, 2010, 20 (2): 114-116, 120.

[36] 邓炜, 王军安, 杨永生. 计算机图象识别系统的设计与实现 [J]. 计算机应用研究, 2000, 17 (6): 79-80.

[37] 胡登平, 王润刚. 快速色谱录井技术在延长气田的全面推广及应用 [J]. 科技创新与应用, 2020 (20): 142-144.

[38] 毕福伟. 快速色谱录井技术及其在姬塬地区油气勘探中的应用 [D]. 北京: 中国石油大学 (北京), 2009.

[39] 李腾, 高辉, 王美强, 等. 基于核磁共振孔隙划分的致密油藏自发渗吸原油可动性研究 [J]. 力学学报, 2023, 55 (3): 643-655.

[40] 张小东. 地质工程钻探关键技术分析 [J]. 中国金属通报, 2023 (10): 203-205.

[41] 梅向东. 综合录井参数在钻井工程异常监测中的应用 [J]. 信息系统工程, 2021 (5): 74-76.

[42] 杨勇, 胡书林, 陈开联. 钻井工程事故分析与预报 [J]. 录井技术, 2003 (6): 54-59.

[43] 石油综合录井仪技术条件: SY/T 5190—2016[S].

[44] 综合录井仪校准方法 第 1 部分: 传感器: SY/T 6679.1—2014[S].

[45] 油气探井工程录井规范: SY/T 6243—2009[S].

[46] 宋庆彬, 王长在, 程昌茹, 等. 工程录井技术及其普遍与深化应用 [J]. 录井工程, 2016, 27 (3): 1-5, 95.

[47] 油气井岩心录井规范: Q/SY 01056—2023[S].